"十三五" 国家重点出版物出版规划项目

数字化设计与制造

第 3 版

主　编　苏　春
参　编　黄　卫　王海燕
主　审　张红旗

机 械 工 业 出 版 社

本书系统地阐述了数字化设计与制造技术的产生背景、学科体系、理论方法、关键技术及其应用系统。全书内容包括：以四次工业革命为主线，回顾制造业发展历程，剖析制造业、产品数字化设计与制造技术的发展脉络及其演变规律；介绍制造系统运营的基本概念，分析现代制造业面临的挑战；系统地分析数字化设计技术、数字化仿真技术、数字化制造技术、逆向工程与增材制造技术、数字化管理技术和产品数字化开发集成技术，并介绍主流应用软件系统。

本书内容新颖、体系结构完整、系统性强，力求反映数字化设计与制造技术的全貌和学科前沿。全书注重对数字化设计与制造基本概念、理论和方法的阐述，提供了丰富的数字化设计与制造技术应用案例，并附有大量的思考题及习题，以便于教学和研讨。

本书可以作为高等学校机械工程、工业工程、管理科学与工程等专业相关课程的教材，也可供从事产品数字化开发、制造企业运营与管理、企业信息化规划设计等领域的工程技术人员和管理人员参考。

本书入选"十三五"国家重点出版物出版规划项目（现代机械工程系列精品教材）。

图书在版编目（CIP）数据

数字化设计与制造/苏春主编 . —3 版 . —北京：机械工业出版社，2019.2（2025.1 重印）

"十三五"国家重点出版物出版规划项目

ISBN 978-7-111-62139-3

Ⅰ. ①数… Ⅱ. ①苏… Ⅲ. ①数字技术—应用—工业产品—产品设计—研究②数字技术—应用—制造工业—研究 Ⅳ. ①TB47②F407.4

中国版本图书馆 CIP 数据核字（2019）第 037454 号

机械工业出版社（北京市百万庄大街22 号 邮政编码100037）
策划编辑：裴 泆 责任编辑：裴 泆 王海霞 商红云
责任校对：肖 琳 封面设计：张 静
责任印制：郜 敏
中煤（北京）印务有限公司印刷
2025 年1 月第3 版第9 次印刷
184mm×260mm·22 印张·560 千字
标准书号：ISBN 978-7-111-62139-3
定价：54.90 元

电话服务 网络服务
客服电话：010 - 88361066 机 工 官 网：www.cmpbook.com
　　　　　010 - 88379833 机 工 官 博：weibo.com/cmp1952
　　　　　010 - 68326294 金 书 网：www.golden-book.com
封底无防伪标均为盗版 机工教育服务网：www.cmpedu.com

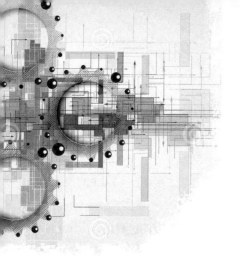

前　言

制造业是人类文明的重要基石，人类的文明史也是制造业的发展史与进步史。20世纪中叶以来，计算机、微电子、网络等信息技术的出现彻底改变了制造业的本来面貌，它们为制造业提供了崭新的技术手段，同时也对制造业的发展提出了重大挑战。目前，信息技术已经渗透到制造企业生产运营的各个层面，其理论研究、产品开发及工程应用水平已经成为衡量一个企业、一个地区乃至一个国家综合竞争力的重要标志。

经过几十年的发展，在传统的计算机图形学、计算机辅助设计和计算机辅助工程分析等技术的基础上，形成了产品数字化设计技术群；在数控加工、计算机辅助工艺规划、成组技术和增材制造等技术的基础上，形成了数字化制造技术群；在物料需求计划、制造资源计划、产品数据管理、产品全生命周期管理、企业资源计划和制造执行系统等技术的基础上，形成了数字化管理技术群。数字化设计、数字化制造与数字化管理技术相互交叉、融合和集成，构成产品数字化开发的集成环境与创新平台，成为提升产品研发能力和管理水平、推动制造业进步的不竭动力。

制造业是国民经济的主体，是立国之本、兴国之器、强国之基。工业化国家都高度重视制造业的发展。近年来，大数据、人工智能、工业机器人、工业互联网和工业4.0风起云涌，以智能制造为主要特征的第四次工业革命轮廓初现，制造业开始进入"智能制造"时代，数字化设计与制造技术也将面临新的发展格局。

本书从产品数字化开发和企业数字化管理的角度出发，系统地阐述了数字化设计、数字化仿真、数字化制造和数字化管理的基础理论和应用方法。本书以四次工业革命为主线，简要回顾制造业发展历程，剖析制造技术的演变趋势和制造企业管理方法的变化规律；系统地论述数字化设计与制造技术的内涵及其学科体系，阐述数字化设计与制造的概念、原理和方法，涵盖产品数字化设计技术、数字化仿真技术、数字化制造技术、逆向工程与增材制造技术、数字化管理技术和产品数字化开发集成技术等内容。本书注重对基本概念、原理和方法的阐述，力求反映数字化设计与制造技术的全貌和最新发展动态，并提供了多个数字化设计与制造工程应用案例。

本书共分为9章，由东南大学苏春任主编，其中3.1～3.5节由东南大学黄卫编写，4.5节由东南大学王海燕编写，中国电子科技集团第38研究所的田富君、陈兴玉、程五四、陈帝江、魏一雄、周红桥、张祥祥、胡祥涛等为3.7节、6.2.4节、7.6.2节的编写提供了资料，其余章节由苏春修订。中国

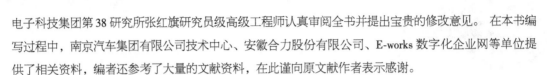
电子科技集团第38研究所张红旗研究员级高级工程师认真审阅全书并提出宝贵的修改意见。 在本书编写过程中，南京汽车集团有限公司技术中心、安徽合力股份有限公司、E-works数字化企业网等单位提供了相关资料，编者还参考了大量的文献资料，在此谨向原文献作者表示感谢。

本书入选东南大学2018年度校级规划教材，得到"江苏高校品牌专业建设工程项目（TAPP）"的资助，并入选"十三五"国家重点出版物出版规划项目。

数字化设计与制造技术研究内容广泛、学科内涵丰富，并且仍然处于快速发展的过程之中，加之编者水平有限，书中难免有不妥之处，敬请读者批评指正。

编　者

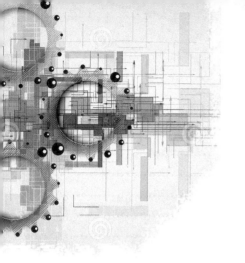

目　　录

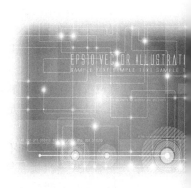

第 1 章
引　　言

　　人类的文明史也是一部制造业的发展史与进步史。在石器时代，人类利用天然石料、动物骨骼以及植物纤维等制作简单的工具。在青铜器和铁器时代，人类开始采矿、冶金、铸锻工具、纺织成衣，利用作坊式手工生产方式打造工具、建造车船，实现了以农业为主、自给自足的自然经济。此后，金属农具的制造引发了农业革命（Agricultural Revolution）。17～18世纪，纺织业的发展促进了蒸汽机的发明、改进及其工程应用，引发了第一次工业革命（Industrial Revolution），人类开始由农业社会、作坊式手工生产进入以机器生产为特征的工业化社会。1870 年前后，科学技术发展迅速，新技术、新发明层出不穷并迅速应用到工业生产中，发电机、电动机、内燃机以及电话、电报等相继出现，以零部件标准化和流水作业为特征的大规模生产方式极大地提升了生产力水平，由此引发第二次工业革命，人类由"蒸汽化时代"进入"电气化时代"。20 世纪中叶，人类在原子能、电子计算机、微电子、航天以及生物工程等领域相继取得突破，以电子计算机、集成电路、可编程序控制器（PLC）等为主要标志，引发第三次工业革命，人类开始进入"信息化时代"。21 世纪以来，大数据（Big Data）、人工智能（Artificial Intelligence）、工业机器人（Industrial Robot）、智能制造（Intelligent Manufacturing）风起云涌，近年来美国政府提出国家制造业战略——《先进制造伙伴计划（Advanced Manufacturing Partnership，AMP）》、德国政府在《德国 2020 高技术战略》中提出"工业 4.0"、中国政府提出制造强国战略第一个十年行动纲领——《中国制造 2025》、日本政府通过《第五期科学技术基本计划（2016—2020）》，以智能制造为主要特征的第四次工业革命轮廓初现，人类开始进入"智能化时代"。

　　本章以四次工业革命为主线，简要回顾制造业的发展历程，分析制造技术及制造企业运营管理的演变过程，剖析制造业、数字化设计与制造技术的发展脉络；在此基础上，介绍制造业及制造系统运营的基本概念，并分析现代制造业面临的挑战及其发展趋势。

 ## 1.1　工业革命与制造业变革

1.1.1　第一次工业革命

　　17 世纪以后，资本主义开始在英国、法国等国萌芽，商品的生产与流通成为社会关注的问题。随着煤炭、金属矿石需求量及开采量的不断增加，仅依靠人力和畜力已经难以满足生产需求，动力供应开始成为生产中的瓶颈环节。为此，英国人开始将纺织、磨粉等工场设在河边，利用水轮驱动工作机械。但是，以水力驱动机械工作的生产方式受到很多因素的制约，限制了它的使用。

18 世纪初，英国工程师托马斯·纽科门（Thomas Newcomen, 1663—1729）在前人工作的基础上发明了大气压力活塞式蒸汽机，用来抽取煤矿矿井中的积水（图 1-1）。但是，这种蒸汽机存在消耗燃料多、热量损失大、工作效率低、体积庞大、只能做简单的往复式线性运动等缺点，难以满足纺织业、农产品加工业等领域的生产需求。

18 世纪 60～80 年代，英国工程师詹姆斯·瓦特（James Watt, 1736—1819）针对当时蒸汽机存在的问题和不足，持续地改良了蒸汽机的工作原理、结构材料和制造工艺，先后发明了单动式蒸汽机、复式蒸汽机（也称万能蒸汽机）及高压蒸汽蒸汽机，并取得相关发明专利。瓦特发明的蒸汽机耗煤量大幅度减少，系统效率和性能得到很大提升，煤燃烧的动力强度可控，有力地促进了蒸汽机的推广应用。图 1-2 所示为瓦特发明的蒸汽机。

图 1-1　纽科门制造的蒸汽机示意图

图 1-2　瓦特发明的蒸汽机

蒸汽机的发明开辟了人类能源开发与利用的新时代，部分地解决了工业生产中的动力问题，结束了人类对畜力、风力和水力由来已久的依赖。从此以后，人们将煤炭作为燃料驱动蒸汽机，可以根据需要建立工场，不再受河流等自然条件的制约，极大地改变了工场选址的限制及传统作业方式，拉开了第一次工业革命的序幕，人类开始进入"蒸汽时代"。为纪念瓦特这位伟大的发明家，后人将功率的单位定为"瓦特（W）"。

恩格斯曾经指出："分工、水力，特别是以蒸汽为动力的机器的应用，是 18 世纪中叶起工业界用来摇撼旧世界基础的三个伟大的杠杆。"蒸汽机的发明极大地推动了煤炭、钢铁、纺织、机器制造、铁路和造船等制造业的发展。以英国为例，煤炭产量由 1770 年的 600 万 t 分别增长到 1800 年的 1200 万 t、1861 年的 5700 万 t，铁的产量由 1770 年的 5 万 t 分别增长到 1800 年的 25 万 t、1861 年的 380 万 t。因此，人类不仅进入了蒸汽时代，也跨入了钢铁时代。蒸汽机的广泛使用还推动了交通运输业的变革，速度更快、成本更加低廉、承载量更大的轮船和铁路机车相继出现。1803 年，美国人罗伯特·富尔顿（Robert Fulton, 1765—1815）建造成功第一艘以蒸汽机为动力的商用汽船，被人们称为"现代轮船之父"。人类迎来了水上航行的机械化时代。1814 年，英国工程师乔治·斯蒂芬森（George Stephenson, 1781—1848）发明了蒸汽机车，被称为"蒸汽机车之父"。1825 年，英国建成世界上第一条铁路。之后，海洋和铁路运输业得到快速发展，全球范围内的贸易和经济交流日益频繁，商品流通的品种、范围和市场容量急剧扩大，整个世界都被纳入欧美等国的商品经济体系中。

1776 年，英国哲学家和经济学家亚当·史密斯（Adam Smith，1723—1790）出版了《国富论（The Wealth of Nations）》一书。该书阐述了欧洲产业增长和商业发展的历史，提出"劳动专业化分工"的概念，成为推动工业革命的重要力量。劳动专业化分工可以有效地提高工作效率和作业质量，并为流水线的出现和大规模生产创造了条件。此外，该书还首次提出"市场经济是由'看不见的手'自行调节"的理论，奠定了资本主义自由经济的理论基础，成为现代经济学的开山之作，也使经济学成为一门独立的学科。与亚当·史密斯同时代的学者大卫·李嘉图（David Ricardo，1772—1823）等对工厂制度、工资制度、利润理论等的建立起到了积极的推动作用。他们都是第一次工业革命中里程碑式的人物。

利用机器制造机器是工业化的起点。1797 年，英国工程师亨利·莫兹利（Henry Maudslay，1771—1831）以蒸汽机为动力，通过丝杠和导轨带动刀架移动，研制出刀具自动进给、可以车削出具有不同螺距的螺纹的车床，实现了机床结构的重大变革，极大地提高了机床的切削速度和加工精度，他因此被人们称为"机床之父"。1818 年，美国人伊莱·惠特尼（Eli Whitney，1765—1825）研制成功第一台卧式铣床。到 19 世纪 40 年代，机械制造业中的设备，如车床、钻床、铣床、刨床以及用于精确测量的千分尺、卡尺、卡钳、环规、量块等，相继被发明并不断得到改进，小型机械工厂开始出现，近代制造业体系初步形成。因此，卡尔·马克思（Karl Marx，1818—1883）在《资本论》中指出："大工业必须掌握它特有的生产资料，即机器本身，必须用机器来生产机器。这样大工业才能建立起与自己相应的技术基础，才得以自立"。

1798 年，伊莱·惠特尼在制造枪支的过程中提出"互换性（Interchangeability）"的概念，通过规定零件的尺寸精度和公差范围实现零件的可互换，通过成批制造具有互换性的零件实现枪支的快速组装和大量生产。这种生产方式不仅满足了美国独立战争的需要，也显示了零件标准化与互换性的优越性。惠特尼的标准化方法和互换性奠定了零件制造合理化、专业化、简单化和标准化的理论基础，对制造业产生了深远影响，为大规模生产方式的普及做出了重要的技术准备。因此，惠特尼也被誉为"现代工业标准化之父"。

18 世纪后期到 19 世纪前期，蒸汽机在欧洲和北美得到广泛使用。由此导致了深刻的社会变革，主要表现在：以机器生产逐步取代手工劳动，以工厂化生产取代个体手工生产，由工场手工业向机器大工业转变。高耸入云的烟囱、占地面积庞大的厂房和隆隆轰鸣的机器，打破了人类长久以来的田园生活，传统的农业社会开始向工业社会转变。

在自然经济和手工业生产方式中，人们主要凭经验管理生产。第一次工业革命之后，生产力得到解放，传统管理方法已难以满足社会需要。因此，工业革命不仅是一场科技和生产方式革命，也是一场深刻的生产组织和社会关系变革。

1.1.2 第二次工业革命

"科学（Science）"一词源于拉丁语 scientia，原意指"知识"，它在 17 世纪随着近代欧洲自然科学的兴起而逐步形成，并在 19 世纪得到普遍应用。狭义的科学特指自然科学，即人类认识自然的科学体系，包括物理学、化学、地理学、天文学、生物学等基础自然科学和工学、农学、医学等应用自然科学；广义的科学包括自然科学、社会科学和思维科学等。对中国人而言，"科学"是一个外来语。19 世纪初，日本人用日文汉字创造出与"science"相对应的"科学"一词。19 世纪末 20 世纪初，康有为（1858—1927）和梁启超（1873—1929）在翻译日文著作时引进"科学"一词。

"技术（Technology）"一词源于希腊语 tech，原意指技艺或技能。技术种类繁多，遍及人类生产活动的各个领域。狭义的技术特指生产技术，即人类改造自然、创造人工自然的相关方法和手段；广义的技术包括生产技术和非生产技术。实际上，"技术"一词在我国古代就已经被人使用，用来指专门的技艺和能力，唐朝后该词被日本引入，19世纪末 20世纪初又从日本传回我国，并随工业革命的兴起而逐渐流行。

显然，科学和技术是两个具有一定差异的概念，它们反映了人类活动的不同领域。科学是人类的一种精神性活动，与人类的思想状态有关，其目的在于认识自然；技术是人类的一种生产性、实践性活动，其目的是改造自然。

解决机器对动力的需求问题是第一次工业革命的重要驱动力。在第一次工业革命期间，发明创造多来自经验丰富的工匠和技术人员，科学并未对工业进步产生太大影响。到 1870年前后，社会进步体现出两个重要趋势：一是科学开始影响工业；二是大批量生产技术不断得到改善，并开始在工业生产中得到应用。此时，有关工业问题的研究不再仅仅是在发明者的作坊中完成的，训练有素的科学家开始在装备着昂贵仪器和装置的实验室里对特定的问题开展系统的研究工作。

通常，将始于 19世纪 70年代止于 20世纪初的工业革命称为第二次工业革命。在第二次工业革命期间，科学技术的进步主要体现在以下三个方面：①电力和石油等新能源的利用；②内燃机的发明，以及汽车、飞机等交通工具的创新；③电报、电话等通信工具的发明。

图 1-3　法拉第的电磁感应实验

1821年，英国科学家迈克尔·法拉第（Michael Faraday，1791—1867）发现了电磁转动原理，首次证明可以将电力转变为旋转运动，建立了电动机的原始模型。1831年，法拉第发现了电磁感应原理（图 1-3）。法拉第的贡献在于：使人类掌握了电场与磁场的相互转变、电磁运动与机械运动的相互转变、机械能与电能的相互转换的基本原理，为发电机、电动机和变压器等的发明奠定了理论与技术基础。

受法拉第电磁感应原理的启示，1832年法国人皮克希（Hippolyte Pixii，1808—1835）以永久磁铁为转子，制成最初的手摇磁石发电机。但是，皮克希发明的发电机还存在一些不足。在随后的 30多年间，虽然有所改进，但是人们始终未能研制出可供实用的直流发电机。1867年，德国人维尔纳·冯·西门子（Ernst Werner von Siemens，1816—1892）对直流发电机的工作原理做出重大改进，采用电磁铁代替永久磁铁，产生了强大、稳定的电流，发明了自激式直流发电机。1870年，比利时学者格拉姆（Zénobe Théophile Gramme，1826—1901）因在西门子的电磁铁式发电机原理的基础上，研制成功了性能更加优良的直流发电机，而被人们誉为"发电机之父"。但是，由于直流电的电压较难改变，给电力的应用带来了困难，而交流电的电压比较容易改变。1873年，德国西门子（Siemens）公司的工程师阿特涅采用与格拉姆发电机不同的线圈绕线方式，研制成功性能良好的交流发电机。这些都是发电机制造历史上重要的里程碑。

根据法拉第电磁感应原理，向发电机定子输入电流就可以驱动转子旋转，从而把电力转变为旋转运动。1834年，德国物理学家雅可比（Moritz Hermann von Jacobi，1801—1874）以电磁铁为转子，研制成功第一台实用的直流电动机。在格拉姆发明发电机之后，基于类似结构的格拉姆型直流电动机被大量地制造出来，效率不断提高。1879 年，德国西门子公司制造出由直流电动机驱动的电车，引起轰动。1888 年，美国发明家特斯拉（Nikola Tesla, 1856—1943）发明了交流电动机。他发明的电动机根据电磁感应原理制成，又称感应电动机。这种电动机具有结构简单、使用交流电、无须整流等优点，得到广泛应用。

发电机和电动机的发明，实现了电能与机械能的相互转换。1882 年，法国物理学家马赛尔·德普勒（Marcel Deprez, 1843—1918）通过提高电压成功地将 1.5kW 的电力输送到在 57km 之外，在人类历史上首次实现了电力的远距离输送。到 19 世纪末，直流及三相交流发电、变电、输送、分配等技术相继成熟，欧美各国先后建立远距离输电线路，为工业生产提供了安全、经济、可靠和方便的动力源。此后，电力开始用于驱动机器，成为补充并逐步取代蒸汽动力的新能源。19 世纪 80 年代前后，无轨电车、电梯、电气火车、电钻、电焊机等电气产品和电器制造业迅速发展，由此人类跨入了电气时代。

在第二次工业革命中，美国发明家托马斯·阿尔瓦·爱迪生（Thomas Alva Edison, 1847—1931）做出了巨大贡献。爱迪生一生共有 1000 多项发明，包括电灯、留声机、电话、电报、电影放映机等，被人们称为"发明大王"。1879 年，爱迪生发明了世界上第一盏有实用价值的电灯。为寻找合适的灯丝材料，爱迪生试验了 1600 多种耐热材料和 6000 多种植物纤维。经过反复试验，他用碳化后的竹子纤维做灯丝，使电灯灯泡的寿命达到了 1200h（图 1-4）。为给电灯提供电力，1882 年爱迪生在美国纽约建成了当时世界上规模最大的电力系统。

图 1-4　"发明大王"爱迪生和他发明的电灯

1876 年，美国人亚历山大·格雷厄姆·贝尔（Alexander Graham Bell, 1847—1922）发明了世界上第一台电话机，实现了人类通信方式的革命，他因此被誉为"电话之父"。之后他创建了贝尔（Bell）电话公司。西门子发明的发电机、贝尔发明的电话和爱迪生发明的电灯，被称为电力历史上的三大发明。

此外，1904 年，英国物理学家弗莱明（John Ambrose Fleming, 1864—1945）发明了世界上第一只二极电子管（Electronic Tube）；1906 年，美国人李·德弗雷斯特（Lee De Forest, 1873—1961）发明了三极电子管。这标志着人类开始进入电子时代。

蒸汽机的发明极大地提升了生产力水平。但是，蒸汽机仍存在笨重、热效率低和安全性差等难以克服的缺点，限制了它们的推广使用，也促使人们去研制新的动力装置。除电力之外，内燃机的发明和使用是第二次工业革命的另一成就。

18 世纪末，英国人威廉·默多克（William Murdoch, 1754—1839）发现在用煤炼制焦炭的过程中有可燃气体生成，遂命名为煤气。1812 年，默多克在伦敦建成了世界上第一座煤气制造工厂，他也因此被称为"煤气工业之父"。19 世纪初，在欧洲国家，煤气开始广泛用于照明、取暖和工业生产中。

1859 年，美国人德莱克（E L Drake, 1819—1880）在宾夕法尼亚州钻成第一口油井，成功地开采出石油，19 世纪 70 年代，石油进入工业化生产阶段。在能够充分供应煤气和石油的情况下，内燃机的发明成为可能。法国人路易斯·雷诺（Louis Renault，1877—1944）发明了第一台二冲程煤气机，并于1898年创建雷诺（Renault）汽车公司，首次采用带万向节的传动轴取代链条驱动后桥，并将直列式发动机与变速器连接，开创了现代汽车传动系的范例。1876年，德国人尼古拉·奥古斯特·奥托（Nikolaus August Otto，1832—1891）成功地制造出第一台活塞式四冲程实用汽油内燃机。汽油内燃机具有体积小、重量轻、转速快和效率高等优点，便于用作交通工具的发动机，它奠定了奥托作为内燃机行业开创者的地位。四冲程内燃机是继蒸汽机之后，人类在机械和动力工程领域取得的又一巨大成就。

1883年，德国工程师戈特利布·戴姆勒（Gottlieb Daimler，1834—1900）制成以汽油为燃料的内燃机，转速由原来的200r/min提高到800r/min。1885年，德国人卡尔·本茨（Karl Benz，1844—1929）成功地制造出第一辆由内燃机驱动的三轮汽车（图1-5），它具备现代汽车的基本特点，如火花点火、水冷循环、钢管车架、钢板弹簧悬架、后轮驱动和前轮转向等。卡尔·本茨于1886年获得世界上第一项汽车发明专利，并被称为"汽车之父"。后来，他又成立了本茨汽车制造公司。1886年，戴姆勒将自己研制的发动机安装在一辆四轮马车上，以"令人窒息"的18km/h的速度行驶。这是人类历史上第一辆四轮汽车（图1-6），奠定了戴姆勒作为现代汽车工业先驱之一的地位。1890年，戴姆勒汽车公司成立；1926年，戴姆勒汽车公司和本茨汽车公司合并，成立了戴姆勒－本茨（奔驰）汽车公司。

图1-5　本茨制造的汽车　　　　　　　　　图1-6　戴姆勒制造的汽车

1899年，菲亚特（FIAT）汽车公司成立，后来发展成意大利最大的汽车制造公司。19世纪末，法国标致（Peugeot）和雷诺（Renault）公司开始生产汽车。1916年，法国雪铁龙（Citroen）汽车公司投产。至20世纪初期，德国、美国、法国、英国、意大利等国家相继建立起独立的汽车工业，开始批量生产汽车。

在四冲程煤气机和汽油机之后，四冲程柴油机、蒸汽涡轮机和燃气轮机被先后研制出来，为工业生产和交通工具提供了多种动力源。1903年，第一艘内燃机轮船建造成功。1908年，柴油机成为潜水艇的动力源。1910年，拖拉机开始批量生产，农业机械化进入新的发展阶段。1912年，第一艘由柴油机驱动的远洋货轮下水。1913年，以柴油机为动力的内燃机车投入运行，揭开了铁路运输的新篇章。随着内燃机的广泛使用，石油的开采量和炼制技术水平也迅速提高。1870年，全球石油产量约为80万t，1900年增加到约2000万t。

1903年，美国人威尔伯·莱特（Wilbur Wright，1867—1912）和奥维尔·莱特（Orville Wrigllt，1871—1948）兄弟制造的世界上第一架载人动力飞机"飞行者1号"，在美国北卡罗来纳州飞上蓝天，实现了人类翱翔蓝天的梦想。1927年，查尔斯·林德伯格（Charles Lindbergh，1902—1974）驾驶飞机从纽约直飞巴黎，成为世界上第一个独自、不着陆横越大西洋飞行的人。

在汽车工业的发展进程中，美国人亨利·福特（Henry Ford，1863—1947）做出了重要贡献。福特早年在一家机械厂当学徒，后来曾在爱迪生电灯公司当机械工。在汽车刚问世时，福特便意识到这种新型交通工具的优越性和发展潜力。1892 年，他研制成功第一辆由两缸汽油机驱动的四轮汽车。该车结构简单，装有四个自行车轮并有两个前进档，时速可达 20km。该型汽车问世后销售情况良好。1899 年，福特等人合伙成立了底特律汽车公司，开始批量生产豪华轿车，每辆轿车售价高达 2700 美元。当时，美国工人的平均工资大约为每天 1～1.5 美元，因此工薪阶层根本无力购买汽车。由于价格过高，1902 年该公司的产品开始滞销。

福特认为，要扩大汽车生产，就要将汽车由奢侈品变为人们的必需品。为此，他于 1903 年离开底特律汽车公司，创立了以生产廉价汽车为目标的福特（Ford）汽车公司。1905 年，福特 A 型车的年产量达到 1700 多辆。1908 年，福特公司新研制的 T 型车投入生产（图 1-7），售价从 1000 多美元降至 950 美元。亨利·福特是第一个将小汽车正式命名为"轿车"的人。"舒服得像坐在家里，好用得像一双鞋子"，这是当时人们对 T 型车的评价。

图 1-7　亨利·福特和福特公司生产的 T 型车

T 型车价格低廉、使用方便、维护容易，销量迅速增加。1909 年，T 型车的年产量超过 1 万辆。1914 年，T 型车的年产量达到 30 万辆。1916 年，每辆 T 型车的售价降至 360 美元。1926 年，在福特 T 型车停产前，其年产量达到 200 万辆，每辆售价仅为 290 美元。20 年间，福特公司共生产 1500 万辆 T 型车，约占当时世界汽车总产量的一半。因此，福特 T 型车也被称为"一款改变了世界的汽车"。福特开启了汽车的大众化时代，使美国成为"车轮上的国家"，他也因此获得了"汽车大王"的美誉。

1908 年，美国人威廉·杜兰特（William Durant，1861—1947）在别克汽车公司的基础上组建了通用汽车公司（General Motors Corporation，GM）。1925 年，沃尔特·克莱斯勒（Walter Chrysler，1875—1940）脱离通用汽车公司，成立克莱斯勒（Chrysler）汽车公司。之后，福特、通用和克莱斯勒公司的汽车产量长期位居美国汽车公司前三名，被称为美国汽车工业的"三巨头"。

亨利·福特在汽车生产模式、制造技术，以及企业运作管理、商业模式等方面均取得了成功，为汽车产业乃至整个制造业的发展做出了巨大贡献，在世界范围内掀起了大批量生产的产业革命。福特的贡献主要包括：

（1）简单化设计和标准化生产　福特认为，必须简化汽车结构。只有简单，汽车才可能轻便，才容易保养和维护。此外，简单的设计易于大批量生产。福特还将惠特尼零件标准化和互换性的生产方法用于汽车制造中,将T型车的主要零件设计成统一规格,实现了零件的标准化和总成互换。

(2) 流水线生产方式　福特认为,汽车价格应该更加低廉,这样才会有更多的人购买,而当产量增加时,生产成本就会降低。在福特之前,汽车制造(装配)均是在固定的工位上完成的,类似于当今飞机或船舶的制造,作业效率低、生产周期长、生产组织困难。原始的组装技术根本无法满足大规模的生产需求,并导致汽车价格居高不下。

为此,福特开始思考提高生产率的有效方法。一天,福特在参观Swift公司位于芝加哥的屠宰场时发现,当牛被送进屠宰间后,工人先用电将牛击昏、放血,之后将牛悬挂到传送带上,每位工人只需站在各自工位上用锯、刀等工具完成一些简单的操作,屠宰过程由多名工人合作完成,流程有序、高效且具有相对固定的节拍。福特意识到,在汽车生产过程中,若将零件悬挂在移动平台上,并利用传送装置适时地运送到指定工位,无疑将会简化装配过程,减少人工搬运动作和工人的来回行走,从而有效地减少工人的能量消耗、缩短生产时间、提升作业效率。

于是,福特将这种具有连贯性和高效率的流水作业方式运用到汽车制造中,由机械传送装置将零件和工具运送到指定工位,工人只需在各自的工位上完成简单的规定操作,极大地提高了汽车的生产效率。1913年,世界上第一条刚性汽车装配线(Assembly Line)在福特汽车公司诞生(图1-8)。每辆汽车底盘的装配时间从12h减少到1.5h,T型汽车售价从850美元下降到360美元。之后,福特公司不断刷新世界汽车工业的生产纪录:1920年2月7日,1min生产一辆汽车;1925年10月30日,10s生产一辆汽车。福特T型车因价格便宜、实用和容易操作,迅速占领了美国市场。

a) 装配线现场之一　　　　　　　　　　b) 装配线现场之二

图1-8　福特公司早期的汽车装配线

福特T型车是世界上第一种以大量通用的、标准化零部件和大规模流水线装配作业方式生产的汽车。它首次实现了刚性流水生产,奠定了现代大规模生产(Mass Production)的技术基础。福特也因此被称为"流水线作业的鼻祖"。

(3) 创新的营销策略和管理思想　福特在流水生产线中推行定额管理思想;在产品销售中采用低价的销售策略,使大多数人都能购买得起汽车;通过提供充足的零部件和及时的售后服务,消除用户的后顾之忧;通过向员工支付高薪(如由每天工资为1美元提高到5美元),让员工能够买得起自己所制造的汽车,增加员工的自豪感,提高员工工作的积极性和工作效率。福特的改革起到了榜样和示范作用,推动了美国社会的薪酬改革,引发了购买汽车的风潮，有效地促进了汽车工业的发展。

在汽车制造企业中存在着不同的生产组织方式。早期的福特公司采用全能型生产组织模式，汽车的全部零部件（甚至包括轮胎、蓄电池等）都由本公司生产。与福特公司不同，通用汽车（GM）公司则采用专业化分工的生产组织方式。它将一些汽车制造企业联合起来分工协作，根据各个企业的条件，实行专业化生产。在很长的一段时间里，美国汽车制造企业的竞争主要体现为这两种生产组织方式的竞争。

企业因市场而生。只有适应市场变化，企业才能不断发展、壮大。20世纪初，福特汽车以低廉的价格迅速占领汽车市场，使汽车成为美国人的代步工具，为汽车的大众化做出了重要贡献。到20世纪20年代，汽车业已经是大众与精英并存的市场，汽车不再只是一种交通工具，它还体现了顾客的偏好、品位和身份。另外，此时的美国已经形成了巨大的旧车和二手车市场，质量相当不错的二手车的价格只有几十美元甚至十几美元，对以"价廉物美"而著称的福特T型车造成了极大冲击。但是，此时的福特依然将主要的资金和精力投入到T型车中，产品品种和配置单一，甚至连汽车的颜色都只有黑色。福特曾说过："只要汽车为黑色，顾客总会称心如意。"加之接踵而来的经济大萧条，福特公司元气大伤。1927年，福特公司的T型车被迫停产。正如美国《财富（Fortune）》杂志中的一篇文章所指出的："T型车是不错，但是它已经不能满足人们拥有汽车的自豪感了"。

1923年5月，艾尔弗雷德·斯隆（Alfred Sloan，1875—1966）开始担任通用汽车公司总经理。面对内忧外困，斯隆构建了一套有效的组织机构、财务和管理制度，不断推出时尚、先进、豪华和系列化的汽车产品，满足了不同阶层的购买需求。在斯隆的领导下，通用汽车公司的汽车产量逐年上升。1927年，通用汽车公司的汽车年产量首次超过福特公司，跃居世界汽车制造企业汽车年产量首位，产品的市场占有率从1921年的12%提高到1941年的49%，此后通用汽车公司的汽车产量曾长期位居世界各汽车公司之首。

图 1-9 "现代公司之父" 艾尔弗雷德·斯隆

通用汽车公司战胜福特汽车公司是美国制造业和管理学历史上的重大事件之一。鉴于斯隆对通用汽车公司的发展做出的重要贡献，他被认为是通用汽车历史上最伟大的"驾驶员"。有人评价通用汽车公司在美国的地位时指出："通用是美国的光辉，是美国经济历史上值得向世界炫耀的一个主角。"斯隆在现代公司的行政管理体制、组织结构、生产计划、财务管理、产供销模式和海外扩张战略等方面做出诸多创新，他也因此被称为"现代公司之父"（图1-9）。

按照斯隆自己的总结，他对通用汽车公司的贡献主要包括三点：分权组织的起源和发展，相应的财务控制，以及对经营概念的创新理解。斯隆对现代企业制度的贡献集中表现在以下方面：

（1）公司组织架构的创新　"政策上统一，管理上分权"是斯隆组织模型的核心，通过"充分授权"和"适度集中"实现基于协调控制的分权管理，将上述概念与适度的财务激励手段相结合，构成了斯隆时代通用汽车公司的企业组织政策的基石。

为了将"集中政策控制下的分权经营"的理念付诸行动，斯隆采取了以下措施：①明确、清晰地定义各个下属事业部的职能，各事业部享有一定的独立运营权，保留较完整的设计、生产、销售等职能，各事业部总经理被赋予充分的业务经营执行权；②强化总部制定政策的职能，执行委员会位于运营机构金字塔的顶端，直接对董事会负责，同时对公司运营方面拥有至高的权力；③将执行权集中到总裁和公司首席执行官手中，对制定决策与执行决策的职责进行明确的区分；④保证总裁的管理幅度合理，使其有精力把握公司的总体政策而不陷入事务性工作之中；⑤在事业部之间建立横向的建言渠道，通过建立有效的管理架构，使管理层的注意力转向财务制度与控制；⑥采用"投资回报率（Return on Investment，ROI）"来确定各事业部效率的高低，并将它作为衡量事业部业务效率的客观标准。

在通用汽车公司，不同型号的汽车由不同的单位、管理人员和生产线负责，各单位之间既有合作又相互竞争。斯隆认为，这样既可以保留竞争，又能享用大规模生产带来的好处。此外，通用公司的配件、卡车、财政和其他部门也享有很大的自主权。斯隆认为：通用汽车公司虽然要成为大型企业，但也要保持小型企业的活力。

为确定公司总部的地位并协调好整体与组织的关系，斯隆强调总部虽然不在行政上对各事业部予以限制，但是各事业部必须接受总部的财务考核，从而既使各事业部在财务上处于受控状态，又能够在事业部之间建立一种良性的竞争关系。

通用汽车公司采取适当的集权，消除了事业部多余的自由，通过发展财务工具（如财务方法、现金控制、库存控制、生产控制等），使得在分权管理的同时实现了协调控制。此外，通用汽车公司还开发出绩效考核工具，包括成本、价格、销量和投资回报率等，用来评价各事业部的绩效。

（2）对经营概念的创新理解　与福特公司不同，通用汽车公司具有丰富的产品线，涵盖高中低端，包括凯迪拉克（Cadillac）、别克（Buick）、奥克兰（Oakland）和雪佛兰（Chevrolet）等众多品牌。斯隆认为，通用产品政策的核心是依靠不断提升的品质与价格模式，大量地生产所有产品线的汽车。

为此，斯隆以"一个市场一个品牌"为原则，将通用旗下众多的品牌按档次划分为具有互补性和竞争力的"旗舰品牌"，通过划定不重叠的价格范围，避免与自家产品的直接竞争，建立一系列的产品线；改善生产流程，鼓励公司各部门之间的协调合作，尽可能采用相同的机械零件，充分利用共有资源，在满足大量生产的前提下，生产出风格与特色各异的产品。这也是大规模定制（Mass Customization）技术最初的工业实践。

斯隆认为，公司的首要目标是赚钱，而不是生产汽车。因此，公司的重心应以成本最低为目标，设计和生产具有最高利用价值的汽车。一方面，通用汽车公司借助于引进全新的革命性汽车设计，与福特公司在低价汽车市场中展开竞争。另一方面，斯隆提出：汽车越造越好、附件越来越全、革新越来越多，使汽车不仅仅是一种交通工具。他将销售放在首位，遵循顾客至上的宗旨，赋予设计人员更大的权力，要求不断改革汽车式样。他还提出汽车外观和销售"四条新"的原则，即分期付款、旧车折价、年年换代和密封车身，激起了车主厌旧求新的欲望，成为产品促销的有效手段，这在后来被制造企业广泛地借鉴和采用。

斯隆上任三年就使濒临破产的通用汽车公司反败为胜，之后担任通用汽车公司总裁达23年之久，创造了现代企业组织管理的经典案例。斯隆与通用电气公司（General Electric Corporation，GE）的杰克·韦尔奇（Jack Welch）并称为20世纪最伟大的首席执行官（Chief Executive Officer，CEO）。

美国工程师弗雷德里克·温斯洛·泰勒（Frederick Winslow Taylor，1856—1915）是第二次工业革命中的另一位代表性人物（图1-10）。泰勒所学专业为机械工程，他从普通工人做起，31岁时升任企业总工程师。在日常工作中，泰勒总是设法寻找最合适的方法。从1881年开始，他历时20多年，以降低成本和提高生产率为目的，从如何使员工获得必要的工作时间、保证个人才能的发挥、保障机器的有效利用和提高企业盈利水平等角度开展了一系列试验，采用科学方法对工人的操作、工具、机器设备、劳动和休息时间、工作环境等进行分析与改进，形成了一整套企业管理制度。泰勒相继发表《计件工资制》和《工场管理》等研究论文。1911 年泰勒出版了《科学管理原理（The Principles of Scientific Management）》一书，其中涉及制造工艺过程、专业化劳动分工、工作方法、作业测量、计件工资、激励制度和企业职能组织等问题，成为管理科学和工业工程学科的奠基性文献。

图 1-10　"科学管理之父"
弗雷德里克·温斯洛·泰勒

　　泰勒的企业管理思想扎根于一系列科学实验的基础上，使管理成为一门科学。泰勒开创了工业管理的新纪元，很多现代管理理论都建立在泰勒科学管理的基础之上。因此，他也被称为"科学管理之父"。

　　泰勒在企业管理方面所做的工作给社会进步带来了深远影响，有效地促进了制造业的发展，为企业组织结构的设计奠定了理论基础。因此，他也成为工业工程（Industrial Engineering，IE）学科重要的奠基人，被称为"工业工程之父"。泰勒的贡献主要体现在以下方面：

　　（1）率先以试验方法研究生产管理问题　在生产一线开展系统性和实证式试验，开创了实证式管理研究的先河，使管理学成为一门严谨的科学。

　　时间研究（Time Study）就是研究各项作业所需的合理时间，以确定在一定时间内应达到的合理作业量，从而制定作业的基本定额。从 1881 年开始，泰勒在车床、钻床、刨床等机床上开展了"金属切削试验"，研究采用何种刀具、以怎样的速度来获得最佳的加工效率，由此制定金属切削工人每日的工作定额和工作量考核标准，开启了工时研究的先例。因此，泰勒也被称为"时间研究之父"。

　　此外，泰勒还是"动作研究（Motion Study）""方法研究（Method Study）"和"工具研究（Tools Study）"的先驱。1898 年，泰勒在位于美国宾夕法尼亚州的伯利恒钢铁公司开展了著名的搬运生铁块试验和铁锹试验。搬运生铁块试验是在该公司五座高炉搬运班组的 75 名工人中进行的，通过试验改进了工人的操作方法，使生铁块的搬运量提高了 3 倍。泰勒的铁锹试验系统地研究了铁锹的负载问题。在工业革命早期，工人工作时需要自己带铁锹等作业工具，铁锹的规格、尺寸、形状各不相同，并且铲不同原料（如煤炭、矿砂等）都使用相同的铁锹。泰勒通过试验发现：工人操作时的平均有效负载是 9.5kg。为此，他设计了不同规格和形状的铁锹，规定每种铁锹只适合铲特定的物料，以便使铁锹负载达到标准值。他还研究了原料装锹的方法，对搬运动作的操作时间进行测定、分析和改进，得出一个"一流工人"每天应该完成的工作量，使工人的工作效率提高了 3.5 ~ 4 倍，从原来每人每天搬运 12 ~ 13t 物料提高到 45 ~ 48t，堆料场的工人人数从 400 ~ 600 人减少到 140 人。此外，泰勒还制定了工作定额，提出了差别工资制，达到工作定额的增发奖金，达不到定额的只发基本工资，员工干得越多，收入就越高，有效地调动了员工的积极性，生产效率得到很大提高。上述工作有效地提高了作业效率。

　　（2）开创了工作流程分析和过程管理的先河　泰勒往往选取企业现场作业管理的某一局部来研究管理。采用归纳方法，与实证方法相配合，由具体案例或试验结果归纳、提升得到整体性结论。通过对单一或局部工作流程的动作研究和时间研究，计算出流程的效率，为改进企业管理提供可行的思路和科学依据。

（3）提出了作业标准化的概念 泰勒是标准化管理的创始人。他以作业管理为核心，通过生产环节和生产要素的标准化，实现生产率的优化，开启了标准化管理的先河。

泰勒科学管理的主要观点包括：①科学管理的中心问题是提高劳动生产率；②为提高劳动生产率，需要挑选和培训工人；③要使工人掌握标准化的操作方法，使用标准化的工具、机器和材料，在标准化的工作环境中作业；④采用激励性的计件工资报酬制度，激励工人努力工作；⑤管理和劳动分离，管理者和劳动者应变对立为合作，在工作中密切合作，以保证工作按标准的设计程序进行，共同为提高劳动生产率而努力；⑥将计划职能和执行职能分开，以科学的工作方法取代经验式工作方法；⑦细化生产过程管理；⑧管理控制中实行例外原则，即日常事务授权部下负责，管理人员只对例外事项（重大事项）保留处置的权力。

泰勒认为，分析工作任务是管理者的首要职责。分析工作任务着重解决以下三个问题：①做什么（what）；②怎样去做（how）；③何时和用多长时间去做（when and how long）。因此，科学管理理论也被称为任务管理法。

为找出管理某项工作的科学方法，泰勒认为要通过调查并建立一个实施的样本，调查工作包括五个步骤：①找到适合完成特定工作的适量的工人；②仔细研究并分清每一个工人的具体工作环节，以及他们完成工作所需使用的工具；③用秒表记录下他们完成每一个工作环节的具体时间，选择其中最快的方法；④去掉那些错误的、节奏慢的、无用的步骤；⑤最终整理出一套最快、最好的工作流程和最适用的工具。泰勒认为，管理者应该努力把工作任务分解成相对明确的环节，并采用可以量化的标准控制各个环节。管理工作就是监控所有的环节。

泰勒还提出了一套定量的模式和方法来规范并检验工人的工作表现。工人在规定时间内依照预先细化并被验证为可行的安排完成工作任务，使组织管理和员工控制变得简单明确，也能有效地激励工人提高工作效率。泰勒在钢铁厂中就工作定量系统进行了十余年的试验，总结出以下七点优势：①既能降低生产成本，又提高了工人的工资和收入；②打破工人之间的联合；③以固定的标准来提高统一性与公正性；④促进劳资双方的合作；⑤在不同工作环节中达到最高的生产率；⑥自动为每个岗位选择最适合的工人；⑦建立和谐的组织。

泰勒把他的科学管理理论总结为：科学而非强制的手段；和谐统一而不是各自为政；合作而非个人主义；产出最大化而非严格规定下的产量；让每个人发挥最大的能力获得最大的收益。泰勒的科学管理理论对20世纪的美国工业带来了巨大影响，各公司纷纷应用科学管理理论，企业的生产效率得到大幅度的持续提高。第二次世界大战以后，泰勒的管理理论从美国扩散到其他发达国家，成为促进这些国家经济发展的有效技术手段。

泰勒的同事亨利·劳伦斯·甘特（Henry Laurence Gantt，1861—1919）是泰勒实行科学管理制度的合作者，也是研究科学管理原理的先驱之一，他对制造业的发展也做出了重要贡献。1887年，甘特结识了泰勒，后随泰勒一起在伯利恒钢铁公司工作。甘特与泰勒合作，共同研究科学管理问题。甘特在泰勒的指导下开始研究管理，为泰勒科学管理原理的创立和推广做出过重要贡献。与泰勒相比，甘特更关心工人的利益，重视工业中人的因素，他也是建立人际关系理论的先驱者之一。由于甘特在思想方法和处事风格上与泰勒不一致，两人经常发生争执，甘特与泰勒的合作是在争吵和论辩中进行的。1902年，甘特离开伯利恒钢铁公司，独立开业担任咨询工程师，并先后在哥伦比亚大学、哈佛大学和耶鲁大学任教。管理史学家丹尼尔·雷恩（Daniel Wren）将甘特称为"最不正统"的追随者。也正是由于甘特在一些问题上的"不正统"，使得科学管理运动有了更加丰富和合理的内涵。

甘特最大的贡献是发明了甘特图（Gantt Chart），即生产计划进度图（图 1-11）。第一次世界大战期间，甘特放弃了企业咨询工作，为政府和军队充当顾问。他对造船厂、兵工厂管理进行了深入研究，在利用图表管理的方法方面获得重大突破。甘特认为，工作控制中的关键因素是时间，时间应当是制订任何计划的基础。甘特用来解决时间安排问题的办法，是绘出一张标明计划和控制工作的线条图。这种线条图就是后来在制造领域和管理学界享有盛誉的甘特图。在一张事先准备好的图表上，管理部门可以了解计划执行的进展情况，并采取必要行动使计划能按时完成或在预期的许可范围内完成。利用甘特用图表进行计划和控制的做法是管理思想上的一次革命。

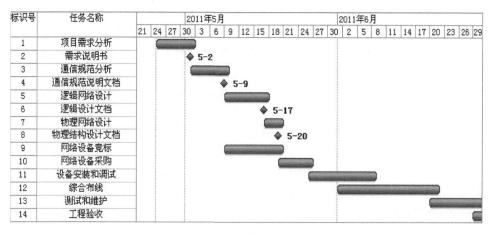

图 1-11　甘特图应用举例

开始时，甘特用水平线条图表示工人完成任务的进展情况，把每个工人每天是否达到标准和获得奖金的情况用水平线条记录下来，并用不同颜色表示进度及完成质量等信息。管理部门根据图表发现生产中的问题，并把工作进展告诉工人；工人可以从进度图上直观地看到自己的工作成效。甘特发现这种绘图方法有助于提高工作效率，于是他进一步丰富图表内容，在图表上增加包括每天生产量的对比、成本控制、每台机器的工作量、每个工人实际完成的工作量、与原先对工人工作量估计的对比情况、闲置机器的费用和其他项目，使这种图表成为一种有很高实用价值的管理工具。

与泰勒同时代的弗兰克·吉尔布雷斯（Frank Gilbreth，1868—1924）和莉莲·吉尔布雷斯（Lillian Gilbreth，1878—1972）夫妇也对第二次工业革命产生了重要影响。吉尔布雷斯认为，要获得作业的高效率、实现高工资与低生产成本相结合的目的，就必须做到以下几点：①要规定明确的、高标准的作业量，他主张在一个组织完备的企业里，作业任务的难度应当达到非第一流工人不能顺利完成的地步；②要为每个工人提供标准的作业条件，包括操作方法到材料、工具、设备，以保证工人能够完成标准的作业量；③完成任务者付给高工资，完不成任务者要承担损失。通过科学地规定作业标准和作业条件，实行刺激性的工资制度（差别计件工资制），获得作业的高效率。其中，弗兰克·吉尔布雷斯被公认为"动作研究之父"。

作业标准和作业条件需要通过时间研究和动作研究加以确定。与泰勒在生产线上对工人进行试验有所不同，吉尔布雷斯夫妇发明了"动素（Threblig）"的概念，动素是不可再分的最小动作单位。他们把人的所有动作归纳成17个动素：寻找、选择、抓取、移动、定位、装备、使用、拆卸、检验、预对、放手、运空、延迟（不可避免）、故延（可避免）、休息、计划和夹持，从而将所有作业分解成一些动素的和。通过对动素的定量研究，可以分析每个作业需要花费多少时间，确定完成一个特定任务的最佳动作，以达到作业高效、省力和标准化的目的。吉尔布雷斯夫妇还提出用于分析和改进操作动作的原则，即动作经济原则（Economic Principle of Motion）。他们将动作经济原则分为三大类：

（1）关于人体的运用　主要原则包括：双手应同时开始并完成动作；除规定休息时间外，双手不应同时空闲；双臂的动作应对称；手的动作应以最低等级而能得到令人满意的结果者为妥；应尽可能利用物体的运动能量，但如需用体力制止时，则应将其减小至最低限度；连续的曲线运动比含有方向突变的直线运动好；弹道式运动比受限制或受控制的运动轻快；动作应尽可能带有轻松自然的节奏。

（2）关于操作场所的布置　主要原则包括：工具物料应放置在固定场所；工具物料等装置应布置在工作者前面就近处；利用零件重量将其供应到工作者手边；应尽可能利用"坠送"方法；工具物料应依照最佳的工作顺序排列；应有适当的照明设备，使视觉满意舒适；工作台和座椅的高度应使工作者坐立适宜；工作椅的式样和高度应能使工作者保持良好的姿势。

（3）关于工具设备　主要原则包括：尽量解除手的工作，而以夹具或脚踏工具代替，可能时应将两种工具合并为一种；工具物料要尽可能预先放置在工作位置上；设计手柄时，应尽可能增大手柄与手的接触面积；机器上的杠杆、十字杆及手轮的位置，应能使工作者的姿势变动最小，并最大限度地利用机械力。

动作经济原则可以归纳为四项要求：

1）两手应尽量同时使用，并取对称反向路线。

2）尽量减少动作单元。

3）尽量缩短动作距离。工作时人体的动作由低到高可以分为五个级别，即手指动作，手指及手腕动作，手指、手腕及前臂动作，手指、手腕、前臂及上臂动作，手指、手腕、前臂、上臂及身体动作。动作级别越高，所要花费的时间和体力越多。因此，应尽量使用较低级别的动作，缩短动作距离，同时应注意两手的作业范围和两眼的有效视野。

4）尽量使工作舒适化。

除动作研究外，吉尔布雷斯还致力于通过有效的训练、采用合理的工作方法、改善环境与工具等手段，使工人的潜力得到充分发挥，并保持健全的心理状态。为记录各种生产程序和流程模式，吉尔布雷斯夫妇还制定了生产程序图和流程图，至今仍广泛应用于制造企业中。吉尔布雷斯夫妇还对科学管理原理进行了验证。

吉尔布雷斯在他编著的《疲劳研究》一书中写道："生活的目标就是幸福，不管我们对幸福的理解有怎样的不同。以一种发自内心保护人类生活的情感去消除疲劳和杜绝浪费。无论他都做了什么或者有没有达到目标，我们必须增加'让人感到幸福的时间'。"

第二次工业革命以后，各种发明如雨后春笋般出现，新的知识被源源不断地创造出来并迅速转化为生产力，它们不仅成为推动社会进步和改变人们生活的动力，也成为创造财富的源泉。另外，对技术发明和知识产权的保护也是推动技术及社会进步的重要力量。1802年美国就成立了国家专利局，仅在1865年至1900年间，美国批准登记的发明专利已超过64万件。美国第十六任总统亚拉伯罕·林肯（Abraham Lincoln，1809—1865）曾指出："专利制度

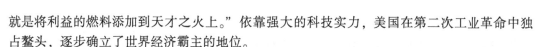

就是将利益的燃料添加到天才之火上。"依靠强大的科技实力，美国在第二次工业革命中独占鳌头，逐步确立了世界经济霸主的地位。

正如现代管理学的开创者、"现代管理学之父"彼得·德鲁克（Peter Drucker，1909—2005）指出的那样："对过去一百年生产力的迅速提高，技术专家把功劳归于机器，经济学家把功劳归于资本投资。只有极少数的人认识到，功劳应该归于将知识应用于工作，发达经济国家正是由此被创造出来的。"

1.1.3　第三次工业革命

第二次世界大战前后，出于战争的目的和国家之间经济竞争的需要，人类在核能、电子计算机、微电子、航空航天、生物工程等领域相继取得重大突破。它们在更广阔的领域和更深的层次上影响着社会发展和人们的生活，市场需求呈现出新的变化，制造技术产生了新的飞跃。这是人类文明史上又一次根本性变革，通常称之为第三次工业革命。

第二次世界大战期间，为开发新型火炮和导弹，美国陆军军械部在马里兰州的阿伯丁建立了"弹道研究实验室"，要求该实验室每天为部队提供6张火力表。其中，每张火力表要计算几百条弹道数据，而每条弹道的数学模型都是一组复杂的非线性方程组。这些方程组只能用数值方法进行近似计算，利用当时的计算工具，即使是200多名雇员加班加点工作，也需要两个多月的时间才能算出一张火力表。这显然难以满足美国军方的要求。

1942年，美国宾夕法尼亚大学的约翰·莫希利（John Mauchly，1907—1980）提出试制"高速电子管计算装置的使用"的设想，利用电子管代替继电器以提高计算速度。该设想得到美国军方的支持，于是成立了以莫希利和他的学生约翰·埃克特（John Eckert，1919—1995）为首的研制小组。在研制过程中，时任弹道研究实验室顾问、正在参加美国第一颗原子弹研制的数学家约翰·冯·诺依曼（John Von Neumann，1903—1957）带着原子弹研制中的计算问题加入了研制小组。在冯·诺依曼的帮助下，1946年2月14日，世界上第一台计算机——电子数字积分器与计算器（Electronic Numerical Integrator and Calculator，ENIAC）诞生。它的计算速度达到每秒钟5000次加法运算或500次乘法运算，比当时最快的继电器式计算装置的运算速度快1000多倍，极大地提高了弹道数据的计算速度。与现代计算机相比，ENIAC显然是一个庞然大物（图1-12），它使用了近18000只电子管，6万多个电阻器，占地面积约170m^2，重达30t，消耗功率约为150kW。1946～1954年间，真空电子管是计算机的核心元件，一般称此时的计算机为第一代计算机。ENIAC的发明标志着信息时代（information age）的来临。

图1-12　世界上第一台计算机ENIAC在工作

冯·诺依曼为ENIAC的研制和计算机的发展做出了重要贡献。针对ENIAC在结构设计中存在的问题，冯·诺依曼等人着手进行改进，他们于1945年发表了名为《电子离散变量自动计算机（Electronic Discrete Variable Automatic Computer，EDVAC）》的报告。该报告明确定义了计算机的五大部件，即运算器（Arithmetic Logic Unit）、逻辑控制器（Logic Control Unit）、存储器（Memory）、输入设备（Input Equipment）和输出设备（Output Equipment），并定义了它们之间的相互关系（图1-13）。其中，运算器和逻辑控制器也合称为中央处理器（Central Processing Unit，CPU）。CPU是计算机的核心部件，被称为计算机的心脏。报告还提出，数据和指令均采用由0和1组成的二进制，以便发挥电子元件的特性，简化系统结构和逻辑设计；采用存储器存储程序、指令和数据，以提高计算速度。该报告奠定了现代计算机的基本架构，是计算机发展史上里程碑式的文献。

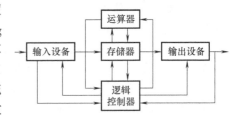

图1-13 冯·诺依曼的计算机体系架构

此外，冯·诺依曼还提出"存储程序"和"程序控制"的计算机工作原理，极大地推动了电子计算机的发展。人们把按上述思想设计的计算机统称为"诺依曼机"，冯·诺依曼也被誉为"计算机之父"（图1-14）。

1947年12月，美国贝尔（Bell）实验室的科学家威廉·肖克利（William Shockley，1910—1989）、约翰·巴丁（John Bardeen，1908—1991）和沃尔特·布拉顿（Walter Brattain，1902—1987）等研制成功世界上第一个晶体管（Transistor），取得固体物理

图1-14 "计算机之父"冯·诺依曼

学和微电子技术领域的重大突破。1956年，他们三人共同荣获诺贝尔物理学奖。

晶体管是一种固体半导体器件，它可以完成检波、整流、放大、开关、稳压、信号调制等多种功能。与真空电子管相比，晶体管具有体积小、成本低、灵活性和可靠性高等诸多优点。晶体管的发明引发了电子工业的一场革命，被科学界称为"20世纪最重要的发明"。威廉·肖克利也被誉为"晶体管之父"。之后，晶体管迅速成为电子产品和自动化设备中的基本元件。

晶体管的发明极大地促进了计算机的发展。晶体管代替了体积庞大的电子管，使电子设备的体积不断减小。1954年，美国贝尔实验室采用晶体管制造出了世界上第一台晶体管计算机，标志着计算机技术进入第二个发展阶段（1954~1964年）。与第一代计算机相比，第二代计算机体积小、速度快、功耗低、性能更加稳定。早期采用晶体管技术的计算机主要用于核物理中的数据处理，其价格昂贵，生产数量极少。1960年后，第二代计算机开始用于商业领域、大学和政府等部门。打印机、磁带、磁盘、内存、操作系统等现代计算机的部件开始出现。

1955年，威廉·肖克利离开贝尔实验室创建肖克利半导体实验室，吸引了不少有才华的年轻科学家加盟。但是由于该实验室在经营管理等方面存在问题，1957年，罗伯特·诺伊斯（Robert Noyce，1927—1990）、戈登·摩尔（Gordon Moore）等八人集体辞职，创办了具有传奇色彩的仙童（Fairchild）公司。1958年，仙童公司开发出首个平面晶体管。1959年1月，仙童公司总经理罗伯特·诺伊斯提出有关集成电路的设计方案，当年7月30日提交了"半导体器件连线结构"的专利申请，并于1961年4月25日获得美国专利。

1958年7月，杰克·基尔比（Jack Kilby，1923—2005）（图1-15）加入德州仪器（Texas Instruments，TI）公司。他开始

图1-15 "集成电路鼻祖" 杰克·基尔比

思考如果采用同一种物质制造晶体管、电容等元件,是否能设计出更高效的电路。1958 年 9 月 12 日,基尔比成功地将 1 只晶体管、4 只电阻和 3 只电容等集成在一块半导体锗晶体片上,研制出世界上第一块集成电路(Integrated Circuit, IC)。1959 年 2 月 6 日,TI 公司提出集成电路的专利申请,并于 1964 年 6 月 23 日获得美国专利。

为争夺集成电路的发明权,TI 公司和仙童公司展开了一场马拉松式的诉讼。1969 年美国法院最终判决:诺伊斯的互连技术和基尔比的设计思想不同,不存在侵权问题,两个专利均有效。于是,罗伯特·诺伊斯和杰克·基尔比成为集成电路的两个独立发明人。集成电路的发明奠定了现代微电子技术的基础,开创了电子技术发展的新纪元。后来,人们将 1958 年 9 月 12 日作为集成电路的诞生日,杰克·基尔比也被称为"集成电路鼻祖"。

伟大的发明需要时间来证明它的价值。2000 年 10 月 10 日,杰克·基尔比因在集成电路领域的杰出贡献而获得诺贝尔物理学奖。从 1958 年发明集成电路到 2000 年获得诺贝尔奖,杰克·基尔比的诺贝尔物理学奖迟来了 42 年。诺贝尔奖评审委员会对基尔比的评价是:"他为现代信息技术奠定了基础。"诺贝尔基金会指出:"现代信息和通信技术是当今最重要的全球性技术之一,它对全人类有深刻的影响。它是把工业社会转变为以信息和知识为基础的社会的原动力。"

晶体管工作时会产生大量的热量,而且会损害计算机的敏感元件。集成电路发明后,越来越多的元件被集成到单一的半导体芯片上。1964 年,美国国际商用机器公司(International Business Machines Corporation,IBM)研制成功世界上第一台采用集成电路的通用计算机 IBM System 360(图 1-16),标志着计算机产业进入第三个发展阶段。由于采用集成电路,第三代计算机的体积更小、功耗更低、速度更快。此外,第三代计算机开始使用操作系统(Operating System,OS),计算机在操作系统的控制下可以同时运行多个程序。

图 1-16 第三代计算机——IBM System 360

System 360 是 IBM 公司历史上最重要的产品之一。它的推出给 IBM 公司带来了巨大回报,奠定了 IBM 公司在计算机领域的技术优势。此后,IBM 公司的规模和市场竞争力迅速提升,开始成为名副其实的"蓝色巨人(Big Blue)"。它的倡导者罗伯特·伊万斯(Robert Evans)和总设计师弗雷德里克·布鲁克斯(Frederick Brooks)被并誉为"IBM 360 之父"。

IBM System 360 的系统结构设计还具有以下特征:①通用性,既可用于事务处理,又能用于科学计算;②系列性,根据系统的功能和规模,IBM 360 先后有 20、30、40、50、65、75 和 25、85、91、195 等多种型号,满足了不同类型用户的需求;③兼容性和可扩展性,各系列机型之间相互兼容,软件具有良好的兼容性和可扩充性,以便最大限度地保护用户投资;④标准化,提供标准的输入输出接口和通用的输入输出设备,接口、输入输出设备与中央处理器之间相对独立。IBM System 360 的上述特征对计算机产业的发展产生了深远影响,并成为后来计算机设计与开发时所遵循的基本原则。

1968 年 7 月,罗伯特·诺伊斯、戈登·摩尔与安迪·葛洛夫(Andy Grove,1936—2016)三人离开仙童公司,合伙创办了集成电子(Integrated Electronics)公司,这就是后来闻名遐您的英特尔（Intel）公司（图1-17）。

罗伯特·诺伊斯是半导体和集成电路领域的重要奠基性人物。他创造性地在氧化膜上制作出铝条连线将元件和导线合成一体，为半导体集成电路的平面制作和大批量生产奠定了基础。他先后创建了被称为"半导体工业摇篮"的仙童公司以及后来成为全球最大半导体芯片设计制造商的英特尔公司。在英特尔创建初期，罗伯特·诺伊斯扮演了关键角色，他奠定了公司的企业文化，取消了管理上的等级观念，开创了没有墙壁的隔间办公室新格局。

英特尔公司的另一位创始人戈登·摩尔在集成电路的发展进程中也扮演了重要角色。1965年，摩尔通过长期研究发现，大约每隔18个月，每块集成电路上集成的电子元件数量会增加一倍，集成电路的性能会提升一倍，价格则下降

图1-17　英特尔公司的三位创始人

一半。这就是著名的"摩尔定律（Moore's law）"。摩尔定律是物理学、高新技术与市场经济、人类创造力相互结合形成的产物，它形象地定义了信息技术（Information Technology，IT）的发展速度，带动了集成电路产业的白热化竞争。2005年，在"摩尔定律"发表40周年之际，摩尔说："如果你期望在半导体行业处于领先地位，你将无法承担落后于摩尔定律的后果。"

按照摩尔定律，集成电路不断扩大规模和集成度。20世纪70年代以后，大规模集成（Large Scale Integration，LSI）电路和超大规模集成（Very Large Scale Integration，VLSI）电路相继出现。1969年，英特尔公司发布世界首款金属氧化物半导体（MOS）静态随机存储器1101。1971年，英特尔公司发布世界首款可擦写编程只读存储器（EPROM）。1971年11月，英特尔公司工程师马西安·特德·霍夫（Marcian E Hoff）发明了世界上首款包含运算器、控制器在内的商用微处理器（Micro Processor）Intel 4004，也称为中央处理器（CPU），实现了单片计算机（Computer on a Chip）的梦想（图1-18）。Intel 4004的发明是信息技术史上的重要里程碑，为计算机微型化和个人计算机（Personal Computer，PC）的诞生奠定了基础，引发了计算机产业的第四次变革。之后，计算机不断向着小型化、微型化、低功耗、智能化、系统化的方向发展。霍夫也因此被誉为"微处理器之父"。

图1-18　世界首款微处理器 Intel 4004

1969年，世界上第一块可编程序逻辑控制器 Modicon 084 问世。这是继蒸汽机和电气技术之后工业自动化领域的又一项标志性事件。1972年，英特尔公司发布首款以家用为目的的8位微处理器8008。1973年，IBM公司研制成功软磁盘（Floppy Disk）。1974年，英特尔公司发布首款通用微处理器8080，它有16位地址总线和8位数据总线，支持16位内存，在世界首台个人计算机 Altair 上得到应用（图1-19）。1978年，Intel 8086 微处理器诞生。Intel 8088是8086简化版。1981年，IBM公司推出基于 Intel

图1-19　世界首台个人计算机 Altair

8088 微处理器的个人计算机（IBM PC）。1982 年，英特尔公司发布 80286 微处理器，它集成了 14.3 万只晶体管，数据总线为 16 位，地址总线为 24 位，时钟频率为 6 ~ 20MHz。与 8086 相比，80286 的寻址能力达到 16MB，支持更大的外存储设备（硬盘），内存可扩展到 16MB，支持 VGA 显示器，系统性能和计算速度都有很大提高。1985 年，英特尔公司推出第一种具有多任务功能的处理器——80386。它集成了 27.5 万只晶体管，时钟频率从 12.5MHz 逐步提高到 33MHz，数据总线和地址总线均为 32 位，寻址空间达到 4GB。2000 年，英特尔公司发布 Pentium 4 处理器，它集成了 4200 万个晶体管，时钟频率达到 1.5GHz。2016 年，Intel 酷睿（Core）i7-4790K CPU 主频达到 4.0GHz。

早在成立之初，英特尔公司的创始人就曾约定：公司将不拘泥于任何特定的技术或产品生产线。正如罗伯特·诺伊斯所言："没有任何合同规定我们必须保证某一生产线的生产。我们也不受任何旧技术的约束"。英特尔公司早期的产品是存储器芯片。20 世纪 80 年代后，随着日本公司的崛起和美国经济的衰退，英特尔公司的存储器业务陷入了困境，库存急剧增加。英特尔公司领导层毅然决定舍弃存储器业务，将公司主营业务转到微处理器上，带领英特尔公司顺利地穿越存储器的死亡之谷，将其转变为一家垄断性的 CPU 厂商。

安迪·葛洛夫也是英特尔公司和信息革命中的重要人物。他的格言是："只有偏执狂才能生存。"1987 年，安迪·葛洛夫出任英特尔公司 CEO，他以"打破传统，挑战现有逻辑"的战略思维，采取不断推出新产品、主动降价打击竞争对手的竞争策略，陆续推出 8086、80286、80386、80486、Pentium、Xeon、Itanium、Core、Core2、Atom、TerraFlops 等系列微处理器，逼迫自己不断进步，不让对手有喘息的空间，将英特尔打造成集成电路行业的超级领跑者，为信息革命提供了强劲的心脏和动力。

人们要操作和使用计算机，就必须与计算机进行信息交互。通常将人与计算机之间通信的语言称为计算机语言（Computer Language）。计算机语言是用户在编写计算机程序时使用的语言，也称为程序设计语言（Programming Language）。由 0 和 1 组成的二进制是计算机工作的基础。在计算机发明之初，人们只能用一串串由 0 和 1 组成的指令序列来控制计算机，所编制的程序就是一个个二进制文件，这就是第一代计算机语言——机器语言（Machine Language）。机器语言的优点是可以直接由计算机识别和执行、执行效率高、存储空间小，但是机器语言的程序编写、修改和调试困难，工作量大、程序质量差，并且程序与机器的硬件结构有关，极大地限制了它的使用。

在机器语言的基础上产生了第二代计算机语言——汇编语言（Assembly Language）。汇编语言按规定格式和一些约定的文字、符号、数字来表示不同指令，如用"ADD"代表加法、"MOV"代表数据传递等，因此汇编语言也称为符号语言（Symbolic Language）。与机器语言相比，汇编语言程序易读、易查、易修改，并且保持了机器语言编程质量高、执行速度快、存储空间小的优点。由于机器（计算机）不能直接识别由汇编语言编写的程序，因此，需要由一种程序将汇编语言翻译成机器语言。一般将这种起翻译作用的程序称为汇编程序（Assembler Program），汇编程序属于语言处理系统软件。汇编语言编译器把汇编程序翻译成机器语言的过程称为汇编（Assembly）。

汇编语言与机器语言的区别在于，机器语言使用 0 和 1 组成的指令代码直接编写程序，而汇编语言则使用特定的符号来编写程序。两种语言存在相似性，使用时依赖于具体的机器型号，需要考虑机器的硬件结构，程序的通用性和可移植性较差，一般将这两种语言称为低级程序设计语言（Low Level Programming Language）。由于汇编语言能准确地发挥计算机硬件的功能和特长，至今仍然得到广泛使用。

针对汇编语言的缺点，1951 年美国 IBM 公司的约翰·贝克斯（John W Backus, 1925—2007）开始开发公式转换器（Formula Translator, FORTRAN）语言。1957 年，第一个 FORTRAN 编译器在 IBM 704 计算机上实现应用，首次成功运行 FORTRAN 程序。之后，FORTRAN 语言不断得到改进和完善。FORTRAN 具有接近于数学公式的自然描述特性和较高的执行效率，广泛应用于数值计算、科学和工程等领域。FORTRAN 是世界上第一种获得商业应用的高级程序设计语言（High Level Programming Language），它改变了人机通信方式，使程序语言更容易被用户理解和接受，是软件行业重要的转折点。

1959 年 5 月，美国国防部委托格蕾丝·霍波（Grace Hopper, 1906—1992）博士主持开发名为面向商业的通用语言（Common Business-oriented Language, COBOL）的高级程序设计语言，并于 1961 年由美国数据系统语言协会正式发布。COBOL 的语法与英文接近，它具有强大的文件处理功能，但是仅提供加、减、乘、除和乘方等简单的算术运算，适用于商业数据处理，在财会、统计报表、计划编制、情报检索、人事管理等领域有着广泛应用。

1964 年，美国学者约翰·凯米麦尼（John G Kemeny, 1926—1992）和托马斯·卡茨（Thomas E Kurtz）在 FORTRAN 语言的基础上创造了名为初学者通用符号指令码（Beginner's All-purpose Symbolic Instruction Code, BASIC）"语言。BASIC 语言的命令和运算符号与英语、数学中的符号相似，直观、易于理解。它是会话式语言，用户可以边输入，边修改，通过终端实现人与计算机的对话，特别适用于初学者。BASIC 是早期个人计算机的主要语言之一，先后衍生出不同名称、版本和功能的 BASIC 语言，如 Apple BASIC、GW BASIC、IBM BASIC、True BASIC、Quick BASIC 和 Visual BASIC 等。

1972 年，UNIX 操作系统的开发者之一丹尼斯·里奇（Dennis Ritche, 1941—2011）设计出 C 语言。C 语言兼具高级语言和汇编语言的特点，它具有丰富的运算符和数据结构，有很强的数据处理能力。此外，C 语言允许访问物理地址，直接对硬件进行操作，可移植性强，代码质量和程序执行效率高。C 语言不仅可以编写应用程序，也适合编写系统软件。C 语言出现后，迅速成为最受欢迎的程序语言之一。高级程序语言以单词、语句和数学公式等代替了原先的二进制机器码，使计算机编程变得更加容易。系统分析员、程序员等新兴职业开始出现，软件产业开始萌芽。

1975 年 4 月，美国人比尔·盖茨（Bill Gates）与保罗·爱伦（Paul Allen, 1953—2018）创建微软（Microsoft）公司，主营销售和修改 BASIC 程序语言业务，成为当时仅有的几家 BASIC 语言解释器生产商之一。随着微软在 BASIC 解释器所占市场份额的增加，不少制造商开始采用微软 BASIC 的语法和其他功能，以保证与微软产品的兼容性，微软 BASIC 逐渐成为公认的市场标准。1987 年，微软公司推出 Quick BASIC，并将其改良为兼具直译和编译功能的翻译方式。1991 年，随着 MS-DOS 5.0 的推出，微软公司推出 Quick BASIC 的简化版 QBASIC，将作为操作系统的组成部分免费提供给用户。1988 年，随着 Windows 操作系统的出现，微软公司又推出具有图形化用户界面（Graphical User Interface, GUI）的 BASIC 语言——Visual Basic。

1975 年，史蒂夫·乔布斯（Steve Jobs, 1955—2011）和斯蒂夫·沃兹尼亚克（Steve Wozniak）等人研制出 Apple I 计算机。1976 年 4 月，他们创立苹果计算机公司（Apple Computer Incorporation）。1977 年，苹果公司推出 Apple Ⅱ 计算机，提供彩色显示的文字和简单图像。Apple Ⅱ 累计销售达百万台，引发了个人计算机革命。苹果公司成为当时发展速度最快的公司，五年之内进入世界五百强公司之列。

1981 年，IBM 公司推出自己的个人计算机，如图 1-20 所示。为了与苹果公司等的微型计算机竞争，IBM 一改过去自己研制元器件的做法，直接使用其他原始设备制造商（Original Equipment Manufacturers，OEM）的元件，采用 Intel 8088 微处理器作为 CPU，选择微软开发的磁盘操作系统（Disk Operating System，MS-DOS）软件，并配备了 64KB 内存和 5.25in. 软驱。此外，IBM 采用开放性系统设计策略，出售 IBM PC 技术参考资料，公开系统源代码，其他生产商可以免费使用 IBM PC 的硬件架构，生产、出售与 IBM PC 兼容的元件、软件及计算机系统。IBM 公司的开放策略极大地降低了个人计算机的产业门槛，但是也无形中鼓励了潜在竞争者的加入，美国电报电话公司（AT&T）、德州仪器（TI）、康柏（Compaq）和戴尔（Dell）等公司纷纷采用英特尔公司的 CPU 和微软公司的 MS-DOS 操作系统，推出了自己的 IBM PC 兼容机。开放性的系统设计推动了个人计算机的普及，也迅速削弱了 IBM 公司在 PC 领域的竞争优势。

图 1-20　采用 Intel 80286 的个人计算机

为了保持各自在个人计算机市场中的主导地位，IBM、苹果、微软、英特尔等公司之间形成了复杂的竞争与合作关系。1984 年，苹果公司推出 Apple Macintosh 系列个人计算机，试图重新夺回失去的市场。它具有友好的图形化界面，用户可以用鼠标（Mouse）方便地操作。1985 年，微软公司发布 Microsoft Windows 操作系统，提供与 Macintosh 相似的图形化界面和鼠标操作功能。为此，苹果公司向法院起诉微软软件侵权，最后以微软公司同意为苹果开发 Word、Excel 等软件并获得使用苹果部分图形化界面技术的权利而告终。1985 年 3 月，IBM 公司宣布停止 PC 机生产。1986 年，IBM 公司推出第一台笔记本计算机（Laptop）。为减少兼容 PC 机带来的冲击，IBM 公司于 1987 年推出基于微通道结构的总线技术和多任务操作系统 OS/2 的 PS/2 个人计算机，试图重新建立个人计算机的新标准，但是由于 PS/2 与原先的 IBM PC 不兼容，产品未得到市场认可，IBM 公司丧失了产业盟主的地位。1991 年，IBM、摩托罗拉（Motorola）和苹果公司结成联盟，宣布共同开发基于精简指令集运算（Reduced Instruction-set Computer，RISC）结构的 Power PC 系列微处理器，以对抗微软和英特尔。

IBM 公司创立于 1911 年，在计算机产业中长期处于领导地位，被视为美国科技实力的重要象征。第二次世界大战期间，IBM 公司的产品广泛用于军事计算和后勤保障，穿孔卡片机被用于研究原子弹的"曼哈顿计划"的科学计算中。20 世纪 50 年代，IBM 成为美国空军自动防御系统计算机的主要承包商。1969 年美国阿波罗（Apollo）飞船首次登上月球和 1981 年哥伦比亚号航天飞机成功地飞上太空，其中都有 IBM 公司产品的身影。IBM 公司在大型机、小型机、个人计算机和笔记本计算机（ThinkPad）等方面都曾是行业的标杆。

但是，进入 20 世纪 90 年代，激烈的市场竞争、臃肿的机构和保守僵化的企业文化使得"蓝色巨人"步履蹒跚，几乎到了崩溃的边缘。1991～1993 年，IBM 公司连续 3 年亏损，亏损总额高达 160 亿美元，其中 1992 年亏损 49.7 亿美元、1993 年亏损 80 亿美元，计算机主机年收入从 1990 年的 130 亿美元下滑到 1993 年的不足 70 亿美元。此时的 IBM 正面临着被拆分的危险，如同一头即将被肢解的大象。有媒体这样描述当时的 IBM：它的一只脚已经迈进了坟墓。拯救 IBM 成为当时"美国最艰巨的工作之一"。

1993 年 4 月 1 日，路易斯·郭士纳（Louis Gerstner）接替约翰·埃克斯（John Akers）出任 IBM 公司董事长兼 CEO。郭士纳上任后，制定了一系列重要决策：①开展业务流程再造（Business Process Reengineering, BPR），裁减冗员、削减开支、消除浪费，出售不良资产，改善企业现金流。②保持 IBM 企业的完整性。郭士纳认为，IBM 的优势就在于大。为此，他重振大型机业务，重新向 PC 市场发动攻击，争夺企业网络市场，持续拓展业务范围，将 IBM 打造成一个攥紧的、有巨大力量的拳头。③遵循"客户第一"的思想，以客户为导向，以市场作为企业行动的原动力，向客户提供优质的综合服务。郭士纳认为，计算机行业应停止单纯的技术崇拜，注重技术对客户的真正价值。④郭士纳认为，信息技术产业将变成以服务为主导的产业。1994 年，IBM 在连续多年亏损后首次实现赢利，且赢利达到 30 亿美元。1995 年，IBM 公司营业收入超过 700 亿美元。1996 年，IBM 公司将服务单位分离出来成为一个独立的机构，成立 IBM 公司全球服务部。2001 年，IBM 公司营业收入达 860 亿美元，其中全球服务部的业务收入达 300 亿美元，利润总额高达 77 亿美元，缔造了"郭士纳神话"的高潮。在计算机技术方面郭士纳是个外行，但是他通过一系列的战略性调整，让 IBM 公司再次焕发青春、重振昔日雄风，在商界跳了一场绝佳的舞蹈。正像郭士纳在其自传《谁说大象不能跳舞（Who Says Elephants Can't Dance?）》一书中指出的那样：大象就是能跳舞。路易斯·郭士纳以率直、倔强和雷厉风行而著称，成为 IBM 公司和信息技术历史上的一位重量级人物。

即便如此，IBM 公司在 PC 领域的颓势仍在延续。1994 年，康柏 PC 产量超过 IBM 和苹果公司，成为全球最大的 PC 制造商。1998 年 1 月，康柏以 96 亿美元的价格收购美国数字设备公司（Digital Equipment Corporation, DEC）。2002 年 5 月，惠普（HP）公司以 190 亿美元收购康柏公司，成为新的 PC 霸主。2002 年 7 月，IBM 以 20.5 亿美元的价格将硬盘业务出售给日本的日立（Hitachi）公司。2004 年 12 月，IBM 以 17.5 亿美元的价格将它的 PC 部门出售给中国的联想（Lenovo）公司。2013 年，联想公司的计算机销量升居世界第一，成为全球最大的 PC 生产厂商。2014 年 9 月，联想公司收购 IBM x86 服务器业务。面对低迷的销售额、高昂的销售成本和日益激烈的同质化竞争，IBM 理性地放弃了低利润率的产品，先后退出全球 PC 和 x86 服务器市场。在 2004 年剥离 PC 业务之后，IBM 公司已经转变成一家集硬件、软件及服务为一体的信息技术和业务解决方案公司。2015 年，在 IBM 公司的利润来源中，咨询服务业占比达 50%、软件占比 40%，来自于硬件的利润仅占 10%。近年来，云计算、大数据分析、手机平台应用和数据安全等成为 IBM 公司新的发展战略。

与 IBM 公司形成鲜明对照的是，IBM PC 的普及为英特尔和微软公司提供了绝佳的发展机会。为使自己的产品与 IBM PC 兼容，PC 制造商竞相采用英特尔的硬件和微软的软件系统，使英特尔和微软公司成为 PC 市场的主导力量，为这两家公司带来了丰厚利润，逐渐占据垄断地位。随着微软 Windows 操作系统的推出，个人计算机市场形成了以微软 Windows 操作系统和英特尔公司 CPU 为主导的 Win-tel 架构。

早期的计算机价格昂贵，数量极少。为了解决计算机使用上的矛盾，人们通过通信线路将一台主机（Host Computer）与若干台终端（Terminal）连接起来，实现资源和信息共享，形成了计算机局域网的雏形。20 世纪 60 年代，美国和苏联处于冷战状态，为了保证自己的通信网络在受到部分摧毁时仍能保持通信联系，美国国防部高级研究计划局（Advanced Research Projects Agency, ARPA）向美国一些大学和公司提供经费，研究基于分组交换技术

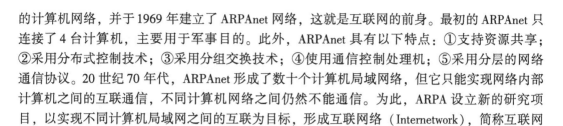

的计算机网络，并于 1969 年建立了 ARPAnet 网络，这就是互联网的前身。最初的 ARPAnet 只连接了 4 台计算机，主要用于军事目的。此外，ARPAnet 具有以下特点：①支持资源共享；②采用分布式控制技术；③采用分组交换技术；④使用通信控制处理机；⑤采用分层的网络通信协议。20 世纪 70 年代，ARPAnet 形成了数十个计算机局域网络，但它只能实现网络内部计算机之间的互联通信，不同计算机网络之间仍然不能通信。为此，ARPA 设立新的研究项目，以实现不同计算机局域网之间的互联为目标，形成互联网络（Internetwork），简称互联网（Internet）。

　　1965 年，德特·纳尔逊（Ted Nelson）提出"超文本（Hypertext）"的概念。1981 年，他对超文本做出如下描述：一个全球化的大文档，文档各部分分布在不同服务器中，通过激活成为链接的超文本项目，就可以跳转到引用的文档。超文本技术最早在苹果公司的 Macintosh 计算机上得到应用，微软公司从 Windows 1.0 操作系统的帮助文档开始提供超文本功能。目前，超文本已成为互联网的基本功能之一。

　　1974 年，美国人温顿·瑟夫（Vinton G Cerf）和罗伯特·埃利奥特·卡恩（Robert Elliot Kahn）发布传输控制协议/网际互联协议（Transmission Control Protocol/Internet Protocol，TCP/IP）。TCP/IP 协议具有良好的开放性，只要遵循 TCP/IP 规范，任何厂家生产的计算机之间都能相互通信，为互联网的诞生奠定了基础。瑟夫和卡恩也因此被称为"互联网之父"。

　　1982 年，ARPA 接受 TCP/IP 协议，以 ARPAnet 为主干网建立了初期的 Internet。1986 年，美国国家科学基金会（National Science Foundation，NSF）利用 TCP/IP 技术，将分布在美国的 6 个为教育、科研服务的超级计算机中心互联，建立了 NSFnet 网络，并允许大学、政府或科研机构网络加入。1988 年，NSFnet 替代 ARPAnet 成为 Internet 的主干网，开始对外开放。1989 年 ARPAnet 解散，Internet 从军用转向民用。Internet 的发展引起了信息技术企业的极大兴趣。1992 年，IBM、MCI 和 MERIT 三家公司联合组建高级网络服务公司（Advanced Network & Science Incorporation，ANS），建立一个新的网络——ANSnet，成为 Internet 的另一个主干网。NSFnet 由美国政府出资建立，而 ANSnet 归公司所有，Internet 由此开始走向商业化。1992 年，欧洲、加拿大、日本等国的计算机开始接入 Internet。1995 年 4 月，NSFnet 正式停止运作，此时 Internet 的骨干网已经覆盖全球 91 个国家，主机数超过 400 万台，仅美国 Internet 业务的营业收入就达到 10 亿美元。

　　1987 年，中国科学院高能物理研究所通过 X.25 租用线路实现国际远程联网，并于 1988 年实现了与欧洲和北美地区的 E-Mail 通信。1993 年，高能物理研究所开通至美国斯坦福直线加速中心的高速计算机通信专线，1994 年 5 月高能物理研究所的计算机接入 Internet。1994 年 6 月，以清华大学为网络中心的中国教育与科研网（CERNET）接入 Internet，标志着我国正式成为国际互联网的成员之一。1996 年 6 月，中国最大的 Internet 互联子网 CHINAnet 开通。2008 年，全球互联网用户人数达到 15 亿，其中中国的互联网网民人数达到 2.9 亿。根据 2017 年 1 月中国互联网络信息中心（CNNIC）发布的《中国互联网络发展状况统计报告》，2016 年 12 月中国网民人数达到 7.31 亿，相当于欧洲人口总数，其中手机网民人数达 6.95 亿。此外，人们的上网方式正在发生深刻变化，手机上网、电视上网网民规模快速增长，而通过台式计算机和笔记本上网的比例则继续呈下降态势。图 1-21 所示为近年来中国网民规模及互联网普及率及变化趋势。

　　早期的 Internet 向用户提供 E-Mail、BBS、Telnet、FTP、WAIS 等服务。1984 年，英国工程师蒂姆·伯纳斯·李（Tim Berners Lee）来到位于瑞士和法国边界的欧洲核物理研究所

图 1-21 中国网民规模及互联网普及率及变化趋势

（European Organization for Nuclear Research，CERN）工作。在那里他接受了一项富有挑战性的工作：开发一个软件，使 CERN 的科学家能够通过计算机网络进行交流、传递信息和开展合作研究，实现研究所内数据、信息和图像等资料的共享。1989 年 3 月，他向 CERN 递交了项目建议书，建议采用超文本技术将 CERN 内部的各个实验室连接起来，系统在建成后将可能扩展到全世界。1989 年 12 月，他将这项发明定名为 "World Wide Web"，这就是现在人们所熟悉的万维网（WWW）。万维网将互联网上的文本、图像、声音等各种信息链接到一起，使互联网的操作变得异常简便。1991 年 5 月，WWW 首次在 Internet 上露面便立即引起轰动。1993 年 4 月，CERN 宣布万维网对所有人免费开放。万维网的诞生给全球信息交流和传播带来了革命性变化，它打开了人们获取和传递信息的方便之门，推动了互联网的普及，是 Internet 历史上的重要分水岭。蒂姆·伯纳斯·李也因此被誉为 "万维网之父"。

1994 年 4 月，美国人马克·安德森（Marc Andreessen）和吉姆·克拉克（Jim Clark）创建网景通信公司（Netscape Communications Corporation），该公司的愿景是为不同操作系统的用户提供具有一致性、跨平台的因特网使用体验。1994 年，网景推出全球第一款商用网络浏览器 "导航者（Netscape Navigator）"。随着万维网的兴起，Navigator 顿时风靡全球，一度占据浏览器市场份额的 90% 以上。网景的快速发展引起了微软公司的注意，微软公司调动资源以最快的速度开发出与 Navigator 功能类似的浏览器 Internet Explorer（IE），并通过与 Windows 操作系统捆绑附送和免费使用等手段，与网景公司展开了激烈的 "第一次浏览器大战"。尽管网景公司采取了包括增加浏览器功能和反垄断诉讼在内的各种措施，Navigator 浏览器的市场份额还是在不断缩小，企业经营出现困难。1999 年，美国在线公司（American Online，AOL）以 43 亿美元收购网景公司，并与 SUN 等公司结成战略联盟对抗微软。2000 年 1 月，AOL 和时代华纳公司（Time Warner Incorporation）合并，组建全球最大的传媒集团和互联网企业——美国在线-时代华纳公司。2003 年 5 月，微软因涉嫌垄断而败诉，与 AOL 达成和解协议，微软向网景支付 7.5 亿美元并同意 AOL 在 7 年内无限制使用和散布 Internet Explorer。2003 年 7 月，网景公司解散。2008 年 3 月，美国在线-时代华纳公司宣布停止对 Netscape Navigator 的开发与技术支持，Navigator 正式退出历史舞台，至此网景公司在第一次浏览器大战中败北。

浏览器是互联网的基础和通向互联网的大门，在未来，也许只有掌握了浏览器的公司才能成为互联网行业真正的王者。2004 年，由 AOL 支持成立的 Mozilla 基金会与开源团体开发出火狐（Firefox）浏览器。Firefox 除具有网页浏览器的功能之外，还提供多种特色功能，如阻止弹出广告、整合多种搜索引擎等，可以更方便地检索信息。Firefox 发布后不久，就有数千万人体验到 Firefox 带来的全新的、方便快捷和个性化的网络浏览功能。到 2007 年初，Firefox 浏览器下载量突破 3 亿人次。2008 年 9 月，美国谷歌（Google）公司发布 Google Chrome 浏览器。谷歌公司宣称，Google Chrome 是以现今的互联网为基础，为应对未来可能出现的众多网络应用而设计的，它将为用户提供更好的网络体验，使用户可以更快捷地搜索，以便尽快找到所需内容。在国内，搜狐和 360 等公司也纷纷推出搜狐浏览器、360 浏览器，并提出高速、安全、便捷等营销理念。浏览器市场进入群雄逐鹿的时代。

互联网将人类带入了信息爆炸时代，信息成为企业的生存之本和经营之源。企业和用户所关心的是如何从信息的海洋中快速、精确地搜索出有效信息，如何利用网络进行产品和服务宣传，以满足自身需求。搜索引擎（Search Engine）技术应运而生。搜索引擎是指根据一定的策略，运用特定的计算机程序搜集互联网上的信息，通过对信息的组织和处理，为用户提供检索服务的系统。一般地，搜索引擎主要包括四个部分：①搜索器，在互联网中漫游，发现和搜集信息；②索引器，分析搜索器所搜索到的信息，从中抽取出索引项，生成文档索引表；③检索器，根据用户的查询在索引库中快速检索文档，开展相关度评价，对将要输出的结果进行排序，按用户的查询需求合理反馈信息；④用户接口，接受用户查询、显示查询结果。显然，所采用的技术不同，搜索引擎的搜索速度和效果将相差甚远。

1990 年，加拿大麦吉尔大学（McGill University）计算机学院的师生开发出 Archie。Archie 能根据文件名提供文件检索服务，搜集和分析 FTP 服务器上的文件信息，被公认为搜索引擎的鼻祖。1994 年 4 月，美国斯坦福大学（Stanford University）的博士研究生大卫·费勒（David Filo）和美籍华人杨致远（Jerry Yang）共同创办雅虎（Yahoo）公司，提供分类目录查询、简单的数据库搜索服务。1995 年 12 月，DEC 发布第一个支持自然语言搜索和实现高级搜索语法（如 AND、OR、NOT 等）的搜索引擎——AltaVista。

1994 年，美国麻省理工学院（MIT）教授、MIT 媒体实验室创办人尼古拉斯·尼葛洛庞蒂（Nicholas Negroponte）出版《数字化生存（Being Digital）》一书。他在书中写道：计算机不再只与计算有关，它将决定我们的生存；社会的基本构成要素将由原子（atom）转变成比特（bit）；网络将改变人们的生存方式，改变世界。书中剖析了数字技术给人们工作、教育、生活和娱乐带来的冲击，描绘出数字化生存的灿烂美景。该书出版后曾长期位居美国《纽约时报》畅销书排行榜榜首，美国《时代（Time）》杂志将尼葛洛庞蒂评为当代最重要的未来学家。《数字化生存》是一部有关数字化社会的启蒙之作，它对互联网的发展起到了推波助澜的作用。尼葛洛庞蒂也因此被誉为"数字化之父"。

1996 年 8 月，张朝阳在北京注册成立爱特信（Internet Technologies China，ITC）电子技术有限公司。张朝阳本科毕业于清华大学，后在美国麻省理工学院（MIT）获得博士学位，他的导师正是《数字化生存》的作者尼古拉斯·尼葛洛庞蒂。1996 年 11 月，ITC 获得尼葛洛庞蒂和 MIT 斯隆管理学院爱德华·罗伯特（Edward B Robert）教授共 22.5 万美元的第一笔风险投资，成为中国第一家以风险投资资金建立的互联网公司。1998 年 2 月，ITC 推出中国第一个分类查询搜索引擎——搜狐（Sohu），并将公司更名为搜狐公司。"出门靠地图，上网找搜狐"成为当时的流行语之一。1999 年，在搜索引擎基础上，搜狐发展成为综合性网络门户。2000 年 7 月，搜狐公司股票在美国纳斯达克上市。2002 年 7 月，搜狐推出面向个人消费服务的搜狐在线（Sohu online）业务。2005 年，搜狐成为 2008 年北京奥运会赞助商，成为百年奥运史上第一个互联网类别的赞助商。2008年，搜狐在国内率先推出博客开放平台，将中国互联网带入个人门户时代。

1996年，美国斯坦福大学的博士生拉里·佩奇（Larry Page）和谢尔盖·布林（Sergey Brin）等共同开发出全新的在线搜索引擎。1998年9月，他们创建谷歌（Google）公司。谷歌将"整合全球的信息，使其为每个人所用，让所有人受益"作为公司使命，秉持开发"完美的搜索引擎"的信念，提供搜索引擎服务。谷歌的创始人之一拉里·佩奇认为："完美的搜索引擎需要做到确解用户之意，切返用户之需。"2001年，Novell公司董事会主席及首席执行官埃里克·施密特（Eric E Schmidt）出任谷歌公司首席执行官。2004年8月，谷歌公司股票在纽约纳斯达克上市，逐步发展成为全球规模最大的搜索引擎公司，技术和市场份额均领先于主要竞争对手。2005年，"互联网之父"温顿·瑟夫加入谷歌，成为公司"首席互联网传布官"。谷歌公司以整理全球信息为己任，依靠优秀的产品与服务来吸引用户，其崇尚技术、开放的企业文化和良好的成长前景吸引了大批优秀人才。除搜索业务外，谷歌公司通过收购和自主研发，相继推出云计算、Chrome浏览器、电子邮件、地图、翻译、视频、财经、网站导航、广告计划、创建个性化网页等新产品和服务。

搜索引擎就像互联网上的一盏聚焦灯，成为聚集网民注意力和吸引用户眼球的工具，既满足了企业的需求，也为搜索引擎服务提供商带来了滚滚利润。调查表明，搜索引擎的影响力已经超过报纸，成为仅次于电视广告的广告形式。近年来，搜索引擎已成为全球互联网行业关注的热点话题。

雅虎公司曾是搜索引擎业务的领导企业，依靠搜索引擎积聚的人气，雅虎转型为门户网站。之后雅虎公司放弃了自己的搜索引擎，依赖于谷歌公司的搜索技术，而谷歌公司却依靠搜索引擎业务迅速发展成业界的领军企业。谷歌公司的成功使得软件巨头微软公司和曾经的搜索引擎巨头雅虎公司后悔不迭。盖茨认为，让谷歌成为搜索的代名词是微软公司的第二个战略失误。为抢占搜索市场份额，挑战谷歌公司的霸主地位，2008年，时任微软公司首席执行官史·蒂夫．鲍尔默（Steve Ballmer）曾尝试斥资约460亿美元收购雅虎公司。但是，雅虎公司联合创始人、CEO杨致远和董事会成员认为该报价低估了雅虎的市值，不符合股东利益，微软公司的收购动议遭到拒绝。2009年6月，微软公司在全球推出搜索和决策引擎"Bing"，并同步推出中文搜索引擎"必应"。微软公司将其中文含义诠释为"快乐搜索，有问必应"。微软公司此举意在挑战谷歌在网络搜索和广告业务上的垄断地位，并在利润丰厚的搜索广告市场上发起冲击。

雅虎公司曾经是互联网门户巨头，它旗下的Yahoo邮箱、雅虎新闻、搜索等产品曾为人们所熟知，估值一度达到1250亿美元。面对谷歌公司的冲击，雅虎公司试图通过并购重新掌握搜索技术，夺回失去的搜索引擎市场。2009年以后，雅虎公司业务增长乏力，就像一艘"正在沉没的大船"。2007~2016年，雅虎公司接连更换数任CEO，最终也没能改变雅虎的颓势。2017年6月，美国电信巨头Verizon以45亿美元收购雅虎核心资产，雅虎公司更名为Altaba，成为一家投资公司。至此，雅虎公司结束了它的独立运营，正式退出历史舞台。

1999年底，北京大学毕业生、后留学美国的李彦宏和徐勇在美国硅谷创立百度（Baidu）公司。2000年，百度在北京成立全资子公司——百度网络技术（北京）有限公司。"百度"一词源于我国南宋词人辛弃疾的《青玉案·元夕》："众里寻他千百度。蓦然回首，那人却在，灯火阑珊处"，象征着百度对中文信息检索技术的执着追求。2001年10月，百度公司发布基于"超链分析"技术的百度（Baidu）搜索引擎，专注于中文搜索，并为新浪、搜狐等门户网站提供搜索引擎服务。2005 年 8 月，百度公司在美国纳斯达克上市。在利益的驱动下，国内搜索引擎市场竞争同样激烈，新浪、搜狐、网易、阿里巴巴、360、腾讯等公司相继推出自己的搜索引擎。

在人类进入信息社会的过程中，比尔·盖茨和他创办的微软公司在其中扮演了重要角色。微软由为 IBM PC 提供 BASIC 语言解释器和 DOS 操作系统起步，之后通过 Windows 操作系统和 Microsoft Office 软件成功占据包括 PC、工作站和服务器在内的计算机市场。在 Internet 浏览器软件方面，微软公司以 Internet Explorer 后来居上，获得霸主地位。在搜索引擎领域，微软公司推出了搜索引擎 Bing。它的无孔不入和咄咄逼人的作风给软件业同行造成巨大压力。正如软件行业流传着的一句话那样：永远不要去做微软想做的事情。

比尔·盖茨是信息技术革命中具有传奇色彩的人物之一。他使计算机走进了人们的日常生活，改变了人们工作、生活乃至交往的方式。有人指出，比尔·盖茨对软件的贡献与爱迪生当年发明电灯的价值相当。尽管对他的评价褒贬不一，但人们难以回避他和他的产品。1995 年，比尔·盖茨出版了《未来之路（The Road Ahead）》一书，书中预测了信息技术的走势，指出网络将极大地影响人们的工作和生活，信息技术将带动社会的进步。1999 年，盖茨出版《未来时速（Business@ The Speed of Thought)》一书，其中指出，信息流是企业的命脉，因特网改变了一切，人们必须以新的方式来解决商业问题。书中还提出了一个新的思维概念——数字神经系统（Digital Nervous System，DNS）。他指出，数字信息速度的提高，企业在未来 10 年中的变化将超过过去 50 年变化的总和；一个组织必须使用数字信息流，才能快速地思考和运作，从而有可能在已经到来的数字化时代取得成功。

网卡（Network Card）、集线器（Hub）、交换机（Switch）、路由器（Router）、终端产品（Terminal Product）等网络硬件设备是信息技术和互联网的重要组成部分。随着信息技术的兴起，该领域先后涌现出芬兰的诺基亚（Nokia），瑞典的爱立信（Ericsson），法国的阿尔卡特（Alcatel），加拿大的北方电信（Northern Telecom），德国的西门子（Siemens），美国的朗讯（Lucent）、摩托罗拉（Motorola）、思科（Cisco）、3Com 和中国的华为、中兴通信等知名公司和产品品牌。其中，美国思科（Cisco）和我国华为公司的发展最引人注目。

1984 年，美国斯坦福大学的莱昂纳多·波萨克（Leonard Bosack）和桑蒂·勒纳（Sandy Lerner）设计了一种名为多协议路由器的联网设备，将校园内不兼容的计算机局域网整合起来，形成统一的网络，实现校园聊天。该联网设备被认为是联网时代真正到来的标志。1984 年 12 月，思科系统公司（Cisco Systems Incorporation）成立。1986 年，思科公司生产出第一台路由器。1990 年，思科公司股票上市。1991 年，约翰·钱伯斯（John Chambers）加入思科公司担任副总裁，当年思科公司的销售收入为 7000 万美元，股票市值为 6 亿美元。1995 年，钱伯斯出任思科公司总裁兼首席执行官。他"像一匹来自硅谷的狼，不断地搜寻适合兼并的猎物"，通过技术研发和并购重组，思科公司在网络设备的主要领域确立了领先地位，成为世界最大的网络设备制造商。2000 年 3 月，思科公司市值达到 5550 亿美元，超过微软、通用电气和英特尔等公司，成为美国市场价值最高的公司。2007 年，思科公司盈利达 73 亿美元，在 IT 行业仅次于微软和 IBM。思科公司制造的路由器、交换机和其他网络设备一度占据全球 80% 的互联网通信市场。为此，媒体中出现了一个新的名词"Wintelco"，将思科（Cisco）变成 Wintel 的后缀，意指计算机和互联网界将成为微软、英特尔和思科三家公司的天下。钱伯斯曾大胆预言：IT 业已经历了四代，第一代是大型机时代，IBM 唱了主角；第二代是小型机时代，DEC 曾一度占据主角；第三代是 PC 和局域网时代，英特尔和微软唱了主角；第四代是网络时代，思科将唱主角。思科公司的巨大成功，使得约翰·钱伯斯成为全球商业界最具创新意识和进取精神的企业领袖之一，被美国《Upside》杂志评为"数字世界之王"。

1988 年，华为技术有限公司以 2 万元资本在深圳注册成立，从代理销售程控交换机起步。1992 年，华为公司开始自主研发交换机，销售额突破 1 亿元。2005 年，华为公司销售收入首次突破 50 亿美元。2007 年，华为公司销售收入达到 125.6 亿美元，超过加拿大北方电信，位居思科、爱立信、阿尔卡特-朗讯和诺基亚-西门子之后，成为全球第五大电信设备制造商。2010 年，华为公司销售收入达人民币 1852 亿元（约 280 亿美元），超越阿尔卡特-朗讯、诺基亚-西门子，成为仅次于爱立信的全球第二大电信设备供应商。2013 年，华为公司超越爱立信，成为全球最大的电信设备供应商。2016 年，华为公司的运营商、企业、终端三大业务实现全球销售收入 5216 亿元（约 751 亿美元），同比增长 32%，净利润为 371 亿元。2017 年，华为公司在核心路由器（Core Router）领域的市场份额位居全球首位，终结了美国思科公司长期以来在该领域的垄断地位。经过 30 年的发展，华为公司围绕数字化转型，抓住了云计算、视频、物联网、智能制造等重大机遇，产品覆盖交换、传输、无线、数据通信、终端、平板计算机、物联网等领域，产品与系统解决方案大规模进入英国、法国、德国、日本等高端市场，覆盖全球 100 多个国家，成为世界领先的信息与通信解决方案供应商。

华为公司在产品研发、企业管理和营销策略方面均体现出良好的创新性。华为公司将产品研发视为企业的生命，将"我们保证按销售额的 10% 拨付研发经费，有必要且可能时还将加大拨付的比例"写进《华为公司基本法》。自 1998 年起，华为公司先后与 IBM、埃森哲、波士顿咨询公司、普华永道等世界一流管理咨询公司合作，投入大量人力、物力和财力，引进集成产品开发（Integrated Product Development，IPD）、集成供应链（Integrated Supply Chain，ISC）、客户关系管理（Customer Relation Management，CRM）、薪酬体系等先进的产品研发流程与企业管理方法，在人力资源管理、财务管理和质量控制等方面开展深层次变革。面对变革时期企业内部的思想动荡，华为公司总裁任正非明确提出"先僵化，后优化，再固化"的管理进步三部曲，建立起世界先进的企业管理体系，为华为公司走向国际化及竞争力的全面提升奠定了坚实基础。在市场营销方面，华为公司采取"以农村包围城市"的销售策略。1992 年，华为公司自主研发出程控交换机，当时国内市场由阿尔卡特、朗讯、北方电信等国外巨头所垄断，华为公司避开由国际巨头重兵把守的省会和沿海重点城市，通过开拓中小城市与农村市场来求得生存和发展机遇。在国际化征程中，华为公司以亚洲、非洲、拉丁美洲等相对落后的地区为切入点，步步为营，最终以创新的技术、低廉的价格、优质的服务、快速反应和系统性的解决方案占领欧美等高端市场。

华为公司的成功使总裁任正非成为业界传奇人物。很少接受记者采访、不在电视台露面、很少出席峰会的个性也使得他充满神秘色彩。媒体用以下词汇描述任正非：坚毅、果敢、坚韧、谦恭、责任、执行、务实、使命、奉献、诚信、信仰、自律、敬畏、开放、合作，以及土狼、军人、硬汉、战略家等，并称这些是企业领袖共有的天赋、素质和能力。通信和网络设备制造领域的竞争无处不在，任正非以强烈的危机意识和理性的思考陆续写出《华为的红旗能打多久》《华为的冬天》《北国之春》《华为的核心价值观》《不做昙花一现的英雄》《一江春水向东流》《在理性与平和中发展》《天道酬勤》《要快乐地度过充满困难的一生》等文章，成为现代企业管理的经典读本。任正非指出："跨国公司是大象，华为打不过大象，但是我们要有狼的精神，要有敏锐的嗅觉、强烈的竞争意识、团队合作和牺牲精神。"正是依靠这种"狼"的精神，华为成功地实现了由"活下去"到"走出去"，再到"走上去"的跨越，改变了行业竞争格局,让竞争对手由"忽视"华为到"平视"华为,再到"重视"华为。

信息化是第三次工业革命取得的标志性成果。集成电路、计算机软硬件、网络技术和各类自动化装备在制造业中得到广泛应用,极大地提升了制造与管理的效率,改变了制造业既有的技术体系与管理架构。2002年11月,中国共产党第十六次全国代表大会报告指出:"实现工业化仍然是我国现代化进程中艰巨的历史性任务。信息化是我国加快实现工业化和现代化的必然选择。坚持以信息化带动工业化,以工业化促进信息化,走出一条科技含量高、经济效益好、资源消耗低、环境污染少、人力资源优势得到充分发挥的新型工业化路子。"本书第2章的2.3节将简要回顾数字化设计与制造技术的发展历程。

1.1.4 第四次工业革命

工业革命深刻地改变了人类乃至地球的本来面貌。在工业化进程中,物质、能源和信息的关系日趋紧密,产品制造过程中的人财物、产供销、软硬件等要素的联系越来越密切、界限越来越模糊,社会变革过程中也不断提出新的技术与管理需求。

随着计算机、互联网、传感器、物联网(Internet of Things,IOT)等技术的成熟与普遍使用,人们开始通过各类终端设备实现信息的互联互通,实现虚拟与现实的有机融合,最终实现万物互联(Internet of Everything,IOE),给制造业带来了新的发展机遇与挑战。21世纪以来,从纳米技术到基因测序,从可再生能源到量子计算,从3D打印到工业机器人,从石墨烯到物联网,从无人驾驶到智能制造,人类在众多领域的研究工作取得突破,横跨制造、材料、能源、信息、物理、生物、自动化等学科,具有多专业交叉、科学与技术深度融合、产学研互动等特征,呈现出与前三次工业革命不同的特质,催生了新一轮的科技突破和产业变革。

在科技变革和经济全球化背景下,世界制造业竞争格局也发生了新的变化。为在新一轮制造业变革中占据有利位置,各国政府纷纷出台政策,助力本国制造业的发展。2009年,美国开始调整经济和制造业发展战略,同年12月公布《重振美国制造业框架》。2011年6月和2012年2月,美国政府相继启动《先进制造业伙伴计划》和《先进制造业国家战略计划》,通过制定积极的工业政策,鼓励制造企业重返美国。据统计,美国制造业占GDP的比重从2010年的12%回升至2013年的15%。与此同时,日本、韩国等国也加大对以信息技术、新能源为代表的新兴产业的扶持力度。2009年,日本出台信息技术发展计划和新增长策略,促进IT技术在医疗、制造等领域的应用,支持环保型汽车、电力汽车、太阳能发电等产业的发展。韩国政府制定《新增长动力规划及发展战略》,将绿色技术、尖端产业等领域共17项新兴产业确定为新增长动力。

在过去数十年中,以中国、印度等为代表的新兴经济体在全球制造业中的影响力和竞争力迅速提升。据统计,1990~2011年期间,传统工业化国家制造业增加值平均增长17%,而以中国、俄罗斯、印度、巴西等金砖国家为代表的新兴工业国家造业增加值增长了179%。其中,中国制造业产值占全球制造业产值的20%左右。中国政府先后制定《工业转型升级规划(2011—2015年)》《中国制造2025》《"十三五"国家战略性新兴产业发展规划》等制造业发展规划,积极推动制造业的转型升级。

2008年11月,郭士纳的继任者、美国IBM公司董事长兼CEO彭明盛(Samuel Palmisano)首次提出"智慧地球(Smart Planet)"的理念。智慧地球的核心是物联网(IOT)。通过将传感器嵌入电网、铁路、桥梁、隧道、公路、建筑、供水系统、油气管道、产品和各类制造系统中,形成物联网,再将物联网与互联网整合,将人类的生产和生活密切地联系在一起,从而创造出一种更加智慧的生产和生活方式。根据IBM的定义，"智慧地球"包括三个维度：①更加透彻地感应和度量世界的本质和变化；②促进世界更全面地互联互通；③在上述基础上，各种事物、流程和运行方式实现智能化，企业可以更加智能地洞察市场变化。"智慧地球"的概念受到美国和世界各国政府的高度重视，与"智慧地球"密切相关的物联网、云计算等成为科技发达国家制定本国发展战略的重点。2009年8月，时任中国国务院总理温家宝提出"感知中国"的设想，推动在江苏无锡建设"感知中国"中心，打造中国传感网技术创新示范区。之后，物联网入选国家新兴战略性产业。近年来，智慧能源、智慧医疗、智慧交通、智慧校园、智慧城市、智慧酒店、智慧供应链、智慧工厂等新概念应运而生。

"工业4.0（Industry 4.0）"由德国工程院、弗劳恩霍夫协会、西门子公司等产学界领袖联合提出，后得到德国政府、科研机构和产业界的认可。2011年，在汉诺威工业博览会上德国首次提出"工业4.0"的概念。在2013年汉诺威工业博览会上，"工业4.0"工作组发布最终报告——《保障德国制造业的未来——关于实施工业4.0战略的建议》，由此正式拉开第四次工业革命的序幕。该报告认为，智能化是继机械化（第一次工业革命）、电气化（第二次工业革命）、信息化（第三次工业革命）之后的第四次工业革命的核心。图1-22所示为四次工业革命的简要历程。

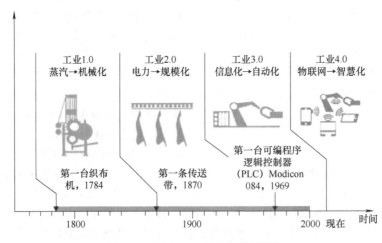

图1-22　四次工业革命的简要历程

"工业4.0"旨在深度应用信息技术（IT）和信息物理系统（Cyber-Physical System，CPS）等技术手段，有机融合物料、信息、能源、人员等要素，深层次推动制造业向智能化转型。2013年，"工业4.0"项目被纳入《德国2020高技术战略》未来项目之中，以支持工业领域新一代革命性技术的研发与创新。随后，德国机械及制造商协会（VDMA）设立"工业4.0平台"，德国电气电子和信息技术协会发表德国首个工业4.0标准化路线图。图1-23所示为德国"工业4.0"发展战略的发展历程。

面对全球范围内的激烈市场竞争，提高生产率、缩短上市周期、满足顾客个性化需求、提高资源及能源的利用效率，成为制造企业需要共同面对的挑战。第四次工业革命以信息化和物联网技术为基础，通过传感器、智能控制面板、通信系统和终端接收系统，将不同功能的设备互联，形成智能化产业链；将不同的智能生产链互通，构建智能车间的互联互通，实现设备与设备、设备与产品、人与设备、厂商与客户、虚拟与现实的互联互通。在此基础上

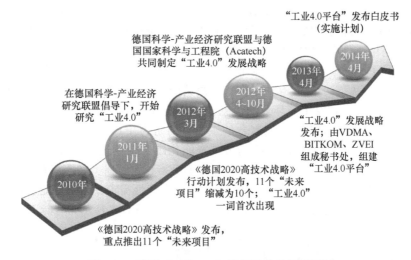

图 1-23 德国"工业 4.0"发展战略的发展历程

实现制造过程与企业管理的智能化,为制造企业应对市场竞争提供有效的技术支撑。工业 4.0 具有以下特征。

1. 万物互联

工业 4.0 通过传感器、智能面板、通信系统、终端设备等物联网系统,实现产品、设备、员工、厂商和客户等制造要素的互联互通,为人类展示出一幅全新的工业蓝图。通过将不同类型、不同功能的设备互联,形成智能化生产链;在不同生产链互联的基础上组建智能车间;不同智能车间互联,构建起智能化工厂;不同领域的智能化工厂互联,形成智能化生产制造系统。智能化生产链、智能化生产车间和智能化制造企业既是一个完整、独立的制造单元,又可以根据市场需求完美地匹配组合,以满足顾客的个性化需求。在网络化和智能化的世界里,互联网和物联网将渗透到制造业的所有环节,传统的产业链将被分工重组,既有的行业界限将变迁或消失,新的制造模式、技术方法和管理手段将会层出不穷。

2. 智能化

智能制造(Intelligent Manufacturing)建立在传感器、信息物理系统(CPS)和人工智能等技术的基础之上,旨在实现人、设备和产品间信息资源的互通与共享,实现产品设计、生产、管理和服务等环节的贯通融合。智能制造具有自我感知、自主判断、优化决策和自主执行等能力,可以实现从用户到产品的智能化。智能制造是一个庞大、复杂的系统工程,涉及与制造相关的所有环节,涵盖智能产品、智能装备、智能生产、智能管理、智能供应链和智能服务等内容,如图 1-24 所示。

图 1-24 智能制造的内涵

智能装备(Intelligent Equipment)包括软硬件设施的智能化和智能制造的人才储备。不同于前几次工业革命,"工业 4.0"对硬件设施提出了更高要求,传统的机械化、半自动化设备将会被纷繁复杂的市场需求所淘汰。智能生产(Intelligent Production)是人类一种理想的生产状态，人们通过 PC、智能终端等设备，可以编辑和控制生产的全过程。在生产过程中，智能装备通过 CPS 系统的信息交互实现自主生产、自主决策和自主管理，快速响应用户的个性化需求。定制化生产开始替代传统的大规模生产。借助于传感器、处理器和执行器，智能产品（Intelligent Product）具有感知、通信和决策等能力，可以感知环境变化、判断装备自身性能状况、理解用户需求，并具有一定的智能决策能力。智能管理（Intelligent Management）可以综合考虑产品生产和使用等环节的信息，实时做出分析与决策，提升企业管理的准确性、及时性、可行性和有效性。智能制造的重要目的是为用户提供更好的服务。智能服务（Intelligent Service）是智能制造的重要内容。智能化制造企业通过智能产品、智能供应链（Intelligent Supply Chain）等，利用大数据技术全面分析顾客习惯、兴趣、爱好、身份、经济条件、生活状态等信息，快速捕捉、挖掘顾客的显性及隐性需求，利用智能装备和智能生产系统快速定制产品和服务，为顾客提供个性化精准服务。图 1-25 所示为智能工厂示意图。

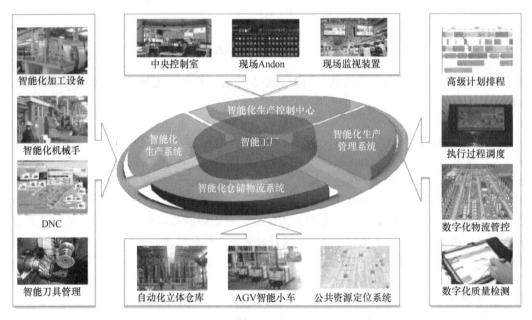

图 1-25　智能工厂示意图

　　随着"工业 4.0"时代的到来，顾客个性化服务需求急剧增加，大规模生产、大批量销售模式将逐步被柔性化生产、个性化销售所代替，制造企业将向服务型企业转型，生产与服务将加速融合。

　　3. 集成创新

　　在"工业 4.0"时代，制造企业要在激烈的竞争中脱颖而出，集成创新将是一条必由之路。集成（Integration）是指企业在不同应用系统之间实现信息共享，并通过传感器、接收终端、控制系统等实现不同网络体系之间的互联与融合。集成包括企业内部集成、企业外部集成、端对端集成三个层面。企业内部集成是将企业内部各环节、层次、部门的信息无缝对接。企业内部集成主要体现在数据、硬件设备、应用系统和产品输出等方面，是智能生产和智能管理的前提与基础。数据和数据库集成是企业内部集成需要首先解决的问题。在此基础上，集成机床、工作站、流水线、计算机等硬件设备。企业外部集成是指跨越企业内部，扩展到不同企业之间的集成，实现相关企业之间价值链和信息资源的整合共享，在合作伙伴之间建立起动态联盟（Dynamic Alliance），提升产品研发、生产和物流效率，最大限度地满足顾客需求。端对端集成是指整个价值链上各环节的集成。通过整合不同企业的资源，实现产品从研发、设计、制造到销售、使用和维护等环节的无缝对接，实现供应商、制造商、销售商的无缝对接，利用智能化供应链实现统一的管理和服务。

"工业4.0"是制造业和工业界的又一次重大创新。在信息技术背景下，传感器、移动互联网、人工智能等新技术层出不穷并快速迭代创新，推动着制造技术的进步。"工业4.0"中的创新主要表现在以下方面：

（1）技术的创新 在"工业4.0"时代，3D打印、可穿戴智能设备、服务机器人、工业机器人、大数据分析等技术创新层出不穷，为改进产品功能、满足用户需求、提高生产率、改善产品质量提供了多元化选择。

（2）产品设计的创新 在"工业4.0"背景下，产品趋于数字化和智能化。产品创新的最终目的是更好地服务人类，使人们的生活更加美好。在产品设计中应尽量减少资源的使用，尽可能使用可再生资源，尽量不损害或少损害自然环境，关注产品全生命周期，开发出可以持续使用、可以降解、可以回收再利用的产品。产品的创新设计需要遵循可持续发展的理念，协调统一人、机和自然环境的关系，在实现产品自身价值的同时注重对生态环境的保护，实现人与自然和谐相处。此外，顾客是产品的最终使用者，产品创新应适应人性化和顾客的个性化需求，使人们的生活更加方便，为人们带来更多的愉悦和享受。

（3）生产制造的创新 在大规模生产技术充分成熟的条件下，以大批量的生产方式满足市场需求，已经不再是制造业追求的核心目标。由大批量生产到个性化定制生产，制造业的生产模式开始由追求"量"向追求"质"转变。快速满足顾客的个性化需求，并在激烈的市场竞争中以质取胜，是制造企业面临的重要课题。与此相对应，生产型制造开始向服务型制造转型，在产品开发过程中融入服务元素和增值要素，以提升产品的吸引力和企业的竞争力，是当前制造业重要的发展方向。

4. 制造方式变革

在人类历史上，制造方式大致经历四个发展阶段：手工生产、大规模生产、大批量定制和个性化生产。亨利·福特发明的汽车装配流水线，通过零部件标准化、劳动专业化分工、专用制造与物流装备，实现了大规模生产。与手工生产相比，流水线技术显著地降低了生产成本，提高了生产率，引发了制造方式的革命性变革。但是，随着大规模生产技术的普及，供不应求的卖方市场不复存在，产品供过于求、产能过剩的买方市场逐步显现。此外，购买能力的提升使得顾客个性化需求日趋明显，大规模生产方式难以适应多品种、中小批量的市场需求，制造方式再次面临深刻变革。

1970年，阿尔文·托夫勒（Alvin Toffler, 1928—2016）在《未来的冲击（Future Shock）》一书中提出一种全新的制造方式设想：以类似于标准化或大规模生产的方式，提供满足顾客特定需求的产品和服务。1987年，斯坦·戴维斯（Stan Davis）在《完美未来（Future Perfect）》一书中首次将这种制造方式称为大批量定制（Mass Customization, MC）。MC能够满足顾客的个性化、多元化需求，兼具大规模生产成本低、交货期短等优点，成为企业参与市场竞争的一种有效手段。

20世纪80年代以来，生产能力过剩加剧了制造企业之间的竞争，经济全球化激发了顾客的个性化需求，信息化使顾客拥有更多选择产品配置及其服务的能力。在互联网技术的推动下，顾客不仅可以选择符合其自身需求的产品模块，还开始参与到产品及其服务的设计之中。近年来，服务经济（Service Economy）和体验经济（Experience Economy）风生水起，一种基于顾客设计的产品个性化生产（Individualized Production）方式应运而生。例如，美国戴尔公司以"按订单生产（Make to Order）"为基础，通过为客户提供差异化产品和细致的售前、售后服务，在众多计算机品牌中脱颖而出；我国海尔集团通过互联网收集用户碎片化的需求，寻找个性化订单的最大公约数，通过智能制造实现柔性量产，以解决大规模生产和个性化定制之间的矛盾。

从企业核心竞争力的视角，全球制造业经历了追求生产规模、生产成本、产品质量、响应速度、创新能力等发展阶段（图1-26）。1980年，被誉为"竞争战略之父"的美国哈佛大学迈克尔·波特（Michael E Porter）教授在《竞争战略（Competitive Strategy）》一书中提出竞争优势（Competitive Advantage）理论，并提出"总成本领先""差异化"和"专一化"三种竞争战略。根据波特的竞争理论，处于价值链中游的生产加工环节容易模仿，而处于上下游的研发、设计、营销、售后服务等环节则不易模仿，能够获得较长时期的差异化竞争优势。波特将制造企业战略规划的视野延伸至整个产业链，对企业核心竞争力的构建产生了深远影响，开启了企业经营战略的崭新视角。

1992年，中国台湾宏碁集团董事长施振荣在《再造宏碁》一书中提出微笑曲线（Smiling Curve）理论（图1-27）。微笑曲线与波特的竞争理论不谋而合。它的横轴自左向右表示一个产业的上、中、下游，纵轴表示产品（或服务）附加价值的高低。受技术瓶颈、资金投入水平、准入门槛、竞争对手数量等因素影响，高附加值区域主要集中在产品研发与设计、品牌与营销服务两端，而处于中间的制造、装配环节因准入门槛低、竞争对手众多致使附加价值低下。需要指出的是，每个产业都有其特定的附加价值曲线，并随着市场环境不同而有所改变。

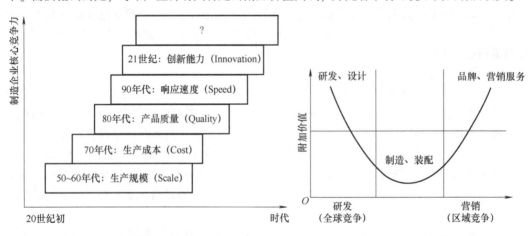

图1-26 制造企业核心竞争力的演变　　　　图1-27 微笑曲线示意图

产品总会趋同，服务可有差异。差异化、定制化和服务型制造可以助力制造企业获得竞争优势，增值服务活动有利于提高产品的附加值和对顾客的黏性。目前，制造业正由大规模、标准化生产向个性化、定制化和柔性化生产转变，由生产型制造向服务型制造转变，由"以产品制造为中心"向"以用户服务为中心"转变。以汽车产品为例，行业领先企业已经从单纯的汽车生产渗透到采购、物流、金融、营销、租赁、维修与质保、二手车交易、回收拆解与再制造等服务环节，通过为顾客提供全生命周期服务获得丰厚的利润与回报。耐克（Nike）是全球知名的运动品牌，近年来该公司追寻个性化、高端化的生产和服务理念，为顾客提供定制产品、定制服务和定制广告，有效地提升了品牌的美誉度。耐克提供专门的定制网站 Nikeid，为顾客提供男女跑步鞋、篮球鞋、运动服和运动装备等系列产品的定制服务。用户可以根据自身喜好挑选鞋的内衬、气垫、鞋带等各部分的颜色、面料，甚至可以定制鞋带孔的数量、颜色和材质，以及设置自己的专属签名等。根据用户提供的定制信息，公司利用 3D 技术将产品立体地呈现给用户，方便用户更好地了解自己所购买的产品。

2015 年 5 月，国务院印发制造强国战略第一个十年行动纲领——《中国制造 2025（国发〔2015〕28 号）》，将"积极发展服务型制造和生产性服务业"列为战略任务和重点之一，提出"推动发展服务型制造，加快生产性服务业发展""发展个性化定制服务、全生命周期管理、网络精准营销""支持有条件的企业由提供设备向提供系统集成总承包服务转变，由提供产品向提供整体解决方案转变"等战略举措。

基于工业互联网技术，海尔集团在业内率先推出大规模定制平台 COSMOPlat，提供冰箱、洗衣机、空调、热水器和厨电等家用电器的个性化定制服务（图 1-28）。通过模块化定制、众创定制、专属定制三种方式，用户可以全程参与产品定制化开发，与设计师、工程师和产品零距离交互。用户从原先只是产品的购买者转变为新产品研发制造的"指挥官"，开创了家电产品个性化定制开发的崭新模式。

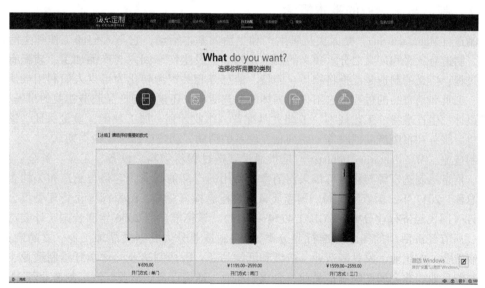

图 1-28　海尔众创汇交互定制平台

自第一次工业革命以来，但凡崇尚技术、管理或营销创新的企业都成为时代的霸主，而闭关自守、故步自封的企业注定要被淘汰。此外，在第一次和第二次工业革命中，我国还处于农业和半封建半殖民地社会，工业化进程处于萌芽状态，科学技术、管理和生产力水平远落后于欧美强国，落后挨打成为历史的必然。改革开放以来，伴随着第三次、第四次工业革命的兴起，我国企业和企业家的身影开始出现在世界舞台，并扮演着越来越重要的角色。

 1.2　制造与制造业

物料（Material）、能源（Energy）和信息（Information）是人类文明的三根支柱。几次工业革命莫不是针对物料、能源和信息中最为迫切的瓶颈问题展开的，并在技术或管理层面取得突破，最终对人类的发展进程产生深远影响。

德国哲学家弗里德里希·恩格斯（Friedrich Engels，1820—1895）指出："直立与劳动创造了人，而劳动是从制造工具开始的"。综观人类历史，从制造第一件工具开始，直到今天的航空母舰、航天器、飞机、高铁机车、核电站和海洋工程装备等复杂系统，人类的文明和进步都离不开制造。可以说，没有制造就没有人类。因此，除物料、能源和信息这三根支柱外，制造应该是人类文明的第四根支柱。

实际上，制造与物料、能源和信息之间有着密切的联系。制造的本质是以一定的物料、能源和信息为输入要素，通过特定的工艺过程将其转换为能够满足用户需求的产品或服务的过程。因此，制造是一个动态输入/输出（Input/Output）系统。制造与物料、能源和信息之间的关系如图 1-29 所示。

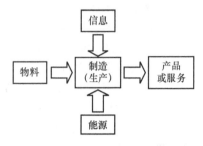

图 1-29 制造与物料、能源和信息之间的关系

1.2.1 制造与制造业的基本概念

制造（Manufacturing）是人类从事生产和生活的基本活动，它与人们的工作和生活密切相关。制造有狭义和广义之分。狭义的制造是指企业及生产车间内与产品加工、装配有关的工艺过程；广义的制造是泛指将物质、能量、信息等相关资源转化为可供人们利用或使用的产品、工具和消费品的过程。它不仅指具体的工艺活动，还包括与产品制造相关的市场分析、产品设计、生产准备、工艺规划、工装夹具准备、作业计划、加工装配、质量保证、销售配送、售后服务和报废产品回收等一系列相互联系的活动，涵盖产品全生命周期。

制造业（Manufacturing Industry）是指通过制造过程将物料、设备、工具、资金、技术、人力、信息等制造资源转化为可供人们消费或使用的产品的行业，它是与制造相关的企业群体的总称。2017 年，国家统计局、国家质量监督检验检疫总局、国家标准化管理委员会第四次修订《国民经济行业分类》（GB/T 4754—2017）。该标准参照 2006 年联合国统计委员会制定的《所有经济活动的国际标准行业分类》，将制造业分为农副食品加工业、食品制造业、烟草制造业、纺织业、家具制造业、造纸和纸制品业、医药制造业、化学纤维制造业、橡胶和塑料制品业、非金属矿物制造品业、金属制品业、通用设备制造业、汽车制造业等 31 个大类。实际上，制造业覆盖了除采掘业、建筑业之外所有的第二产业。

制造业是国民经济的主体，是立国之本、兴国之器、强国之基。在世界范围内，大约 1/3 的国内生产总值（Gross Domestic Product，GDP）是由制造业创造的，工业生产总值的 4/5 来自制造业，财政收入的 1/3 来自制造业，出口的 90% 由制造业提供。在工业发达国家，约有 1/4 人口从事与制造相关的工作，在非制造业部门中约有半数人的工作与制造业相关。据统计，我国制造业增加值占整个工业产值的 78%，工业领域 90% 的就业岗位由制造业提供，国内生产总值的 40%、财政收入的 50%、外贸出口的 80% 来源于制造业。

2006 年，美国、日本、西欧和中国占世界制造业的份额分别为 25.5%、13.9%、26.1% 和 12.1%。2009 年，美国占世界制造业 19% 的份额，名列首位，中国以 15.6% 位居第二，日本所占份额为 15.4%。新中国成立尤其是改革开放以来，我国制造业持续快速发展，建成了门类齐全、独立完整的产业体系，显著地增强了综合国力。2010 年，我国制造业产值占全球

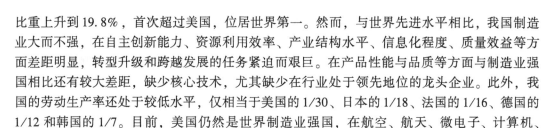

比重上升到 19.8%，首次超过美国，位居世界第一。然而，与世界先进水平相比，我国制造业大而不强，在自主创新能力、资源利用效率、产业结构水平、信息化程度、质量效益等方面差距明显，转型升级和跨越发展的任务紧迫而艰巨。在产品性能与品质等方面与制造业强国相比还有较大差距，缺少核心技术，尤其缺少在行业处于领先地位的龙头企业。此外，我国的劳动生产率还处于较低水平，仅相当于美国的 1/30、日本的 1/18、法国的 1/16、德国的1/12 和韩国的 1/7。目前，美国仍然是世界制造业强国，在航空、航天、微电子、计算机、软件等领域保持着霸主地位。另外，日本、德国、英国、法国、瑞士等国在汽车、飞机、数控机床、家用电器等领域也具有很强的实力。

现代制造业是各类高新技术产业（如信息技术、新能源、自动化、新材料和微电子技术等）的基础与载体。世界各国之间的经济竞争，在很大程度上表现为制造技术的竞争，最终体现在所生产产品的市场占有率上。只有掌握先进的制造技术，才能开发出具有竞争力的产品，在高新技术产业竞争中获得一席之地。因此，制造业水平是一个衡量国家经济发展水平和综合国力的重要标志，它代表了一个国家的国际竞争实力与地位。

2012 年，工业与信息化部颁布《高端装备制造业"十二五"发展规划》，确立了现阶段我国高端装备制造的五个重点方向，包括航空装备、卫星及应用、轨道交通装备、海洋工程装备、智能制造装备。"中国制造 2025"是新形势下我国政府立足于国际产业变革趋势，为全面提升我国制造业发展质量和水平做出的重大战略部署，其中提出通过"三步走"实现制造强国的战略目标。第一步：从 2015 年起力争用十年时间迈入制造强国行列，到 2020 年基本实现工业化，制造业大国地位进一步得到巩固，制造业信息化水平大幅提升，制造业数字化、网络化、智能化取得明显进展；到 2025 年，制造业整体素质大幅提升，创新能力显著增强，全员劳动生产率明显提高，工业化和信息化融合迈上新台阶，形成一批具有较强国际竞争力的跨国公司和产业集群，在全球产业分工和价值链中的地位明显提升。第二步：到 2035年我国制造业整体达到世界制造强国阵营中等水平，创新能力大幅提升，重点领域发展取得重大突破，整体竞争力明显增强，优势行业形成全球创新引领能力，全面实现工业化。第三步：新中国成立一百年时，制造业大国地位更加巩固，综合实力进入世界制造强国前列，制造业主要领域具有创新引领能力和明显竞争优势，建成全球领先的技术体系和产业体系。

总体上，可以将"中国制造 2025"的核心内容概括为"一二三四五五十"。"一"是从制造业大国向制造业强国转变，最终实现制造业强国的一个目标。"二"是通过信息化和工业化"两化"融合来实现成为制造业强国这一目标。"三"是确定了"三步走"发展战略。"四"是提出"市场主导、政府引导；立足当前、着眼长远；整体推进、重点突破；自主发展、开放合作"四项原则。"五五"包括"创新驱动、质量为先、绿色发展、结构优化和人才为本"五条基本方针，以及实施"制造业创新中心建设工程、强化基础工程、智能制造工程、绿色制造工程和高端装备创新工程"五大工程。"十"是指新一代信息技术产业、高档数控机床和机器人、航空航天装备、海洋工程装备及高技术船舶、先进轨道交通装备、节能与新能源汽车、电力装备、农机装备、新材料、生物医药及高性能医疗器械十个重点领域。

制造系统（Manufacturing System）是指以生产产品为目的，由制造过程中的物料、能源、软硬件设备、人员和相关设计方法、加工工艺、生产调度、系统维护、管理规范等组成的具有特定功能的有机整体。制造系统具有以下特征：①是由产品制造过程中相关软硬件组成的有机整体；②输入为物料、能源和信息等资源，输出为半成品或成品，是一个动态输入输出系统；③涵盖产品制造的全过程，包括市场分析、产品设计、工艺规划、加工装配、生产调度、销售、售后服务和回收处理等环节。

机械制造（Machine Manufacturing）是制造业的传统形式，它是指利用机器制作或生产产品的过程。机械制造系统由机床、夹具、刀具、加工工艺、原材料（毛坯或半成品等），以及操作人员、管理人员、操作规范、管理规定等组成。单台加工设备、制造单元、车间、生产线/装配线（Production Line/Assembly Line）、柔性制造系统（Flexible Manufacturing System，FMS）、计算机集成制造系统（Computer Integrated Manufacturing System，CIMS）和制造企业等都可以视为不同层次的机械制造系统。

机械制造不仅为工业生产和人们生活提供产品，也为其他制造业提供基础装备。可以说，没有制造业，就没有工业；没有机械制造业，就没有独立的工业。机械制造系统的输入为毛坯、半成品、能源、人力等各种制造资源，输出为零件、部件、半成品或产品等。机械制造系统的运行过程伴随着复杂的物料流、能量流和信息流（图1-30）。

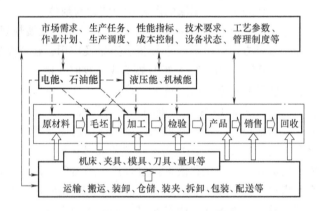

图1-30　机械制造系统中的物料流、能量流和信息流

（1）物料流　机械制造是物料流动及其状态持续转变的过程。输入的原材料、毛坯或半成品等，通过加工、装配、检验等制造过程，以及运输、仓储、搬运、装夹、拆卸、包装、配送等物流环节，最终输出半成品或成品，需要利用机床、夹具、模具、刀具、量具、仓储、物流等设备。在图1-30中用"⟹"表示物料流。

（2）能量流　能量是驱动机械制造系统运行的动力源。机械加工和物流活动需要消耗能量，机械制造系统也是一个能量转换系统。电能是常用的驱动机械制造系统运动的原动力，机床通过电动机将电能转化为机械能，完成切削加工等动作，改变原材料、毛坯的形状或状态。部分机械能再转化为液压能，以完成液压执行元件的特定动作。能量的来源还可能包括汽油、柴油、天然气或煤炭等化石能源燃烧产生的化学能及热能。近年来，风能、太阳能等可再生能源开始在制造过程中得到应用。在图1-30中用"‑‑►"表示能量流。

（3）信息流　信息是控制制造系统运行的重要因素。准确、及时、有效的信息是实现机械制造系统低成本、高质量和高效率运行的前提，信息主要包括市场需求、生产任务、设备性能及状态、产品的技术要求、加工过程中的工艺参数和温度、湿度等环境参数。在机械制造系统运行过程中，信息通常是动态变化的。因此，信息必须得到及时的反馈与更新。此外，信息流通常是双向的，根据系统现有状态预测未来一个阶段的性能也具有重要意义。在图1-30中用"◄►"表示信息流。

1.2.2 制造系统的组成与分类

制造业先后经历了原始制造、手工作坊式生产、机器生产、装配流水线、自动化生产线和柔性制造、智能制造等发展阶段。随着生产技术和管理手段的不断进步，制造业的形式和内涵更加丰富。根据系统结构和性能特征的差异性，可以将制造系统分为不同类型。常用的分类标准包括：

（1）根据产品的品种和批量分类　分为少品种-大批量制造（Minor-Variety and Mass-Production）系统和多品种-小批量（Multiple-Variety and Small-Order）制造系统。

在未发明机床和生产流水线之前，产品的制造过程主要由手工完成，生产力水平低下。手工生产方式存在生产率低、批量小、品质难以保证等诸多缺点。这种生产方式导致产品价格居高不下，影响了产品的推广与普及。

为此，伊莱·惠特尼、亨利·福特等人持续改进制造方法，通过规定公差实现零件的标准化和互换性，采用机床实现零部件的批量生产，通过装配线实现产品的快速组装，实现了产品的大批量制造。生产流水线/装配流水线是少品种-大批量制造系统的重要组成部分，极大地解放了生产力，满足了人们的物质生活需求，对提高生产率、降低成本、保证产品质量发挥了重要作用。

但是，随着生产力水平的迅速提升，人们的物质生活不断丰富，基本的产品需要得以满足，个性化需求日益突出，传统的卖方市场（Sellers' Market）开始向买方市场（Buyers' Market）转变。以流水线为特征的少品种-大批量制造系统已经难以满足多样化的市场需要，多品种-小批量制造系统应运而生。

（2）按工艺类型分类　分为连续型制造系统（Continuous Manufacturing System）和离散型制造系统（Discrete Manufacturing System）。

连续型制造系统是指制造系统状态随时间发生连续性变化。例如，发电厂、石油炼制、自来水生产、织布、化工产品生产等都属于连续型制造系统。

离散型制造系统是指只在一些离散的时间点上，系统状态才会发生改变的制造系统，并且状态通常会保持一段时间。例如，齿轮加工车间、飞机制造企业、模具制造车间、汽车制造厂、机床制造企业等都是离散型制造系统，系统产量和相关性能指标会在离散时间点上发生变化。

（3）按系统是否具有柔性和产品适应性分类　分为刚性制造系统（Rigid Manufacturing System）和柔性制造系统（FMS）。

刚性制造系统是指系统的结构和工艺均为特定的产品而定制、难以适应制造对象的改变的一类制造系统。例如，传统的汽车装配线、发动机缸体生产线、冰箱生产线等都是典型的刚性制造系统。此类制造系统的投资成本昂贵、生产率高，适用于单一品种（或少品种）大批量产品的生产，但是当产品结构或制造工艺发生变更时，此类系统往往就难以满足生产需求。

柔性制造系统是由信息控制系统、自动化物料储运系统和一系列数字控制（Numerical Control，NC）加工设备组成的一类制造系统，原材料、零件的运输和加工过程通常无需人工参与，系统能够较好地适应产品结构、制造工艺的变化。1954 年，美国麻省理工学院（MIT）研制成功世界上第一台数字控制铣床。通过改变数控程序甚至部分程序段，数控机床就可以加工出不同结构、形状或尺寸的零件。数控机床具有良好的柔性，通常是柔性制造系统的核心设备。1967年，英国莫林斯公司研制出世界上第一个柔性制造系统——System 24，它包括六台模块化结构多工序数控机床等设备，目标是在无人看管的条件下，实现昼夜24h连续加工。20世纪70年代初，柔性制造系统开始进入实用阶段。总体上，柔性制造先后经历了单台数控机床逐渐发展到加工中心、柔性制造单元、柔性制造系统和计算机集成制造系统（CIMS）等发展阶段。

（4）按制造系统的自动化程度分类　分为手工制造系统（Manual Manufacturing System）、半自动化制造系统（Semi-Automatic Manufacturing System）和自动化制造系统（Automated Manufacturing System）。

手工制造系统以简易工具和普通机床为主，产品制造过程主要依靠工人的操作，产品质量和生产率主要取决于操作人员的素质。半自动化制造系统是指一部分制造活动由人完成，另一部分活动由机器自动完成，或在人的参与下，由机器自动完成相关的加工作业。自动化制造系统是指产品的制造过程全部由机器自动完成，加工过程中不需要人的操纵和参与。

当今的市场需求呈现出产品更新换代速度加快、交货期短、多品种中小批量、买方市场、客户化定制等多元特征。与此相对应的是，信息技术、网络技术和智能制造技术也趋于成熟。因此，自动化和柔性化生产已经成为制造系统重要的发展趋势。

 ## 1.3　现代制造业面临的挑战及其发展趋势

随着社会的发展，制造业在生产和人们生活中的角色、地位也在不断转变。在工业化早期，制造业的使命是满足人们基本的物质生活需求。机床和流水线等生产工具的发明，实现了产品的批量生产，极大地丰富了人们的物质生活。在满足基本的物质生活需求之后，人们开始追新求异，追求个性化，产品品种、结构和配置日益多样化，形成多品种、中小批量的生产需求。为在市场竞争中取胜，制造企业需要在产品功能、结构设计、制造工艺、生产率、成本控制、售后服务等方面持续创新，从而使制造业的技术和管理水平达到了空前的高度。自第一次工业革命以来，经济社会发展和制造技术进步大致经历了以下三个阶段：

（1）物料经济时代　产品结构粗放，品种单一，生产技术落后，以满足产品功能需求为目标，生产方式以手工生产为主，辅以简单的机械化设备，呈现出多品种、小批量和定制化生产的特征，劳动力密集、原材料及生产成本高。

（2）能源经济时代　市场需求急剧增加，以卖方市场为主导，顾客对产品质量的要求提高，对产品款式、造型等方面的要求处于次要位置，普遍采用少品种、大批量和标准化生产方式，以机械自动化、电气自动化和刚性生产线为主要特征，机器不仅起到替代体力劳动、提高生产率的作用，还在保证产品结构、性能和质量一致性等方面起到重要作用。

（3）信息经济时代　用户的个性化需求增加，多品种、中小批量和定制化趋势明显，买方市场日益显著。"顾客就是上帝"成为颠扑不破的真理，它要求制造系统具有高度的柔性和足够的敏捷性，能够对市场变化做出快速响应。产品质量、款式、交货期、品质、价格等成为市场竞争的决定性因素，对制造过程中物料消耗、能源消耗和环境保护的要求日益严格。

在全球化竞争的时代，制造企业面临着严峻的挑战，主要体现在以下几个方面：①时间（Time），产品的开发时间及交货期不断缩短，企业需要抓住市场机遇，快速占领市场；②质量（Quality），质量是产品和制造企业的生命线，只有高质量的产品才能赢得市场；③成本（Cost），降低产品成本和售价有助于企业扩大市场份额，提升企业的竞争力；④服务（Service），优质、高效的服务是产品价值的重要体现，也是获得用户信赖的有效手段；⑤环境保护（Environmental Protection），在产品制造、使用和报废过程中，应尽量减少资源消耗，减小对环境的污染和破坏。环保不仅有助于提升产品品质和企业形象，对实现人类的可持续发展也具有重要意义。

2002 年 6 月，日本政府发表《日本制造业白皮书》，其中明确提出要重新确立日本制造业优势的政策与战略。为加强新技术、新产品的研究开发，日本制造业投入了巨额科研经费。据《日本经济新闻》调查，2004 年度日本 437 家上市公司投入的科研经费总额达到近 8.6 万亿日元，比上年度增长 5.9%。日本每年研发经费占国内生产总值的 3.3% 以上，其中 85% 投向制造业，高于美国、德国、英国等其他发达国家。科研投入的增加不仅增强了日本企业自主开发和生产新产品的能力，也提升了企业的竞争力。

2004 年初，美国商务部发布的《美国制造业》报告中指出，制造企业是美国经济的基础和美国价值的具体体现。它们不但增强了美国的竞争力，而且大大改善着公众的生活水准。目前，制造业仍占美国国内生产总值的 16%，并且其制造业年增加值是我国的 4 倍、日本的 2 倍。

2006 年，国务院在《关于加快振兴装备制造业的若干意见》中指出：制造业是为国民经济发展提供技术装备的基础性产业；大力振兴装备制造业，是贯彻落实科学发展观，走新型工业化道路，提高国际竞争力，实现国民经济全面、协调、可持续发展的战略举措；制造业应根据市场需求的变化，拓展服务领域，由传统的钢、电、煤、化、油等产业部门拓展到信息、电子、通信等领域及新兴产业。信息技术、生物技术、新能源技术、新材料技术、海洋技术等高新技术的兴起，不仅扩大了制造业的市场规模，也对制造业提出了更高要求。

华中科技大学杨叔子院士指出，机械制造业的发展趋势主要体现在以下几个方面：

（1）数字化　数字化包括产品的数字化设计、数字化制造，以及装备的数字化装备、数字化工厂等。数字化信息具有准确、安全、快速和容量大等优点，是信息化的核心。对产品开发而言，表现为产品全生命周期信息的数字化表示。对制造设备而言，表现为输入、控制和输出参数的数字化。对制造企业而言，是利用计算机、网络和数据库平台，实现市场需求信息、产品设计信息、工艺信息、销售信息和管理信息的数字化表示和传递，可以快速响应市场，实现企业的高效运作。在数字化环境下，企业可以在广泛的业务领域内构建起跨地区、跨国界的信息平台，企业、车间、部门、设备、员工、经销商等成为信息网络上的一个个节点，根据企业运作需求高效地传递数字化信息，驱动制造企业相关活动的进行。

（2）精密化　精密化是指对产品、零件的加工精度要求越来越高。精密加工、超精密加工、微细加工、纳米加工等加工方式相继出现。20 世纪初，超精密加工的误差约为 $10\mu m$，20 世纪 30 年代达到 $1\mu m$，20 世纪 50 年代达到 $0.1\mu m$，20 世纪 70~80 年代达到 $0.01\mu m$，目前已达到 $0.001\mu m$，即 $1nm$。

超精密仪器设备对加工精度的要求极高。例如，人造卫星的仪表轴承，其圆度、圆柱度、表面粗糙度等均达到纳米级。基因操作装置的移动距离为纳米级，移动精度为 $0.1nm$。微电子芯片制造环境要求超净，加工车间尘埃颗粒直径小于 $1\mu m$，颗粒数少于 0.1 个/ft^3；芯片材料超纯，有害杂质的含量小于 1ppb（10^{-9}），即十亿分之一；加工精度超精，达到纳米级，统称"三超"。显然，没有先进的制造技术，就难以制造出精密的仪器设备；而没有精密的仪器设备，也不可能有先进的制造技术。

（3）极端化　极端化是指产品能在极端条件下工作或者对产品结构、性能有极端的要求，如在高温、高压、高湿、强磁场、强腐蚀等条件下工作的产品，或有高硬度、大弹性等要求的产品，或在几何形体上极大、极小、极厚、极薄、具有奇异形状的产品等。

其中，微机电系统（Micro-Electro-Mechanical Systems，MEMS）是极端化产品的典型代表。例如，分子存储器、原子存储器、量子阱光电子器件、芯片加工设备、基因操作装置、蛋白质追踪系统、分子组件装配技术、微型惯性平台、微光学设备、微型飞机、微型卫星、微型机器人、微型测试仪器、微传感器、微显微镜、微温度计等。MEMS 可以完成特种动作，实现特种功能，沟通微观世界与宏观世界。

（4）自动化　自动化可以减轻人的劳动强度，它是强化、延伸、取代人的有关劳动的技术或手段。自动化需要通过有关的机械或工具来实现，机械是自动化系统的载体。在第一次工业革命中，以机械式的自动化来减轻、延伸或取代人的体力劳动；在第二次工业革命中，电气化进一步促进了自动化的发展。据统计，1870～1980 年，加工过程的效率提高了 20 倍，人的体力劳动得到了有效解放。但是，管理效率只提高了 1.8～2.2 倍，设计效率只提高了 1.2 倍，人的脑力劳动还没有得到有效解放。20 世纪 80 年代以后，随着计算机、网络、信息技术和人工智能等技术的迅速发展，数字化设计、制造、管理和决策支持工具的普及，不但极大地解放了人的体力劳动，也有效地提高了脑力劳动的自动化水平，解放了人的部分脑力劳动。

目前，自动化已经从传统的自动控制、自动调节和自动补偿发展到自学习、自组织、自诊断、自修复等更高层次，自动控制理论、技术、元件和自动化系统在制造领域中的作用也日益显著。

（5）集成化　集成化包括以下几层含义：一是技术的集成；二是管理的集成；三是技术与管理的集成，即知识的集成。集成的本质是交叉、杂交，即取人之长、补己之短。例如，机电一体化产品就是机械、电子、传感检测、自动控制等技术的集成，它已成为众多高技术装备的基础，微电子制造装备、智能检测仪器等都是典型的机电一体化产品。逆向工程技术、快速原型制造技术、激光加工技术、电加工技术等也是技术集成的产物。供应链管理（SCM）和客户关系管理（CRM）可以视为管理的集成。企业资源计划（Enterprise Resources Planning，ERP）、产品全生命周期管理（Product Life-Cycle Management，PLM）系统是管理与技术的集成，涵盖企业生产运作的诸多方面。

（6）网络化　网络化是制造技术发展的必由之路。在信息化社会，制造企业面临来自各方面的竞争压力，如采购成本居高不下、产品更新速度加快、市场需求不确定等，给传统的生产组织方式带来了挑战，企业必须在组织方式上实行变革。一方面利用网络，在产品设计、制造、生产管理、采购、销售等活动乃至企业整个业务流程中开展资源共享，实现制造资源的快速调集、有机整合与高效利用。另一方面，企业要充分利用网络环境，将自身无优势、成本高、效率低的生产环节或业务外包，集中力量发展自身的核心业务，提升企业的竞争力。

在制造技术的网络化中，电子商务的应用值得关注。电子商务是将业务数据数字化，利用 Internet 实现业务处理的数字化和网络化，构成一种全新的业务操作模式。在电子商务中，供应链管理（SCM）、客户关系管理（CRM）和产品全生命周期管理（PLM）共同构成制造系统的增值链，实现商务活动的直接化与透明化，有利于降低成本、加快流通、提高效率、增加商业机会，对企业业务流程重组（Business Process Reengineering，BPR）、经营战略与核心竞争力的转变具有深远影响。

制造技术的网络化还衍生出一种新的制造模式——虚拟制造（Virtual Manufacturing）。虚拟制造是由地理上异地分布、组织上平等独立的多个企业，通过谈判协商建立起的密切合作关系，形成动态的企业组织或动态企业联盟（Dynamic Enterprise Alliance）。在虚拟制造组织中，各联盟企业致力于发展自身的核心业务，通过优势互补，实现相关制造资源的动态组合、共享与优化，共同提升联盟企业的市场竞争力。

（7）智能化 智能化是制造技术发展的必然趋势。近年来，制造系统正在由原先的能量驱动型转变为信息驱动型，这要求制造系统不仅要具有柔性，还要表现出一定的智能化，以便应对海量信息的处理、瞬息万变的市场需求和复杂的竞争环境。

智能制造系统（Intelligent Manufacturing System，IMS）是将制造技术和智能技术集成而构成的一类新型制造系统。与传统制造系统相比，智能制造系统具有以下特点：①人机一体化；②自律能力；③自组织与超柔性；④学习能力与自我维护能力；⑤具有类人思维的能力。显然，智能制造系统集自动化、集成化和智能化于一身，是一种由智能机器和人类专家共同组成的人机一体化系统，具有很高的技术含量。在制造过程中，它以高度柔性与集成的方式，借助计算机模拟人类专家的智能活动，完成分析、判断、推理、构思和决策，取代或延伸制造环境中人的部分脑力劳动。同时，此类系统还具有收集、存储、处理、完善、共享、继承和发展人类专家制造智能的能力。

随着分布式数据库技术、智能代理技术和网络技术的发展，知识在制造活动中的价值和作用不断显现。随着知识经济时代的到来，知识将作为发展生产力的主要源泉，以知识生产率取代劳动生产率成为一种趋势，智能化制造的价值不断增加。

（8）绿色化 人与人类社会本身就是自然界的一部分，人类社会与自然界和谐共处是实现可持续发展的重要条件。制造出价廉物美、供货期短、售后服务好的产品是制造系统的首要任务，此外，还应从资源消耗、环境保护、可持续发展的角度关注制造系统。因此，从产品构思开始，到设计、制造、销售、使用、维护，直到报废、回收、再制造等各个阶段，都要考虑环境保护和资源再利用问题（图1-31）。

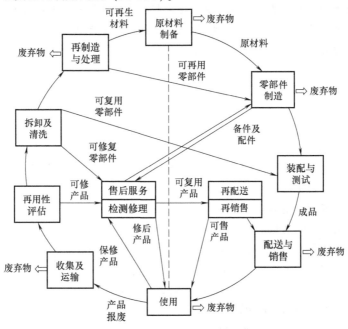

图1-31 产品的全生命周期模型

广义的环境保护不仅包括自然环境保护、社会环境保护和生产环境保护，并且要考虑保护产品生产者和使用者的身心健康。在某种程度上，绿色制造的产品就是一种艺术品，它应与用户的生产、工作和生活环境相适应，给人以高尚的精神享受，体现物质文明、精神文明与环境文明的高度融合，充分考虑人类的可持续发展。

值得指出的是，上述几种发展趋势彼此渗透、相互依赖、互相促进，共同服务于"机械"和"制造"。它们不仅代表了机械制造业的发展方向，也是制造企业应对竞争和挑战的有效手段。

传统的制造业以向客户提供零件、机器等物质形态的产品为主。为获取更高的利润，现代制造企业不仅为顾客提供物质形态的产品，也为顾客提供非物质形态的增值服务等。制造业已由提供零件、产品、工程和成套设备等硬件，扩展到提供概念创意、规划设计、系统解决方案、管理维护、软件支持、战略分析、企业诊断、咨询服务等高增值服务，制造业的内涵正在发生重要变革。

制造服务业所创造的利润，在制造业价值链中所占的比重越来越大。20 世纪 80 年代初，美国通用电气（GE）公司就提出：要从世界最大的制造商转变成既提供产品也提供服务的服务商。2005 年，GE 公司的服务收入已占其总收入的 60%。经过战略转型，IBM 公司的服务收入占其总收入的比重也已高于 50%。

正如路甬祥院士指出的那样，今天的制造包括市场调研，到售后服务、产品报废回收在内的全过程，制造企业不仅要成为优秀的物质形态产品供应商，还要成为优质的服务供应商。

 ## 思考题及习题

1. 在查阅文献的基础上，系统地分析四次工业革命取得的主要成果；从制造业的角度分别分析四次工业革命为制造业的发展、现代企业制度的建立做出了哪些贡献。

2. 以四次工业革命为主线，在查阅资料的基础上，分析制造技术与管理方法的演化历程，总结其中成功的经验与失败的教训。在此基础上开展学术交流和研讨，并提交分析研究报告。

3. 以物质、能源和信息为主线，分析前三次工业革命在相关领域取得的进步及其对社会进步产生的推动作用。查阅资料，谈谈你对第四次工业革命的认识和对制造业未来面貌的理解。

4. 在四次工业革命中，涌现出一系列知名的技术专家、管理学者和企业家，他们对制造业的进步产生了不可磨灭的推动作用。以书中的相关内容为基础并查阅资料，分析下列人物对制造业和社会进步的贡献。

（1）詹姆斯·瓦特（James Watt）

（2）亚当·史密斯（Adam Smith）

（3）大卫·李嘉图（David Ricardo）

（4）伊莱·惠特尼（Eli Whitney）

（5）托马斯·阿尔瓦·爱迪生（Thomas Alva Edison）

（6）亨利·福特（Henry Ford）

（7）艾尔弗雷德·斯隆（Alfred Sloan）

（8）弗雷德里克·温斯洛·泰勒（Frederick Winslow Taylor）

（9）亨利·劳伦斯·甘特（Henry Laurence Gantt）

（10）弗兰克·吉尔布雷斯（Frank Gilbreth）

（11）约翰·冯·诺依曼（John Von Neumann）

（12）丹尼尔·雷恩（Daniel Wren）

（13）彼得·德鲁克（Peter Drucker）

（14）罗伯特·诺伊斯（Robert Noyce）

（15）戈登·摩尔（Gordon Moore）

（16）安迪·葛洛夫（Andy Grove）

（17）杰克·韦尔奇（Jack Welch）

（18）路易斯·郭士纳（Louis Gerstner）

（19）史蒂夫·乔布斯（Steve Jobs）

（20）比尔·盖茨（Bill Gates）

（21）尼古拉斯·尼葛洛庞蒂（Nicholas Negroponte）

（22）约翰·钱伯斯（John Chambers）

（23）任正非

（24）张瑞敏

5. 名词解释

（1）劳动的专业化分工

（2）零部件的标准化与互换性

（3）科学管理原理

（4）时间研究

（5）动作研究

（6）工具研究

（7）方法研究

（8）铁锹试验

（9）任务管理法

（10）甘特图

（11）砌砖试验

（12）动素

（13）动作经济原则

（14）流水线

（15）诺依曼机

（16）大规模生产（Mass Production）

（17）客户化定制（Customization）

（18）大规模定制（Mass Customization）

（19）买方市场

（20）卖方市场

（21）集成产品开发（Integrated Product Development，IPD）

（22）集成供应链（Integrated Supply Chain，ISC）

（23）信息技术（Information Technology）

（24）工业4.0（Industry 4.0）

（25）万物互联（Internet of Everything，IOE）

（26）信息物理系统（Cyber-Physical System，CPS）

（27）智能工厂（Intelligent Factory）

（28）制造系统（Manufacturing System）

（29）连续型制造系统（Continuous Manufacturing System）

（30）离散型制造系统（Discrete Manufacturing System）

（31）企业核心竞争力

（32）微笑曲线（Smiling Curve）

（33）大数据（Big Data）

（34）人工智能（Artificial Intelligence）

6. 大卫·李嘉图曾指出："市场经济是由'看不见的手'自行调节。"谈谈你对这句话的理解。

7. 亨利·福特曾说过："只要汽车是黑色，顾客总会称心如意。"分析这句话在什么样的情况下成立，在什么样的条件下将不再成立。由此分析美国福特公司与通用汽车公司在20世纪初期竞争中的得与失，总结其中的经验教训。

8. 艾尔弗雷德·斯隆曾指出："公司的首要目标是赚钱，而不是生产汽车。"谈谈你对这句话的理解。

9. 美国IBM公司前总裁郭士纳在其自传《谁说大象不能跳舞》中指出："大象就是能跳舞。"谈谈你对这句话的理解，并说明大企业具有高度的灵活性需要具备哪些条件。

10. 早在公司成立之初，英特尔公司创始人就曾约定：公司将不拘泥于任何特定的技术或产品生产线。分析这句话的含义，它对制造企业和制造业从业者有哪些启示？

11. "摩尔定律"发明人摩尔曾指出："如果你期望在半导体行业处于领先地位，你将无法承担落后于摩尔定律的后果。"什么是摩尔定律？谈谈你对上面这句话的理解。

12. 在华为公司生产与组织变革过程中，公司创始人任正非曾提出"先僵化，后优化，再固化"的管理进步三部曲。查阅资料，谈谈你对管理进步三部曲的理解，它有哪些合理的方面？可能存在哪些问题？

13. 查阅资料，分析华为公司市场竞争力不断提升的内在原因，总结该企业在产品研发和企业管理等方面的经验。

14. 什么是制造？什么是制造业？分析制造业在国民经济和人们生活中的作用。

15. 什么是制造系统？它有哪些特征？

16. 什么是机械制造系统？分析制造系统常用的分类方法及其特征。

17. 20世纪80年代初，美国通用电气（GE）公司就提出要从世界最大的制造商转变成既提供产品也提供服务的服务商。为什么制造企业要向服务型制造转型？成功地转型需要具备哪些条件？

18. 从制造业的发展脉络出发，分析数字化设计与制造技术产生的背景；要实现产品的数字化设计与制造，需要有哪些技术与管理层面的基础和支撑？

19. 中国共产党第十六次代表大会报告指出："实现工业化仍然是我国现代化进程中艰巨的历史性任务。信息化是我国加快实现工业化和现代化的必然选择。坚持以信息化带动工业化，以工业化促进信息化，走出一条新型工业化路子。"谈谈你对这句话的理解。

20. "产品总会趋同，服务可有差异。"谈谈你对这句话的理解，如何将其应用到制造企业的运营过程中？

21. 查阅资料，分析近百年来制造企业核心竞争力的演变过程，剖析其内在的驱动力和对制造企业提出的挑战。

22. 在"工业4.0"和智能制造的背景下，我国制造业面临着哪些机遇与挑战？存在哪些瓶颈和突破口？

23. 现代制造业面临哪些挑战？它的发展趋势主要体现在哪些方面？

24. 查阅资料，熟悉"中国制造2025"的背景及意义、战略目标、基本原则等主要内容。

25. 查阅资料，对比分析美国、德国、日本和中国等国家新一轮制造业发展战略的相同点及差异性。

第 2 章
数字化设计与制造技术概述

本书第 1 章从制造业的视角，分析四次工业革命的起因、发展历程和取得的主要成果，剖析制造业在工业革命和社会进步中扮演的角色，总结对制造业发展起到重要推动作用的科学技术、发明创造及管理方法，介绍为人类文明与制造业发展做出过杰出贡献的科学家、发明家、技术人员、学者、企业家和制造企业。显然，制造业是推动经济社会发展和人类文明进步的重要力量，制造技术的发展及其应用水平已经成为衡量一个国家经济实力和国际竞争力的重要标志。

本章分析数字化设计与制造的学科体系，介绍数字化设计与制造技术的历史和发展趋势，并给出产品数字化设计与制造案例。

 2.1 数字化设计与制造技术的学科体系

计算机的发明给人们的日常生活、生产和社会发展带来了深远影响。0 和 1 是计算机进行数值计算和信息处理的基础。通常，人们将以 0 和 1 为特征的信息称为数字化信息（Digital Information）。随着计算机和网络技术的普遍应用，人类开始进入以数字化为特征的信息社会（Information Society）。

在机械制造业，以计算机和数字化信息为基础、支持产品数字化开发的技术日益成熟，成为提升制造企业竞争力的有效工具。其中，以计算机图形学（Computer Graphics，CG）、计算机辅助设计（Computer Aided Design，CAD）、计算机辅助工程分析（Computer Aided Engineering，CAE）、逆向工程（Reverse Engineering，RE）等为基础的数字化设计（Digital Design）技术，以数字控制（Numerical Control，NC）编程与加工、可编程序逻辑控制器（Programmable Logic Controller，PLC）、增材制造（Additive Manufacturing，AM）、计算机辅助工艺规划（Computer Aided Process Planning，CAPP）等为基础的数字化制造（Digital Manufacturing）技术，以产品数据管理（Product Data Management，PDM）、产品全生命周期管理（Product Lifecycle Management，PLM）、企业资源计划（Enterprise Resource Planning）、制造执行系统（Manufacturing Execution System，MES）、供应链管理（Supply Chain Management，SCM）等为代表的数字化管理（Digital Management）技术，构成产品数字化开发的主要内容。

数字化开发技术的广泛应用具有深远意义。它不仅极大地解放了人的体力劳动，还有效地减轻了人的脑力劳动。它使得以直觉、经验、图样、手工计算、手工生产等为特征的产品传统开发模式逐渐淡出历史舞台。要准确理解产品数字化开发技术的功用和价值，就有必要了解产品开发的基本流程。产品开发通常源于对用户和市场需求的分析。总体上，从市场需求到最终产品要经历设计和制造两个过程，如图 2-1 所示。

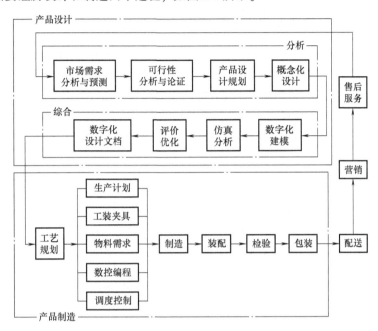

图 2-1　产品开发的基本流程

设计过程（Design Process）始于对客户需求的分析和对未来市场变化的预测。在获取市场需求之后，还需要进一步收集与产品功能、结构、外观、材料、色彩、性能、配置、制造工艺、生产成本、预计售价、预期产量等相关信息，了解相关行业发展和产品演化趋势、竞争对手和技术动态，在开展可行性论证的基础上制定产品开发目标，拟定产品设计方案，设定产品预期功能，确定产品结构、配置及其性能参数，利用数字化设计软件建立零部件和产品的数字化模型，应用数字化仿真等工具完成产品结构、尺寸和性能的分析、评价与优化，提交完整的产品设计文档。

制造过程（Manufacturing Process）始于产品的设计文档，需要根据零部件结构参数和性能要求，制定合理的制造工艺规划（Process Planning）和生产计划（Production Planning），设计、制造或购买相关的加工装备和工装夹具，根据物料需求计划（Materials Requirement Planning，MRP）采购原材料、毛坯或必要的成品零部件。以产品数字化设计模型为基础，根据制造工艺不同，开发模具、定制专用的加工设备、编制相应的数控加工程序，完成零部件的数字化制造和装配。在确保所制造产品的性能指标符合设计要求的基础上，对检验合格的产品进行包装，至此制造阶段的任务基本完成。需要指出的是，产品开发是复杂的系统工程，其中包含很多环节，涉及众多部门和单位。除制造企业自身外，产品开发还与设备/原材料/零部件供应商、销售商、第三方服务商、专业技术咨询和服务机构、政府相关职能部门等密切关联。

设计过程包括分析（Analysis）和综合（Synthesis）两个阶段。分析是早期的产品设计活动，主要任务是确定产品的工作原理、结构组成和基本配置，包括调研市场需求、收集产品的设计信息、完成产品的概念化设计（Conceptual Design）等。分析阶段的重要结果是产品的概念化设计方案。概念化设计是设计人员对产品各种方案进行评估、分析、对比和综合评价的结果，据此勾勒出产品的初步布局和结构草图，定义各功能部件之间内在的联系和约束关系。当设计者完成产品构思后，就可以利用概念化设计软件和相关建模工具将设计思想表达出来。

产品全生命周期成本主要包括设计成本、制造成本、运行成本和维护成本等。其中，制造成本由劳动力成本（占5%～15%）、材料成本（占50%～80%）和制造过程的运行成本（占15%～45%）等构成。研究表明，设计阶段的实际投入通常只占产品全生命周期成本的5%左右，但是它却决定了产品全生命周期成本的70%～80%。图2-2所示为产品全生命周期与成本之间的关系。因此，设计阶段在产品生命周期中扮演着重要角色。

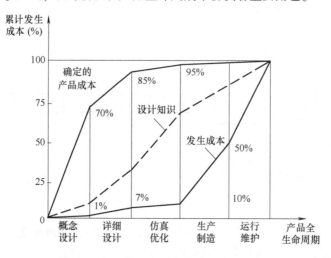

图2-2　产品全生命周期与成本之间的关系

此外，上游设计阶段的失误（设计变更）对产品成本的影响会以逐级放大的形式向下游传播。美国波音公司的统计数据表明，这一逐级放大的比例系数甚至可以达到1∶10（图2-3）。显然，早期的设计决策是否正确是决定产品开发成功与否的关键因素之一。若因设计方案不合理使得产品的技术性能和经济性存在先天不足，而需要在制造过程中通过更换材料、修改制造工艺、加强成本控制等措施加以挽回，将会付出相当大的代价。因此，设计阶段是控制和降低产品成本的最好阶段。此时，设计者有很大的自由度来修改、完善设计方案，以便实现产品全生命周期成本的最小化。数字化设计可以为此提供有效的技术支撑。此外，设计师水平对产品性能、成本具有决定性作用。要求设计师不仅要具备过硬的与产品设计、制造相关的专业知识，还应掌握必要的成本分析方法，以便准确评估产品成本，对设计方案做出科学的技术经济性评价，以达到优选设计方案、降低产品成本的目的。

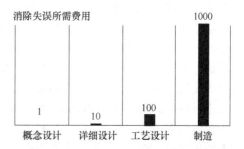

图2-3　设计变更与产品成本关系示意图

综合建立在分析的基础上。它完成产品的详细设计、性能评价和结构参数优化，并形成完整的设计文档。其中，数字化建模是产品数字化设计的基础和核心内容。随着设计软件功能的不断完善，产品数字化建模的效率和模型质量越来越高。设计软件通常会提供颜色、网格、目标捕捉等造型辅助工具，提供各种图形变换和视图观察功能，具备渲染、材质、动画、曲面质量分析与检测等功能。数字化模型为产品性能分析、评价和优化创造了条件。以产品数字化模型为基础，采用优化算法、有限元方法（Finite Elements Method，FEM）和其他分析工具，可以完成产品形状、结构和性能的分析、预测、评价与优化，并根据分析结果进一步修改和优化产品的数字化设计模型。

仿真分析和优化的主要内容包括：①应力、强度及刚度分析，确定零件强度和刚度是否满足使用要求，产品是否具有足够的安全性和可靠性；②拓扑结构和尺寸优化，确定产品最佳的截面形状及尺寸，以达到体积小、重量轻、制造和使用成本低等目的；③装配体设计分析，检查各零件之间是否存在干涉现象，不同零部件及其结构参数设计是否正确、科学、合理，产品能否顺利地装配、方便地拆卸，是否便于维护等；④动力学和运动学分析，检查产品运动学和动力学性能是否满足规定要求；⑤制造工艺分析，分析产品及其零部件的制造工艺，确定最佳的制造方法及其工艺路线；⑥技术经济性分析，分析产品性价比（Cost Performance）是否合理，分析产品可回收性（Recoverability）和可再制造性（Remanufacturability）等。此外，利用仿真技术还可以完成流体力学分析、振动与噪声分析、电磁兼容性分析、多物理场条件下产品性能分析、生产车间布局优化、生产计划与调度策略优化等工作，为产品的制造和使用提供科学的理论依据。

利用计算机仿真技术，可以在计算机中构建数字化的产品虚拟样机（Virtual Prototype，VP），并利用虚拟样机评价和优化产品的结构、尺寸及其性能，这就是虚拟现实（Virtual Reality，VR）技术。随着相关理论模型、技术和软件工具的不断完善，虚拟样机与实物样机（Physical Prototype）的性能和评估效果越来越接近，正在逐步取代传统的实物样机试验，这不仅可以有效地缩短产品开发周期，还有利于提高产品质量，降低开发成本。

此外，以已有产品的实物、影像、数据模型或数控加工程序等信息为基础，采用坐标测量设备、模型重构算法等技术可以获取已有产品的三维坐标数据和结构信息，借助于 CAD 软件的相关功能模块，在计算机中快速重建产品数字化模型。在此基础上，完成产品结构、尺寸、形状、制造工艺、材料或性能等方面的改进、完善和创新，在较短的时间里获得与原有产品结构和功能相似、相同甚至更优的产品，这就是逆向工程（RE）技术。

综上所述，数字化设计就是以新产品设计为目标，以计算机软硬件技术为基础，以产品数字化信息为载体，支持产品建模、分析、性能预测、优化和设计文档生成的相关技术。因此，任何以计算机图形学和优化算法为理论基础、支持产品设计的计算机软硬件系统都可归结为数字化设计技术的范畴。数字化设计技术群包括计算机图形学（CG）、计算机辅助设计（CAD）、计算机辅助工程分析（CAE）、逆向工程（RE）和虚拟样机（VP）等技术。

广义的数字化设计技术可以完成以下任务：①利用计算机完成产品的概念化设计、几何造型、数字化装配，生成工程图及相关设计文档；②利用计算机完成产品拓扑结构、形状尺寸、材料材质、颜色配置等的分析与优化，实现最佳的产品设计效果；③利用计算机完成产品静力学、动力学、运动学、工艺参数、动态性能、流体力学、振动、噪声、电磁性能等性能的分析与优化。其中，第①项是数字化设计的基本内容，第②、③项属于计算机辅助工程分析（CAE）技术涵盖的范围，即数字化仿真（Digital Simulation）技术。

数字化仿真技术是以产品数字化模型为基础，以力学、材料学、运动学、动力学、流体力学、声学、电磁学等学科理论为依据，利用计算机和数字化模型对产品的未来性能进行模拟、评估、预测与优化的技术。其中，有限元方法（FEM）是应用最为广泛的数字化仿真技术。它可以用于应力应变、强度、寿命、可靠性、电磁场、流体、噪声、振动和其他连续场等参数的分析与优化。

以数字化模型为基础，可以制定工艺规划和作业计划，采购原材料、准备工装夹具，编制数控加工程序，完成零部件的数字化加工，再经过质量检测、装配和包装等环节，实现产品的数字化制造。随着快速原型制造（RPM）技术的发展，可以由产品的数字化模型直接驱动快速原型制造设备快速地制造出产品原型，并通过快速原型评估产品的结构、形状和性能参数。快速原型制造属于增材制造技术，它出现于 20 世纪 90 年代中期。近年来，随着市场竞争的加剧、相关技术的日趋成熟和客户定制需求的不断增长，增材制造技术受到高度关注并不断取得突破，在家用电器、汽车、航空、航天、建筑与土木工程、医疗、工业设计等众多领域得到广泛应用，并成为数字化制造重要的研究内容。

数字化制造技术是以产品制造中的工艺规划、过程控制为核心，以计算机为直接或间接工具来控制生产装备，实现产品数字化加工和生产的相关技术。其中，数控（NC）编程、数控机床及数控加工技术是数字化制造的基础，另外还包括成组技术（Group Technology，GT）、计算机辅助工艺规划（CAPP）、增材制造和智能制造等技术。其中，数控加工是数字化制造中技术最成熟、应用最广泛的技术。它利用编程指令来控制数控机床，以全自动或人机交互方式完成车削、铣削、磨削、钻孔、镗孔、电火花加工、冲压、剪切、折弯等加工操作。

从产品开发的角度，设计过程与制造过程关系密切，两者之间存在密切的双向联系。例如，设计人员在设计产品时，需要考虑产品的制造问题，如零部件的制造工艺、加工的可行性与难易程度、生产成本等；同样的，在产品制造过程中也可能发现设计中存在的问题和不合理之处，需要返回给设计人员以便改进、优化设计方案。显然，只有将设计与制造有机地结合起来，才能获得最佳的开发效率和经济效益。数字化技术为两者的结合和融合提供了良好条件，也具有迫切的信息集成需求。一方面，只有与数字化制造技术结合，产品数字化设计模型的信息才能被充分利用；另一方面，只有以产品数字化设计模型为基础，才能充分体现数控加工和数字化制造的高效特征。

除设计和制造外，产品开发过程中还涉及订单管理（Order Management）、供应链管理（SCM）、产品数据管理（PDM）、库存管理（Inventory Management）、人力资源管理（Human Resource Management）、财务管理（Financial Management）、成本管理（Cost Management）、设备管理（Equipment Management）、客户关系管理（CRM）等众多管理环节。这些环节与产品开发密切关联，并且直接影响产品开发的效率和质量。在计算机和网络环境下，可以实现上述管理信息和管理方式的数字化，这就是数字化管理（Digital Management）技术。数字化管理不仅有利于提高制造企业的管理效率和质量，也有利于降低管理成本和生产成本。典型的数字化管理系统包括供应链管理（SCM）、客户关系管理（CRM）、产品数据管理（PDM）、产品全生命周期管理（PLM）和企业资源计划（ERP）等。本书在相关章节将简要介绍数字化管理的相关知识。

数字化设计、数字化制造和数字化管理分别关注产品生命周期的不同阶段或环节。在数字化技术发展的早期，各单元技术多是独立发展的，并形成了各自的理论方法体系和软件模块。单独地应用某项数字化技术会在产品开发过程中形成一个个信息孤岛（Information Island），使各种软件（模块）在功能上缺少关联和互动，数据化信息无法共享互换，致使企业的业务流程相互脱节，严重影响数字化技术的应用效果和使用效率，难以发挥数字化开发技术的优势，最终将影响产品开发的效率和质量。因此，对数字化开发技术的集成应用具有迫切需求。

产品数字化集成开发的关键技术包括产品数据交换标准、数据通信协议、单一数据库技术和计算机网络技术等。其中，产品数据交换标准和数据通信协议为信息的准确获取和相互交流提供了基本条件；单一数据库技术是指就某一特定的产品而言，它在数据库中的所有信息是单一的、无冗余的、全相关的，用户对该产品所做的任何一次改动都会自动、实时地反映到产品的其他相关数据文件中；计算机网络技术为跨地域、跨平台、跨部门、跨企业和处于不同开发阶段的产品信息交流与共享提供了理想的平台。

20 世纪 80 年代以后，随着计算机技术、网络技术、数据库技术的成熟和产品数据交换标准的完善，各种数字化开发技术开始交叉、融合和集成，构成了功能更加完整、信息更加畅通、效率更加显著、使用更加便捷的产品数字化开发集成环境。图 2-4 所示为产品数字化开发环境及其学科体系。

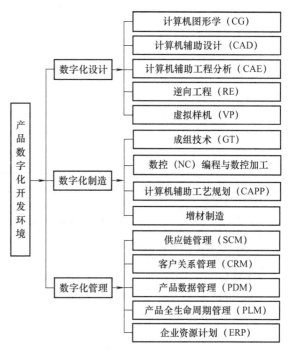

图 2-4 产品数字化开发环境及其学科体系

产品数字化开发技术的广泛应用深刻地改变了产品设计、制造和生产组织的传统模式，成为加快产品更新换代速度、提高开发质量、降低生产成本、提升产品和制造企业市场竞争力的关键技术和有效手段。产品数字化开发技术的应用水平也成为衡量一个国家工业化和信息化水平的重要标志。

2.2 数字化设计与制造技术的特点

如前所述，数字化设计与制造是以计算机、软件、网络、数控和 PLC 等软硬件系统为基础，以产品数字化信息为载体，以提高产品开发质量和效率为目标，用于支持机电产品开发的相关技术。与传统的产品开发手段相比，数字化设计与制造充分利用计算机、数字化信息、网络技术和智能算法所具有的计算速度快、求解精度高、劳动强度低、具有寻优和智能决策功能等优势，并将其应用于产品开发中。总体上，数字化设计与制造技术具有以下特点。

1. 数字化信息是产品开发的基础和主线

与传统的产品开发手段相比，数字化设计与制造建立在计算机和网络技术的基础上，数字化是基础与主线。它充分利用了计算机的特点与优势，包括强大的信息存储能力、逻辑推理能力、重复工作能力、快速准确的计算能力、高效的信息处理功能、强大的推理决策能力、运筹优化能力、科学理解和忠实执行程序的能力等，极大地提高了产品开发的效率和质量。

随着网络和信息技术的成熟，以计算机网络为支撑的异地、异构、协同、并行开发成为现代产品开发不可或缺的技术平台，数字化设计与制造成为产品开发的主流形式。

2. 计算机成为产品设计与制造的重要辅助工具

尽管计算机具有诸多优点，有助于提高产品开发的质量和效率，但它只是人们从事产品开发的辅助工具。主要原因如下：①计算机的计算、逻辑推理和智能决策等能力是人们通过编写程序赋予的；②新产品开发是一种具有创造性的活动，目前计算机尚不具备创造性思维，但是人，特别是经过科学训练的专业技术人员具有创造性思维，能够针对所开发的产品进行深入的分析与综合，再将其转换成适合于计算机处理的数学模型、解算程序和优化算法，同时人还可以控制计算机和程序的运行，并对计算结果进行分析、评价和修改，选择优化方案；③人的直觉、经验和综合判断是产品开发中不可缺少的，也是计算机难以代替的。人和计算机的特点比较见表2-1。

表2-1 人和计算机的特点比较

比较内容	人	计 算 机
数值计算能力	弱	强
推理及逻辑判断能力	以经验、想象和直觉进行推理	模拟的、系统的逻辑推理
信息存储能力	差，与时间有关	强，与时间无关
重复工作能力	差	强
分析能力	直觉分析能力强、数值分析能力差	无直觉分析能力、数值分析能力强
智能决策能力	较强，但是信息处理能力受限	较弱，但是发展速度很快
错误率	高	低

从表2-1可以看出，人和计算机的能力在大多数方面都是互补的。就数值计算能力而言，计算机的优势非常明显。它具有计算速度快、错误率低、精度高等优点，可以完成数值计算、产品及企业信息管理、产品建模、工程图绘制、有限元分析、优化计算、运动学和动力学仿真、数控编程与加工仿真等任务，成为产品开发的重要辅助工具。对于复杂产品的某些开发环节，如结构优化设计、复杂模具型腔的数控加工程序编制、多物理场环境下的综合性能评估等，离开计算机的参与就难以完成或者需要付出高昂的代价。

计算机具有强大的信息存储能力，可以在海量数据存储、管理和检索中发挥重要作用。在传统的产品开发过程中，技术人员往往需要从大量的技术文件、设计手册中查找相关的数据信息，效率低下且容易出错。利用计算机和数据库管理技术，可以实现相关数据的高效和有序存储、检索、共享与使用，使技术人员全身心地投入具有创造性的产品开发工作中。此外，计算机在优化产品结构、性能和制造工艺等方面也具有优势。

人是生产力中最具有决定性的力量。在产品数字化设计与制造过程中，人始终具有最终的控制权和决策权，计算机及其网络环境只是重要的辅助工具。只有恰当地处理好人与计算机之间的相互关系，最大限度地发挥各自的优势，才能获得最大的经济效益。

3. 有助于提高产品质量、缩短开发周期、降低生产成本

计算机强大的信息存储和计算能力可以充分挖掘产品开发过程中所需的数据信息，为产品设计提供科学依据。人机交互的产品开发，有利于发挥人机各自的特长，使产品设计与制造的方案更加合理。通过计算机仿真和优化算法可以优化产品设计，尽早发现设计缺陷，改进产品拓扑结构、尺寸和性能参数，克服传统产品开发中被动、静态、过于依赖人的经验等缺点。数控自动编程、刀具轨迹仿真和数控加工有利于保证产品的加工质量，大幅度减少产

品开发中的废品和次品率。

此外，基于计算机和网络，数字化设计与制造技术将传统的产品串行开发转变为并行开发，可以有效地提高产品的开发质量、缩短产品的开发周期、降低产品的制造成本，加快产品更新换代速度，从而提升产品及生产企业的市场竞争力。

4. 数字化设计与制造只涵盖产品全生命周期的某些环节

随着相关软硬件技术的成熟，数字化设计与制造技术越来越多地渗透到产品开发过程中，成为产品开发不可或缺的手段。但是，数字化设计与制造只是产品全生命周期中的两大环节。除此之外，产品全生命周期还包括产品需求分析、市场营销、售后服务、产品报废、回收与再利用等环节，目前计算机在上述领域中的应用还比较薄弱。

 ## 2.3　数字化设计与制造技术的历史与发展趋势

1946 年，出于快速计算弹道数据的目的，美国宾夕法尼亚大学研制成功世界上第一台电子数字计算机。计算机的诞生极大地解放了生产力，并逐渐成为工程、结构和产品设计中的重要辅助工具。

20 世纪 50 年代以后，以美国为代表的工业发达国家为满足航空、汽车等工业的生产需求，开始将计算机应用于机械产品开发中。其中，数字化设计技术起步于计算机图形学（CG），经过计算机辅助设计（CAD）阶段，最终形成涵盖产品大部分设计环节的数字化设计技术；数字化制造技术从数控（NC）机床和数控编程研究起步，逐步扩展到成组技术（GT）、计算机辅助工艺规划（CAPP）、柔性制造系统（FMS）、计算机集成制造系统（CIMS）和网络化制造等领域。

值得指出的是，在数字化设计与制造技术出现的早期，两者是相对独立、各自发展的。几十年来，数字化设计与制造技术大致经历以下几个发展阶段：

1. 20 世纪 50 年代：CAD/CAM 技术的准备和酝酿阶段

20 世纪 50 年代，计算机主要为第一代电子管计算机，编程语言为机器语言，计算机的主要功能是数值和科学计算。因此，要利用计算机开发产品，首先要解决计算机中图形的输入、表示/显示、编辑和输出等问题。此时还处于构思交互式计算机图形学的准备阶段。

1950 年，美国麻省理工学院（MIT）研制出旋风Ⅰ号（Whirlwind I）图形显示器，可以显示简单的图形。1958 年，美国 Calcomp 公司研制出滚筒式绘图仪，Gerber 公司研制出平板绘图仪。20 世纪 50 年代后期，出现了图形输入装置——光笔。

20 世纪 40 年代，人们开始提出采用数字控制技术完成机械加工的设想。为制造飞机机翼轮廓的板状样板，美国飞机承包商 John T Parsons 提出采用脉冲信号控制坐标镗床的加工方法。美国空军发现了这种方法在飞机零部件生产中的潜在价值，并给予资助和支持。1949 年，Parsons 公司开始与 MIT 的伺服机构实验室合作研制数控机床。数控机床的开发从自动编程语言（Automatically Programming Tools，APT）的研究起步。利用 APT 语言，人们可以定义零件的几何形状，指定刀具的切削加工路径，并自动生成相应的数控加工程序，再通过一定的介质（如磁盘、网络等）将程序传送到机床中。程序经过编译，可以用来控制机床、刀具与工件之间的相对运动，完成零件的加工。

1952 年，基于 APT 编程思想，MIT 完成了一台三坐标铣床的改造，研制成功利用脉冲乘法器原理、具有直线插补和连续控制功能的三坐标数控铣床，首次实现了数控加工。这就是第一代数控机床。第一代数控机床的控制系统采用电子管元件和继电器，存在体积大、功耗高、价格昂贵、可靠性低、操作不便等缺点，限制了数控机床的使用。

之后，美国空军等继续资助 MIT 对 APT 语言和数控加工的研究，解决诸如三坐标以上数控编程与连续切削、数控程序语言通用性差、系统功能弱、标准化程度不高、数控机床使用效率低等问题。1953 年，MIT 推出 APT I，并在电子计算机上实现了自动编程。1955 年，美国空军花费巨资定购数控机床。此后，数控机床在美国、前苏联、日本等国家受到高度重视。20 世纪 50 年代末，出现了商品化的数控机床产品。1958 年，我国第一台三坐标数控铣床由清华大学和北京第一机床厂联合研制成功，之后多所高校、研究机构和工厂相继开展了数控机床的研制工作。

1958 年，美国航空协会（AIA）组织十多家航空工厂与 MIT 合作，推出 APT II 系统，进一步增强了 APT 语言的描述能力。美国电子工业协会（Electronic Industries Association，EIA）公布了每行 8 个孔的数控纸带标准。美国 Keany & Trecker 公司于 1958 年研制成功世界上首台带有刀具自动交换装置（Automatically Tools Changer，ATC）的数控机床，即加工中心（Machining Center），数控机床的加工质量与效率得到大幅度提升。1959 年，晶体管控制元件研制成功，数控装置中开始采用晶体管和印制电路板，数控机床开始进入第二个发展阶段。

2. 20 世纪 60 年代：CAD/CAM 技术的初步应用阶段

1962 年，MIT 林肯实验室（Lincoln Laboratory）的伊凡·萨瑟兰（Ivan E Sutherland）发表了名为"画板：人机图形通信系统（SketchPad：A Man Machine Graphical Communication System)"的博士论文，首次系统性地论述了交互式图形学的相关问题，提出了计算机图形学（CG）的概念，确立了计算机图形学的独立地位。他还提出了功能键操作、分层存储符号、交互设计技术等新思想，为产品的计算机辅助设计（CAD）奠定了必要的理论基础和做好了技术储备。SketchPad 系统的出现是 CAD 和数字化设计发展史上的重要里程碑，它表明了利用阴极射线管（Cathode Ray Tube，CRT）显示器，以交互方式创建图形和修改对象的可行性。伊凡·萨瑟兰也因此被公认为交互式计算机图形学和计算机辅助绘图技术的创始人。

1963 年，在美国计算机联合会上，MIT 机械工程系的孔斯（Steven A Coons）提交了名为"计算机辅助设计系统的要求提纲（An Outline of the Requirements for a Computer Aided Design System)"的研究论文，首次提出了 CAD 的概念。在理论层面，计算机图形学主要研究映射、放样、旋转、消隐等算法问题；在硬件层面，它主要研究 CRT 显示、光笔输入、随机存储器等设备和系统，为计算机图形学的应用奠定了重要基础。

20 世纪 60 年代中期，美国 MIT、IBM 公司、通用汽车（GM）公司、贝尔电话实验室（Bell Telephone Laboratory）、洛克希德公司（Lookheed Corporation）、英国剑桥大学等高校、企业及研究机构投入大量财力和人力从事计算机图形学研究。1964 年，IBM 公司推出商品化计算机绘图设备，通用汽车公司研制成功多路分时图形控制台，初步实现了汽车各阶段的计算机辅助设计工作。1965 年，洛克希德公司推出全球第一套基于大型机的商品化 CAD/CAM 软件系统——CADAM。1966 年，贝尔电话实验室开发出价格低廉的实用交互式图形显示系统 GRAPHIC I。1966 年，IBM 公司推出一种集成电路辅助设计系统，利用 IBM 360 计算机完成集成电路的设计工作。上述研究工作促进了计算机图形学和计算机辅助设计技术的发展。

20 世纪 60 年代，交互式计算机图形处理技术得到了更为深入的研究，相关软硬件系统开始走出实验室并面向工业应用。商品化软硬件的推出促进了计算机绘图技术的发展，CAD 的概念开始为人们所接受。人们开始超越计算机绘图的范畴，转而重视如何利用计算机进行产品设计。据统计，至 20 世纪 60 年代末，美国安装的 CAD 工作站已有 200 多台。

与此同时，数字化制造技术的研究也取得了新的进展。1961 年，美国人贝茨（E A Bates）牵头开展新的 APT 技术研究，并于 1962 年发布 APT Ⅲ。美国航空协会继续对 APT 程序进行改进，并成立 APT 长远规划组织（APT Long Range Program，APTLRP），数控机床开始走向实用。从 20 世纪 60 年代开始，日本、德国等工业发达国家陆续开发、生产和使用数控机床。1962 年，在数控机床技术的基础上研制成功第一台工业机器人，实现了自动化物料搬运。

计算机辅助工艺规划（CAPP）是通过向计算机输入被加工零件的几何信息（如形状、尺寸等）和工艺信息（如材料、热处理、批量等），利用计算机完成零件加工工艺规程的制定，将毛坯加工成工程图样上所要求的零件。这也是产品制造的重要内容。受多种因素影响，CAPP 是制造自动化领域中起步最晚、发展最慢的部分。1969 年，挪威推出世界上第一个 CAPP 系统——AUTOPROS，并于 1973 年推出商品化的 AUTOPROS 系统。

在我国，由于电子元件质量差、元器件不配套和制造工艺不成熟等原因，数控技术研究受到了很大影响。1960 年后，国内多数单位的数控技术研究工作陷于停滞状态，只有少数单位坚持了下来。1966 年，国产晶体管数控系统研制成功，实现了某些品种数控机床的小批量生产。

1965 年，随着集成电路技术的发展，世界上出现了小规模集成电路。它的体积更小、功耗更低，数控系统的可靠性进一步提高，数控系统发展到第三代。1966 年，出现了采用一台通用计算机集中控制多台数控机床的直接数字控制（Direct Numerical Control，DNC）系统。

1967 年，英国 Molins 公司研制成功由计算机集成控制的自动化制造系统 Molins-24。Molins-24 由六台加工中心和一条由计算机控制的自动运输线组成，利用计算机编制数控程序和制定作业计划，它可以 24h 连续工作。Molins-24 是世界上第一条柔性制造系统（FMS），标志着制造技术开始进入柔性制造时代。

FMS 是以数控机床和计算机为基础，配以自动化上下料设备、立体仓库和控制管理系统的一类制造系统。FMS 中的设备能 24h 自动运行。当加工对象改变时，无需改变系统中设备的配置，只需改变零件的数控程序和生产计划，就能完成不同产品的制造任务。因此，FMS 具有良好的柔性，能够适应多品种、中小批量的生产需求。

3. 20 世纪 70 年代：CAD/CAM 技术在发达国家开始得到广泛使用

20 世纪 70 年代后，存储器、光笔、光栅扫描显示器、图形输入板等 CAD/CAM 软硬件系统开始进入商品化阶段，出现了面向中小企业的交钥匙系统（Turnkey System），其中包括图形输入/输出设备、相应的 CAD/CAM 软件等。这种系统的性价比高，提供基于线框造型（Wireframe Modeling）的建模和绘图工具，使用和维护较为方便。此外，曲面造型技术也得到初步应用。同时，与 CAD 相关的技术，如质量特征计算、有限元建模、NC 纸带生成与检验等技术得到了广泛研究和应用。

1970 年，英特尔公司率先开发出微处理器。同年，在美国芝加哥国际机床展览会上，首次展出了第四代数控机床系统——基于小型计算机的数控系统。之后，基于微处理器数控系统的数控机床的开发迅速发展。1974 年，美国、日本等国家先后研制出以微处理器为核心的数控系统，基于微型计算机（Microcomputer）的第五代数控系统开始出现。通常，将以一台或多台计算机作为数控系统核心组件的数控系统称为计算机数控（Computer Numerical Control，CNC）系统。

1973 年，美国人约瑟夫·哈林顿（Joseph Harrington）首次提出计算机集成制造（Computer Integrated Manufacturing，CIM）的概念。CIM 的内涵是借助于计算机，将企业中与制造有关的各种技术系统地集成起来，以提高企业适应市场竞争的能力。CIM 强调：①企业的各个生产环节是不可分割的整体，需要统一安排和组织；②产品的制造过程实质上就是信息采集、传递和加工处理的过程。

1976 年，计算机辅助制造国际组织（Computer Aided Manufacturing-International，CAM-I）推出 CAM-I's Automated Process Planning 系统，这在 CAPP 发展史上具有里程碑式的意义。

20 世纪 70 年代中期，大规模集成电路的问世有力地推动了计算机、数控机床、搬运机器人和检测、控制技术的发展，FMS、柔性装配系统（Flexible Assembly System，FAS）、柔性钣金生产线、由多条 FMS 构成的自动化生产车间等相继出现，成为先进制造技术的重要形式。

1979 年，初始图形转换规范（Initial Graphics Exchange Specification，IGES）标准发表。它定义了一套表示 CAD/CAM 系统中常用几何和非几何数据的格式和相应的文件结构，为不同 CAD/CAM 系统之间的信息交换创造了条件。

20 世纪 70 年代以后，我国数控加工技术研究进入了较快的发展阶段，国产数控车床、铣床、镗床、磨床、齿轮加工机床、电加工机床，以及数控加工中心等相继研制成功。1972 年，我国研制成功集成电路数控系统。据统计，1973~1979 年，我国共生产各种数控机床4000 多台，其中线切割机床占 86%，主要用于模具加工。

20 世纪 70 年代，日本在 CNC、DNC、FMS 等方面的研究进展迅速，车间自动化水平进入世界前列。

20 世纪 70 年代是开展 CAD/CAM 技术研究的黄金时代。CAD/CAM 建模方法和编程理论得到深入研究，单元技术基本形成，功能模块不断完善并得到广泛应用。据统计，20 世纪 70 年代末，美国安装图形系统的计算机达 12000 多台，使用人数达数万人。但是，就技术及其应用水平而言，CAD/CAM 各功能模块的数据结构尚不够统一，集成性也较差。

4. 20 世纪 80 年代：CAD/CAM 技术走向成熟

20 世纪 80 年代以后，个人计算机和工作站（Workstation）开始出现，如美国苹果公司的Macintosh、IBM 公司的 PC 和 Apollo、SUN 工作站等。与大型机、中型机或小型机相比，PC和工作站的体积小、价格较为便宜、功能不断完善，极大地降低了 CAD/CAM 技术的硬件门槛，促进了 CAD/CAM 技术的迅速普及，主要表现为由军事工业向民用工业扩展，由大型企业向中小型企业推广，由高技术领域向家电、轻工等通用产品普及，由发达国家扩展到发展中国家。

20 世纪 80 年代之后，CAD 已经超越传统的计算机绘图范畴，有关复杂曲线、曲面描述的新算法、新理论不断出现并迅速商品化。实体建模（Solid Modeling）技术趋于成熟，并提供统一、确定性的几何形体描述方法，成为 CAD/CAM 软件系统的核心功能模块。各种微机CAD 系统、工作站 CAD 系统不断涌现，CAD 技术和系统在航空、航天、船舶、核工程、模具等领域得到广泛应用。

1982 年，美国 Autodesk 公司推出基于 PC 平台的二维绘图软件——AutoCAD。AutoCAD 具有较强的绘图、编辑、剖面线和图案绘制、尺寸标注和二次开发功能，并具有部分三维作图造型功能，对推动 CAD 技术的普及发挥了重要作用，在机械、建筑等行业得到广泛应用，成为二维 CAD 软件的领导者。

1985 年，美国参数化技术公司（Parametric Technology Corporation，PTC）成立，并于 1988

年推出 Pro/Engineer（Pro/E）产品。Pro/E 软件具有参数化建模（Parametric Modeling）、基于特征和单一数据库等优点，使得设计过程完全相关，既保证了设计质量，又提高了设计效率。此后，特征建模（Feature Modeling）技术开始得到应用，统一的数据结构和工程数据库成为 CAD/CAM 软件开发的主流模式。

20 世纪 80 年代以后，我国先后从日本 FANUC 公司引进数控系统和直流伺服电动机、直流主轴伺服电动机等的制造技术，从美国 GE 公司引进 MCI 系统和交流伺服系统，从德国 Siemens 公司引进 VS 系统晶闸管调速装置，并实现商品化生产。上述系统功能齐全、可靠性高。此外，国内企业和研究机构还自主开发出 3～5 轴联动的数控系统、伺服电动机，国产数控机床的性能和质量得到大幅度提高。国内数控机床生产企业达到 100 多家，生产数控机床配套产品的企业有 300 多家。

此时，CAD/CAE/CAM 技术的研究重点是超越几何设计，将单元技术集成，提供更完整的工程设计、分析和开发环境。为实现信息共享，相关软件必须支持异构跨平台环境。从 20 世纪 80 年代开始，国际标准化组织（ISO）着手制定 ISO 标准 10303 "产品模型数据交换标准（Standard for the Exchange of Product Model Data，STEP）"。STEP 采用统一的数字化定义方法，几乎涵盖所有人工设计的产品，为不同系统之间的信息共享创造了基本条件。

1981 年，美国国家标准局（NBS）建立 "自动化制造实验基地（AMRF）"，开展 CIMS 结构、单项技术、接口、测试技术及相关标准的研究。同时，CIM 还是美国 "星球大战（Strategic Defense Initiative，SDI）" 高技术发展研究计划的重要组成部分，美国政府、军事部门、企业和高校十分重视 CIM 的研究。1985 年，美国制造工程师协会（Society of Manufacturing Engineers，SME）的计算机与自动化专业学会（SME/CASA）给出了计算机集成制造企业的定义及其结构模型（图 2-5）。该模型主要是从技术角度、强调制造企业的要求，忽略了人的因素。

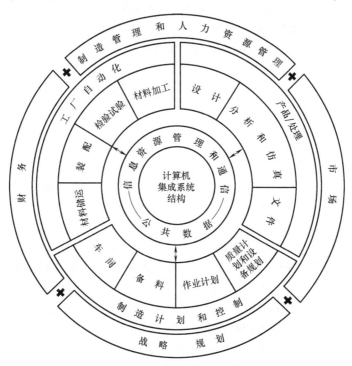

图 2-5　计算机集成制造企业的结构模型

20 世纪 80 年代初，日本著名通信设备制造厂富士通公司提出工厂自动化（Factory Automation）的设想。20 世纪 80 年代中期以后，为与美国、欧洲国家竞争，在通产省的资助下，日本相关实验室和公司开展了 CIM 新技术的研究和开发。据统计，1985 年，美国、欧洲、日本等拥有 FMS 约 2100 套。到 20 世纪 80 年代末，世界范围内 CAD/CAM 应用系统达数百万台。

1986 年，我国制订国家高技术研究发展计划（简称"863"计划），将 CIMS 作为自动化领域的研究主题之一，并于 1987 年成立自动化领域专家委员会和 CIMS 主题专家组，建立了国家 CIMS 工程研究中心和七个单元技术实验室。结合我国国情，专家组将 CIMS 集成划分为信息集成、过程集成和企业集成三个阶段，并选择沈阳鼓风机厂、北京第一机床厂等制造企业开展 CIMS 的工程实施和示范。

1987 年，美国 3D systems 公司开发出世界上第一台快速原型制造（RPM）设备——采用立体光固化的快速原型制造系统。RPM 将原材料从无到有、逐层堆积，直接成形所需要的零件甚至整机，在制造原理上属于增材制造。它彻底颠覆了传统的先以铸造、锻造等方法制造毛坯，再通过车、铣、刨、磨等切削加工方法去除不必要的材料，最后得到成品零件的减材制造（Subtractive Manufacturing）思维，是制造原理的一次变革。RPM 可以由产品数字化模型直接驱动设备，快速完成零件或模具的原型制造，有效地缩短了产品、样机的开发周期。此外，RPM 是以产品 CAD 模型及分层剖面的数据为基础，并利用数控加工的基本原理，因而也是 CAD/CAM 技术的延伸和拓展。

CAD/CAM 技术的广泛应用对人类进步产生了深远影响。1989 年，美国评选出 1964 ~ 1989 年间的十项最杰出的工程技术成就，其中 CAD/CAM 技术位列第四项。

5. 20 世纪 90 年代：微机化、标准化、集成化发展时期

20 世纪 90 年代，随着计算机软硬件和网络技术的发展，"PC + Windows 操作系统""工作站 + Unix 操作系统"和以以太网（Ethernet）为主的网络环境成为计算机辅助技术（CAX）系统的主流软硬件平台，CAX 系统的功能日益增强，接口趋于标准化。计算机图形接口（Computer Graphics Interface，CGI）标准、计算机图形元文件（Computer Graphics Metafile，CGM）标准、计算机图形核心系统（Graphics Kernel System，GKS）标准、IGES、STEP 等国际或行业标准得到广泛应用，实现了不同 CAX 系统之间的信息兼容和数据共享，有力地促进了 CAX 技术的普及。

20 世纪 90 年代，美国、欧共体、日本等国和地区纷纷投入大量精力，研究新一代全 PC 开放式体系结构的数控平台，其中包括美国 NGC 和 OMAC 计划、欧共体 OSACA 计划、日本 OSEC 计划等。新一代数控平台具有开放式、智能化等特征，主要表现在：①按模块化、系列化原则设计和制造数控机床，以便缩短供货周期，最大限度地满足用户的工艺需求；②与数控机床配套的功能部件全部实现商品化；③向用户开放，发达国家的数控机床厂纷纷建立完全开放式的产品售前、售后服务体系和开放式的零件试验室，以及自助式数控机床操作、维修培训中心；④采用信息网络技术，以便合理地组合和调用各种制造资源；⑤人工智能（Artificial Intelligence，AI）技术开始在数控加工中得到应用，使数控系统具有自动编程、前馈控制、自适应切削、工艺参数自生成、运动参数动态补偿等智能化和优化决策能力。

1993 年，SME/CASA 发表新的制造企业结构模型（图 2-6）。与图 2-5 相比，新模型具有以下特点：①充分体现"用户为上帝"的思想，强调以顾客为中心进行生产、服务；②强调人、组织和协同工作的重要性；③强调在系统集成的基础上，保证企业员工实现知识共享；

④强调产品及工艺设计、产品制造和顾客服务三大功能必须并行、交叉地开展；⑤明确企业资源和企业责任的概念，资源是企业进行各项生产活动的物质基础，企业责任包括企业对员工、投资者、社会、环境和道德等方面应尽的义务；⑥描述了企业所处的外界环境和制造基础，包括市场、竞争对手和自然资源等。新模型的变化充分反映出人们对现代制造企业认识的深化。

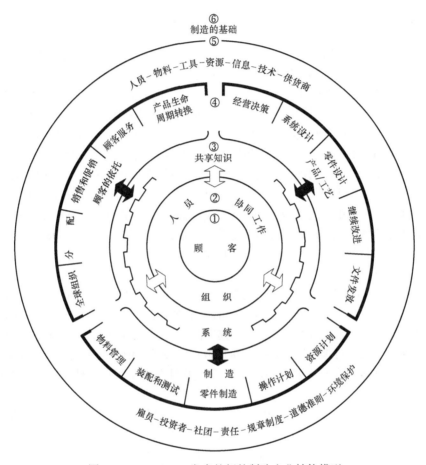

图 2-6　SME/CASA 发表的新的制造企业结构模型

20 世纪 90 年代以后，随着改革开放的深入和经济全球化，我国在 CAD/CAM 领域与世界迅速接轨。UniGraphics（UG）、Pro/Engineer、I-DEAS、ANSYS、SolidWorks、SolidEdge、MasterCAM、Cimatron 等世界领先的 CAD/CAE/CAM 软件纷纷进入我国，各种先进的数字化制造技术和装备在生产中得到广泛应用。同时，国内 CAD/CAE/CAM 软件开发、数字化制造设备的研制应用也呈现出百花齐放的局面。以北航海尔、清华同方、华中天喻、武汉开目等为代表的国产 CAD 软件得到广泛应用。其中，国产二维 CAD 软件的功能与世界知名软件的功能相当，能更深刻地满足国内用户需求并且提供更富个性化的实施策略，销售量达数十万套；以北航海尔（CAXA）为代表的国产三维 CAD 软件、数控编程加工软件的功能逐步完善，并具有一定的市场占有率，开创了具有自身特色的技术创新之路。

针对传统的手工绘图模式，在国家"六五""七五""八五"计划和国内企业开展 CAD/

CAM 技术应用的基础上，原国家科委及时提出"甩掉绘图板"的目标。国家科学技术部也曾提出"到 2000 年，机械制造业应用 CAD 技术的普及率和覆盖率达 70% 以上，CAD/CAM 的应用水平达到国外工业发达国家 20 世纪 80 年代末、90 年代初的水平，工程设计行业的 CAD 普及率达 100%，实现勘察设计手段从传统的手工方式向现代化方式的转变，CAD 的应用水平达国际 20 世纪 90 年代中期的先进水平。"

20 世纪 90 年代，我国在产品的计算机辅助设计与制造领域取得了很大成绩。1994 年，设在清华大学的国家 CIMS 工程中心获得美国制造工程师协会（SME）年度"大学领先奖"；1995 年，以东南大学为技术支撑单位的北京第一机床厂 CIMS 工程，获得美国 SME 年度"工业领先奖"，这也是世界范围内除美国以外首次获得该奖项的 CIMS 工程。

20 世纪 90 年代初，美国里海大学（Lehigh University）在研究、总结美国制造业现状和潜力的基础上，为重振美国国家经济，继续保持美国制造业在国际上的领先地位，发表了具有划时代意义的"21 世纪制造企业发展战略"，提出了敏捷制造（Agile Manufacturing，AM）和虚拟企业（Virtual Enterprise，VE）的概念。1994 年，美国能源部制订了实现敏捷制造技术的计划，并于 1995 年 12 月发表该项目的策略规划及技术规划。1995 年，美国国防部和自然科学基金会共同制订了以敏捷制造和虚拟企业为核心的"下一代制造计划"。1995 年 12 月，美国制造工程师协会（SME）主席欧灵（G Olling）提出"数字制造（Digital Manufacturing）"的概念，即以数字的方式来存储、管理和传递制造过程中的所有信息。1998 年，欧盟将全球网络化制造研究项目列入了第五框架计划（1998—2002）。

为挽回 20 世纪 70 至 80 年代由于政策失误造成的制造业竞争力衰退，美国政府意识到"制造业仍然是美国的经济基础"，应促进制造技术的发展。美国政府在"下一代制造计划"中提出：人、技术与管理是未来制造业成功的三个要素，确立技术在制造业中的核心地位，提出多项需要优先发展的关键技术，包括快速产品/工艺集成开发系统、建模与仿真技术、自适应信息化系统、柔性可重组制造系统、新材料加工技术、纳米制造技术、生物制造技术和无废弃物制造技术等。在政府强有力的支持下，美国重新夺回在全球制造技术领域的竞争优势。

20 世纪 90 年代中期，随着计算机技术、信息技术和网络技术的进步，机械制造业逐步向柔性化、集成化、智能化、网络化方向发展，企业内部、企业之间、区域之间乃至国家之间实现资源信息共享，异地、协同、虚拟设计和制造开始成为现实。20 世纪 90 年代末，以 CAD 为基础的数字化设计技术、以 CAM 为基础的数字化制造技术开始为人们所接受，数字化设计与制造技术开始在更广阔的领域、更深的层次上支持产品开发。

6. 21 世纪：数字化设计与制造技术得到普遍应用

进入 21 世纪，计算机技术、网络技术和信息技术飞速发展，产品数字化设计与制造技术得到广泛应用，并呈现出以下发展趋势：

1）利用基于网络的 CAX 集成技术，实现产品全数字化设计、制造与管理。

在 CAD/CAM 应用过程中，利用产品数据管理（PDM）技术实现并行工程，可以极大地提高产品开发的效率和质量。例如，过去波音公司的波音 757、767 型飞机的设计制造周期为 9 ~ 10 年，在采用 CAX、PDM 等数字化设计与制造技术后，波音 777 型飞机的设计制造周期缩短为 4.5 年，使企业获得了巨额利润，有效地提高了企业的竞争力。

随着相关技术的发展，越来越多的企业将通过 PDM/PLM 进行产品功能配置，利用系列件、标准件、借用件、外购件来减少重复设计。在 PDM/PLM 环境下，通过 CAD/CAE/CAM

等模块的集成，可以实现产品的无图纸设计和全数字化制造。

2）CAX 技术与企业资源计划、供应链管理、客户关系管理相结合，形成企业信息化的总体构架。

CAD/CAPP/CAE/CAM/PDM 软件的主要功能是实现产品设计、工艺规划、制造装配及其管理。企业资源计划（ERP）则以实现企业产、供、销、人、财、物的管理为目标。供应链管理（SCM）的目的是实现企业内部生产计划与上游供应商企业物流管理的有机融合。客户关系管理（CRM）则可以帮助企业建立、挖掘和改善与销售商、客户之间的关系。

通过将上述系统集成，可以由内而外地整合企业内部及外部资源，建立涵盖供应商、企业内部设计/工艺/制造/管理部门和用户的集成化信息管理体系，实现企业与外界信息流、物流和资金流的顺畅传递，提高产品开发速度和市场反应速度，帮助企业在竞争中取得优势。

3）通过 Internet、Intranet 和 Extranet 将企业的业务流程紧密地连接起来，对产品开发的所有环节进行高效、有序的管理，包括订单、采购、库存、计划、制造、质量控制、运输、销售、服务、维护、财务、成本、人力资源管理等。

4）虚拟工厂、虚拟制造、动态企业联盟、敏捷制造、网络制造和制造全球化成为数字化设计与制造技术发展的重要方向。

数字化设计与制造技术为新产品开发提供了虚拟的设计环境。借助产品的三维数字化模型，设计者可以逼真地观察设计中的产品及其开发过程，认知产品的形状、尺寸和色彩等基本特征，分析设计方案的正确性和可行性。通过数字化仿真分析，可以计算和优化产品性能、动态特征和工艺参数，如质量特征、变形过程、力学特征和运动特征等，模拟零部件的制造及装配过程，检查所用零部件是否合适和正确；通过数字化加工软件定义加工过程，开展数控（NC）加工模拟，预测零件和产品的加工性能和加工效果，并根据仿真结果及时修改相关设计。

借助于产品的虚拟模型，设计人员、制造人员可以与所设计的产品进行交互操作，为相关人员的交流提供有效的可视化信息平台，这种设计思想也称为并行工程（Concurrent Engineering，CE）。并行工程强调信息集成、过程集成和功能集成，能有效地缩短产品开发周期，提高产品开发质量。

在虚拟制造方式中，产品开发的电子文档和相关信息可以通过 Internet 在联盟企业之间进行传递。通过准时制（Just in Time，JIT）生产，实现合作厂商之间物流的零库存，以降低库存和成本。合作厂商之间的结算可以利用电子商务完成。产品销售也可以利用企业-企业（Business to Business，B2B）或企业-顾客（Business to Customer，B2C）的电子商务方式实现。对用户或产品的售后服务和技术支持，也可以通过电子服务来实现。

同时，不少发达国家将"以信息技术改造传统产业，提升制造业的技术水平"作为国家经济发展的重大战略。日本的索尼（Sony）公司与瑞典爱立信（Ericsson）公司、德国的西门子（Siemens）公司与荷兰的菲利浦（Philips）公司等先后成立虚拟联盟，通过互换技术工艺，构建特殊的供应合作关系，或者共同开发新技术或新产品等，以保持其在国际市场上的领先地位。

我国政府十分重视信息技术在制造业、经济和社会发展中的作用。2000 年 10 月，《中共中央关于制订国民经济和社会发展第十个五年计划的建议》中明确指出："坚持以信息化带动工业化，广泛应用高技术和先进实用技术改造提升制造业，形成更多拥有自主知识产权的知名品牌，发挥制造业对经济发展的重要支撑作用。"2015年3月，李克强总理在第十二届全国人民代表大会第三次会议政府工作报告中提出"促进工业化和信息化深度融合，坚持创新驱动、智能轻型、强化基础、绿色发展，加快从制造大国转向制造强国。促进工业化和信息化深度融合，开发利用网络化、数字化、智能化等技术，着力在一些关键领域抢占先机，取得突破。"此外，报告还提出"要制定'互联网＋'行动计划，推动移动互联网、云计算、大数据、物联网等与现代制造业结合，促进电子商务、工业互联网和互联网金融健康发展，引导互联网企业拓展国际市场。"

数字化设计与制造是计算机技术、信息技术、网络技术与制造科学相结合的产物，也是经济、社会和科学技术发展的必然结果。它适应了经济全球化、竞争国际化、用户需求个性化的社会发展需求，成为未来产品开发的基本技术手段。

2.4　产品数字化设计与制造案例

本节以某款手机为例，介绍产品数字化开发的基本过程。手机数字化开发主要内容包括：①造型设计，包括外观设计、按键面板设计、内部结构设计和附件设计等；②手机零部件及其附件的模具设计；③零部件的注塑成型工艺参数仿真与优化；④零部件型腔的数控加工编程和加工仿真。其中，数字化设计和数控编程采用Pro/Engineer软件，注塑工艺分析与优化采用Moldflow软件。

手机造型遵循自顶而下（Top-Down）的设计思路，先确定产品总体架构和布局，在装配体中完成各零件的造型设计，手机数字化造型设计基本流程如图2-7所示。

图2-7　手机数字化造型设计基本流程

该款手机定位中低端，面向青春、时尚的年青女性。外壳设计采用曲面造型技术，注重曲线和曲面的应用，构成流畅、活泼的外形。为增强用户持机时的舒适感，手机外壳的"腰部"采用内凹的曲面，使造型富有人性化。考虑该年龄段用户的特点，手机外显示屏设计成"心"形（图2-8）。手机按键造型采用向上伸展的绿叶形状，寓意年轻人朝气蓬勃和健康向上的精神风貌（图2-9）。手机以淡紫红色为主色调，展现出浓郁的青春气息，代表对成熟的向往，增强产品的亲和力。

图2-8　手机造型设计

图2-9　手机按键造型设计

上盖的曲面造型是手机外壳设计的难点。在Pro/Engineer设计环境下，综合应用曲面造型工具和高级特征工具完成上盖设计，主要造型过程如图 2-10 所示。

a) 一级组件　　　　　b) 二级组件　　　　　c) 三级组件　　　　　d) 最终零件

图 2-10　手机上盖的曲面造型过程

手机内部结构比较复杂，需要考虑按键电路板、I/O 设备、扬声器、按键等附件的形状、位置及其固定方式，还需考虑上下盖之间的装配问题。图 2-11 所示为手机按键面板的内部结构。在完成零件造型设计后，就可以进行相关零件的模具设计，模具型腔设计的基本流程如图 2-12 所示。

图 2-11　手机按键面板的内部结构

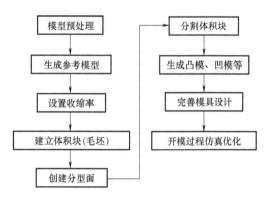

图 2-12　模具型腔设计的基本流程

分型面设计是模具设计的关键环节之一。以手机按键面板为例，分型面的选择需要考虑参考模型表面的结构特征，包括扬声器孔、键盘孔、抽芯机构等。为形成完整的分型面，需要利用曲面封闭、曲面合并、曲面延伸、曲面平整等工具，最终得到的主分型面如图 2-13 所示。

以分型面为基础，可以生成凸模、凹模和侧向型芯等，完成模具的型腔设计。由于该款手机成型时需要侧向抽芯，还需要设计滑块、斜导柱、楔形块和压板等零件。图 2-14 所示为按键面板的模具装配体。

模具设计完成后，需要检查拔模斜度、型腔壁厚、分型面是否合理、开模时是否有干涉现象等，还需要计算投影面积等参数。另外，可以利用动画演示模具的开模和合模过程。图 2-15 所示为按键面板模具装配体的爆炸图。

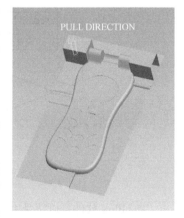

图 2-13　按键面板的主分型面

65

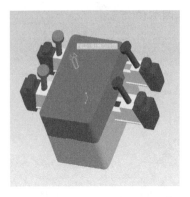

图 2-14 按键面板的模具装配体

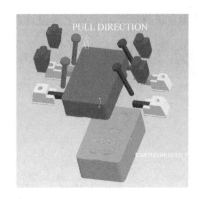

图 2-15 按键面板模具装配体的爆炸图

利用计算机辅助工程分析（CAE）技术，可以仿真分析塑料件的注塑成型过程，包括填充、保压和冷却，及早发现塑件成型中可能存在的缺陷（如充填不足、熔接痕、流痕、收缩痕、翘曲变形等），确定最佳工艺参数（如塑料的熔化温度、模具温度、浇口数量、浇口位置、浇口尺寸、注塑压力、保压压力、保压时间、冷却系统参数等），有效地提高注塑件的成型质量，缩短模具研发周期和降低开发成本。

以下利用 Moldflow 公司高级注塑成型分析（Moldflow Plastic Insight，MPI）软件的流动分析模块、冷却分析模块和翘曲分析模块对手机主要塑料件的模具注塑成型过程进行分析。其中，流动分析可以模拟注塑成型过程中熔体的流动行为，预测塑件可能存在的质量问题，确定优化的注塑成型条件；在流动分析的基础上，可以完成塑件的冷却分析，以确定冷却系统的类型、结构和参数设计；翘曲变形分析可以预测塑件翘曲变形量和产生变形的原因，改善塑件及模具中的残余应力分布。综上所述，注塑成型工艺仿真分析流程如图 2-16 所示。

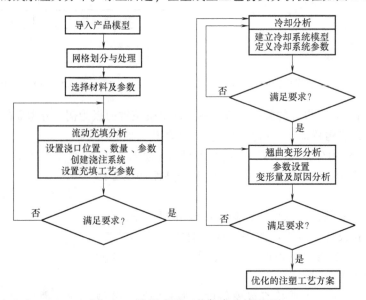

图 2-16 注塑成型工艺仿真分析流程

Moldflow 软件可以接受 IGES、STEP、STL 等格式的 CAD 模型数据，也可以直接读取 Pro/Engineer、UG NX 等软件生成的产品数据文件。根据模型复杂程度、分析精度要求和计算机配置的不同，划分有限元网格时可以采用中层面（Fusion）模型、表面（Surface）模型或三维（3D）模型。其中，中层面模型以壁厚的中间面及其相应厚度来定义产品结构，网格处理相对简单、单元数量少、运行速度较快，但仿真分析的准确性较低；表面模型利用模型的内外表面来表示产品结构，能真实地反映零件的实际形状，通过改变三角形单元的边长可以控制单元数目，应用最为广泛；三维模型能准确地表达产品的三维特征，分析精度高，适用于厚壁件的分析，但三维模型的单元数目较多，计算量较大。图 2-17 所示为采用表面模型的手机按键面板的有限元分析模型。

以有限元网格模型为基础，通过定义工艺参数，可以获得塑件的注塑成型窗口，如最佳的浇口位置、模具温度、熔体温度、注塑压力和注塑时间等，优化塑件的注塑成型参数和环境设置。图 2-18 所示为手机按键面板浇口位置的仿真分析。

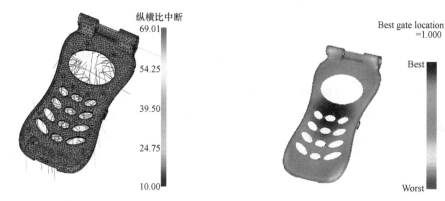

图 2-17　手机按键面板的有限元分析模型　　图 2-18　手机按键面板浇口位置的仿真分析

通过成型窗口分析可以得到注塑工艺参数之间的关系曲线。图 2-19 所示为注塑压力与注塑时间关系曲线，图 2-20 所示为熔体剪切率与注塑时间关系曲线。通过改变注塑工艺参数，可以对比分析多种成型工艺方案，综合考虑每种方案的优缺点，选择综合性能最优的工艺方案。图 2-21 所示为采用侧浇口时的注塑压力-时间曲线，图 2-22 为采用点浇口时的熔接痕位置分析图。

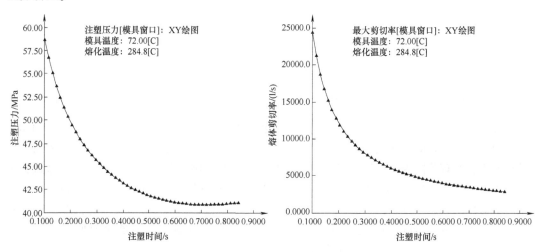

图 2-19　注塑压力与注塑时间关系曲线　　　图 2-20　熔体剪切率与注塑时间关系曲线

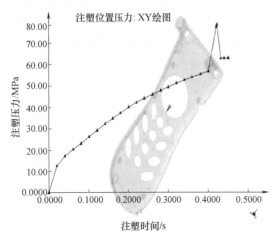

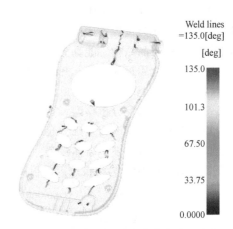

图2-21 采用侧浇口时的注塑压力-时间曲线　　　图2-22 采用点浇口时的熔接痕位置分析图

　　通过建立冷却水道、设置冷却系统参数（如冷却介质的类型、流量、温度，冷却管道的尺寸，冷却水的出入口等），可以仿真塑件的冷却过程。通过对冷却时间、冷却介质流动状态和温升、塑件表面温度分布等指标的分析，判断冷却系统的结构及其参数设置是否合理。图2-23为采用侧浇口时的冷却时间分析图，图2-24为采用侧浇口时的冷却水管温升分析图。

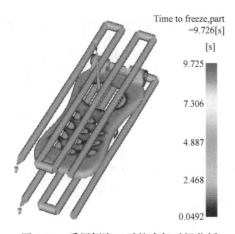

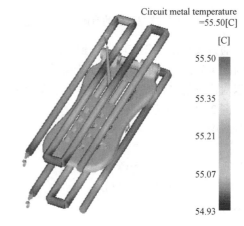

图2-23 采用侧浇口时的冷却时间分析　　　　图2-24 采用侧浇口时的冷却水管温升分析图

　　翘曲变形是塑件常见的缺陷。引起塑件翘曲变形的原因主要包括不均匀冷却、不均匀收缩和分子的取向效应。Moldflow软件可以仿真由各种原因引起的翘曲变形量，分析翘曲变形数值是否在合理范围内，寻找引起塑件翘曲变形的主要原因。此外，以仿真模型为基础，还可以仿真分析保压压力、保压时间、冷却系统设置等对塑件成型质量及成型效率的影响，提出有针对性的改进方案。图2-25所示为初始条件下手机按键面板的综合变形量，图2-26所示为优化后手机按键面板的综合变形量。由图可知，手机按键面板的最大变形量由原先的0.8144mm减小到0.6549mm，满足设计要求。

　　值得指出的是，在注塑成型工艺的仿真分析（含流动分析、冷却分析、翘曲分析等）

过程中，经常会发现因塑件结构、形状和尺寸等设计不合理，而使得塑件有明显的质量缺陷或存在成型周期较长、生产成本较高的问题。此时，就需要与设计师沟通，通过修改产品的数字化设计模型，并重新开展注塑成型工艺仿真分析，直到形成令人满意的设计方案。

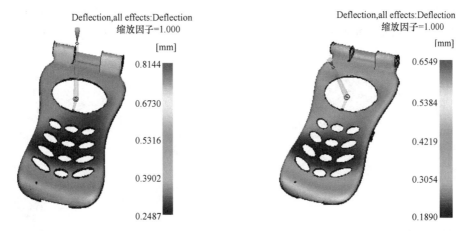

图 2-25　初始条件下手机按键面板的综合变形量　　　图 2-26　优化后手机按键面板的综合变形量

在完成塑件注塑成型工艺分析与优化的基础上，可以编制手机凸模、凹模和型芯等的数控加工程序。数控编程的主要任务是计算加工过程中刀具运动的刀位点，生成刀具轨迹，经过后处理（Post Treatment）产生数控加工程序。利用 Pro/Engineer 软件中的 Pro/NC 模块可以生成 NC 代码，基本流程如图 2-27 所示。

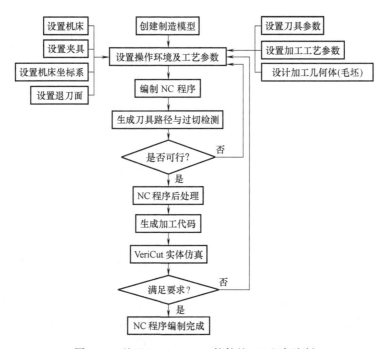

图 2-27　基于 Pro/Engineer 软件的 NC 程序编制

其中，VeriCut是集成于Pro/NC之中的数控加工仿真系统。它由美国CGTech公司开发，包括NC程序验证模块、机床运动仿真模块、加工路径优化模块、多轴模块、高级机床特征模块、实体比较模块和CAD/CAM接口等模块，具有真实的三维实体显示功能，可以模拟零件的加工过程和刀具的运动轨迹，完成NC程序的加工仿真，检查是否存在过切削和欠切削现象，防止碰撞、超行程等错误的发生，实现NC程序的优化，提高NC程序的质量。图2-28和图2-29为手机按键面板凹模数控加工仿真的部分截图。图2-30和图2-31为手机按键面板凸模数控加工仿真的部分截图。

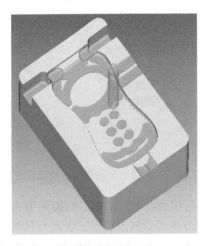

图2-28　手机按键面板凹模粗加工仿真

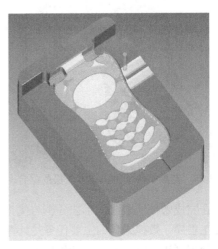

图2-29　手机按键面板凹模局部精加工仿真

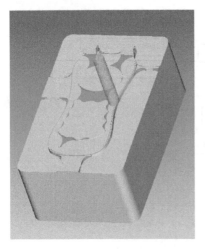

图2-30　手机按键面板凸模粗加工仿真

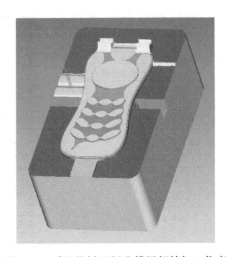

图2-31　手机按键面板凸模局部精加工仿真

此外，NC加工仿真软件还可以用来检验加工参数（如刀具、进给速度、进给量）设置是否合理、零件表面的加工质量是否满足要求等。在程序加工仿真合格、确保能得到合格的零件后，即可根据数控系统的型号编译生成NC加工程序。

前述的零部件数字化模型、装配体、仿真分析模型、模具数字化模型和NC加工程序等共同构成数字化的产品数据信息，可以利用产品数据管理（PDM）技术或产品全生命周期管理（PLM）软件加以管理。以产品数字化信息为基础，可以生成物料清单（Bill of Materials，BOM），制定物料需求计划（MRP），交由计划、采购等部门采购原材料、零部件和准备工装夹具等，制造部门则可以制定零部件制造工艺规程和车间作业计划等，为产品制造做好准备。

思考题及习题

1. 名词解释。查阅资料，熟悉以下词汇的含义，了解相关软件、设备的功能及其使用方法。

(1) 计算机图形学（Computer Graphics，CG）

(2) 计算机辅助设计（Computer Aided Design，CAD）

(3) 计算机辅助工程分析（Computer Aided Engineering，CAE）

(4) 逆向工程（Reverse Engineering，RE）

(5) 数字化设计（Digital Design）

(6) 数字控制（Numerical Control，NC）编程与加工

(7) 可编程序逻辑控制器（Programmable Logic Controller，PLC）

(8) 快速原型制造（Rapid Prototyping Manufacturing，RPM）/三维打印（3D Printing）

(9) 增材制造（Additive Manufacturing）

(10) 计算机辅助工艺规划（Computer Aided Process Planning，CAPP）

(11) 数字化制造（Digital Manufacturing）

(12) 有限元方法（Finite Elements Method，FEM）

(13) 供应链管理（Supply Chain Management，SCM）

(14) 客户关系管理（Customer Relation Management，CRM）

(15) 产品数据管理（Product Data Management，PDM）

(16) 产品全生命周期管理（Product Lifecycle Management，PLM）

(17) 企业资源计划（Enterprise Resource Planning，ERP）

(18) 信息孤岛（Information Island）

(19) 自动编程语言（Automatically Programming Tools，APT）

(20) 虚拟样机（Virtual Prototype，VP）

(21) 参数化建模（Parametric Modeling）

(22) 特征建模（Feature-Based Modeling）

(23) 直接数字控制（Direct Numerical Control，DNC）

(24) 初始图形转换规范（Initial Graphics Exchange Specification，IGES）

(25) 产品模型数据交换标准（Standard for the Exchange of Product Model Data，STEP）

(26) 准时制（Just in Time，JIT）生产

(27) 减材制造（Subtractive Manufacturing）

2. 了解产品开发的传统流程和产品数字化开发的基本流程，分析两者的共同点和差异性。

3. 阐述数字化设计、数字化仿真、数字化制造和数字化管理等技术在产品开发中的功能

与作用，分析它们之间的相互关系。

4. 论述产品数字化开发的学科体系，分析各单元技术之间的相互关系。

5. 与传统的产品设计与制造方法相比，数字化设计与制造有哪些优点？

6. 论述数字化仿真与数字化设计、数字化制造之间的关系。

7. 查阅资料，论述数字化设计与制造的发展历程，分析不同发展阶段的关键技术和瓶颈环节，理解技术创新的价值和意义。

8. 查阅资料，总结产品数字化设计与制造技术现阶段的关键技术，分析其发展趋势。

9. 熟悉主流数字化开发软件的功能和操作方法，选择典型产品，开展产品数字化设计、数字化仿真和数控编程实践，体验产品数字化开发技术的功能及特点。

TECHNOLOGY
BACKGROUND

第3章
产品数字化开发技术基础

在进行机械产品设计时，通常需要计算零部件强度、刚度、稳定性和寿命等性能指标，以确定零部件的结构形状和几何尺寸。为此，需要查阅工程手册、技术标准、设计规范并引用各种经验数据。

在传统的产品开发模式下，上述工程数据往往以纸质形式呈现。在数字化设计与制造环境中，需要利用计算机、软件或数据库技术来检索、查询和调用上述工程数据，以提高产品开发的效率和质量。因此，需要对传统的纸质数据进行适当的加工和处理，使其与设计软件集成或形成数据库模块。本章介绍产品数字化开发中工程数据数字化处理的基本方法。

 ## 3.1 工程数据的类型及其数字化处理方法

3.1.1 工程数据的类型

对于工程手册、技术标准、设计规范和经验数据中的工程数据，常用的表示方法有数表、线图等。

1. 数表

离散的列表数据称为数表（Numerical Table）。数表又分为以下几种类型：

（1）具有理论或经验计算公式的数表 这类数表通常用一个或一组计算公式表示，在手册中常以表格形式出现，以便检索和使用。

（2）简单数表 这类数表中的数据常用于表示某些独立的常量，数据之间互相独立，无明确的函数关系。根据表中数据与自变量个数不同，可以分为一维数表、二维数表和多维数表。一维数表是一种最简单的数表形式，表中数据一一对应，见表3-1。

表3-1 带传动的弯曲影响系数 K_b

型 别	O	A	B	C	D	E	F
K_b	0.293×10^{-3}	0.773×10^{-3}	1.99×10^{-3}	5.63×10^{-3}	20×10^{-3}	37.4×10^{-3}	96.1×10^{-3}

二维数表是由两个自变量表示的一类数据，见表3-2。在工程实际中，以三维以内的数表居多。

表3-2　齿轮传动的工况系数 K_A

工作机械载荷特性	原动机工作特性		
	工 作 平 稳	轻 度 冲 击	中 等 冲 击
工作平稳	1.00	1.25	1.50
中等冲击	1.25	1.50	1.75
较大冲击	1.75	≥2.00	≥2.25

（3）列表函数数表　这类数表中的数据通常是通过试验方式测得的一组离散数据，这些互相对应的数据之间可能存在某种函数关系，但是无法以明确的函数表达式加以描述。列表函数数表又可分为一维数表、二维数表和多维数表，分别见表3-3和表3-4。

表3-3　带传动包角系数 K_α

$\alpha/(°)$	90	100	110	120	130	140	150	160	170	180
K_α	0.68	0.73	0.78	0.82	0.86	0.89	0.92	0.95	0.98	1.00

表3-4　轴肩圆角处应力集中系数 α

r/d	D/d									
	6.00	3.00	2.00	1.50	1.20	1.10	1.05	1.03	1.02	1.01
0.04	2.59	2.40	2.33	2.21	2.09	2.00	1.88	1.80	1.72	1.01
0.10	1.88	1.80	1.73	1.68	1.62	1.59	1.53	1.49	1.44	1.36
0.15	1.64	1.59	1.55	1.52	1.48	1.46	1.42	1.38	1.34	1.26
0.20	1.49	1.46	1.44	1.42	1.39	1.38	1.34	1.31	1.27	1.20
0.25	1.39	1.37	1.35	1.34	1.33	1.31	1.29	1.27	1.22	1.17
0.30	1.32	1.31	1.30	1.29	1.27	1.26	1.25	1.23	1.20	1.14

2. 线图

线图（Line Graph）是工程数据的另一种表达方法。线图不仅能表示设计参数之间的函数关系，还能够直观地反映数据的变化趋势，具有形象、生动等特点。常用的线图形式包括直线、折线或曲线等。在使用时可以直接在线图中查得所需的参数。

在工程实际中，线图主要包括两种类型：一类线图所表示的各个参数之间原本存在较复杂的计算公式，但为了便于手工计算，可以将公式转换成线图以供设计时查用，如图3-1所示；另一类线图所表示的各参数之间没有或者不存在计算公式，如图3-2所示。

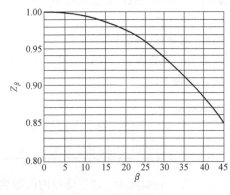

图3-1　螺旋角系数

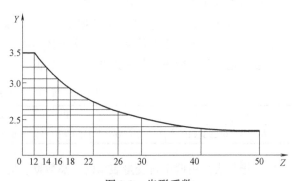

图3-2　齿形系数

3.1.2 工程数据的数字化处理方法

在数字化开发环境中，数表、线图等设计资料需要经过数字化处理，集成到产品数字化开发软件系统中，以方便设计人员使用。针对上述工程数据，常用的处理方法包括：

(1) 程序化处理 将数表或线图以某种算法编制成查阅程序，通过软件系统直接调用。这种处理方法的特点是工程数据被直接编入查阅程序中，通过调用程序可以方便地查取数据，但是数据无法共享、程序无法共用，要更新数据必须更新程序（软件）。

(2) 文件化处理 将数表和线图中的数据存储于独立的数据文件中，通过程序读取数据文件中的数据。该方法将数据与程序分离，可以实现有限的数据共享。它的局限性在于：查阅程序必须符合数据文件的存储格式，即数据与程序之间存在着依赖关系。此外，由于数据文件独立存储，安全性和保密性较差，数据需要通过专门的程序进行更新。

(3) 数据库处理 将数表及经离散化处理的线图数据存储于数据库中，数据表的格式与数表、线图的数据格式相同，且与软件系统无关。系统程序可直接访问数据库，数据更新方便，真正实现了数据的共享。

3.2 数表的程序化处理

3.2.1 简单数表的程序化处理

简单数表中的数据多互相独立、一一对应。此类数据程序化处理的基本思想，是以数组形式记录数表数据，数组下标与数表中各自变量的位置一一对应，在程序运行时输入自变量，通过循环查得该自变量对应的数组下标，即可在因变量数组中查到对应的数据。

1. 一维数表程序

以表 3-1 所列数表为例，在程序化处理时可以编制一个 C++ 函数，函数定义两个一维数组 type 和 Kb，分别记录"型别"数据和"K_b"数据，函数输入为数表自变量，查询的数表因变量即为函数的返回值，函数程序如下：

```
doubleDataSearch_D (char in_type)
{
    char type[7] = {'O','A','B','C','D','E','F'};
    double Kb[7] = {0.293e-3,0.773e-3,1.99e-3,5.63e-3,20e-3,37.4e-3,96.1e-3};
};
    int i;
    for(i = 0;i < 7;i ++)
        if(in_type = = type[i])
            return Kb[i];
}
```

2. 二维数表程序

二维数表需要两个自变量来确定所需查询的因变量数据。以表 3-2 为例，表中的工况系数 K_A 需要由"原动机工作特性"与"工作机械载荷特性"共同确定，在进行程序处理时，需要定义一个二维数组记录表中工况系数 K_A 的值，用变量 i 和 j 分别表示"原动机工作特性"和

"工作机械载荷特性"，通过输入 i 和 j 即可查询到对应的 K_A 值，相应的 C++ 函数程序如下：

```
float DataSearch_2D (int in_i,int in_j)
{
    float KA[3][3] = {{1.00,1.25,1.50},{1.25,1.50,1.75},{1.75,2.00,2.25}};
    int i,j;
    for(i=0;i<3;i++)
        for(j=0;j<3;j++)
            if (in_i==i && in_j==j)
                return KA[i][j];
}
```

在处理多维数表时，可以先将其转换成几个一维或二维数表，再按上述思路完成程序化处理。

3.2.2　列表函数数表的插值处理

列表函数数表与简单数表的区别在于：列表函数数表不仅需要查询与自变量对应的因变量数据，还需要查询各自变量在节点区间内的对应值。为此需要采用插值（Interpolation）方法。插值的基本思想：构造某个简单的近似函数作为列表函数的近似表达式，并将近似函数的值作为列表函数的近似值。常用的插值方法包括线性插值、抛物线插值和拉格朗日插值等。

1. 线性插值

对于一维列表函数数表，过两个相邻数据节点 (x_i, y_j) 和 (x_{i+1}, y_{j+1}) 作一直线方程 $y = F(x)$ 代替原来的函数 $f(x)$，如图 3-3 所示。若插值点为 (x, y)，则由直线插值方程可得插值点函数值：$y = y_j + \dfrac{y_{j+1} - y_j}{x_{i+1} - x_i}(x - x_i)$。

由图 3-3 可知，插值点 y 的值与实际值之间存在误差，误差大小与函数形态、插值点密度等因素有关。当插值点密度足够小时，线性插值可以满足使用要求。

对于二维列表函数数表，可以采用拟线性插值方法。这是一种双变量插值函数的线性插值扩展，它的核心思想是在两个方向分别进行一次线性插值。如图 3-4 所示，设 $f(x, y)$ 为二维列表函数数表原来的未知函数，x_i、x_{i+1}、y_j、y_{j+1} 为二维列表函数数表中的四个数据节点，Q_{ij}、Q_{i+1j}、Q_{ij+1}、Q_{i+1j+1} 分别为四个数据节点对应的函数值，即 $Q_{ij} = f(x_i, y_j)$，$Q_{i+1j} = f(x_{i+1}, y_j)$，$Q_{ij+1} = f(x_i, y_{j+1})$，$Q_{i+1j+1} = f(x_{i+1}, y_{j+1})$。

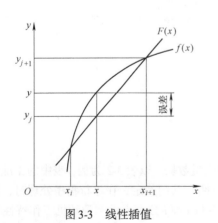

图 3-3　线性插值

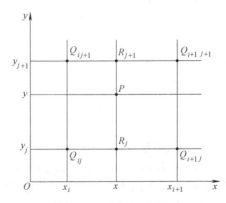

图 3-4　二维线性插值

若 x、y 为插值点，则其函数值可以由 x 方向与 y 方向的线性插值组合求得。首先在 x 方向进行线性插值，得

$$R_j = f(x, y_j) = \frac{x_{i+1} - x}{x_{i+1} - x_i}Q_{ij} + \frac{x - x_i}{x_{i+1} - x_i}Q_{i+1j}$$

$$R_{j+1} = f(x, y_{j+1}) = \frac{x_{i+1} - x}{x_{i+1} - x_i}Q_{ij+1} + \frac{x - x_i}{x_{i+1} - x_i}Q_{i+1j+1}$$

然后，在 y 方向进行线性插值，得

$$P = f(x, y) = \frac{y_{j+1} - y}{y_{j+1} - y_j}R_j + \frac{y - y_j}{y_{j+1} - y_j}R_{j+1}$$

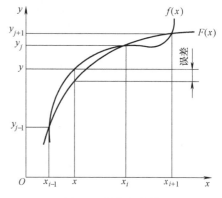

图 3-5 抛物线插值

2. 抛物线插值

在列表函数数表中选取三个点 (x_{i-1}, y_{j-1})、(x_i, y_j)、(x_{i+1}, y_{j+1})，过三个点作抛物线方程 $y = F(x)$ 代替原来的函数 $f(x)$，如图 3-5 所示。若插值点为 (x, y)，则由抛物线方程可得插值点函数值为

$$y = \frac{(x - x_i)(x - x_{i+1})}{(x_{i-1} - x_i)(x_{i-1} - x_{i+1})}y_{j-1} + \frac{(x - x_{i-1})(x - x_{i+1})}{(x_i - x_{i-1})(x_i - x_{i+1})}y_j + \frac{(x - x_{i-1})(x - x_i)}{(x_{i+1} - x_{i-1})(x_{i+1} - x_i)}y_{j+1}$$

抛物线插值的精度取决于构造抛物线方程的三个数据点。若插值点 x 在 x_i 附近，则当 $x < x_i$ 时，选取 x_{i-2}、x_{i-1}、x_i 三个点；当 $x > x_i$ 时，则选取 x_{i-1}、x_i、x_{i+1} 三个点。一般地，抛物线插值的精度比线性插值要高。

 ## 3.3 线图的程序化处理

以直线或曲线表示的线图通常存在一定的函数关系。对于已知有计算公式的线图，可以直接将计算公式编入程序，这是最简便、最精确的处理方法。对于没有计算公式或者找不到计算公式的线图，则无法直接进行程序化处理。此时，需要对线图进行相应处理。

3.3.1 线图的表格化处理

在线图的横坐标上取一系列离散点，得到对应线图上的函数值。由此可以将线图离散成一个数表，之后再按列表函数数表的插值方法进行处理。

在对线图进行数表化处理时，离散点的选取会影响线图处理的精度。通常要求相邻离散点的函数值之差要足够小。

3.3.2 线图的公式化处理

将线图转换成数表的过程较为繁琐，比较理想的方法是将线图转换为公式。若是直线线图，则直接将其转化为线性方程，由此可以直接求得其函数值；若是曲线线图，则采用曲线拟合方法求出线图曲线的经验公式。曲线拟合的基本思想是根据线图曲线的变化趋势和所要求的拟合精度，构造一个拟合函数 $y = f(x)$ 作为线图曲线函数的近似表达式。$f(x)$ 并不严格要求通过线图曲线各节点，而是应尽可能地反映线图曲线的变化趋势，如图 3-6 所示。

曲线拟合有多种方法，其中最小二乘法最为常用。它的基本思想是：构造一个拟合函数

$f(x)$，根据线图上的各节点 $x_i(i=1,2,\cdots,n)$ 对应求出各拟合函数值 $f(x_i)$ 和线图实际函数值 y_i，各节点的拟合值与实际值的偏差为 $e_i=f(x_i)-y_i$，要求各节点的偏差平方和最小。常用的拟合函数类型包括线性函数、对数函数、指数函数和代数多项式等。

下面以代数多项式为例说明最小二乘法的拟合过程。设拟合公式为

$$y = f(x) = a_0 + a_1x + a_2x^2 + \cdots + a_mx^m = \sum_{j=0}^{m} a_jx^j$$

对于已知的 n 个节点 (x_1,y_1)，(x_2,y_2)，$\cdots$，(x_n,y_n) ($n \gg m$)，各节点拟合值与实际值的偏差平方和为

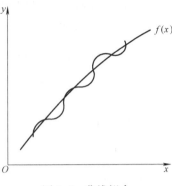

图3-6 曲线拟合

$$\sum_{i=1}^{n} e_i^2 = \sum_{i=0}^{n} [f(x_i) - y_i]^2$$

$$= \sum_{i=1}^{n} [(a_0 + a_1x_i + a_2x_i^2 + \cdots + a_mx_i^m) - y_i]^2$$

$$= F(a_0, a_1, \cdots, a_m)$$

由上式可见，各节点偏差平方和是关于拟合函数各系数 $(a_0, a_1, \cdots, a_m)$ 的函数，若要使其最小，可对各系数求其偏导并使之等于零，即

$$\frac{\partial \sum_{i=1}^{n} [(a_0 + a_1x_i + a_2x_i^2 + \cdots + a_mx_i^m) - y_i]^2}{\partial a_j} = 0 \quad j = 0, 1, \cdots, m$$

对上式求各偏导并整理后得

$$\begin{cases} \dfrac{\partial F}{\partial a_0} = 2\sum_{i=1}^{n} (a_0 + a_1x_i + a_2x_i^2 + \cdots + a_mx_i^m - y_i) = 0 \\ \dfrac{\partial F}{\partial a_1} = 2\sum_{i=1}^{n} (a_0 + a_1x_i + a_2x_i^2 + \cdots + a_mx_i^m - y_i)x_i = 0 \\ \vdots \\ \dfrac{\partial F}{\partial a_m} = 2\sum_{i=1}^{n} (a_0 + a_1x_i + a_2x_i^2 + \cdots + a_mx_i^m - y_i)x_i^m = 0 \end{cases}$$

化简之后得

$$\begin{cases} na_0 + a_1\sum_{i=1}^{n} x_i + a_2\sum_{i=1}^{n} x_i^2 + \cdots + a_m\sum_{i=1}^{n} x_i^m = \sum_{i=1}^{n} y_i \\ a_0\sum_{i=1}^{n} x_i + a_1\sum_{i=1}^{n} x_i^2 + \cdots + a_m\sum_{i=1}^{n} x_i^{m+1} = \sum_{i=1}^{n} x_iy_i \\ a_0\sum_{i=1}^{n} x_i^m + a_1\sum_{i=1}^{n} x_i^{m+1} + \cdots + a_m\sum_{i=1}^{n} x_i^{2m} = \sum_{i=1}^{n} x_i^my_i \end{cases}$$

求解上述方程组，可求得拟合方程系数 $(a_0, a_1, \cdots, a_m)$，代入拟合方程 $f(x)$，可以得到最小二乘法的拟合公式，通过编程可以求得线图曲线上的相应函数值。

采用最小二乘法拟合多项式时，需要注意以下问题：①多项式的幂次太高会造成求解困难。因此，在工程实际中通常先采用低幂次进行拟合，若误差偏大再提高拟合多项式的幂次。②当一个多项式无法全部表达一条线图曲线或一组数据时，可以在曲线的拐点或转折处进行

分段处理。③一般地，在拟合区间内采集更多的点有利于提高拟合精度。

3.4　数据文件

数表和线图的程序化处理方法只适用于数据量较少的情况。当数据量很大时，会出现编程工作量大、程序运行效率降低等问题。此外，添加或删除数据时均需要修改程序，并且由于数据与程序是绑定的，无法实现数据共享。因此，在对数据量较大的数表进行程序处理时，需要采用数据与程序分离的方法，将数据以数据文件（数据库）的方式单独存储于存储器中，在程序中编写读取数据文件和处理数据的语句，程序运行时先打开数据文件（数据库），再将数据读入内存，供程序进行数据处理。

3.4.1　数据文件的生成与检索

数据文件通常为 DAT 文件或 TXT 文件，并以顺序格式存储。若存储的数据记录没有任何次序、规律，只是按写入的先后顺序进行存储，则称为无序顺序文件；若数据记录按某种次序规律递增或递减存储，则称为有序顺序文件。

数据文件可以应用文本编辑软件直接编辑生成，也可以利用高级语言中的文件读写语句编制程序来生成。

检索读取数据文件中的某个数据记录时，通常采用顺序遍历算法，从文件头开始依次遍历每一个数据记录，直到检索到所需要的数据记录或检索完全部数据记录为止。这种方法通常需要较长时间，检索效率较低，对于无序顺序文件可以采用这种算法。

对于有序顺序文件，数据记录检索时可以采用分段搜索算法。将要检索的数据记录关键字与文件数据列表中间点的数据记录关键字进行对比；若二者相同，则直接检索到该数据记录；若要检索的数据记录关键字小于或大于文件数据列表中间点的数据记录关键字，则向前或向后依次搜索，直到检索到所需要的数据记录为止。这种算法的检索效率高于顺序遍历算法。

3.4.2　工程数据的文件化处理

当数表或线图所表示的数据量较大时，应先将数据以一定的次序存储在数据文件中，之后再编制数表处理程序。在程序中，先打开数据文件，将数据文件中的数据读入内存，由程序数据处理语句进行检索与查询，最后输出查询结果。本章 3.7 节将给出工程数据文件化处理应用案例。

3.5　数据结构与数据库技术

在产品数字化设计与制造的各个阶段，不同的数字化软件工具会形成各种类型的数据文件。通常，将产品数字化开发过程中形成的设计数据、图形数据、工艺数据、管理数据、仿真数据、分析报告等统称为工程数据。工程数据具有数据量大、数据种类繁多、数据结构复杂等特点。此外，在产品开发过程中，用户通过软件系统开展交互作业，存在大量的针对工程数据的增加、删除、修改、审阅等操作，会形成多个数据版本。因此，版本管理也是工程数据处理的重要内容。前述的数据程序化与文件化处理方法，存在数据存储结构单一、数据增删修改困难、数据冗余大、通用性差、数据文件管理困难等局限性。目前，数据结构和数据库技术在数字化开发软件系统中得到了广泛应用。

3.5.1　数据结构

在计算机中，通常将用于描述客观事物的数值、字符、图形、图像等符号的集合称为数据（Data）。数据的基本单位是数据元素（Data Element），它是数据集合中独立的数据个体。例如，若一个产品为数据集合，则产品中的每个部件即为数据元素；若一个部件为数据集合，则部件中的每个零件即为数据元素。

当采用数据来描述客观事物时，不论其内容如何，数据之间必定存在某种逻辑关系，通常称之为数据结构（Data Structure）。数据结构在计算机中的物理存储单位是位串（Bit String）。位（Bit）是计算机最小的信息处理单位。若干个位组合成一个位串，也称节点（Node），节点是数据元素在计算机中的映像。实际上，计算机中数据元素的各种存储结构就是数据元素在计算机中的不同映像方法。

1. 线性列表

线性列表（Linear List）是一种最简单、最常用的数据结构。它是由 n 个类型相同的数据元素组成的有限序列，记作 $(a_1, a_2, \cdots, a_n)$（$n > 0$）。$n = 0$ 为线性列表的特例，称为空表（Empty List）。

线性列表的特点：除 a_1 和 a_n 之外，对于任意一个数据元素 a_i，有且仅有一个直接前驱（a_{i-1}）和一个直接后继（a_{i+1}）。线性列表中的数据元素既可以是单个数字或字符，也可以是一个复杂的数据结构，但是同一个表中每个 a_i 的类型均相同。机械设计中的很多数据都可以采用线性列表结构进行存储。

根据物理存储结构的不同，线性列表可以分为顺序存储结构和链式存储结构。

（1）顺序存储结构　顺序存储结构（Sequential Storage Structure）就是将一个数据元素序列 $(a_1, a_2, \cdots, a_n)$（$n > 0$）中的每个数据元素按照其逻辑顺序依次存储在一组连续的存储单元中，并且每个数据元素所占用的存储单元长度均相同。因此，顺序存储结构具有有序性和均匀性。

设数据元素 a_i 占用 k 个存储单元，第一个数据元素 a_1 占用的第一个存储单位地址为 a_1 的存储位置，记为 $\text{Loc}(a_1)$，则 $\text{Loc}(a_i)$ 表示 a_i 的存储位置，如图 3-7 所示。第 i 个数据元素的地址可由下式求得

$$\text{Loc}(a_i) = \text{Loc}(a_1) + (i-1)k$$

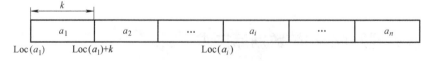

图 3-7　顺序存储结构

由上式可知，只要已知线性列表的起始存储位置和存储单元长度，就可以根据数据元素在序列中的序号方便地查询到该数据元素的存储位置。一般地，对线性列表中数据内容的查询、修改等操作速度较快，但是要对数据元素进行增加或删除等操作，则需要完成大量的数

据移动工作，将耗费较多的运算时间。因此，这种存储结构适用于需要频繁地对数据进行查询修改而较少有增删操作的场合。

（2）链式存储结构　链式存储结构（Linked Storage Structure），也称链表（Linked List）。它是将一个数据元素序列 $(a_1, a_2, \cdots, a_n)$ $(n > 0)$ 中的每个数据元素存储于一组任意的存储空间内。由于每组存储空间是不连续的，为保证各个数据元素之间的逻辑关系不会因此而被打乱，在每个数据元素的存储单元上还要存储该数据元素的直接前驱或直接后继的存储地址值，称为指针（Pointer, p）。因此，每个数据元素的存储单元具有两个域，一个是存储数据元素的数据域（Data Domain），另一个是存储该数据元素直接前驱或直接后继存储地址的指针域（Pointer Domain）。链表通过指针将各数据元素按其逻辑顺序关系链接起来。链表还可以分为单向链表、双向链表等类型。

单向链表中每个数据元素只有一个指针域，如图 3-8 所示。单向链表的表头需要设置一个头指针（Head），指向第一个数据元素，若每个数据元素的指针 p 均指向其直接后继的地址，则称为正向链；若指向其直接前驱的地址，则称为反向链；通常最后一个数据元素的指针 p_n 为 0。若 p_n 指向第一个数据元素，则称为单向环链。

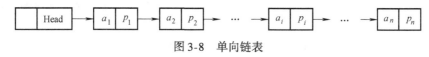

图 3-8　单向链表

双向链表中的每个数据元素都有两个指针域，分别指向其直接前驱和直接后继的地址，如图 3-9 所示。双向链表除了有一个头指针（Head）指向第一个数据元素外，还有一个尾指针（Rear）指向最后一个数据元素。

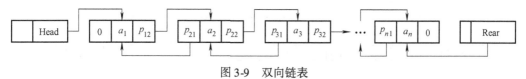

图 3-9　双向链表

链式存储结构的优点在于通过对指针的运算操作，可以方便地插入和删除数据元素，并且无须事先分配其存储空间，从而能灵活、充分地利用存储空间。但是，由于需要存储指针，每个数据元素的存储空间比顺序存储结构的大。

2. 栈结构

栈（Stack）是一种特殊的线性列表结构。它只允许在表的一端进行插入和删除操作运算，称为栈顶，另一端则称为栈底。若栈内有数据元素 $(a_1, a_2, \cdots, a_n)$，并且进栈顺序为 a_1、a_2、$\cdots$、a_n，则 a_n 为栈顶元素，a_1 为栈底元素，如图 3-10 所示。由于栈的运算被限制在栈顶位置，栈结构具有后进先出的特性。

与线性列表一样，栈的存储结构也可以分为顺序存储结构和链式存储结构。但是，由于栈的容量一般是可以预见的，并且其运算被限制在栈顶，因此通常采用顺序存储结构。

3. 树形结构

线性列表结构是一种线性数据结构，它只能表示数据元素之间的顺序关系，无法表达其层次关系。树形结构（Tree Structure）是一种可以表示

图 3-10　栈结构

数据元素之间层次关系的非线性数据结构。

（1）树的逻辑结构　图3-11所示为一树形结构，其形状如同一棵倒挂的树。$A \sim N$ 为树的节点，其中 A 为树根，称为根节点；F、H、I、K、L、M、N 为树叶，称为终端节点；其余均为子树根，称为子节点。

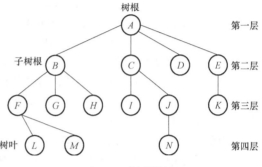

图3-11　树形结构

由图3-11可知，除根节点外，所有节点均只有一个直接前驱；除终端节点外，所有节点可以有不止一个直接后继。节点的直接前驱称为该节点的双亲，节点的直接后继称为该节点的孩子，同一双亲的孩子之间互称兄弟。节点的孩子数量称为度，树中所有节点中最大的度数称为树的度数。树的层次数量称为树的深度。

（2）树的存储结构　树形结构是非线性结构，需要采用多重链表存储结构，在节点中除存储数据元素的数据域外，还有若干个指针域，指针域的数量取决于节点的度数。通常，可以采用定长或不定长两种方式来确定树的节点。

定长方式是以树的最大度数结点的结构作为所有节点的结构，其中每个节点具有相同数量的指针域。显然，除最大度数节点之外，其余节点均有空闲的指针域，如图3-12所示。

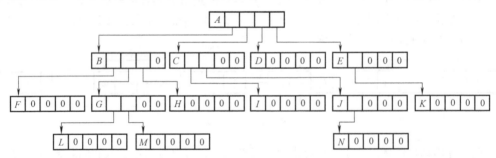

图3-12　定长方式

不定长方式是在每个结点上增加一个存放度数的域，其节点长度随度数而变化，如图3-13所示。

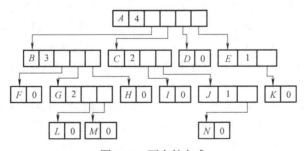

图3-13　不定长方式

4. 二叉树结构

二叉树是一种特殊的树形结构，每个节点最多只有两个子树，并且子树有左右之分，不能颠倒。二叉树深度和度的概念与树形结构相同。以下为几种特殊的二叉树结构：①满二叉树是深度为 i、有 2^i-1 个节点的二叉树，如图 3-14 所示；②完全二叉树是节点的度数为 0 或 2 的二叉树，如图 3-15 所示。

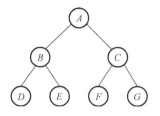

图 3-14　满二叉树

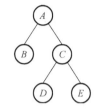

图 3-15　完全二叉树

二叉树一般采用链式存储结构。链表的每个节点有三个域：一个是存储数据元素的数据域，另外两个为指针域。其中，一个指针域用于指向节点的左子树结构的存储地址，称为左指针域；另一个指针域用于指向右子树节点的存储地址，称为右指针域，如图 3-16 所示。

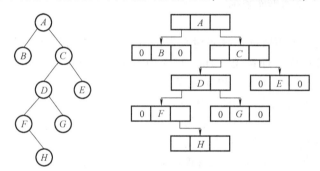

图 3-16　二叉树的存储结构

3.5.2　数据库技术

1. 数据模型

客观事物的多种属性都可以用数据加以描述，而数据库是数据管理的有效手段。现实世界中的事物都是互相关联的，在数据库中表示这种关联关系的方式称为数据模型（Data Model）。常用的数据模型有以下三种：

（1）层次模型（Hierarchical Model）层次模型为树型结构，如图 3-17 所示。树形结构中每个节点对应于一个数据元素，最顶层的数据元素称为根元素，其余每个数据元素可以与其下面任何一层的多个数据元素相联系，但是只能与其上面一层中的一个数据元素相联系。

层次模型中的数据元素之间是"一对一"或"一对多"的关系。它的特点是层次结构清晰、联系简单，在查询数据时只能从顶层逐层往下查询，不能倒查，也不能从中间插入。

（2）网络模型（Network Model）层次模型可以表示"一对一"或"一对多"的关系，但

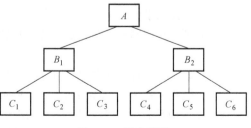

图 3-17　层次模型

是无法表示"多对多"的关系。与层次模型相比,网络模型则可以表示"多对多"的关系,该模型的每个节点可以与多个父节点相联系,整个网络可以有多个根节点,如图3-18所示。因此,网络模型的结构要比层次模型复杂。

(3) 关系模型 (Relational Model) 关系模型是一种用表格数据来表示实体之间联系的数据模型。关系是关系模型的核心,它将数据之间的关系定义为满足一定条件的二维表,用来描述实体间的联系。表中的每一行为一个记录(称为元组),表示一个实体;每一列表示实体的一个属性,每一列属性都是不可细分的数据项。表中行与列的次序可以是任意的,但各行不允许重复,各列需要分别命名。

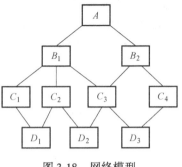

图3-18　网络模型

根据需要,关系模型可以将若干数表联系起来构成新的关系。关系模型简单明了,数据独立性高,冗余度低,使用方便,适应性强,可以直接处理"多对多"关系。目前,大多数数据库系统均为关系型数据库系统。

2. 数据库系统

数据库系统就是采用数据库技术对数据进行管理和存储的计算机系统。数据库系统主要由数据库、数据库管理系统 (Data Base Management System, DBMS) 、数据库管理员 (Data Base Administrator, DBA) 和应用程序 (Application Program) 等组成,如图3-19所示。其中,数据库是数据的集合,它以一定的组织形式存储于计算机硬盘中;数据库管理员负责数据库的规划、设计、协调、维护和管理;数据库管理系统是管理数据库的软件,用于实现数据库系统的各种功能,各种应用程序必须通过 DBMS 访问数据库。

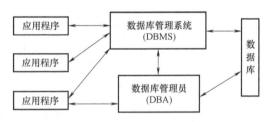

图3-19　数据库系统的结构组成

一般地,DBMS 应具备以下功能:①提供高级用户接口;②查询处理和优化;③数据目录管理;④并发控制;⑤数据恢复;⑥完整性约束检查;⑦访问控制。

3. 工程数据库系统

产品数字化设计与制造过程中涉及的数据类型包括通用型数据、设计型数据、图形数据、图像数据、视频数据、加工工艺数据和管理型数据等。随着产品结构复杂程度的增加,开发过程的反复性也在增加,输出数据的类型增多,对数据库管理系统提出了更高的要求。它要求数据库系统具有如下功能:①不仅能够管理静态数据,还可以管理设计过程中产生的动态数据;②支持包括字符型、数据型的数据,以及变长数据、图形、图像、视频等类型数据的管理;③支持长事务、试探性的反复设计过程,可以实时存储、调用和更新中间结果信息;④能够管理和控制同一产品、多个设计方案和方案修改后产生的不同版本数据;⑤可以处理复杂的数据类型。

一般地,将支持工程设计、制造、生产管理和经营决策等企业级数据处理的数据库系统称为工程数据库系统 (Engineering Data Base System)。工程数据库系统主要由工程数据库、工程数据库管理系统和工程数据库终端用户组成。

工程数据库具有以下功能:①存储零件的二维、三维图和产品装配图等产品图形数据信息；②存储零件的材料、公差和表面粗糙度信息；③存储产品和部件组成的装配关系信息数据等文字数据信息；④存储设计参数、分析数据、资源数据、设备数据等设计数据信息；⑤存储加工设备、工艺规程、工序文件和数控加工程序等工艺数据信息。

工程数据库管理系统是对工程数据库中的图形和文字数据进行存储、检索和修改的一类软件。它的特点是：①支持复杂的工程数据的存储和集成管理；②支持复杂实体的表示与处理；③支持反复试探性的动态设计过程，具有长事务的处理能力；④支持多级版本管理；⑤支持多库操作与通信；⑥支持同一设计对象多视图的表示与处理；⑦支持分布处理的设计环境；⑧维护工程设计信息流中数据的一致性和完整性；⑨适应工程环境的良好人机交互界面。

工程数据库的终端用户通常为工程设计人员，如产品设计工程师、工艺设计师、制造工程师、质量工程师、工业工程师等。工程数据库系统常用的建立途径有以下两种：

1）在商用数据库管理系统和图形文件管理系统的环境下开发，利用商用数据库加上图形处理技术实现工程数据的管理。这种开发模式在非图形数据的商用数据库管理与图形数据的文件管理之间设计不同数据的联系接口，数据之间的连接机制和对图形数据的处理由应用程序来实现。因此，可以方便地管理图形和非图形数据，数据之间的联系简单，但数据的一致性较难维持，从数据中提取信息较为困难。该方法适用于微机环境下的应用开发。

2）在专用工程数据库管理系统的环境下开发。该方法可以针对工程数据的特点实现有效管理，满足较高层次的应用需求。SQL Server、Oracle、Sybase 等主流数据库平台均提供对工程数据管理的支持功能，是工程数据库系统常用的平台环境。

3.6　曲线和曲面的表示

曲线（Curve）和曲面（Surface）是产品数字化开发的基础和重要研究内容。现代交通工具（如汽车、飞机、高铁列车、电动车、船舶等）、家用电器（如冰箱、空调、电视机、洗衣机、手机等）、工程装备（如数控机床、挖掘机等）和武器装备（如战斗机、舰艇、坦克、雷达等）等产品的设计都要用到复杂的曲线和曲面，以实现产品外形设计的美观、时尚和物理性能的优化。此外，新产品研发也不断对曲线、曲面的形态和性能提出新的要求。

1963 年，美国波音（Boeing）公司的佛格森（Ferguson）将曲线和曲面表示成参数矢量函数形式，并用三次参数曲线构造组合曲线，采用四个角点的位置矢量及其两个方向的切矢量定义三次曲面。1964 年，美国麻省理工学院（MIT）的孔斯（Coons）采用封闭曲线的四条边界来定义曲面。1971 年，法国雷诺（Renault）汽车公司的贝塞尔（Bezier）提出一种用控制多边形定义曲线和曲面的方法，采用初等几何的概念自由地构建各种曲线和曲面。1972 年，德布尔（de Boor）给出 B 样条的标准计算方法。1974 年，美国通用汽车（GM）公司的戈登（Gordon）和里森费尔德（Riesenfeld）将 B 样条理论用于形状描述，提出 B 样条曲线、曲面。1975 年，美国的佛斯普里尔（Versprill）提出有理 B 样条方法。20 世纪 80 年代后期，美国的皮格尔（Piegl）和蒂勒（Tiller）在有理 B 样条的基础上提出非均匀有理 B 样条（Non-Uniform Rational B-Spline，NURBS）方法，现已成为自由曲线和曲面的通用描述方法。

本节将简要介绍 Hermite 曲线曲面、Bezier 曲线曲面、B 样条曲线曲面和非均匀有理 B 样条（NURBS）曲线曲面的表示形式及其理论基础。

3.6.1　曲线和曲面的基本概念

有些曲线、曲面可以由数学函数生成，有些曲线、曲面则是由用户给定一组数据点生成。按照描述方式不同，曲线和曲面可以分为以下两类：

（1）规则曲线和规则曲面　圆、抛物线、螺旋线等曲线，以及球、圆柱、圆锥等曲面都可以用数学方程式表示，一般称为规则曲线（Regular Curve）和规则曲面（Regular Surface）。

（2）自由曲线和自由曲面　有些曲线和曲面的形状不规则，如飞机机翼、汽车车身、人体外形、卡通形象等，难以用数学方程式表示，一般称为自由曲线（Free Curve）和自由曲面（Free-Form Surface）。

当采用离散的坐标点来描述物体形状时，要求用最贴近这些点的函数式来描述。根据离散点与曲线（曲面）的对应关系，可以将离散点分为三种类型：①控制点（Control Points），用来确定曲线和曲面的位置与形状，但相应曲线和曲面不一定经过该点；②型值点（Data Points），用来确定曲线和曲面的位置与形状，相应曲线和曲面一定要经过该点；③插值点（Interpolation Points），为提高曲线和曲面的输出精度，在型值点之间插入的一系列点。

在曲线、曲面的设计过程中，要根据应用需求得到最贴近上述点的函数描述。为此，需要了解以下术语：

（1）逼近（Approximation）　当型值点太多时，要使函数通过所有的型值点常常会相当困难，而过多的型值点也会导致误差。因此，通常没有必要寻找一个通过所有型值点的函数。人们往往选择一个次数较低的函数，使曲线、曲面在某种程度上尽量靠近这些型值点，而不一定通过给定的点，这就是逼近。逼近的方法很多，其中最小二乘法最常用，它通过确定和优化多项式系数，使得各点偏差的平方和最小。

（2）插值（Interpolation）　插值是函数逼近的重要方法。例如，已知函数$f(x)$在区间$[a,b]$中互异的n个点的值$f(x_i)(i=1,2,\cdots,n)$，根据这组列表数据，寻找一个函数$\varphi(x)$来逼近$f(x)$。若要求$\varphi(x)$在x_i处与$f(x_i)$相等，则称这样的函数逼近问题为插值问题，其中$\varphi(x)$为$f(x)$的插值函数，x_i为插值节点。也就是说，插值函数$\varphi(x)$在n个插值点x_i处与$f(x_i)$相等，在其他地方则用$\varphi(x)$近似代替$f(x)$。在曲线、曲面定义中，常用的插值方法有线性插值和抛物线插值等。

（3）光顺（Fairing）　光顺的含义是曲线的拐点不能太多。对于平面曲线而言，光顺的条件是：①具有二阶几何连续（G^2）；②不存在多余拐点和奇异点；③曲率变化较小。需要指出的是，对于以不同函数表示的曲线、曲面，相应的光顺定义、要求和算法也不尽相同。

（4）拟合（Fitting）　拟合是指在曲线、曲面设计过程中，用插值或逼近方法生成的曲线、曲面满足一定的设计要求，如贴近原始型值点或控制点序列，使曲线、曲面更光滑等。拟合没有严格的数学定义。

（5）光滑（Smoothness）　光滑是指曲线、曲面在切矢量上的连续性或曲率的连续性。

3.6.2　曲线和曲面的参数化表示

根据应用对象、场合和目的不同，曲线、曲面方程有参数和非参数两种表示方法，其中非参数表示方法又可以分为显式表示和隐式表示。

1. 非参数表示

一条曲线上的点，其各坐标变量之间存在一定关系。如果这种关系能够以方程来描述，就可以得到该曲线的方程。例如，在二维空间中，直线的方程为 $y = kx + b$，圆的方程为 $x^2 + y^2 = R^2$。

如果曲线上各点的坐标变量之间关系简单，一个坐标能够用另一个坐标变量直接地表示出来，那么就可以得到曲线的显式表示。上面所列的直线方程即为直线方程的显式表示。再如，三维空间曲线的一般形式为 $\begin{cases} y = f(x) \\ z = g(x) \end{cases}$，也是显式表示。

显式方程不能表示多值曲线。也就是说，给定一个 x 值，只能得到一个 y 值和一个 z 值，而不能对应多个 y 值或 z 值。

隐式方程克服了上述缺陷。隐式方程中只规定了各坐标变量之间的关系，而不要求变量之间必须是一对一的，或是多对一的。例如，在圆的方程 $x^2 + y^2 = R^2$ 中，一个 x 可以对应两个 y，一个 y 也可以对应两个 x，只需满足 $x^2 + y^2$ 等于定值 R^2，该点就在圆上。显然，该方程是圆的隐式表示。

2. 参数表示

参数是指曲线方程中使用的自变量，当它在某个范围内改变时，对应坐标点在曲线上移动。参数曲线和曲面是指用参数作为自变量的函数曲线和曲面。设参数为 t，则三维空间曲线的参数方程的一般形式为

$$\begin{cases} x = x(t) \\ y = y(t) \quad t \in [a, b] \\ z = z(t) \end{cases}$$

当 t 在 $[a, b]$ 内连续变化时，得到对应该参数区域连续变化的 (x, y, z) 坐标，即曲线上点的坐标。参数可以具有某种几何意义，也可以不具有几何意义，需根据具体的应用场合加以确定，它可以是时间、长度、角度等。例如，圆的参数方程可以表示为

$$\begin{cases} x = R\cos\theta \\ y = R\sin\theta \end{cases} \quad \theta \in [0, 360°]$$

式中，θ 为圆的半径与 x 轴之间的夹角。

通常，操作对象仅是曲线的某一段，参数 t 规定了操作区间在 $[a, b]$ 内。通常需要将参数变量规格化，即将 $[a, b]$ 区间转换为 $[0, 1]$。记 $\boldsymbol{P} = [x, y, z]^{\mathrm{T}}$，$\boldsymbol{P}(t) = [x(t), y(t), z(t)]^{\mathrm{T}}$，得到曲线参数表示的矢量形式：$\boldsymbol{P} = \boldsymbol{P}(t)$，$t \in [0, 1]$。

简单曲线的参数表示与隐式表示之间通常可以相互转化。一般地，将隐式方程转化为参数方程称为参数化（Parameterization），而将参数方程转化为隐式方程称为隐式化（Impliciti-zation）。

曲线和曲面的参数化方程具有诸多优点，主要包括：

1）与坐标系无关。用参数方程描述的自由曲线和曲面与坐标系的选取无关。例如，要通过一系列型值点拟合一条曲线，则曲线的形状仅取决于型值点列之间的关系，而与这些点所在的坐标系无关。

2）参数方程对变量个数没有限制，便于用户将低维空间中的曲线、曲面扩展到高维空间。

3）参数方程有利于更自由地控制曲线、曲面的形状。

例如，二维三次曲线的显式表示为 $y = a_3 x^3 + a_2 x^2 + a_1 x + a_0$，其中只有 4 个系数可用来控制该曲线的形状。

二维三次曲线的参数表示为 $\begin{cases} x = a_3t^3 + a_2t^2 + a_1t + a_0 \\ y = b_3t^3 + b_2t^2 + b_1t + b_0 \end{cases}$

其中有 8 个系数可用来控制该曲线的形状。

4）有利于减少计算量。对非参数方程表示的曲线、曲面进行图形变换时，必须对曲线、曲面上的每个型值点进行几何变换；而对于用参数方程表示的曲线、曲面，可以直接对参数方程进行几何变换（如平移、比例、旋转等），减少了计算工作量。

5）便于处理斜率为无限大的问题。在坐标系中，形体的某些位置可能会出现垂直的切线或切面，致使斜率趋于无穷大。在参数方程中，可以用对参数求导的方法来代替，即 $\dfrac{dy}{dx} = \dfrac{dy/dt}{dx/dt}$，从而避免计算的中断。

参数化方程的上述优点，使得它在曲线、曲面的表示中得到广泛应用。

3.6.3　参数化曲线的表示及其几何特性

设在三维坐标系 $OXYZ$ 中，曲线的参数化方程为

$$\begin{cases} x = x(t) \\ y = y(t) \quad t \in [0,1] \\ z = z(t) \end{cases}$$

或写为矢量形式 $\boldsymbol{P} = \boldsymbol{P}(t)$，$t \in [0,1]$。

定义 $\boldsymbol{P}(t)$ 的导数为 $\dfrac{d^k\boldsymbol{P}(t)}{dt^k} = \left[\dfrac{d^kx(t)}{dt^k}, \dfrac{d^ky(t)}{dt^k}, \dfrac{d^kz(t)}{dt^k}\right]^T$，$k = 0,1,2,\cdots$

1. 切矢量

在曲线的参数表示中，切矢量表示当参数 t 递增一个单位时三个坐标变量的变化量。定义曲线在 t 处的切矢量为 $\boldsymbol{P}'(t) = \begin{pmatrix} x'(t) \\ y'(t) \\ z'(t) \end{pmatrix}$，它的方向与曲线的变化方向一致。

2. Hermite 三次插值样条

三次参数曲线的代数形式为 $\begin{cases} x(t) = a_{3x}t^3 + a_{2x}t^2 + a_{1x}t + a_{0x} \\ y(t) = b_{3y}t^3 + b_{2y}t^2 + b_{1y}t + b_{0y} \quad t \in [0,1] \\ z(t) = c_{3z}t^3 + c_{2z}t^2 + c_{1z}t + c_{0z} \end{cases}$

其中的 12 个系数为代数系数，它们唯一地确定了一条参数曲线的形状和位置。如果两条相同的参数曲线具有不同的系数，则说明这两条曲线的空间位置必不相同，上述代数式的矢量形式为

$$\boldsymbol{P}(t) = \boldsymbol{a}_3t^3 + \boldsymbol{a}_2t^2 + \boldsymbol{a}_1t + \boldsymbol{a}_0 \quad t \in [0,1] \tag{3-1}$$

式中，$\boldsymbol{P}(t)$ 表示曲线上任一点的位置矢量，其分量对应于直角坐标系中该点的坐标；$\boldsymbol{a}_0$、$\boldsymbol{a}_1$、$\boldsymbol{a}_2$ 和 $\boldsymbol{a}_3$ 是代数矢量。

代数矢量对曲线形状的改变并不明显。要显著地改变空间曲线的形状，可以选择曲线端点坐标、切矢量、曲率和挠率等。对于式（3-1），采用两个端点 $\boldsymbol{P}(0)$、$\boldsymbol{P}(1)$ 和对应的切矢量 $\boldsymbol{P}'(0) = dP(0)/dt$、$\boldsymbol{P}'(1) = dP(1)/dt$，可得到下述四个方程

$$P_0 = P(0) = a_0 \qquad\qquad P_1 = P(1) = a_0 + a_1 + a_2 + a_3$$

$$P_0' = P'(0) = a_1 \qquad\qquad P_1' = P'(1) = a_1 + 2a_2 + 3a_3$$

求解上述四个方程可得

$$a_0 = P_0 \qquad\qquad\qquad a_1 = P_0'$$

$$a_2 = -3P_0 + 3P_1 - 2P_0' - P_1' \qquad\qquad a_3 = 2P_0 - 2P_1 + P_0' + P_1'$$

把 a_0、a_1、a_2 和 a_3 代入式（3-1），得到曲线的新方程为

$$P(t) = \begin{bmatrix} 1-3t^2+2t^3 & 3t^2-2t^3 & t-2t^2+t^3 & -t^2+t^3 \end{bmatrix} \begin{pmatrix} P_0 \\ P_1 \\ P_0' \\ P_1' \end{pmatrix} \tag{3-2}$$

式中，P_0、P_1、P_0' 和 P_1' 称为几何系数。

几何系数代表了曲线起点和终点的位置矢量和切矢量，几何系数的改变可以直观地反映出曲线的变化，式（3-2）称为 Hermite 曲线。令

$$\begin{cases} F_1 = f_1(t) = 1 - 3t^2 + 2t^3 \\ F_2 = f_2(t) = 3t^2 - 2t^3 \\ F_3 = f_3(t) = t - 2t^2 - t^3 \\ F_4 = f_4(t) = -t^2 + t^3 \end{cases}$$

则式（3-2）可写为

$$P(t) = F_1 P_0 + F_2 P_1 + F_3 P_0' + F_4 P_1' \tag{3-3}$$

式（3-3）是参数曲线的几何形式，F_1、F_2、F_3、F_4 为调和函数。它表示几何系数 P_0、P_1、P_0' 和 P_1' 对曲线形状的影响程度。

此外，还可以采用矩阵形式表示参数曲线。式（3-1）可以写为

$$P = TA \tag{3-4}$$

式中，$T = \begin{bmatrix} t^3 & t^2 & t & 1 \end{bmatrix}$；$A = \begin{bmatrix} a_3 & a_2 & a & 1 \end{bmatrix}^{\mathrm{T}}$，$A$ 是代数系数矩阵。

式（3-2）还可写为

$$P = FB \tag{3-5}$$

式中，$F = \begin{bmatrix} F_1 & F_2 & F_3 & F_4 \end{bmatrix}$；$B = \begin{bmatrix} P_0 & P_1 & P_0' & P_1' \end{bmatrix}^{\mathrm{T}}$，$B$ 是几何系数矩阵或边界条件矩阵。

式（3-4）和式（3-5）反映了参数曲线代数形式和几何形式之间的变换关系。由于它是由端点及其切矢量定义的三次参数曲线，也称为 Hermite 曲线或 Ferguson 曲线。在这种曲线中，A、B 随不同的曲线变化，它们反映了曲线的形状和位置。

3. 调和函数

式（3-3）中的 F_1、F_2、F_3、F_4 称为调和函数。调和函数综合了边界约束值（边界点坐标、斜率），得到曲线上每一点的坐标。构造参数曲线的已知条件不同，调和函数也不相同。调和函数的作用是通过端点及其切矢量产生整个 t 值范围内其余各点的坐标，并且只与参数 t 有关。通过修改边界条件可以改变曲线的形状。

4. 曲线连续性定义

在实际应用中，几何形体往往是由多段曲线或多张曲面片拼接而成的，这就要求在拼接处具有一定的连续性。根据具体的应用要求，可在连接点处设定各种连续性条件。曲线的连续性条件分两类：参数连续性和几何连续性。

（1）参数连续性

1）零阶参数连续性，记作 C^0 连续，是指两条曲线段在其交点处的坐标值相等，如图 3-20a 所示。

2）一阶参数连续性，记作 C^1 连续，是指两条曲线段在其交点处有相同的一阶导数，即切矢量方向相同、大小相等，如图 3-20b 所示。

3）二阶参数连续性，记作 C^2 连续，是指两条曲线段在其交点处的一阶和二阶导数的方向相同、大小相等，如图 3-20c 所示。

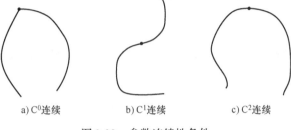

a) C^0连续   b) C^1连续   c) C^2连续

图 3-20   参数连续性条件

对于二阶参数连续性，由于交点处的切向量变化率相等，使得切线可以从一条曲线段平滑地变化到另一条曲线段。但是，对于一阶连续性，两条曲线段的切向量变化率可能会不同，因此两条相连曲线段的形状会有所突变。其他高阶参数的连续性依此类推。

（2）几何连续性

1）零阶几何连续性，记作 G^0 连续，与零阶参数连续性相同，即两条曲线段在交点处有相同的坐标值。

2）一阶几何连续性，记作 G^1 连续，指两条曲线段在交点处的切矢量方向相同，但大小不等。

3）二阶几何连续性，记作 G^2 连续，指两条曲线段在交点处的一阶、二阶导数的方向相同，但大小不等。

在曲线和曲面造型中，一般只用到 C^1、C^2 和 G^1、G^2 连续。切矢量（一阶导数）反映了曲线对参数 t 的变化速度，曲率（二阶导数）反映了曲线对参数 t 变化的加速度。通常，C^1 连续必能保证 G^1 连续，但 G^1 连续不能保证 C^1 连续。此外，二者生成的曲线形状也有差别。例如，曲线在连接处达到 C^1 和 G^1 连续的光滑程度相同，但变化趋势不同。在实际应用中，需要根据造型对象的具体要求，选择合适的连续性条件，以保证造型的光滑性和美观性。

3.6.4 常用的参数化曲线

1. Bezier 曲线

Bezier 曲线是通过一组多边折线的端点来定义曲线的形状，这组多边折线也称为 Bezier 多边形或特征多边形（图 3-21）。Bezier 曲线的起点和终点与该多边形的起点、终点重合，多边形的其余顶点用来定义曲线的导数、阶次和形状，多边形的第一条边和最后一条边表示曲线在起点和终点的切矢量方向，分别与曲线在起点和终点处相切。Bezier 曲线的形状趋于多边折线的形状，改变多边折线的顶点位置可以控制曲线形状的变化。

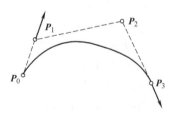

图 3-21   Bezier 曲线

Bezier 曲线通常是先定义一个 n 次多项式，设给定空间 $n+1$ 个顶点的位置向量 P_i，则 Bezier 曲线上各坐标点的插值公式为

$$P(t) = \sum_{i=0}^{n} P_i B_{i,n}(t), 0 \le t \le 1$$

式中，$B_{i,n}(t)$ 为 Bernstain 基函数，也就是 Bezier 多边形的各顶点位置向量之间的调和函数。该函数的表达式为

$$B_{i,n}(t) = \frac{n!}{i!\,(n-i)!}t^i(1-t)^{n-i}, i = 0,1,\cdots,n$$

当 $t = 0$ 时，$P(0) = P_0$；当 $t = 1$ 时，$P(0) = P_n$。由此可知，曲线通过多边折线的起点和终点。

对基函数求导，得

$$B'_{i,n}(t) = \frac{n!}{i!\,(n-i)!}\left[it^{i-1}(1-t)^{n-i} - (n-1)t^i(1-t)^{n-i-1}\right]$$

$$= n\left[\frac{(n-1)!}{(i-1)!\,(n-i)!}t^{i-1}(1-t)^{n-i} - \frac{(n-1)!}{i!\,(n-i-1)!}t^i(1-t)^{n-i-1}\right]$$

$$= n\left[B_{i-1,n-1}(t) - B_{i,n-1}(t)\right]$$

曲线在两端点处的切矢量为

$$P'(t) = n\sum_{i=0}^{n-1}P_i\left[B_{i-1,n-1}(t) - B_{i,n-1}(t)\right]$$

起点的切矢量为：$P'(0) = n(P_1 - P_0)$；终点的切矢量为：$P'(1) = n(P_n - P_{n-1})$。也就是说，Bezier 曲线在两端点处的切矢量方向与 Bezier 多边折线的第一条边和最后一条边相一致。下面介绍几种常见的 Bezier 曲线。

（1）一次 Bezier 曲线　当 $n = 1$ 时，Bezier 曲线为 $P(t) = (1-t)P_0 + tP_1$（$0 \leqslant t \leqslant 1$），称为一次 Bezier 曲线。显然，一次 Bezier 曲线是连接起点 P_0 和终点 P_1 的直线段。

（2）二次 Bezier 曲线　当 $n = 2$ 时，Bezier 曲线为 $P(t) = (1-t)^2P_0 + 2t(1-t)P_1 + t^2P_2$（$0 \leqslant t \leqslant 1$），称为二次 Bezier 曲线。其矩阵形式为

$$P(t) = \begin{bmatrix} t^2 & t & 1 \end{bmatrix}\begin{pmatrix} 1 & -2 & 1 \\ -2 & 2 & 0 \\ 1 & 0 & 0 \end{pmatrix}\begin{pmatrix} P_0 \\ P_1 \\ P_2 \end{pmatrix} \quad 0 \leqslant t \leqslant 1$$

二次 Bezier 曲线是一条起点在 P_0、终点在 P_2 处的抛物线。

（3）三次 Bezier 曲线　当 $n = 3$ 时，通过顶点 P_0、P_1、P_2 和 P_3 可以定义一条三次 Bezier 曲线，曲线表达式为

$$P(t) = (1-t)^3P_0 + 3t(1-t)^2P_1 + 3t^2(1-t)P_2 + t^3P_3, 0 \leqslant t \leqslant 1$$

矩阵形式为

$$P(t) = \begin{bmatrix} t^3 & t^2 & t & 1 \end{bmatrix}\begin{pmatrix} -1 & 3 & -3 & 1 \\ 3 & -6 & 3 & 0 \\ -3 & 3 & 0 & 0 \\ 1 & 0 & 0 & 0 \end{pmatrix}\begin{pmatrix} P_0 \\ P_1 \\ P_2 \\ P_3 \end{pmatrix} \quad 0 \leqslant t \leqslant 1$$

三次 Bezier 曲线是二阶连续的。图 3-21 中的曲线即为三次 Bezier 曲线。

2. B 样条曲线

Bezier 曲线具有很多优点，但也存在以下不足：①特征多边形的顶点个数决定了 Bezier 曲线的阶数，当 n 较大时，多边形对曲线形状的控制将减弱；②Bezier 曲线不能进行局部修改，如果改变其中任一个顶点的位置，将会对整条曲线产生影响。

为克服 Bezier 曲线的不足，Gordon、Riesenfeld 等人对 Bezier 曲线进行拓展，用 B 样条基

函数替换了 Bernstain 基函数，形成了 B 样条曲线（图 3-22）。

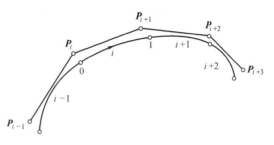

图 3-22 B 样条曲线

设给定 $m+n+1$ 个顶点 P_i（$i=0,1,2,\cdots,m+n$），可以定义 $m+1$ 段 n 次 B 样条曲线的表达式为

$$P_{i,n}(t) = \sum_{k=0}^{n} P_{i+k} F_{k,n}(t)$$

式中，$F_{k,n}(t)$ 为 n 次 B 样条基函数，也称为 B 样条分段调和函数。它的形式为

$$F_{k,n}(t) = \frac{1}{n!} \sum_{j=0}^{n-k} (-1)^j C_{n+1}^j (t+n-k-j)^n \quad 0 \le t \le 1; k=0,1,\cdots,n$$

由上式可以看出，B 样条曲线是分段组成的。连接所有曲线段的整条曲线称为 n 次 B 样条曲线。依次用线段连接 P_{i+k}（$k=0,1,\cdots,n$）组成的多边折线称为 B 样条曲线在第 i 段的特征多边形。n 次 B 样条曲线可以实现 $n-1$ 阶连续。

B 样条曲线保持了 Bezier 曲线的优点。此外，B 样条曲线是分段组成的，特征多边形顶点对曲线的控制更加直观、逼近性更好，可以对样条曲线进行局部修改，多项式阶次较低。在产品外形设计中，二次 B 样条曲线和三次 B 样条曲线的应用最为广泛。

（1）二次 B 样条曲线　二次 B 样条曲线中，$n=2$，$k=0$、1、2。二次 B 样条曲线的表达式为

$$P_i(t) = \sum_{k=0}^{2} P_{k+i} F_{k,2}(t) = F_{0,2}(t)P_i + F_{1,2}(t)P_{i+1} + F_{2,2}(t)P_{i+2}$$

得到 B 样条基函数

$$F_{0,2}(t) = \frac{1}{2}(t-1)^2$$

$$F_{1,2}(t) = \frac{1}{2}(-2t^2+2t+1)$$

$$F_{2,2}(t) = \frac{1}{2}t^2$$

二次 B 样条曲线的矩阵表达式为

$$P(t) = \sum_{k=0}^{2} B_k F_{k,2}(t) = \frac{1}{2} \begin{bmatrix} t^2 & t & 1 \end{bmatrix} \begin{pmatrix} 1 & -2 & 1 \\ -2 & 2 & 0 \\ 1 & 1 & 0 \end{pmatrix} \begin{pmatrix} B_0 \\ B_1 \\ B_2 \end{pmatrix}$$

式中，B_k 为分段曲线的 B 特征多边形的三个顶点：B_0、B_1、B_2。第 i 段曲线的 B_k，即为 P_i、P_{i+1} 和 P_{i+2} 的三个连续顶点。

二次 B 样条曲线在端点处具有以下特性

$$P(0) = \frac{1}{2}(P_0+P_1), P(1) = \frac{1}{2}(P_1+P_2)$$

$$P'(0) = P_1-P_0, P'(1) = P_2-P_1$$

二次 B 样条曲线段的起点 $P(0)$ 在特征多边形第一条边的中点处，且其切向矢量 B_1B_0 为第一条边的走向；终点 $P(1)$ 在特征多边形第二条边的中点处，其切向矢量 B_2B_1 为第二条边的走向；$P(1/2)$ 是 $P(0)$、B_1 和 $P(1)$ 三点所形成三角形的中线 B_1M 的中点，且在 P 处的切

线平行于 $\boldsymbol{P}(0)$、$\boldsymbol{P}(1)$ 两个端点的连线。因此，分段二次 B 样条曲线是一条抛物线（图3-23）。此外，由 n 个顶点定义的二次 B 样条曲线，实质上是由相邻三点定义的 $n-2$ 段抛物线的连接。由于抛物线在连接点处具有相同的切线方向，即特征多边形的同一条边，实现了一阶连续。

（2）三次 B 样条曲线　当 $n=3$，$k=0$、1、2 和 3 时，可得到三次 B 样条曲线。它的分段调和函数依次为

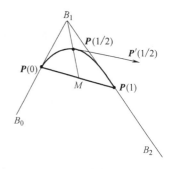

图3-23　二次 B 样条曲线的端点性质

$$F_{0,3}(t) = \frac{1}{6}(-t^3 + 3t^2 - 3t + 1)$$

$$F_{1,3}(t) = \frac{1}{6}(3t^3 - 6t^2 + 4)$$

$$F_{2,3}(t) = \frac{1}{6}(-3t^3 + 3t^2 + 3t + 1)$$

$$F_{3,3}(t) = \frac{1}{6}t^3$$

三次 B 样条曲线的矩阵表达式为

$$\boldsymbol{P}(t) = \sum_{k=0}^{3} \boldsymbol{B}_k F_{k,3}(t) = \frac{1}{6}\begin{bmatrix} t^3 & t^2 & t & 1 \end{bmatrix} \begin{pmatrix} -1 & 3 & -3 & 1 \\ 3 & -6 & 3 & 0 \\ -3 & 0 & 3 & 0 \\ 1 & 4 & 1 & 0 \end{pmatrix} \begin{pmatrix} \boldsymbol{B}_0 \\ \boldsymbol{B}_1 \\ \boldsymbol{B}_2 \\ \boldsymbol{B}_3 \end{pmatrix}$$

式中，各符号的含义与二次 B 样条曲线中的相同。

（3）非均匀有理 B 样条（NURBS 曲线）　Bezier 曲线和 B 样条曲线都只能近似而不能精确地表示除抛物线以外的二次曲线，由此产生设计误差。非均匀有理 B 样条（NURBS）方法就是在 B 样条方法的基础上，通过扩充二次曲线与曲面的表达能力而形成的一种曲线定义方法。

B 样条曲线中采用均匀 B 样条函数，其节点沿参数轴的分布是等距的，不同节点矢量生成的 B 样条基函数所描绘的形状相同。非均匀 B 样条函数的节点参数沿参数轴的分布不等距，不同节点矢量形成的 B 样条函数各不相同，需要单独计算。有理函数是两个多项式之比，有理样条是两个样条参数多项式之比。NURBS 曲线是由分段有理 B 样条多项式基函数定义的，其表达式为

$$\boldsymbol{P}(t) = \sum_{i=0}^{n} W_i \boldsymbol{P}_i N_{i,k}(t) \bigg/ \sum_{i=0}^{n} W_i N_{i,k}(t) \tag{3-6}$$

式中，$\boldsymbol{P}_i$（$i=0,1,2,\cdots,n$）为特征多边形顶点的位置矢量，即控制顶点；$N_{i,k}(t)$ 是由节点矢量 $\boldsymbol{T}=(t_0, t_1, \cdots, t_{n+k})$ 决定的 k 次 B 样条基函数，节点矢量 $\boldsymbol{T}$ 共有 $m=n+k+1$ 个，n 为控制点数，k 为 B 样条基函数的次数；W_i 为相应控制点 $\boldsymbol{P}_i$ 的权因子，控制点 $\boldsymbol{P}_i$ 的 W_i 值越大，曲线越靠近控制点 $\boldsymbol{P}_i$。当所有的权因子都为 1 时，得到非有理 B 样条曲线。

假设用二次 B 样条函数来拟合三个控制顶点，节点矢量 $\boldsymbol{T}=(0,0,0,1,1,1)$，权函数为 $W_0 = W_2 = 1$，$W_1 = r/(1-r)$，$0 \leqslant r < 1$，则有理 B 样条的表达式为

$$P(t) = \frac{P_0 N_{0,3}(t) + \dfrac{r}{1-r} P_1 N_{1,3}(t) + P_2 N_{2,3}(t)}{N_{0,3}(t) + \dfrac{r}{1-r} N_{1,3}(t) + N_{2,3}(t)}$$

r 的取值不同，就可以得到不同的二次曲线。如图 3-24 所示，当 $r > 1/2$、$W_1 > 1$ 时，为双曲线段；当 $r = 1/2$、$W_1 = 1$ 时，为抛物线段；当 $r < 1/2$、$W_1 < 1$ 时，为椭圆弧；当 $r = 0$、$W_1 = 0$ 时，为直线段。

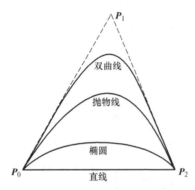

图 3-24　NURBS 的二次曲线段

3.6.5　常用的参数化曲面

上节所述的几种参数化曲线都是由特征多边形控制的。参数化曲面片的表达方法与参数化曲线相似，可以由两个方向的特征多边形来决定。两个方向的特征多边形构成特征网格，特征多边形的顶点就是特征网格的顶点。

1. Bezier 曲面

由 Bezier 曲线的定义，可以方便地给出 Bezier 曲面的定义。假设给定 $(m+1) \times (n+1)$ 个空间点列 $P_{ij}(i = 0,1,2,\cdots,n; j = 0,1,2,\cdots,m)$，则 $m \times n$ 次 Bezier 曲面的定义为

$$Q(u,v) = \sum_{i=0}^{n} \sum_{j=0}^{m} P_{ij} B_{i,n}(u) B_{j,m}(v) \quad (0 \leqslant u,v \leqslant 1)$$

式中，P_{ij} 是特征网格顶点，依次用线段连接点阵 P_{ij} 中相邻两点组成的空间网格为特征网格；$B_{i,n}(u)$ 和 $B_{j,m}(v)$ 为 Bernstein 基函数，用于定义 Bezier 曲面上 u、v 两个方向上的 Bezier 曲线。

与 Bezier 曲线相似，当曲面的阶次过高时，特征网格对曲面的控制力将会减弱。实际应用时，Bezier 曲面的阶次 m 和 n 一般不超过 5。其中，最常用的是 $m = n = 3$，即双三次 Bezier 曲面（图 3-25）。

双三次 Bezier 曲面由 16 个顶点组成的特征网格控制。其中，P_{00}、P_{03}、P_{30}、P_{33}

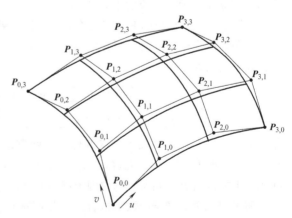

图 3-25　双三次 Bezier 曲面

四个顶点在曲面片的四角，其余顶点均不在曲面上，但是可以控制曲面的形状。曲面的 u 线和 v 线均为三次 Bezier 曲线。

双三次 Bezier 曲面的表达式为

$$Q(u,v) = \sum_{i=0}^{3} \sum_{j=0}^{3} P_{ij} B_{i,3}(u) B_{j,3}(v)$$

$$= \begin{bmatrix} B_{0,3}(u) & B_{1,3}(u) & B_{2,3}(u) & B_{3,3}(u) \end{bmatrix} \begin{pmatrix} P_{00} & P_{01} & P_{02} & P_{03} \\ P_{10} & P_{11} & P_{12} & P_{13} \\ P_{20} & P_{21} & P_{22} & P_{23} \\ P_{30} & P_{31} & P_{32} & P_{33} \end{pmatrix} \begin{pmatrix} B_{0,3}(v) \\ B_{1,3}(v) \\ B_{2,3}(v) \\ B_{3,3}(v) \end{pmatrix}$$

$$= UNPN^{\mathrm{T}} V^{\mathrm{T}}$$

式中，$U = \begin{bmatrix} u^3 & u^2 & u & 1 \end{bmatrix}$，$V = \begin{bmatrix} v^3 & v^2 & v & 1 \end{bmatrix}$，

$$P = \begin{pmatrix} P_{00} & P_{01} & P_{02} & P_{03} \\ P_{10} & P_{11} & P_{12} & P_{13} \\ P_{20} & P_{21} & P_{22} & P_{23} \\ P_{30} & P_{31} & P_{32} & P_{33} \end{pmatrix}, \quad N = \begin{pmatrix} -1 & 3 & 3 & 1 \\ 3 & -6 & 3 & 0 \\ -3 & 3 & 0 & 0 \\ 1 & 0 & 0 & 0 \end{pmatrix}$$

2. B 样条曲面

根据均匀 B 样条曲线的定义，可以得到 B 样条曲面的定义。假设给定 $(m+1) \times (n+1)$ 个空间点列 $P_{ij}(i = 0,1,2,\cdots,n; j = 0,1,2,\cdots,m)$，则 $m \times n$ 次 B 样条曲面的定义为

$$Q(u,v) = \sum_{i=0}^{n} \sum_{j=0}^{m} P_{ij} F_{i,n}(u) F_{j,m}(v) \quad (0 \leq u,v \leq 1)$$

式中，$F_{i,n}(u)$ 和 $F_{i,m}(v)$ 称为 B 样条基函数，连接点列 P_{ij} 中相邻两点组成 B 样条曲面的特征网格。一般情况下，B 样条曲面不通过任何网格点。

与 Bezier 曲面相似，B 样条曲面可写成矩阵表达式：$Q(u,v) = UNPN^{\mathrm{T}} V^{\mathrm{T}}$

当 $m = n = 3$ 时，生成双三次 B 样条曲面。此时矩阵表达式中的各元素为

$$U = \begin{bmatrix} u^3 & u^2 & u & 1 \end{bmatrix}, \quad V = \begin{bmatrix} v^3 & v^2 & v & 1 \end{bmatrix}$$

$$P = \begin{pmatrix} P_{00} & P_{01} & P_{02} & P_{03} \\ P_{10} & P_{11} & P_{12} & P_{13} \\ P_{20} & P_{21} & P_{22} & P_{23} \\ P_{30} & P_{31} & P_{32} & P_{33} \end{pmatrix}, \quad N = \frac{1}{6} \begin{pmatrix} -1 & 3 & -3 & 1 \\ 3 & -6 & 3 & 0 \\ -3 & 0 & 3 & 0 \\ 1 & 4 & 1 & 0 \end{pmatrix}$$

根据上式可以生成一个双三次 B 样条曲面片。如果网格向外扩展，则曲面也相应延伸，并且在连接处达到二阶连续。这是 B 样条曲面的突出优点，它自然地解决了曲面片之间的连接问题。

3. NURBS 曲面

$k \times 1$ 次 NURBS 曲面的有理分式表示为

$$Q(u,v) = \frac{\sum_{i=0}^{n} \sum_{j=0}^{m} W_{i,j} P_{ij} N_{i,k}(u) N_{j,l}(v)}{\sum_{i=0}^{n} \sum_{j=0}^{m} W_{i,j} N_{i,k}(u) N_{j,l}(v)}$$

式中，控制顶点 $P_{ij}(i = 0,1,2,\cdots,n; j = 0,1,2,\cdots,m)$ 呈拓扑矩形阵列，形成一个控制网格；

$W_{i,j}$ 是控制点 P_{ij} 对应的权因子, 规定四角点处用正权因子, 即 $W_{0,0}$、$W_{n,0}$、$W_{0,m}$、$W_{n,m} > 0$, 其余 $W_{i,j} \geq 0$, 防止曲线因权因子而退化为一点; $N_{i,k}(t)(i=0,1,2,\cdots,n)$ 和 $N_{j,l}(t)(j=0,1,2,\cdots,m)$ 分别是 u 向 k 次和 v 向 l 次 B 样条基函数, 分别由节点向量 $U = \{u_0, u_1, \cdots, u_{n+k+1}\}$ 和 $V = \{v_0, v_1, \cdots, v_{m+l+1}\}$ 按递推公式得到 B 样条基函数。

由 NURBS 曲面方程可知, 要给出一张曲面的 NURBS 表示, 需要确定的数据包括控制顶点 P_{ij} 及其权因子 $W_{i,j}$, u 参数的次数 k, v 参数的次数 l, u 向节点向量 U 与 v 向节点向量 V, 次数 k 和 l 也分别隐含于节点向量 U 与 V 中。

NURBS 可以统一地表示初等解析曲线和曲面、有理和非有理 Bezier 曲线和曲面, 以及 B 样条曲线和曲面, 现已成为曲线、曲面设计中的通用技术。

NURBS 曲线和曲面的优点: ①可以精确地表示标准的解析形状 (如圆锥曲线、二次曲面、回转面等), 为自由曲线、曲面提供了统一的数学表示, 非有理 B 样条、有理和非有理 Bezier 曲线及曲面均为 NURBS 的特例; ②形状控制更加灵活, 可以通过改变控制点和权因子来灵活地改变形状, 对插入节点、修改、分割、几何插值等的处理能力也更强大; ③具有透视投影变换的不变性。

但是, NURBS 的应用也存在一些问题。例如, 与其他曲线、曲面定义方法相比, NURBS 需要更大的存储空间和更长的处理时间; 权因子选择不当会造成曲线、曲面的形状发生畸变; 对搭接、重叠形状的处理比较困难等。

3.7 工程数据数字化处理软件开发案例

复杂机械产品的装配过程复杂, 装配体误差评估困难, 难以准确获取装配精度指标。此外, 开展装配精度评估不仅需要深厚的专业背景知识, 还要花费大量时间。本项目结合某型产品的开发需求, 采用状态空间方程完成装配误差建模, 利用蒙特卡洛仿真方法评估产品装配精度可靠度; 在保证装配精度评估准确性的基础上, 对装配精度计算过程和评估方法做出必要简化, 在此基础上开发机械产品装配精度评估软件。

在开展装配精度评估时, 首先要导入装配体的三维 CAD 模型, 考虑装配体结构特征、零部件尺寸公差、几何公差等因素; 再利用状态空间模型构建误差传递模型, 分析装配误差在不同工序中的传递和累积过程; 采用蒙特卡罗仿真方法计算装配体装配精度可靠度, 并输出装配精度评估报告。此外, 为便于开展装配精度可靠性评估, 在精度评估软件中嵌入公差数据库, 通过程序语言实现数据库操作功能。机械产品装配精度评估软件体系架构如图 3-26 所示。

机械产品装配精度评估软件包括数据查询与管理、装配精度仿真计算与绘图、报告生成等功能模块。软件开发平台与开发工具包括:

1) Visual Studio。由美国微软公司开发, 是基于面向对象和 C++ 语言的软件开发平台, 支持类、封装、重载等特性。

2) Access 数据库。MS Office 组件之一, 具有数据更新、检索、管理等功能, 采用 Access 作为数据管理系统, 提供计算参数存储、结果分析、数据查询等功能。

3) MATLAB 软件。由美国 Mathworks 公司开发, 是一款科学计算和基于模型的设计软件, 具有矩阵运算、数值分析和图形绘制等功能, 采用 MATLAB 作为数据处理工具, 通过调用 MATLAB 引擎, 利用其图形绘制功能分析装配误差的传递过程, 计算装配精度可靠度。

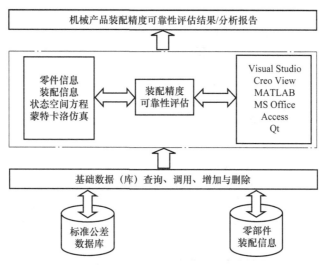

图 3-26　机械产品装配精度评估软件体系架构

4）Microsoft Word。作为报告生成工具，输出分析数据和结果。

5）Qt。由奇趣科技（Trolltech）公司开发，是一种基于 C ++ 语言和图形化用户界面的应用程序开发平台。它采用面向对象的方法，具有良好的封装机制，模块化程度高、易于扩展且允许组件编程，具有丰富的 API 和 C ++ 类；支持 2D/3D 图形渲染，支持 OpenGL；具有良好的跨平台特性，支持 MS Windows、Linux、Digital UNIX、Mac 等操作系统。

6）Creo View。美国 PTC 公司开发的可视化软件，可帮助用户访问三维 CAD 设计模型，具有查看、标记、交互处理、协同使用和分发数字化产品数据等功能，支持产品的协同设计。本软件开发中通过嵌入 Creo View 插件，用于加载分析对象的三维模型，便于用户查看产品数字化模型。综述所述，机械产品装配精度评估软件开发平台如图 3-27 所示。

图 3-27　机械产品装配精度评估软件开发平台

机械产品装配精度评估软件将 QT 与 Visual Studio 2013 相关联，通过应用程序向导建立单文档程序，通过相关接口调用 MATLAB、Access、Creo View、Word 等应用程序。机械产品装配精度评估软件开发接口及其关系如图 3-28 所示。

机械产品装配精度评估软件采用单文档视图，分为数据层、工具层、功能层和应用层四个层级，如图 3-29 所示。数据层采用关系型数据库 Access 作为支持平台，包括公差数据和零件装配信息数据，为装配精度模型的构建提供数据支持。工具层主要包括 Creo View、Visual Studio 2013、Qt、Microsoft Office、MATLAB 等，为机械产品装配精度评估提供平台。功能层是本软件系统的核心，它包括机械产品装配精度评估各功能模块，如装配误差传递建模、装配精度可靠度计算、分析结果查看和分析报告生成等。应用层是功能模块的操作界面层。用户可以根据各功能模块的交互界面，开展机械产品装配精度评估，从前端界面完成后台数据的操作和编辑。

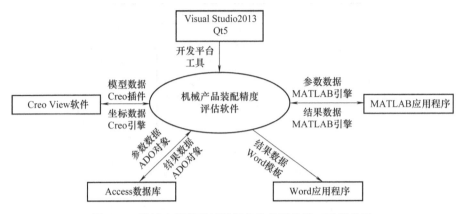

图 3-28 机械产品装配精度评估软件开发接口及其关系

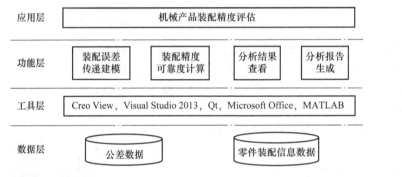

图 3-29 机械产品装配精度评估软件体系构架

机械产品装配精度评估软件主界面和"数据库管理""装配精度评估"两个模块的界面分别如图 3-30 ~ 图 3-32 所示。

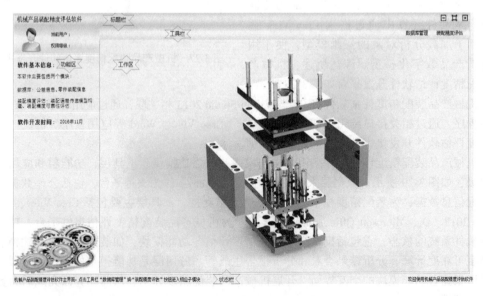

图 3-30 机械产品装配精度评估软件主界面

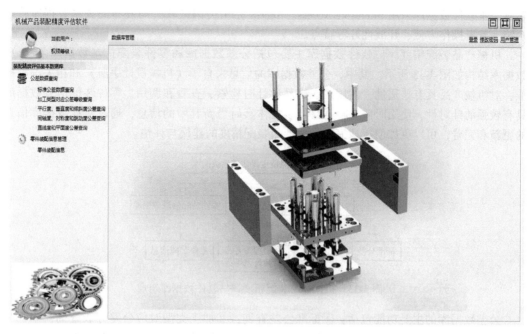

图 3-31　机械产品装配精度评估软件"数据库管理"模块主界面

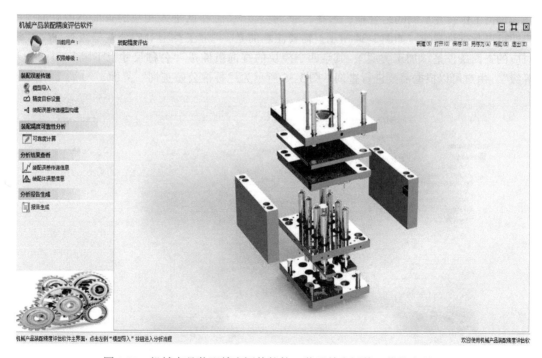

图 3-32　机械产品装配精度评估软件"装配精度评估"模块主界面

　　数据库是软件系统开发和信息共享的重要基础。数据库管理系统（DBMS）是数据库的核心，它位于用户和操作系统之间，具有数据库建立、运行与维护等功能，帮助用户完成数据的定义和相关操作，保证数据的安全性和完整性。DBMS 对数据库系统性能具有决定性的影响。本软件数据库采用 Microsoft Access。Access 是由美国微软公司发布的关系数据库管理系统，具有操作方便、开放性好等特点。

机械产品装配精度评估软件数据库主要包括公差数据库和零件装配信息数据库两部分，数据库结构如图 3-33 所示。其中，公差数据库的信息来自于《机械设计手册》和相关国家标准，对机械产品具有普适性，供用户在产品设计时检索、查看和调用。零件装配信息数据库具有较强的针对性，使用时需要根据具体装配体实时更新其中的信息，通过对该数据库信息的更新和完善，可以更加便捷地完成相关产品装配精度的建模与评估。

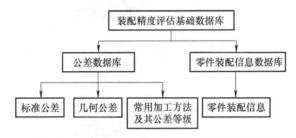

图 3-33　机械产品装配精度评估软件数据库组成

公差数据库的主要功能包括：①标准公差查询；②加工类型对应公差等级查询；③平行度、垂直度和倾斜度公差查询；④同轴度、对称度、圆跳动和全跳动公差等级查询；⑤直线度和平面度公差查询。

单击工作区左上侧的组合框，选择"查询类型"，工作区进入相应的查询类型界面，用户即可进行查询操作，如图 3-34 所示。需要注意的是，"加工类型对应公差等级查询"模块对应的查询条件是"加工类型"，其余四个模块的查询条件是"公称尺寸上下限"和"公差等级"，用户可以根据需要进行查询。图 3-35 所示为"标准公差查询"界面。

图 3-34　公差数据库查询类型选择

零件装配信息数据库包括装配精度评估以及软件操作所需的零件相关信息，可以为用户提供必要的数据支持。零件装配信息数据库包含的字段及其描述见表 3-5。

图 3-35　"标准公差查询"界面

表 3-5　零件装配信息数据库包含的字段及其描述

字　　段	描　　述
序号	零件在数据库中的序列号
产品编号	零件所属产品的名称和编号
零件代号	标识该零件的唯一字符串,用于在其他位置对该零件进行引用
零件名称	零件名称
三维模型地址	零件三维模型在计算机中的存储位置,用以查询零件尺寸、公差、材料等基本属性
装配工序	确定该零件在装配过程的工序
位置信息	零件在装配时相对于基准坐标系的位置
生产日期	零件的生产日期,以区分不同批次的零件
备注	补充相关所需信息

　　软件可根据工作区左上侧组合框选择的"零件名称"和"生产日期"进行查询,也可完成"增加""删除""保存"等操作,如图 3-36 所示。单击与零件对应的"三维模型地址",即可进入 Creo View 界面,查看零件模型。

图 3-36　"零件装配信息"界面

通过开发数据库模块，可以帮助用户更好地收集和管理相关基础数据。同时，数据库模块可以为机械产品装配精度评估提供决策支持，提高系统建模、评估的效率与质量。

思考题及习题

1. 工程数据常用的类型有哪些？结合具体的产品开发给出案例，并分析它们的特点。

2. 常用的工程数据数字化处理方法有哪些？分析每种方法的特点。

3. 数字化设计与制造软件系统对工程数据库有哪些性能要求？

4. 采用高级程序语言，完成表3-6所列一维数表的程序化和数字化处理。

表3-6 平键的公称尺寸 （单位：mm）

轴径 d	键宽 b	键高 h	轴径 d	键宽 b	键高 h
>30 ~ 38	10	8	>58 ~ 65	18	11
>38 ~ 44	12	8	>65 ~ 75	20	12
>44 ~ 50	14	9	>75 ~ 85	22	14
>50 ~ 58	16	10	>85 ~ 95	25	14

5. 分别采用程序化处理和文件化处理方法，对表3-4所列的轴肩圆角处应力集中系数进行数字化处理。

6. 根据表3-7所列试验数据，采用最小二乘法拟合一条二次函数曲线。

表3-7 试验数据

x	1	2	3	4	5
y	4.0	4.5	6.0	8.0	8.0

7. 对图3-1所示的螺旋角系数 Z_β 进行表格化处理，并采用高级程序语言编制相应的线图数据查询程序。

8. 对图3-2所示的齿形系数进行公式化处理，并采用高级程序语言编制相应的线图数据查询程序。

9. 选择典型的工程数据，通过编写程序或算法实现对简单数表的程序化处理、对列表函数数表的插值处理和对线图的程序化处理。

10. 熟悉数据、数据模型、数据库、数据库管理系统等相关概念，分析它们之间的相互关系，熟悉数字化开发软件运行过程、产品数字化开发中的数据流。结合主流数字化开发软件，熟悉其中的工程数据管理方法和数据库管理系统（DBMS）的功能。

11. 熟悉链表、堆栈、树形结构等数据结构相关定义，结合案例分析它们在产品数字化开发中的应用。

12. 什么是规则曲线和规则曲面？什么是自由曲线和自由曲面？给出具体案例并分析它们的特点。

13. 控制自由曲线或自由曲面的离散点有哪些类型？它们各有什么功能？

14. 描述曲线或曲面贴合程度的常用术语有哪些？查阅资料分析每种术语的定义和功能。

15. 什么叫曲线的连续性？描述曲线连续性的术语有哪些？分析它们的功用、区别与联系。

16. 分析 Bezier 曲线、B 样条曲线和 NURBS 曲线的特点、区别及其联系。

17. 名词解释

(1) 数表

(2) 线图

(3) 规则曲线

(4) 规则曲面

(5) 自由曲线

(6) 自由曲面

(7) 曲线/曲面的参数化

(8) 曲线/曲面的隐式化

(9) 非均匀有理 B 样条（NURBS）曲线/曲面

(10) 逼近

(11) 插值

(12) 光顺

(13) 拟合

(14) 光滑

(15) 最小二乘法

(16) 数据库管理系统（DBMS）

(17) 顺序存储结构

(18) 链式存储结构

(19) 栈结构

(20) 树形结构

(21) 层次模型

(22) 网络模型

(23) 关系模型

第4章
产品数字化设计技术

4.1 数字化设计技术概述

设计（Design）是人类为实现某种特定目的而开展的创造性活动，也是设计师有目标、有计划开展的技术性创作及创意活动。世界著名设计师和教育学家维克多·帕帕奈克（Victor Joseph Papanek，1923—1998）指出，设计是为构建有意义的秩序而付出的有意识的、直觉上的努力。对于机电产品，设计就是以满足产品功能、性能和技术要求为基础，在符合相关标准、规范的前提下，合理地安排线条、曲面、形体、色彩、色调、质感、光线、空间等设计元素，完成产品结构设计的过程。

设计不仅要满足产品特定的技术指标和性能要求，还应统筹考虑材料、制造工艺、生产成本、市场营销和售后服务等问题，从全生命周期和可持续发展的视角合理地确定产品的结构组成、性能指标和设计参数。维克多·帕帕奈克认为，设计的终极目的是为人服务，不仅为健康人服务，也要为残疾人和有特定需求的人服务。此外，设计工作还应该考虑地球资源的有限性，保护我们赖以生存的地球。设计的基本流程：理解顾客的动机、期望和需求，熟悉与产品设计相关的业务、技术、行业现状及其限制性条件；将顾客需求转化为产品设计方案，保证产品式样、功能和性能指标的有效性与可用性，考虑并验证产品经济、技术等方面的可行性。

数字化设计（Digital Design）是数字化技术与产品设计相互融合的产物。其中，数字化是将产品设计的相关信息以二进制、数字化的方式加以表达和呈现，其输出是产品的数字化模型（Digital Model）。产品造型（Modeling）也称产品建模，它研究如何以数字化方法在计算机中表达产品的形状、属性及其相互关系，如何在计算机中模拟产品的特定状态。以产品的数字化模型信息为基础，可以完成结构优化设计、运动学和动力学分析、装配和干涉检查、数控加工程序编制等。显然，产品造型是数字化设计技术的核心内容，产品造型技术在很大程度上决定了数字化设计的水平。

产品造型技术的研究工作始于20世纪60年代，至今大致经历了五个发展阶段：①20世纪60年代，主要研究线框造型技术；②20世纪70年代，重点研究自由曲面造型和实体造型技术；③20世纪80年代以后，研究重点为参数化造型、变量化造型和特征造型技术等；④20世纪90年代，三维数字化设计技术趋于成熟并得到广泛应用，变量化建模技术得到深入研究，基于三维模型的数字化产品定义（Model-Based Definition，MBD）开始成为数字化设计与制造技术主流；⑤21 世纪，直接建模（Direct Modeling）和同步建模技术（Synchronous Technology）受到关注，基于模型的企业（Model-Based Enterprise，MBE）成为数字化设计与制造技术重要的发展方向。

线框模型（Wireframe Model）采用直线和曲线描述三维形体的边界组成，并定义线框模型空间顶点的坐标信息、边的信息和顶点与边的连接关系。曲面模型（Surface Model）研究曲面的表示、求交和显示等问题，尤其适合汽车、飞机、船舶、家用电器等产品复杂表面的建模。实体模型（Solid Model）研究如何以形状简单、规则的基本体素（如长方体、圆柱、圆锥等）为基础，通过并、交、差等集合运算来构成结构和形状复杂的物体。曲面造型和实体造型所依据的理论和方法不太相同，早期两种建模方法曾相互独立、平行发展。20 世纪 80 年代后期，非均匀有理 B 样条（NURBS）技术的出现，使人们可以采用统一的数学表达式来表示基本体素的二次解析曲面和自由曲面。于是，在实体模型中也开始采用自由曲面造型技术，从而使实体造型技术和曲面造型技术得到统一。

参数化造型（Parameteric Modeling）采用几何拓扑和尺寸约束来定义产品模型，使人们可以动态地修改模型。特征造型（Feature-Based Modeling）以实体造型为基础，采用具有一定设计意义或加工意义的特征作为造型的基本单元来建立零部件几何模型。人们将参数化造型思想应用到特征造型中，使产品的特征参数化，形成参数化特征造型（Parametric Feature Modeling）技术。

目前，产品造型技术已经广泛地应用于机电产品开发、工业设计、艺术设计等领域。在产品设计中，数字化模型可以用来刻画物体外观、检查零件的装配关系、生成工程图样等；在结构分析中，数字化模型可以用于计算零件质量、质心、转动惯量、表面积等物理参数；在运动分析中，数字化模型可以用于机械结构的动作规划、运动仿真和零件之间的干涉检查等；在数控加工中，以产品数字化模型为基础，可以规划数控加工的刀具轨迹，完成数控加工的仿真与优化。此外，在多媒体、动画制作、仿真、计算机视觉、图形图像处理、机器人等领域，产品造型技术也得到广泛应用。

1. 产品数字化造型的关键技术

（1）参数化设计　参数化设计就是将模型中的约束信息变量化，使其成为可以调整的参数。赋予变量化参数以不同的数值，就可得到不同大小和形状的零件模型。参数化设计的本质是利用几何约束、工程约束及其关系来定义产品模型的形状特征，有助于提高模型生成和修改的速度，对于形状或功能相似的产品更是具有重要价值。

参数化模型中的约束可以分为几何约束和工程约束，几何约束又可分为结构约束和尺寸约束。其中，结构约束是指几何元素之间的拓扑约束关系，如平行、垂直、相切、对称等；尺寸约束是指以尺寸标注方式表示的约束，如距离、角度、半径等；工程约束是指尺寸之间的约束关系，通过定义尺寸变量以及它们之间在数值与逻辑上的关系来表示。

（2）智能化设计　产品设计是具有高度智能的人的创造性活动，智能化是数字化设计技术发展的必然选择。当前的数字化设计系统在一定程度上体现了智能化的特点。例如，草图绘制中自动捕捉关键点（如端点、中点、切点等）、自动标注尺寸及公差、自动生成材料明细表（Bill of Materials，BOM）等。

智能化设计要深入研究人类的思维模型，并采用专家系统、人工智能、大数据分析等技术加以表达、模拟和优化，从而产生更为高效的设计系统。随着相关技术的进步和算法的完善，数字化设计软件的智能化水平不断提高。

（3）基于特征的设计 特征是描述产品信息的集合，也是构成零部件设计与制造的基本几何体。它既可以反映零件的纯几何信息，也可以反映零件的加工工艺特征。

与传统的几何造型方法相比，特征造型具有以下特点：①有利于形成统一、完整的产品信息；②可以更好地体现设计意图，便于理解产品模型和组织生产；③有助于加强产品设计、分析、工艺、制造、检验等部门之间的联系。

（4）单一数据库与相关性设计 单一数据库就是与产品相关的全部数据信息来自同一个数据库。以单一数据库为基础，可以保证任何经授权的设计改动都能够及时地反映到产品设计的相关环节中，从而实现相关性设计。单一数据库与相关性设计有利于减少设计差错，提高设计质量，缩短开发周期。

例如，用户修改左视图的某个尺寸，主视图、俯视图和三维模型中相应的尺寸和形状会随之改变；修改零件的三维模型，相应的二维工程图、产品装配体和数控程序等也将自动更新。

（5）NURBS 几何造型技术 非均匀有理 B 样条曲线（NURBS）是一种精确表示形体几何信息的方法，可以用来定义数字化模型中复杂的几何曲线、曲面。

NURBS 技术可以通过采用统一的数学形式来表示自由曲线、曲面和精确的二次曲线、曲面，简化系统的设计和管理，更加有效地完成曲线、曲面的局部操作和修改，提高曲面的构造和编辑修改能力。

（6）数字化设计软件与其他软件模块的集成 数字化设计为产品开发提供了基本的数字化模型，但是设计只是计算机参与产品开发的一个环节。为充分、有效地利用产品的模型信息，有必要实现数字化设计软件与其他数字化系统、模块的集成。

数字化设计技术的集成主要体现在以下三个方面：①数字化设计软件与数字化仿真、数字化制造、数字化管理软件模块集成，为产品开发提供一体化数字环境，推动企业信息管理的集成化；②面向特定类型的产品，将数字化造型和产品设计的相关算法、功能模块、软件系统，以专用芯片或软硬件系统的形式加以固化，形成专用设计软件，以提高产品设计的效率与质量；③基于网络环境，在企业集团或动态企业联盟范围内构建异地、异构的数字化开发环境，实现产品的集成化设计。

（7）标准化 随着计算机辅助技术（CAX）在产品开发和制造企业中的广泛应用，因软件模块开发平台、数据结构和接口不同造成的数据不兼容问题日益突出。上述问题阻碍了信息的有效共享，影响了产品开发的效率和质量，也会给制造企业造成重大的经济损失。

上述问题的解决在很大程度上依靠于相关标准和技术规范。例如，产品模型数据交换标准（STEP）是国际标准化组织（ISO）工业自动化与集成技术委员会（TC184）牵头制定的一种产品数字化定义标准。它采用不依赖具体软件系统的中性机制，提供一种独立于任何具体系统而又能够完整描述产品数据信息的表示方法和实施途径。STEP 旨在实现产品数据的交换和共享，支持产品从设计、分析、制造、质量控制、测试、生产、使用、维护到废弃整个生命周期的信息交换与共享，涵盖产品全生命周期。

2. 数字化设计技术的研究热点

围绕网络环境下如何提高产品的创新设计能力，数字化设计技术的研究热点包括：

（1）计算机辅助概念设计 概念设计（Conceptual Design）是产品设计过程中非常重要的阶段。概念设计的结果在很大程度上决定了产品的外观、性能和生产成本，也决定了产品的创新性和市场竞争能力。因此，产品概念设计已经成为企业竞争的制高点。在概念设计阶段，由于设计需求和各种约束条件往往是不精确的、近似的或未知的，给数字化设计技术在该领域的应用带来很大挑战。

为使计算机能够有效地支持产品的概念设计，需要解决两大难题，即建模和推理。其中，建模是对产品预期结构、功能和动作等因素及其相互关系的有效表达；推理用于生成和选择合适的设计方案。目前，概念化设计软件中已经嵌入不少智能算法和分析工具，如人工神经网络、基于实例的推理、基于知识的推理、优化算法、价值工程模块等，以支持概念设计活动。但是，现有的软件工具在功能、操作等方面还存在局限性，离满足工程实际需求还有一定差距。

（2）计算机支持的产品协同设计　产品设计是典型的群体性工作，它要求群体成员既有分工、又有合作。传统的设计系统支持分工之后个体各自应当完成的具体任务，成员之间的合作并非直接在计算机的支持下完成，而是依靠面谈或其他通信工具，成员之间协调、沟通困难，产品设计容易出现反复。

计算机支持的协同设计用于支持设计群体成员交流设计思想、讨论设计结果、发现设计细节之间的矛盾和冲突，并及时加以协调和解决。它有利于避免或减少设计反复，提高设计的效率和质量。近年来，数字化设计软件中支持产品协调设计的功能模块不断完善。

（3）海量信息的存储、管理和检索　随着数字化设计技术在产品开发中的深入应用，其涉及的功能模块和设计分析内容越来越丰富，由此产生的信息量也在快速增加。如何快速、有效地存储、管理、检索和使用海量信息，成为人们关注的问题。

（4）支持设计创新　创新是产品的核心价值所在。数字化设计将技术人员从传统的繁重设计计算、绘图和重复性劳动中解放出来，使他们有更多精力从事创造性的设计。

但是，如何使数字化设计技术（软件）本身成为有效的创新工具，利用计算机支持产品创新，仍然是需要深入研究的课题。

（5）与虚拟现实技术的集成　虚拟现实（Virtual Reality，VR）是仿真技术与计算机图形学、人机接口、多媒体、传感、网络等多种技术交叉集成的结果，具有传感设备模拟环境、感知和自然技能等功能。其中，传感设备是指各类三维交互式设备，如数据头盔、立体眼镜、数据手套、三维空间传感器等；感知是指利用软硬件和相关算法模拟人的视觉、听觉、触觉、力觉、运动等感知活动，实现产品与人的交互；模拟环境是指利用由计算机生成的逼真的产品三维立体图像，模拟产品的实际使用或操作环境；自然技能是指人的头部转动、手势或其他人体动作，由计算机处理与参与者动作相对应的数据并对用户输入做出实时响应，再反馈给参与者。

在某种意义上，产品数字化设计也是虚拟现实技术的重要组成部分。数字化设计与虚拟现实技术的有机结合，可以更逼真地再现产品开发及其使用过程，有力地支持产品的协同设计。此外，虚拟现实技术有利于设计人员与所设计产品的交互，以便验证产品设计方案的正确性和可行性。例如，利用VR技术，可以支持概念（方案）设计中的人机工程学，分析产品设计是否舒适宜人，检验产品操作是否方便、人机界面的布局是否科学等，对于摩托车、汽车、飞机、家用电器、数控机床等产品的设计具有重要意义。目前，VR技术还存在价格昂贵、操作复杂等缺点，与数字化设计技术的集成也有待进一步完善。

近年来，增强现实（Augmented Reality，AR）技术发展迅速。这种技术建立在多媒体、三维建模、实时显示与跟踪、多传感器融合、多场景融合等技术的基础上，它将真实世界和虚拟世界的信息无缝集成，将虚拟的信息应用于真实世界中，通过人的感知而达到超越现实的感官体验，并且具有良好的实时交互性。目前，AR技术已经在产品研发、数据模型可视化、用户培训、虚拟维修、产品营销、医疗、工程建设等领域得到广泛应用。

（6）计算机信息与网络安全 市场竞争日益加剧，人们对知识产权的保护意识不断增强，使得产品设计信息具有保密性，成为企业核心的商业机密。目前，计算机技术已经渗透到产品开发的各个环节，人们对计算机和计算机中存储的相关数据的依赖性也越来越大。此外，用于产品数字化开发的计算机通常都运行于网络环境中，而互联网具有开放性、共享性和国际性，对产品数字化开发中的信息安全提出挑战。一旦企业的计算机系统遭到黑客入侵或正在开发的产品信息被窃取，就可能导致产品开发的失败，给相关企业带来重大的经济损失。

总体上，计算机网络安全包括物理安全和逻辑安全两个方面。其中，物理安全是指系统设备和相关设施受到物理保护，免于破坏、丢失等；逻辑安全包括信息的完整性、保密性、可用性、可控性等内容。此外，导致计算机信息不安全的因素又可以分为人为因素、自然因素和偶发因素等。人为因素是指不法之徒利用计算机网络存在的漏洞，或者潜入计算机房盗用计算机中的资源，非法获取重要数据、篡改系统数据、破坏硬件设备、编制计算机病毒等。在工程实际中，人为因素是对计算机信息和网络安全威胁最大的因素。

如何保证计算机以及其中产品数据的安全，是数字化设计技术应用过程中应予关注的问题。权限管理、加密、网络管理等是常用的应对方法。权限管理是进行数字化软件开发与使用时必须考虑的问题，尤其是在产品协同设计的环境下。不同员工所拥有的网络访问和操作权限不尽相同，合理的授权和权限管理是产品数字化信息安全的重要保障。加密是保障产品数字化信息安全的另一种技术手段，通过软件（如设置密码）和硬件（如加密锁）加密等手段，可以有效防止他人窃取产品的相关信息。有效的网络管控措施可以保证在特定网络环境中数据的保密性、完整性和可使用性。

近年来，网络与信息安全成为社会关注的重要热点。在产品数字化开发环境构建和产品数字化开发过程中，应对此给予高度关注。

 ## 4.2 几何形体在计算机中的表示

在计算机内部，用一定结构的数据来描述、表示三维物体的几何形状和拓扑信息，称为形体在计算机内部的表示。它的实质是物体的几何造型（Geometry Modeling），目的是使计算机能够识别和处理对象，为产品数字化开发的其他模块提供原始信息。

4.2.1 几何信息和拓扑信息

三维实体造型需要考虑实体的几何信息和拓扑信息。其中，几何信息是指构成几何实体的各几何元素在欧氏空间中的位置与大小，可以用数学表达式加以描述。表4-1列出了常见几何元素的数学表达式。

表4-1 常见几何元素的数学表达式

几 何 类 型	简 单 形 式	齐次坐标表示形式
点	(x,y,z)	$V = [x\ y\ z\ w]$
直线	$x = (y-y_0)/a = (z-z_0)/b$	$V = [t\ 1] \cdot L$
平面	$Ax + By + Cz + d = 0$	$P = [a\ b\ c\ d]^T$ $V \cdot P = 0$

但是，数学表达式中的几何元素是无界的。在实际应用时，需要将数学表达式和边界条件结合起来。另外，拓扑信息仅考虑构成几何实体的各几何元素的数目及其相互之间的连接关系。也就是说，拓扑关系允许三维实体做弹性运动，可以随意地伸张和扭曲。因此，两个形状、大小不一样的实体，它们的拓扑关系有可能是等价的。如图 4-1 所示的长方体和圆柱体，两者的几何信息不同，但拓扑特性是等价的。

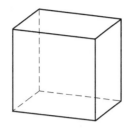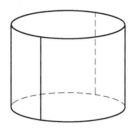

图 4-1　拓扑特性等价的两个几何实体

从拓扑信息的角度，顶点、边、面是构成模型的三种基本几何元素。从几何信息的角度，分别对应于点、直线（或曲线）、平面（或曲面）。上述三种基本元素之间存在多种连接关系。以由平面构成的立方体为例，它的顶点、边和面共有九种连接关系，即面相邻性、面—顶点包含性、面—边包含性、顶点—面相邻性、顶点相邻性、顶点—边相邻性、边—面相邻性、边—顶点相邻性、边相邻性。

4.2.2　形体的定义及表示形式

任何复杂形体都是由基本几何元素构成的。几何造型就是通过对基本几何元素进行各种变换、处理和集合运算，生成所需几何模型的过程。因此，了解空间几何元素的定义有助于理解和掌握几何造型技术，也有助于熟悉不同软件提供的造型功能。

1. 点

点（Vertex）是零维几何元素，也是几何造型中最基本的几何元素。任何形体都可以用有序的点的集合来表示。利用计算机存储、管理、输出形体的实质，就是对点集及其连接关系的处理。

点有不同种类，如端点、交点、切点、孤立点等。在形体定义中，一般不允许存在孤立的点。在自由曲线和曲面中常用到三种类型的点，即控制点、型值点和插值点。控制点（Control Point）也称特征点（Feature Point），它用于确定曲线、曲面的位置和形状，但相应的曲线或曲面不一定经过控制点。型值点（Data Point）用于确定曲线、曲面的位置和形状，并且相应的曲线或曲面一定要经过型值点。插值点（Interpolating Point）是为了提高曲线和曲面的输出精度，或者为便于修改曲线和曲面的形状，而在型值点或控制点之间插入的一系列的点。

2. 边

边（Edge）是一维几何元素。它是指两个相邻面或多个相邻面之间的交界。正则形体的一条边只能有两个相邻面，而非正则形体的一条边则可以有多个相邻面。边由两个端点界定，即边的起点和边的终点。直线边或曲线边均可以由它的端点定界，但是曲线边通常由一系列型值点或控制点来定义，并以显式或隐式方程式来表示。另外，边具有方向性，它的方向为由起点沿着边指向终点。

3. 面

面（Face）是二维几何元素。它是形体表面一个有限的非零区域。面的范围由一个外环和若干个内环界定（图 4-2）。一个面可以没有内环，但是必须有且只能有一个外环。面具有方向性，一般用面的外法矢方向作为面的正方向。外法矢方向通常由组成面的外环的有向棱边，并按右手法则确定。几何造型系统中，常见的面的形式包括平面、二次曲面、柱面、直纹面、双三次参数曲面等。

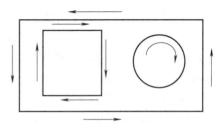

图 4-2　面的外环与内环

4. 环

环（Loop）是由有序、有向边（直线段或曲线段）组成的面的封闭边界。环中的边不能相交，相邻边共享一个端点。环也有内环和外环之分，确定面的最大外边界的环称为外环，确定面中内孔或凸台边界的环称为内环。环具有方向性，外环各边按逆时针方向排列，内环各边则按顺时针排列。

5. 体

体（Object）是由封闭表面围成的三维几何空间。通常，把具有维数一致的边界所定义的形体称为正则形体。图 4-3 所示的几何体均为正则形体，图 4-4 所示的几何体均为非正则形体。其中，图 4-4a 中存在悬边和悬面，它是维数不一致的形体；图 4-4b 所示的体是从圆柱体中减去内接长方体；图 4-4c 所示几何体中，中间的一条边具有多个邻面。

非正则形体的造型技术将线框、表面和实体造型统一起来，可以存取维数不一致的几何元素，并对维数不一致的几何元素进行求交分类，扩大了几何造型的应用范围。通常，几何造型系统具有检查形体合法性的功能，并删除非正则实体。正则形体与非正则形体的区别见表 4-2。

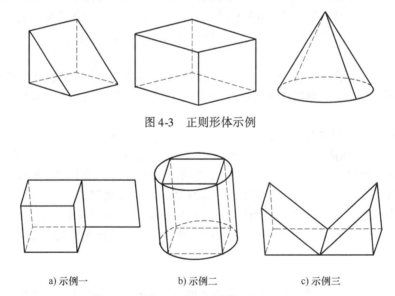

图 4-3　正则形体示例

a) 示例一　　　　b) 示例二　　　　c) 示例三

图 4-4　非正则形体示例

表 4-2　正则形体与非正则形体的区别

几何元素	正则形体	非正则形体
面	形体表面的一部分	可以是形体表面或形体内的一部分，也可以与形体分离
边	只有两个邻面	可以有一个邻面、多个邻面或没有邻面
点	至少和三个面（或三条边）邻接	可以与多个面（或边）邻接，也可以是聚积体、聚积面、聚积边或孤立点

6. 壳

壳（Shell）是由一组连续的面围成的。其中，实体的边界称为外壳；如果壳所包围的空间是空集，则为内壳。一个体至少包含一个壳，也可能由多个壳组成。

7. 形体的层次结构

形体的几何元素与几何元素之间存在以下两种信息：①几何信息，用以表示几何元素的性质和度量关系，如位置、大小、方向等；②拓扑信息，用以表示各几何元素之间的连接关系。总之，形体在计算机内部是由几何信息和拓扑信息共同定义的，可以用图 4-5 所示的六层结构表示。

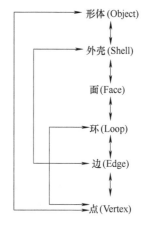

图 4-5　几何形体的层次结构

4.3　产品造型技术

4.3.1　线框造型

20 世纪 60 年代，在计算机绘图和计算机辅助设计技术的发展初期，人们开始研究用点、线和多边形等二维几何元素在计算机中构造产品几何模型。二维线框造型的目标是利用计算机代替手工绘图。之后，随着计算机软硬件技术的发展和图形变换理论的成熟，三维线框模型的绘图系统发展迅速。但是，三维线框模型也是由点、直线和曲线等组成的。

三维物体可以用它的顶点和边的集合加以描述。每个线框模型都包含两张表：一张为顶点表，它记录各顶点的坐标值；另一张为棱线表，它记录每条棱线所连接的两个顶点信息。图 4-6 所示为线框模型在计算机内存储的数据结构原理。

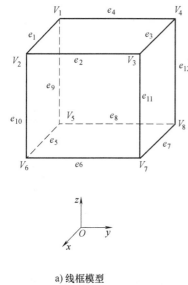

a) 线框模型

顶点	坐标值		
	x	y	z
V_1	0	0	1
V_2	1	0	1
V_3	1	1	1
V_4	0	1	1
V_5	0	0	0
V_6	1	0	0
V_7	1	1	0
V_8	0	1	0

b) 顶点表

棱线	顶点号	
e_1	V_1	V_2
e_2	V_2	V_3
e_3	V_3	V_4
e_4	V_4	V_1
e_5	V_5	V_6
e_6	V_6	V_7
e_7	V_7	V_8
e_8	V_8	V_5
e_9	V_1	V_5
e_{10}	V_2	V_6
e_{11}	V_3	V_7
e_{12}	V_4	V_8

c) 棱线表

图 4-6　线框模型的数据结构原理

线框模型的操作较为简单，对计算机内存、显示器等软硬件的要求比较低。根据物体三维线框模型的相关数据，可以产生任意视图，且视图之间能够保持正确的投影关系，据此还可以生成任意视点或视向的透视图、轴测图。但是，线框模型也有不少缺点。例如，当产品形状复杂、棱线过多时，若显示所有棱线，将会导致模型观察困难，容易引起误解；由于缺少曲线棱廓，圆柱、球体等复杂曲面的表示困难；对于某些线框模型，人们很难判断对象的真实形状，可能引起歧义，即存在"二义性"问题。图4-7所示的线框模型就具有"二义性"。

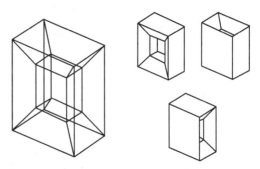

图4-7　具有"二义性"的线框模型

此外，线框模型的数据结构中缺少产品的拓扑信息，如边与面、面与体之间的关系信息等。因此，它无法识别面与体，无法形成实体，也不能区分体内与体外。同时，线框模型还存在不能消除隐藏线、不能作任意剖切、无法计算产品的物性（如质量、体积）、不能进行面的求交、无法生成刀具轨迹、难以检查物体之间是否干涉等缺点。

线框模型可以满足特定产品的设计与制造需求，并且有一些优点。因此，多数数字化设计与制造软件仍然将线框模型作为曲面模型与实体模型的基础，在造型过程中还经常使用。

4.3.2　曲面造型

1. 曲面模型的概念

曲面模型也称为表面模型。它以"面"来定义对象模型，能够精确地确定对象面上任意一点的 x、y、z 坐标值。面的信息对于产品的设计和制造过程具有重要意义。物体的真实形状、物性（体积、质量等）、有限元网格划分、数控编程时刀具的轨迹坐标等都需要根据物体面的信息来确定。

总体上，曲面模型有以下两种描述方式：①以线框模型为基础的面模型；②以曲线、曲面为基础构成的面模型。其中，基于线框模型的曲面模型是将线框模型中的边所包围成的封闭部分定义为面。它的数据结构是在线框模型的顶点表和边表中附加必要的指针，使边有序连接，并增加一张面表来构成表面模型（图4-8）。

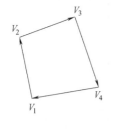

表面编号	5
表面特征码	0
始点指针	1
顶点个数	4

顶点名		属性	连接指针
V_1	V_2	0	2
V_2	V_3	0	3
V_3	V_4	0	4
V_4	V_1	0	1

顶点名	坐标值		
	x	y	z
V_1	x_1	y_1	z_1
V_2	x_2	y_2	z_2
V_3	x_3	y_3	z_3
V_4	x_4	y_4	z_4

图4-8　曲面模型的数据结构

以线框模型为基础的曲面模型只适合描述简单形体。对于由曲面组成的形体，若采用线框模型建模，只能以小平面片逼近的方法近似地加以描述，会形成较大的累积误差。现代航空航天装备、家用电器、汽车、高铁列车、工程机械等产品的结构复杂，并且需要精确地控制曲面的形状与参数，只能以第二种方法通过参数方程进行描述。下面着重介绍第二种曲面生成方法。

2. 曲面造型方法

20 世纪 70 年代，以飞机和汽车为代表产品的制造业蓬勃发展。在此类产品的开发过程中，存在大量的自由曲面问题，既有的线框建模方法难以满足曲面设计要求。法国人贝塞尔（Bezier）提出了 Bezier 算法，使人们可以利用计算机处理曲线和曲面问题。在此基础上，法国达索（Dassault）飞机公司提出以表面模型为基础的自由曲面建模方法，推出三维曲面造型软件 CATIA。

常用的曲面造型方法有以下几种：

（1）扫描曲面（Swept Surface） 根据扫描方法的不同，又可分为旋转扫描法和轨迹扫描法两类。一般可以形成以下几种曲面形式：

1）线性拉伸面。线性拉伸面是由一条曲线（母线）沿着一定的直线方向移动而形成的曲面（图 4-9）。

2）旋转面。旋转面是由一条曲线（母线）绕给定的轴线，按给定的旋转半径旋转一定的角度而形成的面（图 4-10）。

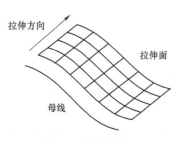

图 4-9　线性拉伸面

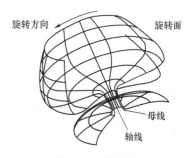

图 4-10　旋转面

3）扫成面。扫成面是由一条曲线（母线）沿着另一条（或多条）曲线（轨迹线）扫描而成的面（图 4-11）。

（2）直纹面（Ruled Surface） 直纹面是以直线为母线，直线的端点在同一方向上沿着两条轨迹曲线移动所生成的曲面（图 4-12）。圆柱面、圆锥面都是典型的直纹面。

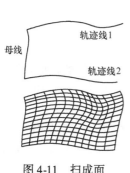

图 4-11　扫成面

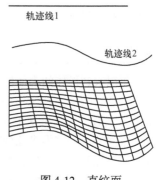

图 4-12　直纹面

（3）复杂曲面（Complex Surface） 复杂曲面的生成原理是先确定曲面上特定的离散点（型值点）的坐标位置，通过拟合使曲面通过或逼近给定的型值点，得到相应的曲面。参数方程不同，就可以得到不同类型和特性的曲面。常见的复杂曲面包括孔斯（Coons）曲面、贝塞尔（Bezier）曲面、B样条（B-Spline）曲面等。

1）孔斯曲面。它是由四条封闭边界所构成的曲面（图4-13）。孔斯曲面的几何意义明确、曲面表达式简洁，主要用于构造一些通过给定型值点的曲面，但不适用于曲面的概念性设计。

2）贝塞尔曲面。它是以逼近为基础的曲面设计方法。它先通过控制顶点的网格勾画出曲面的大体形状，再通过修改控制点的位置来修改曲面的形状（图4-14）。这种方法比较直观，易于为工程设计人员所接受；但它存在局部性修改的缺陷，即修改任意一个控制点都会影响整张曲面的形状。

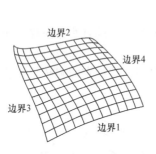

图4-13　孔斯曲面

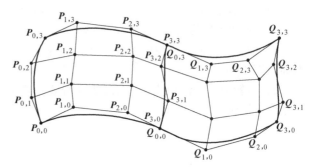

图4-14　贝塞尔曲面

3）B样条曲面。它是B样条曲线和贝塞尔曲面方法在曲面构造上的推广。它以B样条基函数来反映控制顶点对曲面形状的影响。该方法保留了贝塞尔曲面设计方法的优点，并且解决了贝塞尔曲面设计中存在的局部性修改问题。

与线框模型相比，曲面模型具有物体的表面信息，可以表达边与面之间的拓扑关系，具有面与面的相交、着色、表面积计算、消隐等功能，可以构造有复杂曲面的形体，在飞机、汽车、模具等行业中具有重要应用价值。曲面造型的出现，标志着计算机辅助设计技术从单纯模仿工程图样三视图的模式中解放出来，也为计算机辅助制造技术的发展奠定了坚实的基础，是计算机辅助设计技术上的一次革命。

曲面建模技术的出现使得飞机、汽车等复杂产品的开发手段有了质的飞跃。它改变了以往借助油泥模型近似表达产品表面形状的落后作业方式，有效地缩短了产品的开发周期，为产品设计质量的提升提供了有效的技术保障。

4.3.3　实体造型

曲面模型可以表达形体的表面信息，但是难以准确地表达产品的其他特性，如质量、质心、惯性矩等，这影响了计算机辅助工程分析（CAE）等技术的应用。1979年，美国SDRC公司发布了世界上第一款完全基于实体造型技术的CAD/CAE软件——I-DEAS。实体模型是一种具有封闭空间的、能够提供三维形体完整几何信息的模型，它可以精确地表达零件的全部属性，具有完整性和无二义性，有助于形成统一的CAD/CAE/CAM模型，是数字化设计史上的又一次技术革命。常见的实体造型方法如下：

1. 扫描变换法

与曲面扫描变换法原理类似，实体扫描变换是通过将一个二维形体沿给定轴线方向平移一定距离或绕着给定轴旋转一定角度而形成的实体（图 4-15）。实体扫描的前提条件是平面轮廓必须封闭。

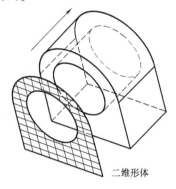
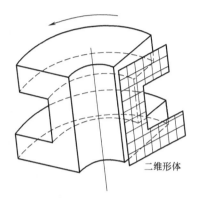

图 4-15 扫描变换法

2. 边界表示法

"边界"是物体内部点与外部点的分界面。边界表示法（Boundary Representation，BRep）将实体定义为由封闭的边界表面围成的有限空间。CATIA、EUCLID 等软件就是以该方法为基础的。封闭的边界表面既可以为平面，也可以为曲面。每个表面可以由边界的边和顶点表示。图 4-16 所示为以边界表示法建立实体模型的示例。

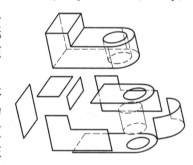

边界表示法强调形体的外表细节，包含了描述三维物体所需要的几何信息和拓扑信息。其中，几何信息主要包括物体的大小、尺寸、形状和位置等，拓扑信息描述物体上顶点、边与表面之间的连接关系。通过检查拓扑关系可以保证物体拓扑的正确性。边界表示法存储的信息完整，相应的数据量也更大。

图 4-16 实体模型的边界表示

实体边界模型与曲面模型的区别在于：边界模型的表面必须封闭、有向，各个表面之间具有严格的拓扑关系，从而构成了一个有机整体；曲面模型的表面可以不封闭，不能通过面来判别物体的内部与外部。此外，曲面模型也没有提供各个表面之间的连接信息。

通常，以边界表示的建模系统中都采用翼边数据结构（图 4-17）。翼边数据结构由美国斯坦福大学（Stanford University）的学者最先提出。它以边为核心，通过某条边可以检索到该边的左面和右面、两个端点及其上下左右四条邻边，从而确定各元素之间的连接关系。

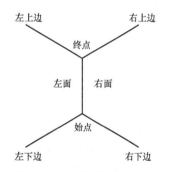

图 4-17 翼边数据结构示意图

3. 体素构造法

体素构造法也称实体构造法（Constructive Solid Geometry，CSG）。它是以基本实体体素为基础，通过交、并、差等布尔运算（Boolean Operation）来构造复杂形体的一种方法。

基本体素是指能够用有限个尺寸参数进行定形和定位的简单封闭空间，如长方体可以通过长、宽、高来定义。此外，还要定义体素在空间中的基准点、位置和方向。体素也可以理解为特定的轮廓沿着给定的空间参数做平移扫描或回转扫描运动所产生的形体。常用的基本体素包括长方体、圆柱体、圆锥体、圆环体、球体、棱柱体等，如图4-18所示。

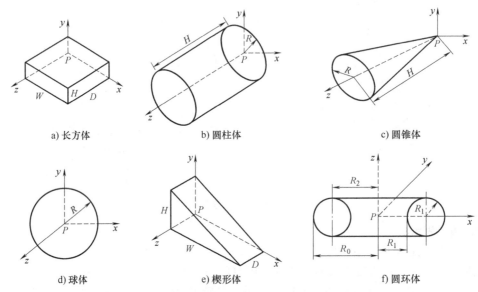

a) 长方体　　　　b) 圆柱体　　　　c) 圆锥体

d) 球体　　　　e) 楔形体　　　　f) 圆环体

图 4-18　常用的基本体素

布尔运算是指两个或两个以上的体素经过集合运算得到新的实体的一种方法。图4-19所示为长方体体素 A 与圆柱体体素 B 经布尔运算后得到的结果。

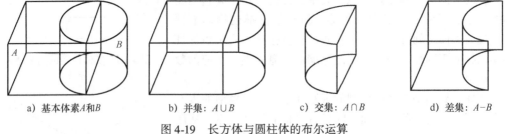

a) 基本体素A和B　　b) 并集：$A \cup B$　　c) 交集：$A \cap B$　　d) 差集：$A - B$

图 4-19　长方体与圆柱体的布尔运算

参照图4-19，给出布尔运算的定义：

1）并集：$C = A \cup B = B \cup A$。形体 C 由体素 A 和体素 B 的所有点构成（图4-19b）。

2）交集：$C = A \cap B = B \cap A$。形体 C 由体素 A 和体素 B 的共同点构成（图4-19c）。

3）差集：$C = A - B$。形体 C 由体素 A 减去体素 A 及体素 B 共同点之后余下的点组成（图4-19d）。值得注意的是，一般 $A - B \neq B - A$。

经过布尔运算得到的实体，可以进一步与其他体素进行布尔运算，生成新的实体。

另外，经过布尔运算生成的形体应该是具有良好边界的几何形体，并保持初始形状的维数。图4-20a所示的两个三维形体经过交运算后，在形体中形成了一个悬面（图4-20b）。悬面是二维形体，在实际的三维形体中是不允许存在的。

为解决诸如悬面、孤立的边和孤立的点等问题，人们提出了正则布尔运算，以得到有效的实体。经正则交运算，图 4-20a 所示的体素 A、B 的运算结果如图 4-20c 所示。

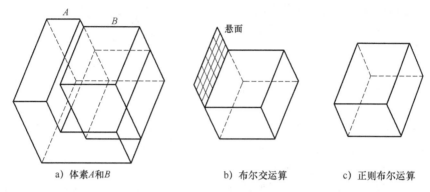

a) 体素 A 和 B　　　　　　b) 布尔交运算　　　　c) 正则布尔运算

图 4-20　两个三维实体的交运算

正则布尔运算与普通布尔运算的关系有：

1）$A \cap {}^{*}B = K_i(A \cap B)$

2）$A \cup {}^{*}B = K_i(A \cup B)$

3）$A - {}^{*}B = K_i(A - B)$

式中，$\cap^{*}$、$\cup^{*}$、$-^{*}$ 分别为正则交、正则并、正则差；K 是封闭的意思；i 表示内部。

采用体素构造法构成三维形体的过程，可采用一棵二叉树加以描述，也称为 CSG 树。CSG 树的叶节点为基本体素，中间点为集合运算符号或经集合运算生成的中间形体，树根为生成的最终形体，它可以完整地记录一个形体的生成过程。总体上，体素构造法造型简便，所需存储的信息量少，并且可以方便地转换成 BRep 表示。但是，该方法生成和修改形体的操作种类有限，而且不能查询到形体较低层次（如面、边和顶点等）的几何信息和拓扑关系。图 4-21 所示为某零件的 CSG 树。需要指出的是，同一个形体可以有多种 CSG 结构。

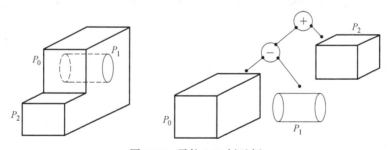

图 4-21　零件 CSG 树示例

实体模型完整地定义了三维形体，它所存储的产品信息最为完整。以实体模型为基础，可以确定物体的物性参数，如面积、体积、重心和形心等。根据实体模型，可以方便地生成三维物体的各种视图，也可以消除隐藏线和隐藏面。另外，以实体模型为基础，还可以编制数控加工程序。

4.3.4　特征造型

1. 特征的定义

广义的特征是指产品开发过程中各种信息的载体，如零件的几何信息、拓扑信息、几何公差、材料、装配、热处理、表面粗糙度等。狭义的特征是指由具有一定拓扑关系的一组实体体素构成的特定形体。图 4-22 所示为某零件的部分形状特征。

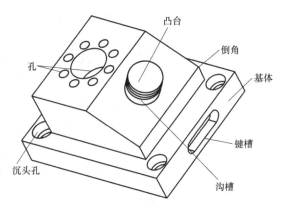

图 4-22 某零件的部分形状特征

2. 特征造型的特点

与传统造型方法相比，特征造型具有如下特点：

1）线框造型、曲面造型和实体造型等传统造型技术均着眼于产品的几何描述。特征造型则关注如何更好、更完整地表达产品的技术、生产与管理方面的信息，以便建立产品的集成化信息模型。

2）特征造型使产品数字化设计工作在更高的层次上进行，设计人员的操作对象不再是基本的线条和体素，而是产品的功能要素，如螺纹孔、定位孔、键槽、倒角等。特征引用直接体现了设计意图，使得所建立的产品模型更容易理解，所设计的模型更容易修改，也使设计人员可以有更多精力进行创造性构思。此外，特征造型还有利于生产的组织与安排。

3）特征造型有助于加强产品设计、分析、工艺准备、加工、装配、检验等各部门之间的联系，可以更好地将产品设计意图贯彻到后续环节，并及时得到后续环节的反馈信息。

4）特征造型有助于实现产品设计、制造工艺的规范化、标准化和系列化，在产品设计阶段尽早考虑制造要求，保证所设计的产品具有良好的工艺性。

5）特征造型有利于推动行业进步和产品的专业化设计，也有利于从产品设计中提炼出规律性的知识和规则，促进产品设计与制造的智能化。

3. 特征分类

目前，人们正在试图用特征来反映机械产品数字化设计与制造中的各种信息，特征的内涵还在不断增加。与产品数字化设计有关的特征包括：

（1）形状特征 形状特征（Shape Feature）用于描述具有一定工程意义的几何形状信息。它是产品模型中最主要的特征信息之一，也是其他非几何信息（如精度特征、材料特征等）的载体。非几何信息可以作为属性或约束附加在形状特征的组成要素上。

形状特征又可以分为主特征和辅特征。其中，主特征用于构造零件的主体形状结构，辅特征用于对主特征进行局部修改，并依附于主特征。辅特征还包括修饰特征，用来表示印记和螺纹等。此外，形状特征具有正、负特性之分。正特性向零件增加材料，如凸台、筋等形状实体；负特性向零件减除材料，如孔、槽等形状。

（2）装配特征 装配特征（Assembly Feature）用于表达零部件的装配关系。装配特征包括装配过程中所需的信息（如简化表达、模型替换等）以及在装配过程中生成的形状特征（如配钻等）。

（3）精度特征 精度特征（Precision Feature）用于描述产品几何形状、尺寸的许可变动量及其误差，如尺寸公差、几何公差、表面粗糙度等。

（4）材料特征 材料特征（Material Feature）用于描述产品的材料类型、性能和热处理等信息，包括力学性能、物理性能、化学性能等。

（5）性能分析特征 性能分析特征（Performance Analysis Feature）也称为技术特征

（Technical Feature），用于表达零件在性能分析时所使用的信息，如有限元网格划分等。

（6）补充特征 补充特征（Additional Feature）也称为管理特征（Management Feature），用于表达一些与上述特征无关的产品信息。例如，成组技术（GT）中用于描述零件设计编码等的管理信息。

总之，特征造型就是以实体模型为基础，采用具有一定设计或加工功能的特征作为造型的基本单元，如各种槽（方形槽、退刀槽、燕尾槽、T形槽等）、圆孔、凹坑、凸台、螺纹孔、倒角、沉头孔等，来建立零件几何模型的造型技术。与采用点、线、面等几何元素相比，基于特征的设计更加符合设计人员的认知思路，有利于提高设计工作的效率与质量。

4.3.5 参数化造型

采用传统造型方法建立的产品模型具有确定的形状和大小。模型一旦建立，零件形状、尺寸的编辑与修改过程将十分繁琐，一个尺寸的变动可能会引起一系列的操作，难以满足产品设计阶段经常变更以及产品模块化、系列化的开发需求。通常，这类设计软件也称为静态造型系统（Static Modeling System）或几何驱动系统（Geometry-Driven System）。

1988年，美国参数化技术公司（Parametric Technology Corporation，PTC）采用面向对象的统一数据库和参数化造型技术开发出 Pro/Engineer 软件，为三维实体造型提供了优良平台。20世纪90年代，参数化造型技术几乎成为 CAD 领域的标准，CATIA、UG、EUCLID 等软件纷纷在原来非参数化模型的基础上开始支持参数化建模。参数化造型采用约束（Constraint）来定义和修改几何模型。约束反映了设计时需要考虑的各种因素，包括尺寸约束、拓扑约束和工程约束（如应力、性能）等。参数化设计中的参数与约束之间具有一定的关系，输入一组新的参数数值而保持各参数之间原有的约束关系不变，就可以获得一个新的几何模型。因此，参数化造型技术也称为尺寸驱动造型技术。它的出现是数字化设计史上的一次技术革命。

使用参数化造型软件，设计人员在更新或修改产品模型时，无须关心几何元素之间原有的约束条件，可以根据需要动态地、创造性地开展新产品设计。因此，这种设计软件也称为动态造型系统（Dynamic Modeling System）或参数驱动系统（Parameter-Driven System）。总体上，参数化造型软件系统可以分为以下两类：

（1）尺寸驱动系统 通常，尺寸驱动系统也被称为参数化造型系统，但它只考虑尺寸和拓扑约束，不考虑工程约束。它采用预定义的方法建立图形的几何约束集，并指定一组尺寸作为参数与几何约束集相联系。因此，改变尺寸值就能改变图形。

尺寸驱动的几何模型由几何元素、尺寸约束与拓扑约束三部分组成。当某一尺寸发生变化时，系统将自动检索该尺寸在尺寸链中的位置，找到它的起始几何元素与终止几何元素，使它们按新的尺寸值进行调整，得到新的模型；再检查所有几何元素是否满足约束。如果不满足，则拓扑关系保持不变，按尺寸约束递归修改几何模型，直到满足全部约束为止。

图4-23a 所示为驱动前的图形，尺寸参数分别为 A、B；图4-23b 所示为将尺寸修改为 $A+X$、$B+Y$ 后的图形，前后两个图形的拓扑关系保持不变。

一般地，尺寸驱动系统不能改变图形的拓扑结构。因此，尺寸驱动系统通常难以对初始设计方案做出重大改变，而利用尺寸驱动系统实现产品的系列化、模块化设计，以及对原有设计做继承性修改则十分方便。目前，市场上多数参数化设计软件均为尺寸驱动系统。

（2）变量化设计系统 变量化设计是一种约束驱动的系统。它不仅考虑尺寸约束和拓扑（形状）约束，还考虑工程约束。这种系统更适合于在考虑工程约束的前提下进行产品结构设计。变量化设计系统的原理如图 4-24 所示。

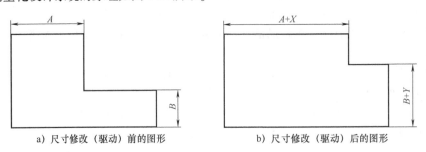

a) 尺寸修改（驱动）前的图形　　　　　　b) 尺寸修改（驱动）后的图形

图 4-23　尺寸驱动几何造型示例

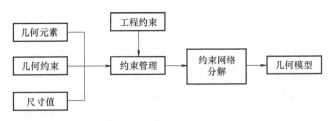

图 4-24　变量化设计系统

图 4-24 中，几何元素是指构成物体的直线、圆等几何图素；几何约束包括尺寸约束和拓扑约束；尺寸值是指每次赋给的一组具体数值；工程约束表达设计对象的原理、性能等；约束管理用来确定约束状态，识别约束欠缺或过约束等问题；约束网格分解可以将约束划分为较小的方程组，通过独立求解得到每个几何元素上特定点的坐标，从而得到具体的几何模型。除了可以采用代数联立方程求解之外，还可以采用推理方法逐步求解。

1993 年，美国 SDRC 公司推出基于变量化造型理论的 I-DEAS Master Series 软件。在理论层面，变量化设计具有参数化技术的优点，比传统静态造型系统和尺寸驱动系统灵活，并且克服了参数化造型技术存在的不足，是数字化设计史上的又一次技术革命。但是，由于方程组求解困难，此类系统的实现并不容易。

4.3.6　参数化特征造型

将参数化造型的思想应用于特征造型过程中，采用尺寸驱动或变量设计方法定义特征并完成相关操作，就形成了参数化特征造型。

下面以数字化设计软件 SolidWorks 为例，介绍参数化特征造型的基本功能及其建模过程。

1. 三维零件模型是 SolidWorks 的基本部件

SolidWorks 中的产品模型由零件（Part）、装配体（Assembly）和工程图（Drawing）等组成。其中，零件为三维实体模型，它构成整个设计工作的基础和核心。以零件为基础，通过装配可以构成装配体，通过模具设计可以形成与零件相对应的模具凸模和凹模等。以零件和装配体为基础，可以生成零件和装配体的工程图。工程图不仅包括标准三视图，还包括局部视图、裁剪视图、剖面视图、旋转剖视图、断裂视图和辅助视图等各种派生视图，以满足各种相关信息的表达需求。

零件、装配体和工程图均以独立的文件形式存在，显示在单独的窗口中。但是，零件、装配体及工程图之间具有相关性，当其中一个文件改变时，其他两个文件也会自动地相应改变。在零件、装配体和工程图文件中，可以添加必要的模型细节，如尺寸、注释、符号和材料明细表等。

2. 特征是三维模型的基本元素

SolidWorks 是基于特征的造型软件，它以基体特征为基础，通过不断添加特征，最终构成零件。特征可以随时添加、编辑修改或重新排序，以便不断地完善设计。SolidWorks 中常用的实体造型特征如图 4-25 所示，特征操作的基本过程和含义如下：

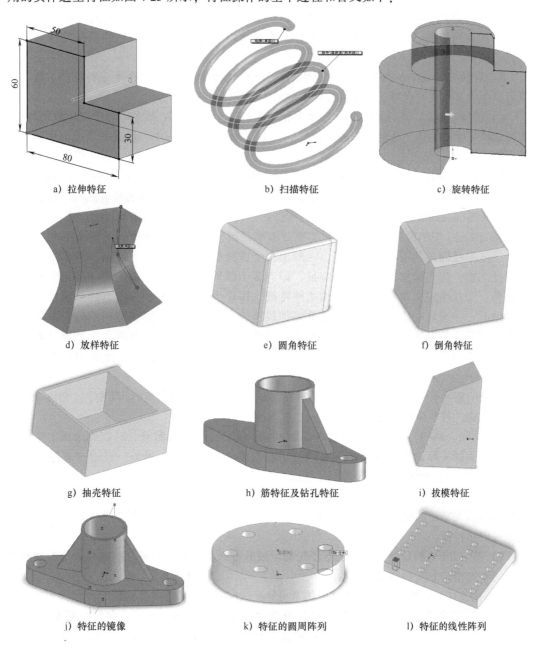

a) 拉伸特征　　　　　　　b) 扫描特征　　　　　　　c) 旋转特征

d) 放样特征　　　　　　　e) 圆角特征　　　　　　　f) 倒角特征

g) 抽壳特征　　　　　　h) 筋特征及钻孔特征　　　　i) 拔模特征

j) 特征的镜像　　　　k) 特征的圆周阵列　　　　l) 特征的线性阵列

图 4-25　SolidWorks 中常用的实体造型特征

1）拉伸（Extrude）特征是将一个草图沿与其垂直的方向移动一定距离生成特征的方法。例如，圆柱体可认为是将圆形草图拉伸一定高度而形成的。

2）扫描（Sweep）特征是将一个轮廓（截面）沿着一条路径移动而生成基体、凸台、切除或曲面等特征的方法。在SolidWorks中，扫描特征的生成遵循以下规则：①基体或凸台扫描特征的轮廓必须是闭环，曲面扫描特征的轮廓可以为闭环或开环；②路径可以是一张草图中的一组草图曲线、一条曲线或一组模型边线，路径可以是开环，也可以是闭环，但路径起点必须位于轮廓的基准面上；③无论是截面、路径，还是所形成的实体，均不允许出现自相交叉的情况。例如，圆柱体可以认为是一个圆形草图轮廓沿通过圆的中心并垂直于圆的截面移动一定距离而生成的实体；弹簧可以认为是圆形草图轮廓沿螺旋线移动而形成的实体。

3）旋转（Revolve）特征是将一张草图绕其中心线旋转一定角度来生成特征的方法，它既可以生成基体或凸台特征，也可旋转切除或生成旋转曲面特征。

4）放样（Loft）特征是以两个或多个轮廓为基础，通过在轮廓之间的过渡生成的特征。通过放样可生成基体、凸台或曲面等特征。其中，放样中的第一个、最后一个或上述两个轮廓均可以为点。

5）圆角（Fillet）和倒角（Chamfer）特征是机械零件中的常见特征。其中，圆角是在零件上生成一个内圆角或外圆角面。生成圆角特征的对象可以是一个面的所有边线、所选的多组面、所选的边线或边线环等。倒角是在所选的边线或顶点上生成一条倾斜的边线。

SolidWorks中的圆角特征有以下类型：等半径圆角、多半径圆角、圆形角圆角、逆转圆角、变半径圆角和混合面圆角等。一般地，生成圆角时应遵循以下原则：①在添加小圆角特征之前，应先添加较大的圆角特征，即当多个圆角会聚于一个顶点时，应先生成较大的圆角；②在生成圆角特征前先添加拔模特征，即在生成具有多个圆角边线及拔模面的模具零件时，一般应在添加圆角特征之前添加拔模特征；③最后添加装饰用圆角，以减少重建零件所花费的时间；④为加快零件的重建速度，可以使用同一个圆角命令处理具有相同半径的圆角的多条边线。需要指出的是，改变圆角半径时，同一操作中生成的所有圆角都将改变。

倒角的定义有三种方式："角度-距离""距离-距离"和"顶点"。其中，"角度-距离"是默认方式，且默认角度为45°。

6）抽壳（Shell）是指去除零件内部的材料，使所选择的面敞开，并在剩余面上生成薄壁特征。根据实际需要，可以在一次抽壳中移除多个面的材料。另外，通过"多厚度"和"多厚度面"可以分别定义各保留面的壁厚。

需要指出的是，抽壳特征与圆角和倒角特征的不同次序将直接影响零件的最终形状，甚至会影响相关特征的定义。一般地，如果零件上需要有圆角或倒角，则应当在抽壳之前添加圆角或倒角特征。

7）筋（Rib）特征是由开环的草图轮廓生成的特殊类型的拉伸特征。它在轮廓与现有零件之间添加指定方向和厚度的材料。

8）孔（Hole）特征是机械零件中的常见特征。SolidWorks提供"钻孔"特征，用来在模型上生成各种类型的孔。钻孔特征又可以分为"简单直孔"和"异形孔向导"两类。其中，简单直孔即为圆柱形孔；异形孔包括各种具有复杂轮廓的孔，如柱形沉头孔、锥形沉头孔、螺纹孔、管螺纹孔和旧制孔等。

需要指出的是，SolidWorks 中只能在平面上生成孔特征。如果需要在曲面上生成孔，则应在相邻曲面之间生成一个平面，再以平面为基础生成孔特征。

9）拔模（Draft）是指以指定的角度斜削模型中所选的面。拔模的重要应用是使所要成形的零件容易从模具型腔中脱出。图 4-25i 所示为立方体经过拔模操作后产生的模型。

10）镜像（Mirror）是以一个（或多个）已有特征为基础，以某一基准面为对称面，在基准面的另一侧生成已有特征的复制。其中，已有特征也称为原始特征或源特征。一旦原始特征被修改，通过镜像复制的特征也将相应更新。图 4-25j 所示就是以零件的中心平面为对称面，将零件右侧的筋和孔特征镜像到零件的左侧。

11）线性阵列（Linear Pattern）是指沿一条或两条直线路径生成已选特征的多个实例。

12）圆周阵列（Circular Pattern）是指以绕某一轴心沿圆周排列的方式，生成一个或多个特征的多个实例。采用阵列方式生成的特征，一旦原始特征被修改，阵列中的所有实例也将随之更新。

要生成圆周阵列，先要生成一条中心轴线作为圆周阵列的圆心位置。此外，SolidWorks 还提供除草图阶段的线性排列和圆周排列功能。

除上述特征外，SolidWorks 还提供比例缩放、圆顶、特型、切口等实体特征。此外，SolidWorks 也提供旋转曲面、拉伸曲面、延展曲面、放样曲面、等距曲面、剪裁曲面、缝合曲面、加厚曲面等多种曲面特征，并可以通过曲面特征生成曲面实体。对于形状复杂、有空间或流线型外观及结构要求的产品设计，曲面特征造型具有重要的应用价值。

参考几何体是完成复杂零件造型的重要辅助工具，主要包括基准面、基准轴、坐标系、构造几何线和三维曲线等。掌握参考几何体的定义方法，对于特征造型具有重要意义。

3. 二维草图是生成特征的基础

SolidWorks 中的多数特征是以二维草图为基础生成的。因此，草图绘制是造型的前提。SolidWorks 不仅提供二维草图绘制的实体工具，如直线、圆、圆弧、多边形、矩形等；也提供草图绘制的辅助工具，如转换实体引用、镜像、等距实体、剪裁和延伸等，为草图绘制准备了基本条件。

SolidWorks 的草图绘制还具有以下特点：①参数驱动，SolidWorks 是参数驱动系统，用户可以快速表达出特征的基本式样，然后可以通过标注尺寸来定义精确的形状；②基于约束的造型，SolidWorks 可以通过添加几何关系，在草图实体之间以及草图实体与基准面、基准轴、边线、顶点之间定义各种几何关系，如相切、垂直、平行、同心、重合、对称、穿透等。参数驱动和基于约束造型有效地简化了草图绘制过程，提高了作业效率。

另外，在绘制草图时要特别重视基准面选择、基准轴定义、草图编辑方法、尺寸标注、几何关系定义等问题，以便提高草图绘制与建模的速度和质量。

综上所述，零件三维模型是 SolidWorks 的核心，零件造型过程实际上就是不断添加特征的过程。特征生成包括选择（定义）基准面、绘制草图、定义尺寸和几何关系、生成特征等步骤。SolidWorks 的产品设计流程如图 4-26 所示。

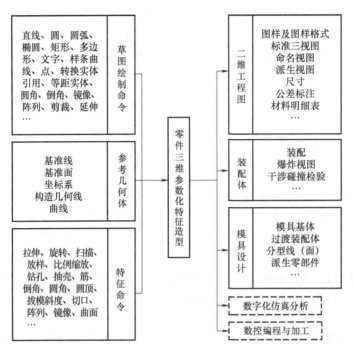

图 4-26　SolidWorks 的产品设计流程

4.3.7　直接造型和同步造型

三维实体造型技术的核心理论主要包括实体构造法（CSG）和边界表示法（BRep）。其中，CSG 主要关注建模的顺序和过程；BRep 主要关注三维模型的点、线、面、体信息，即三维实体的相关信息。基于特征的参数化造型系统建立在 CSG 的基础上，并添加了特征树的概念。

直接造型（Direct Modeling）不考虑造型的顺序，它的核心只有 BRep 信息，没有 CSG 信息。因此，直接造型技术不受造型顺序的制约，可以任意修改模型中的点、线、面、体等信息，而无须考虑保持特征树的有效性。

2008 年，德国西门子工业软件公司（Siemens Product Lifecycle Management Software Inc.）率先发布同步造型技术（Synchronous Technology），进一步完善和丰富了产品的三维建模方法，形成曲面建模、特征建模、参数化建模和直接建模等多种建模方法并存的局面。同步造型技术是一种将特征建模和直接建模的优点有机地结合在一起的产品建模方法，可以实现三维环境下尺寸驱动（参数化设计）和伸展变形的三维造型与约束求解。这种技术既保留了零件的实体特征信息，又能实现尺寸驱动（参数化设计），可以迅速修改三维模型，有助于实现设计的快速变更和产品的系列化设计。

同步造型技术可以实时检查产品模型当前的几何条件，统筹考虑它们与设计人员添加的参数、几何约束之间的关系，以便评估、构建新的几何模型并完成模型的编辑，而无需重复全部的历史记录。因此，设计人员不必考虑应该如何编辑模型，无须研究和分析复杂的约束关系，也不必担心编辑后模型的关联性。同步建模技术冲破了传统建模方法固有的架构屏障，避免了基于历史记录设计系统和参数化建模技术造型存在的流程复杂、方法僵化等弊端，能够帮助设计人员有效地完成尺寸驱动的直接建模，无须重新创建特征或转换模型，从而更加迅速地修改产品模型，有效地提高设计效率、降低设计成本、缩短产品的研发周期。

4.3.8 基于模型的产品定义

1. 基于模型的产品定义概述

数字化设计技术起步于20世纪60年代，经过数十年持续不断的理论和算法研究、技术改进与创新、软件开发以及大量的工程实践，三维数字化设计技术已经十分成熟，并得到了广泛应用。20世纪90年代之后，基于模型的产品定义（Model-Based Definition，MBD）成为数字化设计领域的前沿研究课题。MBD的核心是产品三维几何模型，除此之外，与产品相关的尺寸、公差、材料、工艺、属性、注释等信息都附着在三维模型中。MBD改变了原来用三维实体模型描述产品几何形状，用二维工程图样定义尺寸、公差和工艺信息的传统产品数字化定义方法，彻底摒弃了以工程图样为主、以三维实体模型为辅的产品制造流程。三维模型成为生产制造过程中的唯一依据，实现了设计、工艺、制造、装配、检测等流程的高度集成，开创了数字化设计与制造的新纪元。

单一数据库是MBD技术的基础，它有助于消除传统模式中三维模型与二维图样之间可能存在的信息冲突，提高了信息传递的效率和质量。此外，以MBD为基础，可以建立涵盖产品全生命周期、整个企业和供应链体系的集成化、协作化的开发环境，有效缩短产品研发周期，提高设计质量和生产率。

美国波音公司在波音787客机的研制过程中全面采用MBD技术，将设计信息和产品制造信息（Product Manufacturing Information，PMI）定义到三维数字化模型中，彻底摒弃二维图样，以三维标注模型为制造依据，开创了大型、复杂机电产品数字化设计与制造的崭新模式。之后，众多企业开始将PMI三维标注模型作为单一数据源，贯穿产品研发的各个环节，推动三维模型在产品研制各阶段的应用，优化企业的业务流程。

2007年前后，MBD技术进入国内，在我国航空、航天、雷达、汽车、铁路机车、通用机械等行业得到广泛研究和应用。2009年12月25日，我国自行研制、具有自主知识产权的大型喷气式客机C919机头工程样机（图4-27）在上海交付，标志着国产大型客机的研制工作取得重要的阶段性成果。机头样机是客机研制中的关键项目之一，它是飞机总体结构设计和系统设计理念的检验平台，主要用于驾驶舱和电子设备的布局协调、人机功效检查、设备功能的验证试验等。该机头工程样机在研制过程中采用先进的材料和制造工艺，全面应用MBD技术，通过全三维数字化设计和模块化管理，实现了产品全关联设计，仅用半年时间就完成了样机的设计与制造。

图4-27 C919客机机头工程样机

全三维、无纸化是基于MBD产品数字化开发模式的核心所在，它是对以"三维模型+二维图样"为特征的传统数字化开发模式的根本性变革。其影响不仅局限于产品设计方面，还涵盖工艺规划、产品制造和检测等业务环节。它给供应商和合作伙伴带来了新的体验，也提出了新的要求。MBD技术的出现对产品开发模式产生了深远影响，主要体现在以下方面：

（1）产品设计　MBD三维模型涵盖产品研制和生产过程中的相关信息，包括几何模型、公差、尺寸、材料、工艺、属性、注释等。通过对三维模型信息的管理，可以有效地提高作业质量和效率。MBD模型不仅反映产品的几何形状和功能需求，还包含产品的加工工艺和制造信息，可以实现产品设计、工艺规划和生产制造的并行与协同。此外，以MBD模型为基础，由基于二维图样的审核转变为基于三维模型的审校、圈阅和进度跟踪，改变了传统的设计方案审核模式。

（2）工艺规划　传统的工艺规划是基于二维文档的、卡片式的工艺设计方式。以MBD三维模型为基础，工艺规划转变为三维可视化工序模型，实现了工艺数据来源、工序模型、工装设计、工艺编制、工艺仿真、工艺结果、工艺输出和工序执行的三维可视化。图4-28所示为可视化工艺设计示例。

图4-28　可视化工艺设计示例

（3）产品制造　以产品三维数字化模型为基础，利用数控编程软件和数控机床，由三维模型直接驱动完成数控作业，传统的二维图样被现场的终端和显示器所取代。图4-29所示为基于三维模型的制造工序创建示例。

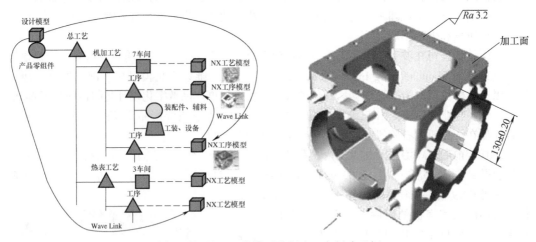

图4-29　基于三维模型的制造工序创建示例

（4）质量检测　传统的基于图样的检验转变为基于三维模型的检验。此外，数控加工和自动化检测设备的广泛使用，有效地减少了质量检验工作量，提高了检测效率。

（5）标准化和协同作业　以MBD相关标准为基础，可以构建全流程三维数字化产品研发环境，实现企业内部以及企业与合作伙伴、供应商、顾客之间的三维可视化沟通和协同。

MBD将设计、制造、检验和管理的三维信息有机融合，是业界普遍认同的先进数字化设计与制造技术。它解决了传统数字化设计、产品开发和企业管理中存在的技术瓶颈，是产品数字化定义方式上的一次革命。需要指出的是，MBD的实施是一项长期、复杂和艰巨的系统工程，涉及企业信息化平台建设、标准规范制定、管理模式变革、人才培养和储备等众多方面，不是一朝一夕就能够实现的。

2. MBD的标准体系

1997年1月，美国机械工程师协会（ASME）提出开发《数字产品定义数据实践》标准的设想。2003 年 7 月，《数字产品定义数据实践》（ASME Y14.41—2003）成为美国国家标准，为 MBD 技术及其应用提供了基本准则。该标准包括通用描述、数据集识别与控制、数据集要求、设计模型要求、产品定义数据通用要求、注释与特殊符号、模型数值与尺寸、正负公差、基准的应用、几何公差共十个部分，完整地定义了产品数据。除模型数据和修订历史之外，还包括材料、工艺、分析数据、测试要求等内容，为三维数据贯穿设计、制造和检测的全方位应用奠定了基础。随后，西门子、PTC、Dassault 等数字化软件公司将该标准应用于各自的商品化软件系统中。

2006 年 12 月，国际标准化组织等效采纳 ASME Y14.41—2003 标准，使其成为 ISO 标准《技术产品文件　数字产品定义数据实践》（ISO 16792）。2012 年 12 月，ISO 发布《工业自动化系统与集成　三维可视化 JT 文件格式》（ISO 14306）标准。轻量化的 JT™ 数据格式可以实现数字化在三维产品生命周期各阶段的实时共享与可视化。在 JT 标准支持下，制造商可以在数字化设计软件和产品全生命周期管理（PLM）软件之间实现三维模型数据的即时、无缝传递，促进了各业务环节的有效协同。2015 年 12 月，新版 ISO 16792：2015 标准《技术产品文件　数字产品定义数据实践》颁布实施。

2010 年 9 月，与 MBD 相关的中国国家标准《技术产品文件　数字化产品定义数据通则》（GB/T 24734—2009）开始实施。除几何建模特征规范、模型几何细节层级等部分内容之外，GB/T 24734—2009 的其他内容与 ISO 16792 一致。2011 年 10 月，国家标准《机械产品三维建模通用规则》（GB/T 26099—2010）、《机械产品数字化样机通用要求》（GB/T 26100—2010）、《机械产品虚拟装配通用技术要求》（GB/T 26101—2010）相继颁布实施。随着《机械产品三维图样技术规则》《机械产品三维图样文件》等相关标准的制定，形成了涵盖设计规则、通用规则、工艺规则、检验规则等在内的 MBD 标准体系。

MBD 产品数据模型由设计模型、注释和属性等部分组成，如图 4-30 所示。其中，注释是指不需要查询等操作即可见的各类尺寸、公差、文本和符号等；属性是指为完整地定义产品模型所需的尺寸、公差、文本等，这些信息在图形上不可见，但是可以通过查询模型的方式获得。模型数据管理需要通过数据管理系统来提供数据集的控制和跟踪，包括数据工作状态、评审状态、发布状态控制、数据存储、数据版本的历史记录等。

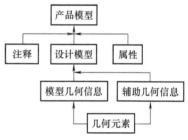

图 4-30　MBD 产品数据模型

国家标准 GB/T 24734—2009 包括术语和定义、数据集识别与控制、数据集要求、设计模型要求、产品定义数据通用要求、几何建模特征规范、注释要求、模型数值与尺寸要求、基准的应用、几何公差的应用、模型几何细节层级共 11 个部分。该标准将几何建模特征分为基本建模特征、附加建模特征和编辑操作特征等几类，如图 4-31 所示。

GB/T 24734—2009 的模型几何细节层级部分规定：根据工程实际需要，产品数字化定义过程中的三维模型包括标准级、简化级和扩展级三种表示形式（图 4-32）。其中，标准级表示规定了对识别功能所需的几何形状、设计细节的建模和显示要求；在简化级表示中，只有零件（或装配体）的基本形状需要建模或显示，倒角、沟槽、刻痕等元素和内部细节不需要建模或显示；在扩展级表示中，所有零件组成、模型特征建模或显示都应具有完整的细节。在满足功能需要的前提下，建模或显示的精度可以低于零件或模型特征的实际形式。此外，该标准还规定了螺纹、孔、沉头孔、倒角、沟槽、齿轮、轴承、螺纹和弹簧等特征和标准件各等级的表示要求。

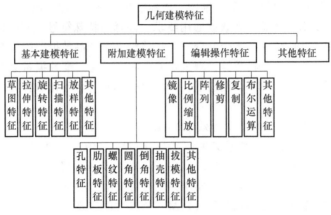

图4-31 几何建模特征分类

a) 齿轮的标准级表示　　　b) 齿轮的简化级表示　　　c) 齿轮的扩展级表示

图4-32 三维模型几何细节层级表示示例

3. 西门子公司 MBD 平台介绍

ASME Y14.41—2003、ISO 16792 和 GB/T 24734—2009 等标准给出了 MBD 的基本准则和框架，但是并没有规定操作层面的内容。在工程应用中，MBD 的实现离不开具体的产品数据管理系统和软件工具。

德国西门子工业软件公司（以下简称西门子公司）的 Teamcenter + NX 是一个基于 MBD 技术的信息化平台。它主要包括 MBD 三维设计系统、MBD 三维工艺系统、MBD 标准检验系统等部分，在众多行业和企业中得到应用。

（1）MBD 三维设计系统　西门子公司的 MBD 三维设计系统基于 NX 与 Teamcenter 平台，它利用 NX OPEN、ITK 等开发工具，通过数据库、网络等开发技术，为工程技术人员提供三维产品制造信息的标注、管理、查询和导出等工具，辅助工程技术人员方便快捷地完成 MBD 模型的设计。该系统具有如下特点：①采用 C/S 体系架构，客户端与 CAX 集成，服务器端与 PLM 协同平台位于同一服务器中，以实现数据库共享；②内嵌 MBD 标准规范，创建的标注符合相关标准；③可以集成企业常用的设计数据，并提供图形化界面查询、选用功能；④采用对象组与模型视图的复合结构组织管理三维产品的相关信息；⑤具有查询、统计、汇总三维产品信息的功能。该平台的主要功能如下：

1）尺寸公差标注。可以方便地生成符合 GB/T 1800.1—2009、GB/T 1800.2—2009 等标准的尺寸公差。

2）常用的尺寸公差。包括上极限偏差、下极限偏差等，而且支持在配置文件中添加自定义公差值。

3）几何公差标注。可以快速创建符合国家标准的几何公差，支持 GB/T 1182—2008 等几何公差标准。几何公差标注示例如图 4-33 所示。

4）技术要求。支持多种特殊符号的输入；提供多种查找技术要求的方法；支持多种显示方式的技术要求的标注，如是否显示标题、编码或导引线等；支持快捷地导入/导出技术要求库。技术要求标注示例如图 4-34 所示。

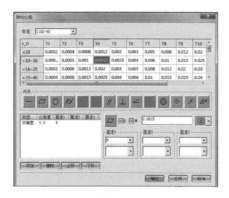

图 4-33 几何公差标注示例

1. 未标注的倒角与圆角的表面粗糙度为 $Ra\,12.5\mu m$。
2. 装配过程中不允许磕、碰、划伤和锈蚀。
3. 未标注几何公差时，应符合 GB/T 1184—1996 的要求。
4. 零件加工表面不应有划痕、擦伤等损伤零件表面的缺陷。

图 4-34 技术要求标注示例

5）特殊 PMI 标注工具箱。提供孔、球、倒角等的常用标注符号、格式文本，如直径符号 ϕ、螺纹符号 M 等 PMI 信息的标注，如图 4-35 所示。

6）常用参数表。提供开放接口，支持添加符合国家标准和企业标准的参数表，如图 4-36 所示。

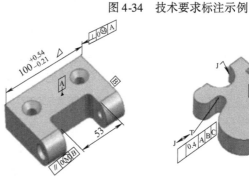

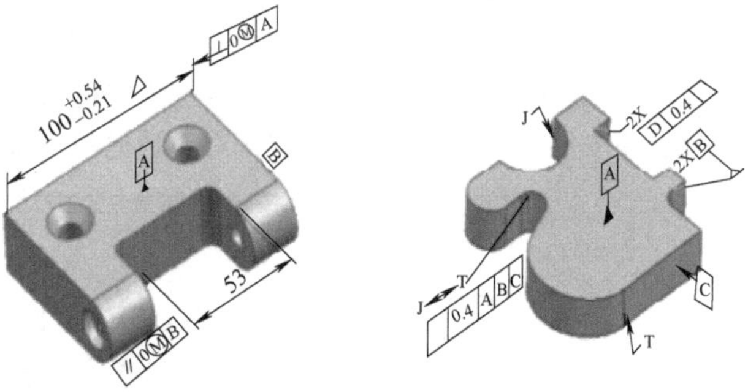

图 4-35 特殊 PMI 标注

法向模数	m_n	4.75	
齿数	z	19	
齿形角	α	20	
螺旋角	β	24°30′	
旋向		右	
径向变位系数	χ	+0.4	
分法线平均长度及其上下偏差	W	Ewms 52.032	$\begin{array}{l}-0.111\\-0.261\end{array}$
		Ewmi	
跨齿数	k	4	
精度等级	7 GL GB/T 10095—2008		
齿轮副中心距	$a \pm f_a$		
配对齿轮	图号		
	齿数		
公差组	检验项目代号	公差（极限偏差）值	
Ⅰ	F_p	0.045	
Ⅱ	$\pm T_{p1}$	0.018	
	f_f	0.014	
Ⅲ	F_β	0.011	

图 4-36 常用参数表

7）加载模板配置信息。根据 MBD 标准体系，设置三维产品制造信息管理方式，创建 MBD 建模模板。通过加载模板信息，完成 MBD 三维设计系统的定制。

8）PMI 规则化检查。可以检测、查询并显示 PMI 信息，并通过自动或手工方式实现 PMI 的分类、分组管理。其中 PMI 信息包括视图、类型和数值等。

9）组对象管理。采用组方式编辑、处理和管理 PMI 对象，如图 4-37 所示。

图 4-37 PMI 的组织与管理

10）PMI 汇总统计。通过添加类型过滤与视图过滤等方式，汇总、统计符合条件的 PMI 信息，并按一定格式将 PMI 信息显示在对话框中，如图 4-38 所示。

图 4-38 PMI 汇总统计

（2）MBD 三维工艺系统 基于 NX 和 Teamcenter 协同平台，通过开发 MBD 三维工艺系统，辅助工艺人员完成零件三维工艺设计和车间工艺文档设计。该系统具有以下特点：

1）工艺信息的结构化。利用 Teamcenter 创建和管理工艺、工序、工艺资源等，形成结构化的零件工艺管理系统。

2）完整性与独立性。提供创建零件工艺结构、工艺路线设计、工艺资源调用、工序模型创建、PMI 标注、工序卡片编制、工艺合成、流程审批、工艺规程修订等功能，形成了相对独立的三维工艺编制与管理环境。

3）继承性与集成性。工序模型能够继承设计模型的 PMI 标注信息和相关属性，提高工艺设计效率。此外，该系统集成了典型工艺和工装设备资源，能够实现 Teamcenter 协同平台与 NX 之间信息的实时交互。

西门子公司 MBD 三维工艺系统的主要功能包括：

1）工艺数据的组织与管理。在 PLM 协同设计平台下，可以构建涵盖总工艺、工艺、工序、工步在内的集成化工艺管理环境。

2）创建工艺。系统提供的工艺类型包括锻造工艺、铸造工艺、热处理工艺、焊接工艺、机加工艺、喷漆工艺和表面处理工艺等，如图 4-39 所示。

3）工艺路线设计。基于 Teamcenter 环境定义工序类型，包括领料工序、锻造工序、铸造工序、热处理工序、焊接工序、机加工序、特种工序、检验工序、表面处理工序等。此外，还可以根据零件工艺要求，完成工序创建、工序顺序调整等操作，如图 4-40 所示。

图 4-39　创建工艺

图 4-40　工艺路线设计

4）工序模型创建。通过特征回溯、特征简化、特征分解、典型模型、特征共享等方法创建工序模型。为便于对照和检验，可以通过链接或复制等方式将设计模型引用到工艺 BOM 树中。通过程序开发，可以实现零件与工序模型之间 PMI 信息和设计模型的关联、复制。

5）工艺标准环境设置。根据公司标准、行业习惯或国家标准等，设置标准化的工序模型创建环境，包括图层、模型与 PMI 标注信息的颜色、字体、线型等内容，如图 4-41 所示。

6）PMI 标注信息。系统提供尺寸标注、几何公差标注、格式文本、标注、技术要求等功能。其中，尺寸标注可以查看、选用、标注符合国家标准的公差，尺寸偏差值可以随模型公称尺寸的更改而自动更新；几何公差标注提供多种标准的几何公差类型，可以根据公差等级自

图 4-41　MBD 工艺标准环境设置

动确定几何公差值，生成几何公差 PMI；格式文本提供多种格式的文本标注方式；技术要求可以调用工艺知识库中的技术要求，并显示在模型视图中。图 4-42 所示为技术要求标注示例。

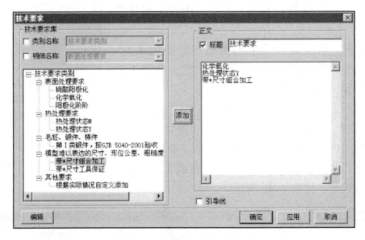

图 4-42　技术要求标注示例

7）PMI 工步信息定义。在模型视图中可以方便地创建 PMI 工步信息，提供工步定义所需的特殊工艺符号，并且能够调整工步顺序，如图 4-43 所示。

8）检验顺序号定义。通过设置 PMI，可以自动生成 PMI 的加工顺序号，并显示在模型窗口中，为三维工艺卡片中检验数据的定义做准备。此外，还可以设定、更新加工顺序的起始号。

9）工艺/工序属性定义。填写和修改工艺/工序属性，在工序间完成复制、粘贴属性值的操作和继承零件属性的操作，如图 4-44 所示。

图 4-43　PMI 工步信息定义

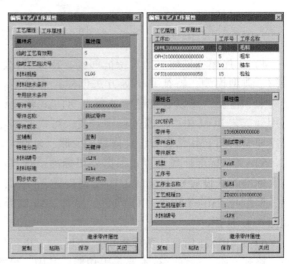

图 4-44　工艺/工序属性定义

10）工艺资源库调用。可以与 PLM 协同平台集成，从 PLM 中获取工装、刀具、量具等工艺资源信息，完成工艺资源的定义；提供查询功能，实现工艺资源的便捷查询显示；支持虚拟装配，完成工装设备的定义与加载，如图 4-45 所示。

图 4-45　工艺资源库调用

11）工序导航器。用户可以方便地完成添加新页、添加续页、删除选中页、替换选中页模板、上移卡片、下移卡片、编辑工序属性和返回工艺等操作，如图 4-46 和图 4-47 所示。

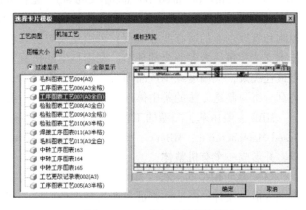

图 4-46　工序导航器　　　　　　　　图 4-47　工艺卡片模板调用

12）工艺规程合成。可以创建工艺规程封面、工序目录、工装目录和工序卡等，完成工艺卡片的合并，生成完整的工艺 PDF 文档。

（3）MBD 标准检验系统　MBD 标准检验系统基于 PLM 协同平台，并符合 MBD 标准规范。它通过数据库技术，为工程技术人员提供三维模型和产品制造信息的检验工具，辅助完成数据模型的标准检验。MBD 标准检验系统的功能如图 4-48 所示。

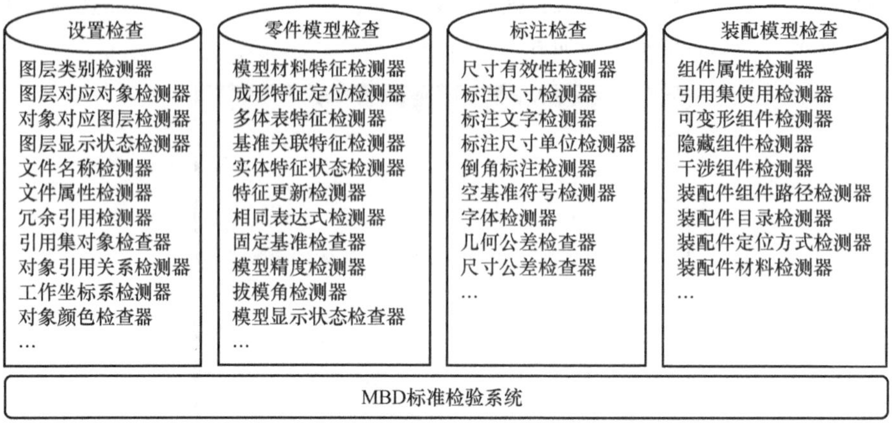

设置检查	零件模型检查	标注检查	装配模型检查
图层类别检测器 图层对应对象检测器 对象对应图层检测器 图层显示状态检测器 文件名称检测器 文件属性检测器 冗余引用检测器 引用集对象检查器 对象引用关系检测器 工作坐标系检测器 对象颜色检查器 …	模型材料特征检测器 成形特征定位检测器 多体表特征检测器 基准关联特征检测器 实体特征状态检测器 特征更新检测器 相同表达式检测器 固定基准检查器 模型精度检测器 拔模角检测器 模型显示状态检查器 …	尺寸有效性检测器 标注尺寸检测器 标注文字检测器 标注尺寸单位检测器 倒角标注检测器 空基准符号检测器 字体检测器 几何公差检查器 尺寸公差检查器 …	组件属性检测器 引用集使用检测器 可变形组件检测器 隐藏组件检测器 干涉组件检测器 装配件组件路径检测器 装配件目录检测器 装配件定位方式检测器 装配件材料检测器 …

MBD标准检验系统

图 4-48 MBD 标准检验系统的功能

4.3.9 基于模型的企业

1. 基于模型的企业概述

2004 年 4 月，美国启动"下一代制造技术计划（The Next Generation Manufacturing Technologies Initiative，NGMTI）"，旨在加速开发具有突破性的制造技术，增强美国国防工业基础，提升美国制造企业在全球经济竞争中的地位。该计划包括"基于模型的企业（MBE）""可持续制造"等六个研究领域，其中 MBE 位居六个领域之首，NGMTI 还制订了 MBE 战略投资计划和技术行动路线图。NGMTI 计划由美国国防部牵头，美国国家先进制造联合会、众多知名制造企业和大学参与其中。MBE 技术研究由美国爱荷华大学牵头，罗克韦尔柯林斯公司（Rockwell Collins Advanced Technology Center）、雷神公司（Raytheon Company）等给予资助。

MBE 建立在 MBD 技术的基础上，它的核心思想是基于产品数字化模型来定义、执行、控制和管理企业的所有业务流程，采用建模与仿真技术彻底改造、无缝集成产品设计、制造、技术支持和售后服务等全部环节，利用科学的仿真和分析工具在产品生命周期的每个阶段做出最佳决策，大幅度减少产品研发、制造和售后服务的时间与成本。MBE 是多种先进设计、仿真分析与制造方法的集中体现，代表着产品开发和制造企业的未来。

MBE 主要由基于模型的工程（Model-Based Engineering，MBe）、基于模型的制造（Model-Based Manufacturing，MBm）、基于模型的维护（Model-Based Sustainment，MBs）三个部分组成，并形成一个有机整体。

（1）基于模型的工程（MBe） MBe 将三维数字化模型作为工程项目开发的基础，涵盖需求分析、设计、制造和验证等产品全生命周期。MBe 是 MBD 的核心，MBe 数据一经创建将被后续各业务环节重复利用。

20 世纪 80 年代末，系统工程领域奠基人之一、美国亚利桑那大学（The University of Arizona，UA）系统与工业工程系的怀莫尔·韦恩（Wymore A Wayne，1927—2011）教授提出基于模型的系统工程（Model-based Systems Engineering，MBSE）这一概念，并于 1993 年出版《基于模型的系统工程（Model-Based Systems Engineering）》一书。2007 年，国际系统工程委员会（International Council on Systems Engineering，INCOSE）发布《系统工程愿景 2020（Systems Engineering Vision 2020）》，面向工业界和学术界发起应用基于模型的系统工程（MBSE）的倡

议，提出从"以文档为中心的方法"向"基于模型的方法"转变的发展路径，并将相关标准的制定作为努力方向。

MBSE 是系统建模方法的形式化应用，通过模型支持系统需求、设计、分析、验证和确认等相关活动，从概念设计开始，贯穿产品设计、开发等全生命周期的各个阶段。其中，系统模型具有以下特点：①可以集成、融合与产品（系统）相关的所有信息；②根据权限不同，每位项目参与者具有一定权限，以访问、获取、生成或变更模型信息；③具有可追溯能力，以应对产品模型的变更；④支持对产品或项目设计早期阶段的分析、仿真和优化；⑤根据产品开发需要，可以生成必要的文档。

任何单一的软件模块都难以满足所有上述要求。因此，MBSE 需要提供一个集成的框架，以产品核心模型为中心，有机地融合相关工程工具和数据源。在实现方式上，INCOSE 联合对象管理组织（Object Management Group，OMG）在统一建模语言（Unified Modeling Language，UML）基础上，开发出适合描述工程系统的系统建模语言（System Modeling Language，SysML）。软件开发商开发出支持 SysML 的工具，并与已有的数字化软件（如 CAD、FEA 等）集成，形成了 MBSE 整体解决方案。美国的波音公司、洛克希德·马丁公司等也积极采用 MBSE 开发各类工程系统，取得了良好效果。图 4-49 所示为基于 SysML 的 MBSE 集成框架。

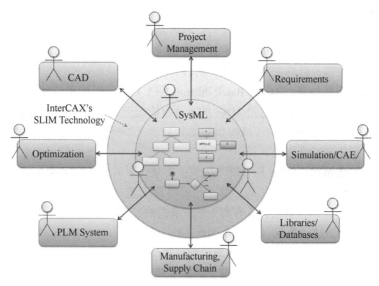

图 4-49　基于 SysML 的 MBSE 集成框架

从系统工程的视角，在产品开发和企业运营过程中需要统筹考虑技术、方法、人、环境等各个层面的问题，如图 4-50 所示。在 MBSE 理念与相关技术、方法支持下，可以发挥计算机、智能设备在海量存储、高速计算、不知疲劳等方面的优势，代替或部分替代人从事繁重、繁杂、重复性的体力和脑力劳动，实现人与机器的优化分工，实现产品研制和工程项目开发由"重体力、少创造"向"轻体力、多创造"的转变。

MBe 的核心是将产品三维模型打造成下游生产活动所需信息的最佳载体，使相关团队和部门将三维模型作为产品信息表达、传递的唯一途径。基于 MBe 的产品研制可以将质量保障部门纳入技术体系中，并与产品设计、制造形成具有信息反馈功能的封闭环。上述特点有助于缩短产品开发周期，降低研制成本，减少开发中反复修改的现象。

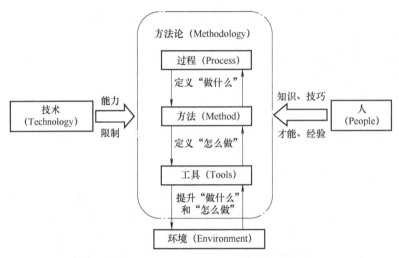

图 4-50 基于系统工程思想的产品开发

（2）基于模型的制造（MBm） MBm 模型用于虚拟制造环境下制造工艺规划的设计、优化和管理。MBm 交付的成果包括三维零件制造工艺、三维装配工艺、数控加工程序、三维电子作业指导等。在某些情况下，上述工作可以在产品设计结束之前完成。此外，MBm 允许在实物加工之前开展制造和装配过程仿真。在此基础上，制造工程师可以向设计工程师提供反馈和修改意见，以便形成具有更好可制造性的设计方案。

基于模型的作业指导书（Model-Based Instruction，MBi）是基于三维设计模型、在 MBm 过程中生成的车间作业指导书。它是 MBm 的重要组成部分，也是连接虚拟环境和生产现场的关键环节。MBi 的基础是 MBD 的三维模型数据和基于三维模型的工艺信息，它的出现消除了车间现场原先的纸质、二维作业文档。

与传统制造方法相比，MBm 具有以下优点：①减少了从产品定义到生成制造工艺所需要的时间；②允许在产品正式生产制造之前，开展制造工艺过程的虚拟验证；③实现了制造数据与设计数据的双向反馈和修正；④有利于减少或提前发现产品设计方案和制造工艺中存在的问题；⑤将 MBi 和制造执行系统（Manufacturing Execution System，MES）集成，利用人机交互功能实时采集制造系统参数，及时发现制造过程中存在的问题，有利于产品数字模型的改进。

（3）基于模型的维护（MBs） 目前，多数机电产品和工程装备的维护还是以纸质的、非数字化、非智能化方式为主，与产品数字化开发的集成环境之间存在较大差距。实际上，产品设计和制造过程中的数字化模型与仿真结果可以用于产品的维护保障阶段，为用户、维护人员等提供模型和相关数据。此外，产品在工程实际中的使用情况和维护、维修、故障数据，也可以用于评估产品设计和工艺方案，并反馈给产品设计和工艺环节，以便改进和优化产品设计。显然，基于模型的维护（MBs）对于提升产品和企业的数字化水平具有重要意义。

总体上，MBE 仍然是发展中的技术和管理方法。理想的 MBE 具有如下特征：①产品研发和企业管理流程完全基于产品三维模型；②不存在二维工程图；③有完全连接的扩展企业；④模型数据、元数据（Metadata）等可以为整个扩展企业访问和使用；⑤具有完全自动化的技术数据包（Technical Data Package，TDP）；⑥具有有效的产品全生命周期数字化管理工具。

MBE 的效益体现在概念设计、详细设计、设计验证、制造和维护等各个环节，主要表现在：①有利于降低设计方案的返工和变更的概率，缩短产品交付周期；②有利于整合、简化设计和制造流程，降低研发和生产成本；③有利于减少制订生产计划所需要的时间，减少生产和订单延误的风险；④有助于提高设计质量，减少产品缺陷；⑤有利于改善与产品利益相关方的合作、协同，提高备件采购效率，降低运作成本；⑥有利于改进作业指导书和技术出版物的质量；⑦有利于提高维修质量，降低产品的维修和维护成本，缩短维修时间。

2. 西门子工业软件公司 MBE 解决方案

德国西门子工业软件公司将自动化技术、控制技术和工业软件无缝集成，提供具有系统性的 MBE 软硬件解决方案，涵盖从产品设计、生产到服务的全价值链各环节，实现了虚拟世界与实物世界的有机衔接，为数字化企业提供了有效的技术支撑。图 4-51 所示为西门子工业软件公司 MBE 解决方案的整体架构。

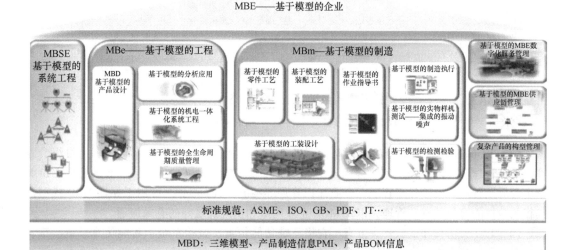

图 4-51　西门子工业软件公司 MBE 解决方案的整体架构

为此，西门子工业软件公司在产品数字化软硬件系统研发、企业并购等方面投入巨额资金，不断扩充与 MBE 相关的产品线、增强产品功能、完善解决方案。该公司在工业自动化领域具有软硬件集成的强大技术能力，拥有完整的产品全生命周期管理（PLM）解决方案。此外，该公司还积极参与 MBD 技术开发和标准制定，开展验证性项目实践。目前，该公司已形成以 NX 软件为 MBD 定义工具、以 Tecnomatix 软件为基础的数字化制造、以 LMS 等软件为基础的仿真和虚拟试验、以 Teamcenter 为平台的 MBE 解决方案，帮助制造企业构建了完整的 MBE 系统。图 4-52 所示为该公司 MBE 软件模块组成。

西门子工业软件公司 MBE 主要软件模块的功能如下：

（1）NX　CAD/CAE/CAM 一体化工具，涵盖概念设计、数字化产品定义、数字化仿真分析、评审分析、验证、多学科优化仿真分析等环节。NX 提供完整的 MBD 模型定义（含PMI）、浏览和交互功能。

（2）Tecnomatix　基于 MBD 的数字化制造解决方案，涵盖工艺 BOM 管理、工艺分工、零件工艺规划、装配工艺规划、运动仿真、公差仿真、人机仿真、装配仿真、工厂规划仿真优化、生产路线仿真优化、MES 集成化管理等功能。

图 4-52 西门子工业软件公司 MBE 软件模块组成

（3）Teamcenter MBE 全生命周期管理平台，涵盖智能决策、投资组合、多项目组合管理、需求管理、系统工程、多学科优化仿真分析、数字样机、可视化协同、异地协同、BOM 全生命周期管理、维护保障管理、企业知识管理等功能。Teamcenter 可用于保证 MBD 模型及其相关数据的有效配置和管理，以及 MBE 企业内部和供应链之间的有效流通。

（4）LMS 仿真和试验解决方案，它将三维功能仿真、试验系统、智能仿真系统、工程咨询服务等业务有机结合，专注于系统动力学、声音品质、舒适性、耐久性、安全性、能量管理、燃油经济性和排放、流体系统、机电系统仿真等专项性能的开发和研究。

该公司提供的 MBE 模块包括基于模型的系统工程、基于模型的产品设计、基于模型的分析应用、基于模型的机电一体系统工程、基于模型的全生命周期质量管理、基于模型的工装设计、基于模型的零件工艺、基于模型的装配工艺、基于模型的质量检测、基于模型的作业指导书、基于模型的制造执行、基于模型的实物样机测试、基于模型的 MBE 供应链管理、基于模型的 MBE 数字化服务管理、复杂产品构型管理、基于 MBD 的标准和规范等。

西门子工业软件公司 MBE 解决方案以系统工程思想为指导，贯穿从需求分析、设计、工艺、制造、试验到服务和维护的全生命周期过程，各阶段形成的数字化信息可以定义到以 MBD 模型为核心的技术数据包中，上游的技术数据包可以被下游直接重用，从而形成全面的 MBE 解决方案体系。

4.4 数字化装配技术

4.4.1 数字化装配的基本概念

通常，机电产品都是由多个零部件装配而成的。为了在设计阶段分析和评价产品性能，需要在零件数字化模型的基础上，通过定义零部件之间的配合、连接和约束关系，在计算机中建立完整的产品几何模型，这就是数字化装配（Digital Assembly）。

传统的数字化设计软件是一种面向零件，而不是面向装配的造型技术。用户需要先设计零件，再以零件模型为基础进行装配，也称为自下而上（Bottom-up）的设计模式。自下而上设计的优点是零件的设计相对独立，设计人员可以专注于单个零件的设计。通常，只有在装配时才能够检验零件之间的配合是否合理、产品设计是否满足预期目标。

对于结构简单、参与设计人员的数量较少且无须过多考虑零件之间配合关系的产品，自下而上设计模式尚能满足产品开发需求。但是，当产品结构和形状复杂、设计人员众多而且地域分散时，上述设计模式的缺点就日益显现。在设计过程中，设计人员将不得不花费大量时间和精力跟踪零件设计与装配状况、修改结构参数和设计方案、频繁地测试和反馈信息，以确保零件设计的相互匹配，造成了设计过程的反复，影响了设计质量，增加了设计成本。

为克服上述缺点，人们提出自上而下（Top-down）的产品设计模式，即先建立装配体，再在装配体中完成零件的造型和编辑。该模式的优点包括：可以参考一个零件的形状和几何尺寸来生成或修改其他相关零件，确保零件之间存在准确的尺寸和装配关系。当被参考零件的尺寸发生改变时，相关联的零件尺寸会自动发生改变，从而保证零件之间的配合关系不会发生改变。因此，这种设计方法也称为关联设计（Associative Design）。

20 世纪 90 年代，随着并行工程的发展，产生了产品结构模型（Product Structure Model）技术。产品结构模型采用统一的数字和图形模型，在计算机中全面地描述新产品从概念设计、制造到装配等的整个开发过程。它集成了零件、部件和装配体的全部可用信息，形成电子化产品定义（Electronical Product Definition，EPD）。该模型可被所有相关的设计部门、组织管理部门、制造部门等所使用，即使上述部门在地域上是分散的。不同部门的人员可以根据自身的权限对同一产品的电子化模型进行并行设计、修改和验证工作。此外，产品结构模型也为产品数据管理（PDM）提供了原始信息。

4.4.2　数字化装配的功能与操作

产品数字化装配就是在计算机中定义装配体内零件的相对位置、确定当前零件与其他零件之间配合关系的过程。为便于定义装配关系并完成零件的编辑操作，数字化设计软件通常会提供一些辅助装配工具。

下面以 SolidWorks 软件为例，简要介绍数字化装配软件的功能及其使用过程。在 SolidWorks 软件中，装配体是一种文件格式（.sldasm），其中包含两个或多个零件（或部件）及其之间的配合关系。SolidWorks 中的"装配体"工具栏如图 4-53 所示，各按钮的主要功能如下：

（1）隐藏、显示零部件　用于切换与所选零部件的隐藏或显示状态。隐藏零部件主要是便于观察和完成装配等操作，但被隐藏零部件的模型信息仍然在内存中。

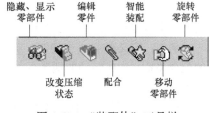

图 4-53　"装配体"工具栏

（2）改变压缩状态　装配体中的零件可以有压缩、轻化和还原三种状态。正常状态下为还原状态，即将零件的所有模型信息均装入内存中。当装配体较为复杂或零件较多时，所占用的内存资源增加，使得系统运行速度下降，甚至会导致计算机内存不足。当装配体中的零件处于压缩状态时，可使零件不显示，还可避免所有可能参与的计算，加快了复杂装配体的重建速度。轻化是处于还原和压缩之间的中间状态，即将零件的部分模型信息装入内存，需要用到模型的相关信息时，再将其装入内存中。

（3）编辑零件 无须退出装配体，就可以编辑或修改装配体中的零件。需要注意的是，在装配体中编辑零件时，可以参考周围的几何体生成新的特征，也可以利用任意边线绘制草图或将尺寸标注到任何零件的任何边线上，生成特征时也可以使用其他终止类型，如成形到其他零部件的面上等。

（4）配合 配合是指零部件不同的面、线等特征之间存在的相互关系，以便使零件具有确定的相对位置、零部件之间具有确定的相对运动。该按钮是"装配体"工具栏中的核心工具，用于定义装配体中不同零部件的配合关系。SolidWorks 中的主要配合类型见表4-3。

表4-3 SolidWorks 中的主要配合类型

所 选 项 目	配 合 类 型	所 选 项 目	配 合 类 型
直线和圆柱	角度	点和球面	重合
直线和圆柱	距离	点和拉伸	重合
直线和圆柱	平行或垂直	拉伸和拉伸	角度
圆柱和圆柱	角度	拉伸和拉伸	平行或垂直
圆柱和圆柱	平行或垂直	圆柱和拉伸	角度
圆柱和圆柱	距离	圆柱和拉伸	平行或垂直
直线和拉伸	角度	圆柱和拉伸	相切
直线和拉伸	平行或垂直	基准面和拉伸	相切
直线和球面	相切	基准面和圆柱	距离
点和圆柱	距离		

其中，圆柱是指所选的圆柱面或圆柱轴；拉伸是指所选的可以由拉伸轮廓生成的面；直线是指所选草图的直线、轴或线性边线；基准面是指所选的基准面或平面；点是指所选的草图点、顶点或原点；球面是指球形曲面。

（5）智能装配 采用智能化装配技术自动地捕捉并定义配合关系，以加快装配速度。

（6）移动零部件 选择零部件后，可以自由地对其进行拖动，或沿装配体的 x、y、z 方向进行拖动；也可以沿实体或沿 x、y、z 轴移动一增量，或者移动到指定的 x、y、z 坐标位置。

（7）旋转零部件 选择零部件并沿任何方向自由拖动，或选择一条直线、边线或轴并围绕所选实体拖动零部件，或选择零部件并绕着装配体的 x、y、z 轴转动指定角度。

例如，定义图4-54中旋钮、旋臂和轴之间的配合关系，构成转动曲柄装配体。基本步骤如下：

1）新建装配体文件。本例中，假定已经分别建立了三个零件的模型文件，采用"自下而上"的方式建立装配体。通过"文件""新建"菜单命令或单击"新建"按钮，新建装配体文件，进入装配体操作模式。

图4-54 待装配零件

2）根据零件的保存路径，通过"插入""零部件""已有零部件"菜单命令，将已有的待装配零件插入装配体模型中（图 4-54）。

3）按下"装配体"工具栏中的"配合"按钮 ，或通过"插入""配合"菜单命令，出现"配合"特性管理器窗口，用鼠标选择所需配合的零部件上的实体（如平面、端面、圆柱孔等），如图 4-55 所示。

4）根据所选择的实体，确定相应的配合类型和对齐条件，定义所有配合关系，完成转动曲柄的装配，形成如图 4-56 所示的装配体。

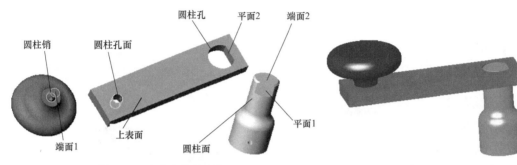

图 4-55　配合实体的选择　　　　　　　　图 4-56　转动曲柄装配体

为便于观察和选择实体，可以利用"旋转""移动""缩放""局部放大""整屏显示"等菜单命令或工具按钮来改变装配体视图，也可以利用"装配体"工具栏中的"移动零部件"按钮、"旋转零部件"按钮等操纵装配体中的零部件，以便于观察、选择零部件和其中的实体。

SolidWorks 还可以检查装配体中的零部件之间是否存在干涉，并可确定干涉体积的大小。通过"工具""干涉检查"菜单命令，出现"干涉体积"对话框（图 4-57）。在装配体中选取两个或多个零部件，可以检查所选零部件之间有无干涉；单击装配体，对装配体中的零部件进行干涉检查。

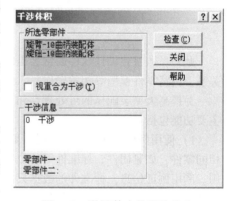

图 4-57　装配体中的干涉检查

SolidWorks 还具有生成装配体爆炸视图（Exploded Views）的功能。爆炸视图可以清晰地显示装配体中零部件之间的相对关系，其中可以包括一个或多个爆炸步骤。通过"插入""爆炸视图"菜单命令，出现"装配体爆炸定义"对话框。单击"步骤编辑工具"工具栏中的"新建"按钮 ，展开该对话框。选择零部件的模型边线，确定"要爆炸的方向"，也可以通过"方向"选项改变爆炸方向，在"距离"中输入距离值；在"要爆炸的零部件"框中选择要爆炸的零部件，按下"应用"按钮 ，即生成一个爆炸步骤；再次按下"新建"按钮 ，开始新的爆炸步骤；爆炸操作结束，按下"确定"按钮，即生成完整的装配体爆炸视图，如图 4-58 所示。

为支持产品的关联设计，数字化设计软件提供层次化、树状结构的装配模型，用于描述零部件之间的装配关系。图 4-58 左侧为 SolidWorks 软件中转动曲柄的装配特征树，特征树中包括装配体中所有零件以及每个零件的特征与草图信息。

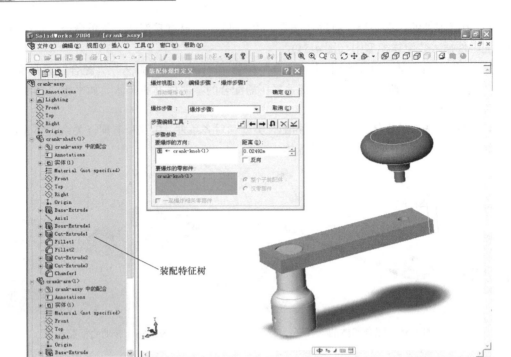

装配特征树

图 4-58 装配体爆炸视图和装配特征树

此外，数字化设计软件通常会提供多种浏览功能，以帮助用户完成零件定位、定义配合关系、浏览零件模型等相关操作。

为提高大型装配体的可处理性和工作效率，一些数字化设计软件还提供简化装配的方法，主要功能包括：

1）使用例证。在装配造型时，可以用实例信息（Instancing Information）来识别装配体中相同零件，如紧固件、标准件等的位置。在大型装配体中，同一个标准件可能在多个地方使用。利用例证信息，标准件的数据只需记录一次，可以显著减少在不同位置使用的相同零件的造型量。通过修改主控零件的定义，可以方便地改变例证。

2）将整个装配体或子装配体组合成一个单独模型，只显示需要保留的外部细节，不显示配合零件之间的内部特征。

3）隐藏当前不需要的零件的细节特征，以降低模型的复杂程度，但是零件几何模型的细节特征仍然保留在原文件中。

4）模型分块。仅显示用户工作区域内的详细结构，而不显示区域之外的结构细节。

装配造型的并行设计功能支持由多个部门组成的产品研发小组对装配体进行合作设计和协调，支持在同一时间内处理多个用户对同一个装配体的访问，同时可以防止多个设计人员在同一时间修改同一个零件。此外，装配造型软件通常具有构建统一装配体的功能，以支持运动学分析、有限元分析和其他仿真分析功能。

 ## 4.5 几何形体渲染技术

渲染（Rendering）技术是产品数字化设计的重要研究内容，它的目标是利用计算机生成并输出具有真实感的物体图形。图形渲染技术涉及几何形体的空间表示、消隐、色彩、光照、纹理、质感等。渲染技术在产品几何造型、动态仿真、科学计算可视化、产品宣传等领域有着广泛应用。

在计算机图形学的早期，计算机中生成的图形只是线框图。通过透视变换和消除隐藏线等方法，可产生具有一定真实感的图形。但是，与丰富多彩的客观世界相比，早期的渲染技术还存在很大差距。20 世纪 70 年代以后，计算机图形学、图形显示技术的发展为真实图形的生成和显示提供了良好条件。在产品绘图和造型时，可以通过消隐、色彩、灰度和表面纹理等操作，得到更为真实、逼真的显示效果。下面简要介绍常用的渲染技术。

4.5.1　消隐

从某个视角观察一个三维实体时，实体的某些边、面往往是不可见的。此外，当用显示设备输出物体的图形时，必须经过某种投影变换，将三维信息转换到二维的显示表面上。由于投影变换失去了深度信息，此时如果不做适当的处理，往往会造成图形的二义性，如图 4-59 所示。要消除二义性，就需要在绘图时消除被遮挡的、不可见的线或面，通常称之为消除隐藏线（Hidden Line Removal）和隐藏面（Hidden Surface Removal），简称消隐（Blanking）。经过消隐后的投影图形，称为真实图形。

图 4-59　线框图形的二义性

在线框模型中，采用边界线表示有界平面、利用边界线和参数化曲线表示参数曲面时，待显示的实体均为线。线对线没有遮挡关系，只有面或体才有可能对线形成遮挡。因此，消隐算法要求造型系统中有面的信息，甚至有体的信息。

消隐的基本运算过程：判断面和线的遮挡关系，反复地进行线-线、线-面之间的求交运算；消除不可见部分，只显示可见的线和面，以避免所显示的图形出现歧义性的现象。总体上，消隐包括消除隐藏线和消除隐藏面等内容。限于篇幅，本书不再赘述。

4.5.2　光照

光照（Illumination）是在计算机中模拟光照射到物体表面产生的反射或投射现象的渲染方法。

当光照射到物体表面时，根据不同情况可能会被吸收、反射、折射或透射。人类的视觉系统正是通过那些被反射、折射或透射的光线看见物体的。客观世界中一般存在多个光源，光线在物体间经过多次反射、折射后，照射在物体上。根据物体表面性质的不同，呈现出不同的色彩、亮度和质感。要在屏幕上输出逼真的图形，就需要综合考虑上述因素，建立光照模型，用它模拟光在物体之间传递并到达观察者眼中形成视觉成像的复杂过程。

从物体表面反射或折射出的光的强度取决于许多因素，包括光源位置与强度、物体表面位置和方向、物体表面性质（如反射率、折射率、光滑度）和视点位置等。光照模型仅给出确定画面中景物表面上每一点处的亮度公式。如果对显示器上每个像素点都计算亮度，计算量将很大，因此在实际应用时一般采用简化算法。目前，常用的有扫描线算法和光线跟踪算法，利用这些算法可以确定物体可见表面上每一点的颜色和灰度，这一过程也称为明暗效应（Shade Effect）处理。此外，在图形光照处理中还存在阴影问题。从视点上看去是可见的而从光源上看去是不可见的表面，应该位于阴影之内。

数字化设计软件为产品造型设计提供了多种光源类型，可以调整光线方向、强度和颜色。此外，也可以将光源属性与模型的材料属性结合起来使用，以改善光照效果。常见的光源类型有：①环境光源（Ambient Light），光线从所有方向均匀地照在模型上；②线光源（Directional Light），光来自于距离模型无限远的光源，它是一种聚焦光源，由来自同一方向的平行光组成；③点光源（Point Light），光来自模型空间特定坐标处一个非常小的光源处，点光源向所有方向发射光线，效果类似于浮动在空间中的一个小灯泡；④聚光源（Spot Light），它是一个限定的聚焦光源，具有锥形光束，中心位置最亮，聚光源可以投射到模型的指定区域。

4.5.3 纹理

纹理（Texture）是指物体表面的细节描述。例如，木材表面有木纹、织物表面有纤维织造的纹理等。在计算机图形学中，纹理处理是指通过将数字化的纹理图案覆盖或投射到物体表面，以增加物体表面细节的过程。纹理常与对象的材质相关。

通过纹理处理可以增加图像的质感，使计算机生成的物体更加自然逼真。例如，通过纹理的表达，可以使用户通过视觉区分织物是粗布还是丝绸。纹理的表现可以通过色彩、明暗或花纹的变化来表现物体表面的细节特征，这样的纹理称为颜色纹理。纹理的表现还可以通过物体表面微观的起伏不平和不规则的细小凹凸来体现，如橘子皮表面的皱纹和石材表面等，这样的纹理称凸包纹理或几何纹理。图 4-60 所示为几种零件模型的纹理处理。

图 4-60 模型的纹理处理

颜色纹理的生成方法：在一个平面区域内预先定义纹理图案，定义该图案的平面区域为纹理空间；再建立物体表面的点与纹理空间点之间的映射。物体表面点以纹理空间对应点的值乘以亮度值，就可以将纹理图案附到物体表面上。凸包纹理的生成与其方法类似，只是纹理值作用在法向量上，而不是颜色亮度上。

纹理定义有连续法和离散法两种。连续法把纹理函数定义为一个二元函数，函数的定义域就是纹理空间。离散法把纹理定义在一个二维数组中，代表纹理空间行间隔、列间隔固定的一组网络点上的纹理值，通过纹理空间与物体空间之间的坐标变换，把纹理映射到物体表面。其中离散法更加常用。为了给物体表面图像加上粗糙的外观，即凸包纹理，可以通过对表面法向量进行扰动，来产生凹凸不平的视觉效果。

在数字化设计软件中，纹理处理常用来检查模型表面的光滑性和是否光顺，如相邻面是否相连或相切、曲率是否连续等。另外，利用纹理还可以检查模型表面是否存在褶皱、疵点等缺陷。图 4-61 所示为利用斑马条纹检查模型表面特性的示例。

图 4-61 利用斑马条纹检查模型表面特性

4.5.4　颜色

颜色（Color）是产品的重要外观特性。产品颜色的确定取决于多种因素，涉及物理学、心理学、人因工程学、美学、职业要求、行业习惯和相关标准等。

一个物体的颜色不仅取决于物体本身，还与光源、周围环境和观察者的视觉系统等有关系。不同物体对光线的反应也不相同。例如，有些物体只反射光线，有些物体不仅会反射光，还透光（如玻璃、水等）。

从视觉系统的角度分析，颜色包含色彩（Hue）、饱和度（Saturation）和亮度（Lightness）三个要素。其中，色彩（如红、绿、蓝、紫等）是使一种颜色区别于另一种颜色的要素，饱和度就是颜色的纯度，亮度就是光的强度。在某种颜色中添加白色就相当于降低该颜色的饱和度。例如，鲜红色的饱和度高，粉红色的饱和度低。

从光学角度定量描述颜色的术语有主波长（Dominant Wave Length）、纯度（Purity）和辉度（Luminance）等。其中，主波长是人们观察光线所见颜色光的波长，对应于视觉所感知的色彩；光的纯度对应于颜色的饱和度；辉度就是颜色的亮度。一种颜色光的纯度是按该颜色光（主波长）纯色光与白色光的比例来定义的。每一种纯色光都不包含任何白色光，也就是百分之百饱和的。

光的本质是波长为 $400 \sim 700 \mu m$ 的电磁波。光的颜色不同，波长也不相同，能量分布也不同。视觉系统通过感知不同波长的电磁波而分辨出红、橙、黄、绿、青、蓝、紫等颜色。实验表明，人的眼睛大约可以分辨 35 万种颜色，但只能分辨 128 种不同的色彩。此外，人的眼睛对不同波长光的敏感性也不相同，其中对红光和绿光最为敏感。

计算机显示器中通常采用红、绿、蓝三种基色。将红、绿、蓝三种颜色以适当比例混合，可以获得白色，而这三种颜色中任意两种的组合都不能生成第三种颜色，因而也将这三种颜色称为原色。以不同比例的红、绿、蓝三种原色为基础，通过混合可以匹配出光谱中任意波长的颜色，匹配公式可以表达为

$$C = rR + gG + bB$$

式中，C 为某种颜色的光；R、G、B 分别为红、绿、蓝三种原色光；r、g、b 为权重，代表所需要红、绿、蓝三种颜色的相对比例。

4.6　主流数字化设计软件介绍

下面简要介绍几种主流的数字化造型和设计软件。

1. Unigraphics（NX）

Unigraphics（UG）源于美国麦道（Mc Donnell）公司。20 世纪 70 年代，美国麦道公司成立解决自动编程系统的数控小组，开发出 CAD/CAM 一体化软件 UG 1.0。1991 年，UG 并入美国通用汽车公司的 EDS 分部。EDS 是当时全球最大的信息技术（IT）服务公司之一。20 世纪 90 年代初，UG 进入中国市场。2001 年，UG 推出全新架构——基于 PLM 的解决方案 Unigraphics NX 版本。它具有基于知识工程的自动化开发、集成化协同设计环境、开放式设计、用户界面良好等优点。

2007 年 5 月，德国西门子公司完成对 UGS 公司的收购，更名为德国西门子工业软件公司（Siemens Product Lifecycle Management Software Inc.），并成为西门子自动化与驱动集团

（Siemens A&D）的一个全球分支机构。之后，德国西门子工业软件公司推出新一代数字化产品开发软件——NX™软件，实现了向产品全生命周期管理转型的目标。NX 集成了多种应用套件，整合了参数化建模和同步建模技术，支持产品设计、工程分析和制造等全部开发过程，可以有效地改善设计效率、缩短研发周期、降低开发成本。UG（NX）的典型客户包括通用汽车、通用电气、福特、波音、洛克希德、劳斯莱斯、惠普、日产等公司。

NX 支持 Windows、UNIX、Linux 和苹果 Mac OS X 等操作系统。它集成了参数化和变量化技术的优点，具有基于特征、尺寸驱动和统一数据库等特征，实现了 CAD/CAE/CAM 等模块之间无数据交换的自由切换。此外，数控编程与加工功能是 NX 的优势所在，可以完成 2 轴~2.5 轴、3 轴~5 轴联动的复杂曲面的镗铣加工。

德国西门子工业软件公司制定了阿基米德（Archimedes）计划和数字化工厂战略，提供包括数字化产品开发软件 NX、数字化制造软件 Tecnomatix、数字化全生命周期管理软件 Teamcenter、中端应用包 Velocity Series、PLM 应用组件 PLM Components 等软件模块在内的完整解决方案，支持产品全生命周期和制造生命周期的一体化，实现了虚拟世界与现实世界的实时交互。此外，上述软件还可以与西门子自动化、制造执行系统（MES）有机融合，与数字化工厂仿真、高精密加工、可视化运行测试、机电混合设计等功能集成。

2. CATIA

CATIA 是计算机辅助三维交互式应用（Computer Aided Three-dimensional Interactive Application）的缩写。CATIA 源于美国洛克希德（Lookheed）公司开发的 CADAM 软件，目前是法国达索（Dassault）飞机公司 Dassault Systems 工程部的产品。达索公司以生产幻影 2000 和阵风战斗机而著称。1982 年达索发布 CATIA 1.0 版，现已发展为集成化 CAD/CAE/CAM 软件。美国波音公司的波音 777 型飞机的全数字、无纸化开发就是 CATIA 软件的杰作，也因此确立了 CATIA 软件在行业中的领先地位。波音、克莱斯勒、宝马、奔驰、本田、五十铃等全球知名制造企业，以及国内一汽集团、上海大众、北京吉普等公司均为 CATIA 软件的用户。2012 年，达索公司推出全新的 3D Experience 平台，核心产品线包括 CATIA、ENOVIA、DELMIA 和 3DVIA。

CATIA 的主要特点包括：①具有强大的混合建模功能，支持实体和曲面造型的互操作，具有变量和参数化混合建模功能，具有变量驱动和参数化功能，支持几何和智能工程混合建模。②可以将企业的经验数据添加到 CATIA 知识库中，以提高产品开发的速度和质量。③具有强大的曲面造型和结构设计能力，提供拉伸、旋转、扫描、边界填补、桥接、修补碎片、拼接、裁剪、光顺、投影、倒角、控制点拖动等各种曲面操作功能，可以高精度、高质量地完成曲面造型和设计。④基于统一的数据平台，各模块之间具有全相关性。例如，对三维模型的修改能完整地体现在二维绘图、有限元分析、模具设计和数控加工等程序中。⑤支持并行工程的设计环境，有效缩短了设计周期。⑥具有完备的设计能力，可以有机集成机械设计、工程分析与仿真、数控加工和网络应用解决方案，为用户提供严密的无纸化工作环境，覆盖产品开发全过程。⑦支持 Windows 和 UNIX 系统，独立于硬件平台。

CATIA 可以对开发过程、功能和硬件平台进行灵活的搭配组合，为产品开发链中的每个专业成员配置合理的解决方案，支持不同应用层次的可扩充性。CATIA 具有统一的用户界面、数据管理系统和兼容的应用程序接口，具有 20 多个独立模块，覆盖航空航天、汽车、船舶、机械制造、电子电器、消费品等行业，可以为不同规模和应用的企业提供定制化解决方案。CATIA 特有的数字化样机功能和混合建模技术成为提升企业产品开发能力和市场竞争力的有效工具。

3. Pro/Engineer

1988 年，美国参数技术公司（PTC）推出 Pro/Engineer 产品。Pro/Engineer 率先采用参数化设计技术，利用单一数据库来解决设计相关性问题。它建立在统一的数据库基础上，保证了设计过程具有完全相关性，对设计的任何修改都会自动反映到其他环节，保证了设计质量，提高了设计效率。Pro/Engineer 在三维造型软件领域中占有重要地位，是最具有影响力的数字化设计软件之一。

Pro/Engineer 采用基于特征的实体建模方法，设计人员可以利用筋、槽、腔、壳、倒角、圆角等特征功能构建模型，并具有参数驱动特征，使得设计方案的修改和优化变得相对容易。Pro/Engineer 集产品造型、设计、分析和制造为一体，提供众多而完整的产品模块，包括二维绘图、三维造型、装配、钣金、加工、模具、电缆布线、有限元分析、标准件和标准特征库、用户开发工具、项目管理等，用户可以根据需要灵活配置和选择使用。针对不同行业的应用需求，Pro/Engineer 提供多种行业解决方案，如机械设计解决方案、工业设计解决方案、制造解决方案、Windchill 技术、企业信息管理解决方案等。

2002 年，PTC 推出 Pro/Engineer 野火版（Wildfire）软件，在可用性、连通性和易用性等方面均有很大改进，首次利用内部 Web 通信功能，实现了不同区域和组织的研发人员和用户之间的交流，是当时产品全生命周期管理（PLM）的前沿技术。2010 年，PTC 公司提出闪电计划，推出集 Pro/Engineer 参数化技术、CoCreate 的直接建模技术和 ProductView 三维可视化技术于一体的新型数字化设计软件包 Cero。Cero 具有互操作性、开放、易用等特点，可以满足产品全生命周期不同阶段、不同用户的需求。

4. AutoCAD/MDT/Inventor

1982 年，美国 Autodesk 公司推出基于 PC 平台的 AutoCAD 二维绘图软件。它具有较强的绘图、编辑、剖面线和图案绘制、尺寸标注和二次开发功能，并具有部分三维造型功能。AutoCAD 对推动 CAD 技术的普及发挥了重要作用，在机械、建筑等行业得到广泛应用，成为二维 CAD 软件的领导者。

MDT（Mechanical Desktop）是 Autodesk 公司早期推出的三维 CAD 软件。但是，由于受开发理念和技术的限制，MDT 软件操作烦琐、功能有限，没有成为主流的三维软件产品。1996 年，Autodesk 开始开发不基于 AutoCAD 体系结构和数据定义的三维 CAD 软件——Inventor。Inventor 具有参数化设计、特征造型、分段结构数据库引擎、自适应造型技术和良好的用户界面，可以自动转换 AutoCAD 和 MDT 模型的功能等优点。

Inventor 是一系列用于三维机械设计、仿真、工装模具创建和设计交流的软件。其功能全面，使用灵活，可以帮助用户验证设计的外形、结构和功能，完成产品的设计、可视化和仿真，减少对物理样机的依赖，缩短开发周期，提高开放的效率和质量。

5. SolidEdge

SolidEdge 是由美国 Intergraph Co. 开发的基于 Windows 的三维 CAD 软件，后被 UGS 收购，现为德国西门子工业软件公司的产品。SolidEdge 以 Parasolid 为软件核心，采用 STREAM/XP 技术，将逻辑推理、设计几何特征捕捉和决策分析融入产品设计过程中，命令设计简洁清晰，操作过程自然流畅，功能强大且易用，是 PC + Windows 平台的主流三维 CAD 产品之一。

SolidEdge 支持至顶向下和至底向上的设计思想，主要模块包括零件设计、钣金设计、焊接设计、管道设计、电极设计、装配设计、模塑、铸件、产品制造信息管理、线束设计、工程图、价值链协同、有限元分析、产品数据管理、标准件库等，在机械、电子、航空、汽车、仪器仪表、模具、造船、消费品等行业有大量客户。

6. SolidWorks

1993 年，SolidWorks 公司在美国成立，并于 1995 年推出第一款基于 Windows 平台的实体建模软件 SolidWorks。1996 年，SolidWorks 软件进入中国市场。1997 年，SolidWorks 被达索公司收购，成为达索公司中端市场的主打品牌。

SolidWorks 具有功能强大、操作简单、易学易用和持续进行技术创新等特点，使其成为业内领先的市场主流中档三维 CAD 产品，在全球拥有数十万用户。SolidWorks 具有工程图、零件实体建模、曲面建模、装配设计、钣金设计、数据转换、特征识别、协同设计、高级渲染、标准件库等功能模块。除设计功能外，SolidWorks 还通过并购和与第三方软件公司合作，实现了与有限元分析软件 CosmosWorks、动力学分析软件 WorkingModel、数控编程软件 CAMWorks、PDM 软件 SmarTeam/PDMWorks 等数字化软件的集成，成为集 CAD/CAE/CAM/PDM 等于一体的产品数字化开发与管理软件供应商。

7. CAXA

2002 年，由北京航空航天大学与海尔集团等发起成立北京北航海尔软件有限公司，推出具有自主知识产权的 CAD 产品 CAXA。CAXA 是 "Computer Aided X A" 的缩写，表示基于联盟合作、领先一步的计算机辅助技术与服务。其中，"X" 表示扩充，如技术、产品、解决方案和服务等；"A" 有联盟（Alliance）合作和领先一步（Advanced）等含义。CAXA 现为北京数码大方科技股份有限公司的产品。

CAXA 的软件产品包括电子图板、三维实体造型、数控加工、注塑模具设计、注塑工艺分析和数控机床通信等，提供包括 CAD/CAPP/CAM/DNC/PDM/MPM 在内的 PLM 解决方案，覆盖设计、工艺、制造和管理等领域，支持设计文档共享、并行设计和异地协同设计。目前，CAXA 软件的主要功能包括：①3D 数字样机，提供高效的三维设计解决方案，支持方案设计、工程设计、生产制造和支持维护部门之间高效协同、验证和优化；提供各类标准件、常用件，如电机、液压缸、气缸、法兰、机床夹具等，共计 2000 多个系列、近 100 万种规格的零件，可以为顾客定制企业标准零部件库，并支持第三方零部件库接口。②CPS 协同，提供智能化设计和生产制造数据生成工具，基于统一的数据管理平台完成设计、生产数据的全生命周期管理，使人、设备、产品、物资和环境通过软件系统和云平台实现智能工作模式。③数字车间，针对离散制造型企业提供智能制造方案，在产线和设备层实现设备的联网、通信、信息采集与推送；在生产过程中完成产品数据、制造过程数据和生产计划的制定，实现车间排产、生产派工、进度跟踪、质量管理，并根据生产过程管控数据完成分析决策和过程优化。

CAXA 的国内用户超过 3 万家，包括中国二重、沈鼓集团、西电集团、东方电气、福田汽车等制造企业；海外用户包括波音、丰田、霍尼韦尔等知名工业企业。

 思考题及习题

1. 什么是产品设计？分析设计阶段在产品全生命周期中的地位和作用。机电产品设计需要考虑哪些因素？

2. 查阅资料，分析机电产品设计的基本步骤和流程。

3. 什么是产品造型技术？它大致经历了哪几个发展阶段？简要分析每个阶段产品造型技术的优缺点。

4. 查阅资料，分析目前产品数字化造型的关键技术及其发展趋势。

5. 什么是产品的几何信息和拓扑信息？它们有什么区别和联系？结合实例加以说明。

6. 描述几何形体的基本几何元素有哪些种类？几何形体的层次结构如何？

7. 名词解释。给出下列名词的英文，解释其含义并说明其工程应用。

(1) 概念设计

(2) 线框模型

(3) 实体模型

(4) 曲面模型

(5) 特征造型

(6) 参数化造型

(7) 直接建模

(8) 同步造型技术

(9) 单一数据库技术

(10) 基于模型的定义（MBD）

(11) 基于模型的企业（MBE）

(12) 控制点

(13) 型值点

(14) 插值点

(15) 特征

(16) 基于模型的系统工程（MBSE）

(17) 基于模型的工程（MBe）

(18) 基于模型的制造（MBm）

(19) 基于模型的维护（MBs）

(20) 产品制造信息（PMI）

(21) 制造执行系统（MES）

(22) 数字化装配

(23) 关联设计

(24) 消隐

(25) 渲染

(26) 光照

(27) 纹理

8. 对比分析线框模型、曲面模型和实体模型的优缺点。

9. 结合具体软件，熟悉产品曲面造型、实体造型和特征造型的功能指令和造型方法。

10. 什么是特征？特征是如何分类的？特征造型有哪些特点？

11. 结合具体产品，分析产品有哪些造型特征和加工特征。理解特征的含义和功用，简述产品特征造型的步骤。

12. 对比分析特征造型、参数化造型和参数化特征造型的概念和特点。

13. 什么是产品结构模型？它有什么功能？

14. 查阅资料，分析当前数字化设计软件的关键技术和研究热点。

15. 选择一种主流数字化设计软件，如 Siemens NX、Pro/Engineer、CATIA、SolidWorks、

SolidEdge、Inventor、CAXA 等，说明其功能、特点及使用步骤。

16. 采用主流数字化设计软件，在熟悉软件功能指令和设计流程的基础上，完成图 4-62 所示零件的三维造型。理解产品数字化造型的步骤与方法，比较不同产品造型方法的特点。

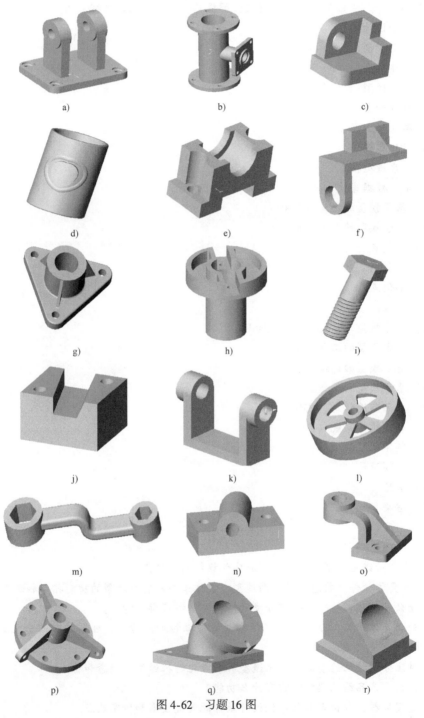

a)   b)   c)

d)   e)   f)

g)   h)   i)

j)   k)   l)

m)   n)   o)

p)   q)   r)

图 4-62 习题 16 图

17. 根据图 4-63 所示的零件工程图，采用主流数字化设计软件建立零件三维模型，并在此基础上生成相应的工程图。

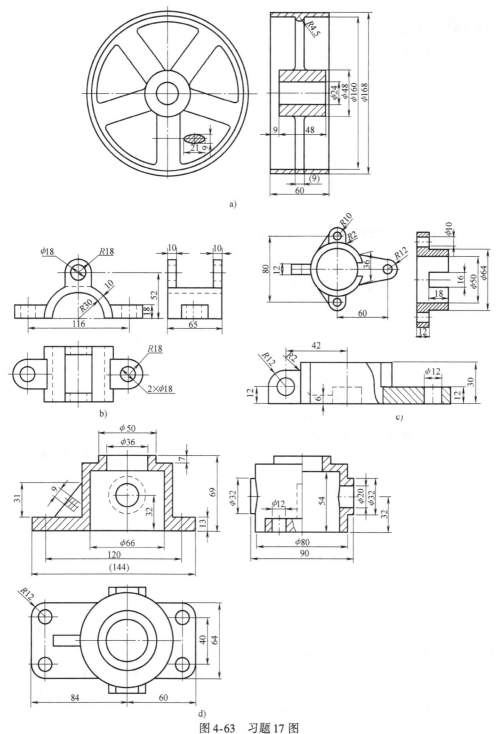

图 4-63 习题 17 图

18. 熟悉主流数字化设计软件的功能指令和基本操作流程；结合工程实际，选择典型产品，完成产品的三维造型、工程图绘制、数字化装配、渲染和模具设计等操作。

第5章
数字化仿真技术

5.1 数字化仿真技术概述

5.1.1 数字化仿真技术及其分类

在开发新的机电产品或设计新的工程系统时，为评估产品结构参数合理与否、分析系统性能是否满足预期设计目标，通常需要开展各种试验活动。总体上，有两类试验方法：一类方法是以实际已经存在的产品或系统为对象，直接开展相关试验；另一类方法是先构造系统模型，再通过对模型的试验来分析和验证系统性能。

与直接的实物试验相比，基于模型的试验（Model-based Experiment）具有以下特点：

1）当新产品或系统还处于规划和开发阶段时，尚没有可供试验的真实对象。但是，为验证产品开发技术路线是否合理，或判断产品性能是否达到预期水平，此时只能通过对模型进行试验来评估系统性能。例如，新型飞机、新型船舶、新款汽车和家用电器的研发，新建筑规划、大型水利工程的选址与建造等。

2）针对真实系统的试验有可能会引起重大故障或者造成严重破坏，给系统本身、操作人员和环境带来危害，或造成重大经济损失。例如，新型飞行器、火箭、卫星、载人飞船的性能试验；采用新技术的区域电网调度试验、高速铁路系统的运行调度与高铁列车的操作等。此时，基于模型的试验就成为解决上述问题的有效途径，可以避免造成严重后果。

3）为得到系统全生命周期内综合的性能指标，往往需要开展不同类型、多个批次的试验研究，以便获得足够多的基础数据，提高系统性能预测的准确性和有效性。采用基于实物的试验，通常会存在试验周期长、试验成本高昂等问题。此外，受到试验时间和成本的限制，往往难以得到足够多的样本数据，影响了性能评估结果的科学性。

4）试验条件的一致性是保证试验结果准确性和可信性的重要前提，在试验过程中，有时候也希望能够再现系统的某种状态。对于复杂的大型机电产品，基于实物的试验在这方面存在一定难度。基于模型的试验可以方便地再现或重复系统运行状态，为性能评估和系统优化研究提供了良好平台。

随着产品结构和功能复杂性的增加，如大型风力机、高层建筑中的中央空调系统、运载火箭、载人飞船、大型工程装备和运输车辆等，开展实物试验的难度越来越大，对基于模型试验的需求日益迫切。同时，随着系统建模方法、性能评估算法、计算机软硬件技术的完善，基于模型的试验技术功能不断增强，在机电产品和工程系统研发中受到高度重视。

建立系统模型是开展模型试验的前提，这一过程称为建模（Modeling）。模型是对实际或设计中的系统的某种形式的抽象、简化与描述。通过模型可以分析系统结构、参数合理与否，评估系统性能、状态和各种动态行为，为系统设计和性能优化提供科学依据。总体上，系统模型可以分为物理模型、数学模型和物理-数学模型等类型。

（1）物理模型（Physical Model）　物理模型是采用特定的材料和工艺，根据相似性原则、按照一定比例制作的系统模型。它可以评估系统某些方面的性能。例如，早期的汽车研发通常要建立 1∶1 的产品油泥模型，以评估产品外观、结构及其配合关系等；在飞机、高铁列车车头、汽车、风力机叶片等产品的研制过程中，需要在风洞实验室对按比例缩小的产品模型开展风洞试验，以评估产品的空气动力学性能，测算目标产品的强度、刚度、运行阻力、抗振性能、速度、工作效率、预期寿命等性能指标；在建筑工程项目立项时，通常会建立沙盘模型，以便对项目选址、规划布局、环境评估、交通配套等细节做出分析、评价和优化。

（2）数学模型（Mathematical Model）　数学模型采用特定的符号、变量、方程或程序来定义系统结构组成，描述系统内在的运行规律，通过对数学模型的试验，可以获得实际系统的性能指标。例如，利用有限元方法（FEM）评估机电产品的结构强度、疲劳寿命和动态性能；采用塑料模具注塑成型仿真软件分析塑料件结构设计的合理性，优化注塑成型工艺参数；利用运筹学模型制订车间作业计划、优化企业订货策略和库存水平；采用离散事件系统仿真模型，优化车间的设施布局和调度计划等。

（3）物理-数学模型（Physical-mathematical Model）　也称半物理模型（Semi-physical Model）。它有机地结合了物理模型和数学模型的优点，可用于高附加值产品、高风险系统的规划设计、运行调度、操作使用和维护培训等领域。例如，面向飞行员和航天员的仿真训练器，电网、铁路系统、民航飞机调度仿真训练器等。

仿真（Simulation）是通过对系统模型的试验，研究已存在或设计中的系统性能的一类方法和技术。它是一种基于模型的活动，可以再现系统状态、性能特征和动态行为，预测系统中可能存在的缺陷与不足，分析系统配置是否合理、性能是否满足要求，判断系统在哪些方面还需要改进和优化，为决策提供科学的理论依据。

根据系统模型的类型不同，仿真可以分为物理仿真、数学仿真和物理-数学仿真。物理仿真通过对系统物理模型进行试验，分析、评估和优化系统性能，如飞机的风洞试验、建筑模型的抗震试验、汽车研发中的碰撞试验等。数学仿真利用系统的数学模型代替实际系统开展试验研究，以获得现实系统的性能特征和运动规律等，如基于有限元方法的强度分析、基于虚拟现实技术的汽车碰撞试验等。物理-数学仿真是前两者的有机结合。显然，如果采用数学仿真方法能够有效评估实际系统性能，将会显著地减少模型试验的时间和成本。

图 5-1 所示为几种系统建模与仿真试验案例。其中，图 5-1a ~ 图 5-1f 所示为物理仿真试验，图 5-1g ~ 图 5-1j 所示为数学仿真试验，图 5-1k 所示为物理-数学仿真试验。另外，图 5-1d ~ 图 5-1f 中也包含部分数学仿真内容，如试验假人携带的各类参数传感器和内嵌的程序、算法等。

a）飞机的风洞试验

b）建筑模型的风洞试验

c）汽车产品的风洞试验

d）汽车正面碰撞试验

e）汽车侧面与摩托车碰撞试验

f）汽车碰撞试验中的试验假人

g）汽车碰撞的数字化仿真试验

h）汽车保险杠注塑成型数字化仿真

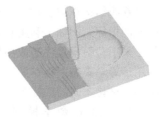

i）鼠标模具的数控加工仿真

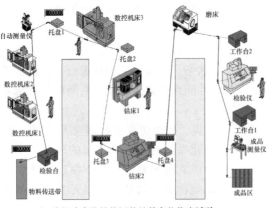

j）连杆生产线性能评估的数字化仿真试验

k）某型号飞机的全动飞行模拟机

图5-1　系统建模与仿真试验案例

　　系统、模型与仿真三者之间关系密切。其中，系统是要研究和分析的对象；模型是对系统某种程度和层次的抽象；仿真是通过对系统模型的试验来分析、评价和优化系统性能的过程、技术与方法。系统、模型与仿真之间的关系如图5-2所示。

　　随着计算数学、计算力学和计算机软硬件等相关技术的成熟，人们越来越多地在计算机

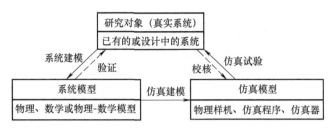

图 5-2　系统、模型与仿真之间的关系

中利用软件和数学模型来分析、评估和优化系统的结构、参数与性能，形成了计算机仿真
（Computer Simulation）技术。计算机仿真也称为数字化仿真（Digital Simulation），它属于数学
仿真，其实质是仿真过程和结果的数字化。

目前，数字化仿真技术已经成为机电产品开发的基本技术手段，是提升产品性能、增强
制造企业市场竞争力的有力工具。数字化仿真技术的优点主要包括：

（1）有利于提高产品质量、改善制造系统性能　传统的产品开发和制造系统设计以满足
基本功能为目标。由于技术手段等因素的限制，通常难以开展多方案评估与优化，无法从众
多可行方案中选择综合性能最佳的设计方案，也难以准确预测产品在全生命周期中的性能状
态。随着市场竞争的加剧，面向产品和制造系统全生命周期优化已经成为设计工作的核心评
价准则。

物理仿真往往难以再现产品（系统）在全生命周期内各种复杂的工作环境，或因再现环
境的代价太高而难以付诸实施。数字化仿真技术可以克服上述缺点，在产品或制造系统尚未
开发出来之前，评估系统在不同工作环境下的性能状态，并通过改进设计、优化参数来保证
系统具有良好的综合性能。

（2）有利于缩短产品的开发周期　传统的产品开发遵循市场调研、概念设计、详细设
计、制造、装配、样机试验、批量生产等串行开发模式。在设计阶段，简单的计算分析通常
难以准确预测产品在各种工况下的实际性能，甚至不能保证产品的可制造性。因此，需要通过
样机试制和实物样机试验来评价设计方案的正确性、合理性，并根据样机试验的结果进一步修
改、完善和优化设计方案。因此，这种模式会导致产品开发的反复性大、效率低、周期长。

利用数字化仿真技术，可以在计算机中完成产品的概念设计、结构设计、加工、装配等
环节的仿真与优化，提高产品设计的一次成功率，有效地缩短设计周期。例如，美国波音公
司在波音 777 型飞机的开发过程中广泛采用数字化仿真技术，在计算机和网络环境下完成飞
机设计、制造、装配和试飞等全部过程的仿真模拟，取消了传统的风洞试验、上天试飞等物
理仿真和试验环节，开发周期由原来的 9~10 年缩短到 4.5 年，使该公司在激烈的市场竞争
中赢得了先机。

汽车的研发周期起始时刻为概念设计。沃尔沃公司新款车辆的研发周期原来为 42 个月左
右。2014 年 11 月，沃尔沃集团宣布：公司正在制定快速发展战略，目标是在 2015 年将产品
研发周期缩短至 30 个月，在 2020 年将产品研发周期缩短至 20 个月。该公司拟采取的途径与
举措包括：采用计算机辅助工程分析技术，取消整车实物验证过程，只保留部分子系统和特
殊台架测试；采用可扩展整车平台架构；缩短关键结构件的模具开发周期等。据了解，2017
年该公司首款采用虚拟数字测试技术的整车成功下线。

（3）有利于降低开发成本　实物样机的试制及其试验过程需要花费高昂的费用。数字化

仿真以虚拟样机（Virtual Prototype）代替实物样机开展性能试验，能够显著降低开发成本。例如，在汽车研制过程中通常要开展各种碰撞试验，如正面碰撞、侧面碰撞等，以检验车身变形情况以及当发生碰撞时车体对车内乘员的保护效果（图5-1d、图5-1e和图5-1f）。如果碰撞试验结果达不到规定指标的要求，就需要分析产品在设计、制造等方面存在的缺陷和问题，采取更换材料、改进制造工艺、修改产品结构参数等措施，直到试验结果符合规定要求为止。通常，在一款新车的开发过程中，碰撞试验时要毁坏几辆甚至几十辆车。

此外，在新型汽车正式投放市场之前，还需要完成定型试验，以考核汽车及其零部件的性能、效率、可靠性、耐久性和环境适应性等指标，保证产品符合相关规范和使用要求。这种试验通常需要使用3~8辆样车，其中一部分车辆要完成5~16万km的性能、可靠性和耐久性试验，另一部分车辆用来开展环境适应性试验。一款新车的样车及其零部件累积试验里程可达百万公里以上。根据样车试验结果和试验过程中发现的问题、缺陷，产品研发团队需要修改设计方案，改进制造工艺，重新制造零部件并完成装配，然后再投入数辆至数十辆样车开展更大规模的实际环境下的使用试验，进一步考核制造工艺的稳定性，之后才能投入批量生产。显然，如果在投入批量生产之后，才发现因材料选择或热处理工艺不当、结构设计不合理、制造工艺不科学等问题，导致产品出现普遍性缺陷或致命的安全隐患，将会危害用户的权益，并给制造企业带来重大损失。

利用数字化仿真软件，可以在计算机中开展各种仿真试验，模拟汽车在各种条件下的碰撞效果（图5-1g），在样机制造之前及时发现问题并做出有针对性的改进和优化，减少碰撞试验次数甚至取消撞车试验。据报道，世界领先汽车制造企业（如Ford、BMW、Volvo等）的汽车新品开发已经摒弃传统的开发模式，有效地加快了新产品的开发速度，降低了开发成本，使企业在市场竞争中保持优势。

（4）可以完成复杂产品或系统的操作培训　对复杂产品或技术系统（如飞机、核电站、铁路机车调度）而言，系统操作人员必须经过严格的培训。若在真实产品或系统上培训，不仅成本高，而且存在很大的风险。采用数字化仿真技术，可以再现系统运行过程，模拟系统的各种状态，有针对性地设计各种"故障"和"险情"，使操作人员或用户接受全面、系统的训练，既可以降低培训成本，也有利于改善培训效果。

根据仿真系统功能的不同，仿真技术在制造系统中的功能可以分为设计决策（Design Decision）和运行决策（Operational Decision）两种类型。

设计决策关注制造系统的结构、参数和配置的分析、规划、设计与优化，它可以为下列问题的决策提供技术支持：①优化产品的结构、形状、尺寸和工艺参数；②在生产任务一定时，确定制造系统所需机床、工装夹具、物流设备和操作人员等的类型和数量；③在系统配置给定的前提下，分析制造系统的生产能力、加工效率和经济效益；④优化机电产品结构、参数和性能；⑤优化缓冲区和仓库容量；⑥优化生产车间和制造企业的布局；⑦完成生产线（装配线）工序能力的平衡分析与优化；⑧完成车间或生产线瓶颈工位的分析与改进；⑨分析设备故障和维修作业对系统性能的影响；⑩优化产品销售体系，如优化配送中心选址、数量与规模等，以便有效地降低销售成本。

运行决策关注制造系统运营过程中的生产计划、调度与控制，它可以为以下问题的决策提供技术支持：①给定生产任务时，制订作业计划、安排作业班次；②制订采购计划，使采购成本最低；③优化车间生产计划和调度策略；④优化企业制造资源的调度，以提高资源利用率、实现效益最大化；⑤制定与优化设备预防性维修周期。

机电产品种类繁多，系统的结构组成、工作原理和性能要求不尽相同，加工方法和制造工艺各异。与此相适应，市场上有各种功能、适用于不同领域的仿真软件，如运动学仿真软件、动力学仿真软件、结构热设计仿真软件、数控加工仿真软件、生产和物流系统仿真软件、注塑模具成形仿真软件、铸造成形仿真软件、冲压成形仿真分析软件、流体传动仿真软件、生产运作仿真软件等。表 5-1 所列为面向机械产品开发和制造系统设计、运行的部分数字化仿真软件。

表 5-1　面向机械产品和制造系统的数字化仿真软件

软 件 名 称	公 司 名 称	主要应用领域
Flexsim	美国 Flexsim Software Products，Inc.	物流系统、制造系统仿真
Matlab	美国 MathWorks，Inc.	数值计算、控制和通信等系统仿真
Simpack	德国 Intec GmbH	机械系统运动学、动力学系统仿真
Witness	英国 Lanner Group	汽车、物流、制造等系统仿真
Deform	美国 Scientific Forming Technologies Corporation	金属锻造成形仿真
MSC. Nastran	美国 MSC. Software Corporation	结构、噪声、热、机械系统动力学等仿真
MSC. ADAMS	美国 MSC. Software Corporation	机构运动学、动力学仿真与虚拟样机分析
ANSYS	美国 ANSYS，Inc.	结构、热、电磁、流体、声学等仿真
VERICUT	美国 CGTech Corporation	数控加工编程、仿真与优化
Algor	美国 Algor，Inc.	通用性工程仿真分析
Moldflow	美国 Autodesk，Inc.	注塑模具成型工艺仿真
CATIA	法国 Dassault Systemes Group	产品数字化设计
SIMULIA	法国 Dassault Systemes Group	产品虚拟测试分析
DELMIA	法国 Dassault Systemes Group	产品数字化制造
PAM-STAMP/OPTRIS	法国 ESI Group	冲压成形仿真
PAM-CAST/PROCAST	法国 ESI Group	铸造成形仿真
PAM-SAFE	法国 ESI Group	汽车被动安全性仿真
PAM-CRASH	法国 ESI Group	碰撞、冲击仿真
PAM-FORM	法国 ESI Group	塑料、非金属与复合材料热成型仿真
SYSWELD	法国 ESI Group	热处理、焊接及焊接装配仿真
VisSim	美国 Visual Solutios，Inc.	控制、通信、运输、动力等系统仿真
WorkingModel	美国 MSC. Software Corporation	机构运动学、动力学仿真
Simul8	美国 Simul8 Corporation	物流、资源及商务决策仿真
HSCAE, SC-FLOW	中国华中科技大学	注塑模具仿真分析
Automod	美国 Brooks Automation，Inc.	生产和物流系统规划、设计与优化
Teamcenter	德国 Siemens PLM Software，Inc.	产品全生命周期管理仿真软件
NX	德国 Siemens PLM Software，Inc.	产品数字化设计、分析与制造
Pro/Engineer	美国 Parametric Technology Corporation	产品数字化设计、分析与制造
COSMOS	美国 SolidWorks Corporation	机械结构、流体及运动仿真
ITI-SIM	德国 ITI GmbH	机械、液压、气动、热能、电气等系统仿真
FlowNet	美国 Engineering Design System Technology	管道流体流动仿真
ProModel	美国 ProModel Corporation	制造系统、物流系统仿真
ServiceModel	美国 ProModel Corporation	服务系统、物流系统仿真

数字化仿真的应用介于产品数字化设计和数字化制造两个环节之间。为实现有效的信息共享、减少重复性建模，仿真软件需要支持产品数据交换相关标准，与主流数字化设计、数字化制造软件保持良好的兼容性。

5.1.2 数字化仿真的基本步骤

采用数学模型评估产品或制造系统的性能时，模型求解大致可以分为两类方法，即解析法（Analytical Method）和数值法（Numerical Method）。其中，解析法采用数学演绎和推理方法求解模型，如采用运筹学方法优化结构参数、优化物流路线问题等；数值法可以模拟系统运行过程，并根据模型的输出结果来评价系统性能。图 5-3 所示为系统、试验与模型求解之间的关系。

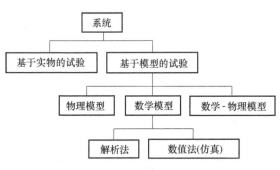

图 5-3　系统、试验与模型求解之间的关系

系统建模和仿真的目的是分析零部件、产品或制造系统的性能特征。一般地，系统建模与仿真应用的基本步骤如图 5-4 所示。

1. 问题描述和仿真需求分析

建模与仿真的应用源于产品开发或制造系统规划设计需求。因此，首先需要明确被研究对象的结构组成、工艺参数和性能指标等，界定产品、系统的组成及其运行环境，提炼出系统的核心特征与建模元素，以便对系统建模、仿真研究做出合理判断和科学定位。

2. 设定仿真研究的目标和计划

优化、决策是系统建模与仿真的目的。根据研究对象不同，建模和仿真研究的目标包括系统的性能、质量、强度、寿命、产量、成本、效率、资源消耗等。根据研究目标不同，确定拟要采用的建模与仿真技术，制定建模与仿真研究计划，包括仿真研究方案、技术路线、时间安排、成本预算、软硬件条件和人员配置等。

3. 建立系统数学模型

为保证所建立的模型符合真实系统、能够反映问题的本质特征及其运行规律，在建模时要准确把握系统的结构组成和运行机理，提取关键特征和参数，采用正确的建模方法，按照由粗到精、先总体后细节的原则，逐步细化和完善系统模型。需要指出的是，在数学建模时不应追求模型元素与实际系统的一一对应关系，可以通过合理的假设来简化模型结构，关注系统的关键元素和本质特征。此外，应该以满足仿真精度为目标，避免使模型过于复杂，以降低建模和求解难度。

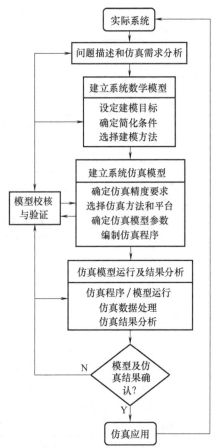

图 5-4　系统建模与仿真应用的基本步骤

4. 模型校核与验证

系统建模和仿真的重要作用是为决策提供依据。

为减少决策失误，降低决策风险，需要对建立的数学模型和仿真模型开展必要的校核、验证和确认工作，以确保系统模型、仿真逻辑和仿真结果的正确性、有效性。实际上，模型的校核、验证和确认工作贯穿于系统建模与仿真的全部过程中。

5. 数据采集

要使仿真结果能够反映系统的真实特性，采集和拟合符合系统实际的输入数据显得尤为重要。数据采集工作在系统建模与仿真中扮演着重要角色。输入数据是仿真模型运行的基础，直接关系到仿真结果的可信性。

6. 数学模型与仿真模型的转换

在计算机仿真中，需要将系统的数学模型转换为计算机能够识别的数据格式。

7. 仿真试验设计

为提高系统建模与仿真的效率，在不同层面和深度上分析系统性能，有必要开展仿真试验的方案设计，科学地确定试验参数和试验次数，以便通过仿真有效地反映出系统的实际特性。

8. 仿真试验

仿真试验是运行仿真程序、开展仿真研究的过程，也就是对所建立的仿真模型进行求解和数值试验的过程。仿真模型的类型不同，求解方法也不尽相同。

9. 仿真数据处理和结果分析

从仿真试验中提取有价值的信息，指导实际系统设计和运行，是仿真的最终目的。早期仿真软件的仿真结果多以大量数据的形式输出，需要研究人员花费大量时间整理和分析仿真数据，做出判断并得出结论。近年来，仿真软件中广泛采用图形化技术，通过图形、图表、动画、视频等形式显示仿真对象的性能状态，使仿真数据和结果的展示更为直观、丰富和详尽，也有利于人们对仿真结果的分析与判断。根据应用领域和仿真对象不同，仿真结果数据的呈现形式和分析方法也不尽相同。

10. 优化和决策

根据系统仿真结果和所得出的结论，改进产品或系统的结构、参数、工艺、配置、布局和运行控制策略等，实现产品和制造系统性能的优化。

 5.2　数字化仿真技术中的有限元法

5.2.1　有限元法的基本概念

有限元法（Finite Element Method，FEM）是一种基于计算机的数值仿真技术。20世纪60年代，随着计算机技术和有限元相关理论的发展，有限元法开始在工程实际中得到应用，现已成为航空航天、机械、电子电气、土木、交通、船舶等领域的重要仿真分析工具，并广泛应用于机电产品和工程结构的强度、刚度、稳定性、可靠性、热力学、流体、电磁兼容特性等领域的分析计算和优化设计。

有限元法的基本思想是：将形状复杂的连续体离散成由有限个单元组成的等效组合体，单元之间通过有限的节点相互连接；根据精度要求，采用有限个参数来描述单元内的力学或其他特性，连续体的特性就是全部单元体特性的叠加；根据单元之间的协调因子和边界条件，建立方程组，联立求解得到系统的性能特征。由于单元数量有限，节点数量也是有限的，因而称为有限单元方法，简称有限元法。有限元法具有良好的灵活性和适应性，通过改变单元数目可以获得不同精度的解集，得到与系统真实状态接近的解。

根据基本未知变量和分析方法不同，有限元法可以分为位移法和力法两种方法。以应力计算为例，位移法是将节点位移作为基本未知量，选择适当的位移函数，分析单元的力学特征，在节点处建立单元的平衡方程，即单元刚度方程，由单元刚度方程组成整体刚度方程，求解得到节点位移，再由节点位移求解应力。力法是将节点力作为基本未知量，在节点上建立位移连续方程，在解出节点力后，再计算节点位移和应力。位移法较为简单，容易实现自动化，因此应用领域广泛；而力法的求解精度通常高于位移法。

有限元法是建立在数学、力学、计算方法、计算机软件等学科基础上的仿真技术，它与产品数字化设计、数字化制造等环节关系密切，已经成为进行产品设计和性能分析的有效工具。有限元法以数值理论计算代替传统的经验类比设计，使产品的设计流程和性能评估方法发生了深刻变化。目前，有限元理论仍处于进一步发展和深化过程中，理论模型不断完善，应用领域得到拓宽。此外，有限元分析的商品化软件开发也取得了长足的进步，软件性能不断增强，建模和仿真分析过程更加便捷，仿真结果的呈现方式越来越丰富。

5.2.2 有限元法的求解步骤

如前所述，有限元法的基本步骤是：针对特定的机电产品或工程结构，将问题的求解域划分为一系列离散的单元；单元之间以不同连接方式并通过节点相互连接；通过定义载荷和边界条件，模拟产品、结构或系统在各种载荷、工作环境下的动态性能，得到实际系统性能的近似解。下面以平面问题为例，简要介绍有限元分析的基本步骤。

1. 结构离散化

结构离散化是进行有限元分析的前提。它将结构的求解区域分割成具有某种几何形状的有限个单元，也称为划分网格。单元之间仅以节点相连，此外，还要将位移边界条件和非节点载荷移到节点上。在平面问题的有限元分析中，三节点三角形单元、四节点矩形单元、四节点四边形单元、六节点三角形单元和八节点曲边四边形单元等是常用的单元形式（图5-5）。其中，三节点三角形单元最为简单，应用也最为广泛。

图5-5 平面单元的基本形式

结构离散的结果是将连续体分解成一系列离散的单元。离散时，要考虑连续体的结构特征和系统性能分析需求，合理地确定单元的形状、数量和单元分割方案，并计算出各节点的坐标，对各节点和单元进行编号。图5-6所示为采用三节点三角形单元对一矩形区域的离散和编号。

在划分有限元网格时，需要注意以下问题：

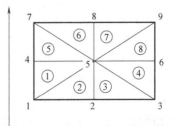

图5-6 单元离散和节点、单元编号

1）网格划分后应没有孤立的点、孤立的边，任一单元的节点必须同时是相邻单元的节点，而不能是相邻三角形单元的内点。

2）单元各边长相差不宜太大，以减少计算误差。在三节点三角形单元中，通常将三角形最长边与垂直于最长边的三角形的高度之比称为长细比（Ratio of Slenderness 或 Aspect Ratio）。根据仿真对象和仿真分析需求不同，对长细比的上限有所约定。

3）划分网格时应考虑分析对象的结构特点，在保证分析精度的前提下，降低有限元模型构建的难度以减少工作量。例如，对于对称性结构，可以只取其中的一部分进行分析；对于可能存在应力急剧变化的区域，对应区域的网格划分应该更加密集，或先统一划分成较粗的网格，再对局部区域的网格进行加密，以提高解算精度。

4）单元编号一般按右手规则进行，并尽量遵循单元的节点编号最大差值最小的原则，以减小刚度矩阵的规模，减少对计算机内存的占用。

2. 单元分析

如图 5-7 所示，对于一个三角形单元，设节点编号为 l、m、n。为描述单元内任意一点 (x, y) 的位移 $u(x, y)$、$v(x, y)$，可以先将 u、v 假设为坐标 x、y 的某种函数，即选用适当的位移模式。该三角形单元有三个节点，共有 6 个自由度，即 6 个位移分量。采用阵列可以表示为 $(q)^e = (u_l \quad v_l \quad u_m \quad v_m \quad u_n \quad v_n)^T$，称 $(q)^e$ 为单元节点位移。

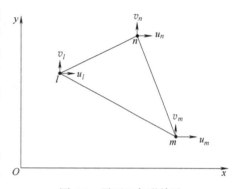

图 5-7　平面三角形单元

单元内部任意一点的位移 u、v 都可以根据单元节点的位移完全确定。因此，位移模式应包含六个待定系数 a_1，a_2，$\cdots$，a_6。假设单元内的位移 u、v 是 x、y 的线性函数，则可以表示为

$$\begin{cases} u(x, y) = a_1 + a_2 x + a_3 y \\ v(x, y) = a_4 + a_5 x + a_6 y \end{cases} \tag{5-1}$$

式（5-1）还可写成矩阵形式

$$\begin{pmatrix} u(x,y) \\ v(x,y) \end{pmatrix} = \begin{pmatrix} 1 & x & y & 0 & 0 & 0 \\ 0 & 0 & 0 & 1 & x & y \end{pmatrix} \begin{pmatrix} a_1 \\ a_2 \\ a_3 \\ a_4 \\ a_5 \\ a_6 \end{pmatrix} \tag{5-2}$$

简记为

$$\begin{pmatrix} u \\ v \end{pmatrix} = (M)(a)$$

式中，$(M) = \begin{pmatrix} 1 & x & y & 0 & 0 & 0 \\ 0 & 0 & 0 & 1 & x & y \end{pmatrix}$；$(a) = (a_1 \quad a_2 \quad \cdots \quad a_6)^T$

将 l、m、n 的节点坐标分别代入式（5-2），可以得到六个方程。这些方程可以用矩阵表示为

$$\begin{pmatrix} u_l \\ v_l \\ u_m \\ v_m \\ u_n \\ v_n \end{pmatrix} = \begin{pmatrix} 1 & x_l & y_l & 0 & 0 & 0 \\ 0 & 0 & 0 & 1 & x_l & y_l \\ 1 & x_m & y_m & 0 & 0 & 0 \\ 0 & 0 & 0 & 1 & x_m & y_m \\ 1 & x_n & y_n & 0 & 0 & 0 \\ 0 & 0 & 0 & 0 & x_n & y_n \end{pmatrix} \begin{pmatrix} a_1 \\ a_2 \\ a_3 \\ a_4 \\ a_5 \\ a_6 \end{pmatrix} \tag{5-3}$$

可以简记为

$$(\boldsymbol{q})^e = (\boldsymbol{A})(\boldsymbol{a})$$

由式（5-3）可以解出

$$(\boldsymbol{a}) = (\boldsymbol{A})^{-1}(\boldsymbol{q})^e$$

代入式（5-2），有

$$\begin{pmatrix} u \\ v \end{pmatrix} = (\boldsymbol{M})(\boldsymbol{A})^{-1}(\boldsymbol{q})^e$$

或写成

$$\begin{pmatrix} u \\ v \end{pmatrix} = (\boldsymbol{N})(\boldsymbol{q})^e$$

式中，$(\boldsymbol{N})$ 称为单元位移的形状函数矩阵，$(\boldsymbol{N}) = (\boldsymbol{M})(\boldsymbol{A})^{-1}$。

对于这种简单的三角形单元，对式（5-3）中的 $[\boldsymbol{A}]$ 求逆，然后乘矩阵 $[\boldsymbol{M}]$，整理得

$$(\boldsymbol{N}) = \begin{pmatrix} N_l & 0 & N_m & 0 & N_n & 0 \\ 0 & N_l & 0 & N_m & 0 & N_n \end{pmatrix} \tag{5-4}$$

其中，各形状函数为

$$\begin{cases} N_l = \dfrac{a_l + b_l x + c_l y}{2\Delta} \\[2mm] N_m = \dfrac{a_m + b_m x + c_m y}{2\Delta} \\[2mm] N_n = \dfrac{a_n + b_n x + c_n y}{2\Delta} \end{cases}$$

$\Delta = \dfrac{1}{2}(x_l y_m + x_m y_n + x_n y_l) - \dfrac{1}{2}(x_m y_l + x_n y_m + x_l y_n)$，$\Delta$ 为三角形单元的面积。

$$\left. \begin{array}{lll} a_l = \begin{vmatrix} x_m & y_m \\ x_n & y_n \end{vmatrix} & b_l = -\begin{vmatrix} 1 & y_m \\ 1 & y_n \end{vmatrix} & c_l = \begin{vmatrix} 1 & x_m \\ 1 & x_n \end{vmatrix} \\[4mm] a_m = -\begin{vmatrix} x_l & y_l \\ x_n & y_n \end{vmatrix} & b_m = \begin{vmatrix} 1 & y_l \\ 1 & y_n \end{vmatrix} & c_m = -\begin{vmatrix} 1 & x_l \\ 1 & x_n \end{vmatrix} \\[4mm] a_n = \begin{vmatrix} x_l & y_l \\ x_m & y_m \end{vmatrix} & b_n = -\begin{vmatrix} 1 & y_l \\ 1 & y_m \end{vmatrix} & c_n = \begin{vmatrix} 1 & x_l \\ 1 & x_m \end{vmatrix} \end{array} \right\} \tag{5-5}$$

在右手坐标系 xOy（由 x 轴到 y 轴为逆时针）中，按式（5-5）进行计算时，三角形节点顺序应按逆时针方向排列（如图 5-7 中 l、m、n 的顺序），这样计算得到的三角形面积总是正值。

3. 单元应变及力分析

当结构受到载荷作用达到静止的变形位置时，各单元在单元节点力的作用下产生内部应

力，处于平衡状态。根据虚功原理，当结构受到载荷作用而处于平衡状态时，在任意给出的节点虚位移下，外力 F 和内力 σ 所做的虚功之和等于零，即 $\delta W_F + \delta W_\sigma = 0$。

若单元节点产生任意虚位移 $\delta q^e = (\delta u_i \quad \delta v_i \quad \delta u_j \quad \delta v_j \quad \delta u_k \quad \delta u_j)^{\mathrm{T}}$，则单元内将产生相应的虚位移 δu、δv 和虚应变 $\delta \varepsilon_x$、$\delta \varepsilon_y$、$\delta \gamma_{xy}$。它们都是 x、y 的坐标函数。

单元节点力的虚功为

$$\delta W_F = \delta u_i F_{xi} + \delta v_i F_{yi} + \delta u_j F_{xj} + \delta v_j F_{yj} + \delta u_k F_{xk} + \delta v_k F_{yk}$$

记为 $\delta W_F = \delta q^e f^e$。

内力所做的虚功为

$$\delta W_\sigma = -\int_V (\delta \varepsilon_x \sigma_x + \delta \varepsilon_y \sigma_y + \delta \gamma_{xy} \tau_{xy}) \mathrm{d}V$$

$$= -\int_V \delta \varepsilon^{\mathrm{T}} \sigma \mathrm{d}V = -\int_V \delta (q^e)^{\mathrm{T}} B^{\mathrm{T}} DB q^e \mathrm{d}V$$

式中，V 为单元的体积。

根据虚功方程，得

$$\delta (q^e)^{\mathrm{T}} f^e = \delta (q^e)^{\mathrm{T}} \int_V B^{\mathrm{T}} DB \mathrm{d}V q^e$$

$$\Rightarrow f^e = \int_V B^{\mathrm{T}} DB \mathrm{d}V q^e$$

记 $[\boldsymbol{k}]^e = \int_V B^{\mathrm{T}} DB \mathrm{d}V$，称为 e 单元的刚度矩阵，则有

$$\{\boldsymbol{f}\}^e = [\boldsymbol{k}]^e \{\boldsymbol{q}\}^e$$

4. 整体刚度矩阵叠加

各单元的刚度矩阵是在统一的直角坐标系中建立的，可以直接叠加。将各单元刚度矩阵中的子块按其统一编号的下标加入整体刚度矩阵相应的子块中。

5. 基本方程和边界条件

刚度矩阵叠加后，可以得到结构的基本方程：$(K)(\boldsymbol{q}) = (\boldsymbol{F})$。其中，成对的节点内力将抵消掉，再考虑边界和条件约束，即可求解出各节点的未知位移。

6. 位移和应力的求解

当得到所有节点的位移后，就可利用几何方程和物理方程求得单元的应变和应力。由弹性力学理论可知，平面内的应变为

$$(\boldsymbol{\varepsilon}) = \begin{pmatrix} \varepsilon_x \\ \varepsilon_y \\ \gamma_{xy} \end{pmatrix} = \begin{pmatrix} \dfrac{\partial u}{\partial x} \\ \dfrac{\partial u}{\partial y} \\ \dfrac{\partial u}{\partial y} + \dfrac{\partial v}{\partial x} \end{pmatrix} = \begin{pmatrix} \dfrac{\partial}{\partial x} & \\ & \dfrac{\partial}{\partial y} \\ \dfrac{\partial}{\partial y} & \dfrac{\partial}{\partial x} \end{pmatrix} \begin{pmatrix} u \\ v \end{pmatrix}$$

在平面应力状态下，平面内应力分量与应变的关系可表示为

$$(\boldsymbol{\sigma}) = \begin{pmatrix} \sigma_x \\ \sigma_y \\ \tau_{xy} \end{pmatrix} = \frac{E}{1-\mu^2} \begin{pmatrix} 1 & \mu & 0 \\ \mu & 1 & 0 \\ 0 & 0 & \dfrac{1-\mu}{2} \end{pmatrix} \begin{pmatrix} \varepsilon_x \\ \varepsilon_y \\ \gamma_{xy} \end{pmatrix}$$

5.2.3 有限元分析软件的模块组成和主流软件介绍

1. 有限元分析软件的应用领域及其模块组成

目前，有限元理论已经广泛应用于各类工程项目和机电产品设计中，应用领域包括：①静力学分析，包括产品和结构体的弹性、弹塑性、塑性、蠕变、膨胀、变形、应力应变、疲劳、断裂、损伤分析等；②动力学分析，包括交变荷载、爆炸冲击荷载、随机地震荷载和各种运动荷载作用下结构的振动模态分析、谐波响应分析、随机振动分析、屈曲与稳定性分析等；③热分析，包括传导、对流和辐射状态下的热分析、相变分析、热-结构耦合分析等；④电磁场和电流分析，包括电磁场、电流、压电行为和电磁-结构耦合分析等；⑤流体计算，包括常规的管内和外场的层流、湍流、热-流耦合和流-固耦合分析等；⑥声场与波的传播计算，包括静态、动态声场与噪声计算，固体、流体和空气中波的传播分析等。

一般地，有限元分析软件的体系架构和模块组成如图5-8所示，其核心模块包括前置处理模块、有限元分析模块和后置处理模块等。

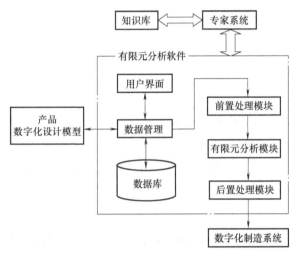

图5-8 有限元分析软件的体系架构和模块组成

（1）前置处理模块 前置处理模块用于读入产品的数字化设计模型、生成仿真模型数据。主要工作内容包括：构造几何模型，划分有限元网格，节点和单元编号，设置载荷、材料和边界条件等，为后续的有限元计算提供准备。

前置处理工作量大，并且直接关系到仿真结果的可信性。目前，多数有限元分析软件均提供自动的有限元数据前置处理功能，包括划分各种类型的单元，生成有限元网格，得到节点坐标、节点编号和单元拓扑数据，定义载荷、材料和边界条件等。此外，不少有限元分析软件的前处理模块还具有自动检测模型质量、发现和处理前处理过程中存在的问题等功能，并提供自动或人工修正工具，以提高有限元模型质量，保证仿真结果的精度和数值分析的有效性。

（2）有限元分析模块 该模块为数据处理模块，用于单元和系统整体性能分析，求解位移、应力等性能指标。一般地，有限元分析软件提供各种有限单元库、材料库和算法库。根据分析对象的物理、力学和数学特征不同，可以将问题分解成若干个子问题，由不同的有限元分析子系统分别完成分析计算，如静力学分析子系统、动力学分析子系统、振动模态分析子系统、热分析子系统等。

（3）后置处理模块 后置处理模块用于有限元计算结果的分析、编辑和输出。根据分析对象和仿真目标不同，可以输出位移、温度、应力、应变、流场速度和压力等数值指标。

随着图形化技术的发展，在后置处理模块中，图形、动画等显示和输出方式逐步代替了传统的文字输出方式，如网格图、变形图、向量图、振型图、响应曲线、应力分布图等，使仿真计算结果的展示更加形象、直观，有助于用户分析仿真结果、判定设计方案的合理性。

此外，有限元软件通常还提供以下模块：①用户界面模块，提供交互式图形界面、菜单、对话框、数据导入导出命令和图标按钮等，以帮助用户完成人机对话和数据的输入输出；②数据管理模块，提供零件模型数据、网格模型数据、单元库数据、材料数据、算法库数据、分析结果数据以及相关标准、规范、知识库的管理等。据统计，在有限元分析软件运行过程中，约有 70% 的时间在进行数据交换。

有限元分析软件的仿真分析能力主要取决于单元库、材料库的完善程度。通常，单元库所包含的单元类型越多，材料库所包含的材料特性种类越全，软件的仿真分析能力就越强。主流有限元分析软件单元库的单元形式有一百余种，材料库完善，对各类工程项目和机电产品的动态行为有很强的仿真计算能力。

有限元分析软件的计算效率和计算精度主要取决于解法库。解法库中的求解算法越多，软件的适应面就越广，并且可以根据仿真分析类型、研究对象规模不同选择合适的算法。高效的求解算法可以成倍乃至数十倍地提高计算效率。

为满足产品数字化集成开发的需求，有限元分析软件需要有良好的集成性和兼容性，向前与数字化设计软件集成，可以接收来自 Pro/Engineer、Siemens NX、CATIA、SolidWorks 等主流数字化设计软件的模型数据；向后能够与 CAPP、数控编程、产品数据管理（PDM）、企业资源计划（ERP）等数字化制造和数字化管理软件集成。此外，专业化和属地化也是有限元分析软件重要的发展方向。通过增加面向行业的数据处理和优化算法模块，实现针对特定行业、特定产品和特定性能的仿真分析，为用户提供便利。

2. 主流有限元分析软件介绍

20 世纪 60 年代开始出现有限元分析软件。20 世纪 70 年代至 80 年代中期，有限元理论及其软件技术取得很大进展，有限元算法不断完善，软件功能不断增强，使用也更加方便。20 世纪 80 年代中期以后，有限元分析方法及其应用工具趋于成熟。通用的有限元分析软件有 NASTRAN、ANSYS、ADINA、ABAQUS、MODULEF、DYN‑3D、SAP、COSMOS 等，另外还有 Moldflow 等面向专业领域的有限元分析软件。

（1）ANSYS ANSYS 是涵盖结构、热、流体、电磁、声学等领域的通用型有限元分析软件，广泛应用于航空航天、机械制造、石油化工、交通、电子、土木等学科。ANSYS 的主要模块包括：

1）结构静力分析模块。用来求解外载荷引起的位移、应力和力。静力分析模块不仅具有线性分析能力，还能够完成非线性分析，如塑性、蠕变、膨胀、大变形、大应变及接触分析等。

2）结构动力学分析模块。用来求解随时间变化的载荷对部件或结构的影响，需要考虑随时间变化的力载荷以及对阻尼、惯性等因素的影响。结构动力学分析模块包括瞬态动力学分析、模态分析、谐波响应分析及随机振动响应分析等内容。

3）结构非线性分析模块。结构非线性会导致结构或部件的响应随外载荷不成比例地变化。ANSYS 可求解静态和瞬态非线性问题，包括材料非线性、几何非线性和单元非线性。

4）动力学分析模块。ANSYS 可以分析大型三维柔体运动。

5）热分析模块。ANSYS 可以对传导、对流和辐射三种热传递类型的稳态和瞬态、线性和非线性进行分析，还可以仿真材料固化和熔解过程的相变，完成热‑结构耦合分析。

6）电磁场分析模块。主要用于电感、电容、磁通量密度、涡流、电场分布、磁力线分布、运动效应、电路和能量损失等电磁场问题的分析。

7）流体动力学分析模块。包括瞬态和稳态动力学分析、层流与湍流分析、自由对流与强迫对流分析、可压缩流与不可压缩流分析、亚音速/跨音速/超音速流动分析、多组分流动分析、牛顿流与非牛顿流体分析等。

8）声场分析模块。用于研究流体介质中声波的传播、固体结构的动态特性等。

9）压电分析模块。用于分析二维或三维结构对交流、直流或任意随时间变化的电流和机械载荷的响应。分析类型包括静态分析、模态分析、谐波响应分析和瞬态响应分析等。

ANSYS 还可以分析金属成形过程（如滚压、挤压、锻造、挤拉、旋压、超塑成型、板壳冲压滚压、深冲深拉等），完成整车碰撞分析（如安全气囊分析、乘员响应分析）和焊接过程分析等工作。此外，ANSYS 还具有耦合场分析能力，耦合类型包括热-应力、磁-热、磁-结构、流体流动-热、流体-结构、热-电、电-磁-热-流体-应力等。

ANSYS 软件提供 100 多种单元类型，可以仿真工程中的各种结构和材料，包括橡胶、泡沫、岩石、土壤等。它的后置处理模块提供图表、曲线、彩色等值线显示、梯度显示、矢量显示、粒子流迹显示、立体切片显示、透明和半透明显示等显示或输出形式。

（2）MSC. NASTRAN　为满足航空航天工业对结构分析的需求，1966 年，美国国家航空航天局（National Aeronautics and Space Administration，NASA）开展了大型应用有限元程序开发的招标工作，MSC 公司中标。1969 年，NASA 推出 NASTRAN 软件。1973 年，MSC 公司成为 NASTRAN 软件的维护商。1971 年，MSC 公司推出其自有版本——MSC. NASTRAN。之后，MSC 公司通过多次收购、合并和重组，其软件功能不断完善，逐步成为有限元分析领域的行业标准。MSC. NASTRAN 的计算结果常被用作评估其他有限元分析软件计算精度的参照标准，主流的数字化设计与制造软件都具有与 MSC. NASTRAN 软件的接口。

MSC. NASTRAN 的主要功能模块包括基本分析模块（含静力、模态、屈曲、热应力、流-固耦合和数据库管理等）、动力学分析模块、热传导模块、非线性分析模块、气动弹性分析模块等。其中，静力分析主要用来求解结构在与时间无关或时间作用效果可忽略的静力载荷作用下的响应，计算节点位移、节点力、约束力、单元内力、单元应力和应变能等性能参数；屈曲分析模块用于研究结构在特定载荷作用下的稳定性，以及确定结构失稳的临界载荷；动力学分析模块包括正则模态特征值分析、频率及瞬态响应分析、声学分析、随机响应分析、响应及冲击谱分析、动力灵敏度分析等；非线性分析模块用来模拟因材料、几何、边界和单元等非线性因素而导致的结构响应与所受外载荷不成比例的工程问题；气动弹性分析模块包括静态和动态气弹响应分析、颤振分析和气弹优化等，在飞机、导弹、斜拉桥、电视发射塔、烟囱等结构设计中有着广泛的应用；流-固耦合分析模块主要用于解决流体与结构之间的相互作用效应问题。

此外，MSC. NASTRAN 提供从概念设计中的拓扑优化，到产品详细设计和尺寸优化的一体化仿真优化环境，通过灵敏度分析确定设计变量对结构响应的灵敏度，帮助设计人员获得最佳设计参数，为产品设计提供完整的优化功能。

（3）COSMOSWorks　COSMOSWorks 是美国结构研究与分析（Structure Research and Analysis Corporation，SRAC）公司的产品，后被 SolidWorks 公司收购。COSMOSWorks 与 SolidWorks 的产品设计环境无缝集成，简单易用，有利于缩短产品设计周期，降低设计成本，提高设计质量。

COSMOSWorks 软件的主要功能包括：①静力学分析，计算节点和结构的应力、应变和位移，计算有热源的温度场和稳定温度场的热应力，包括边界条件计算，支持装配零件之间的接触计算；②频率分析，计算固有频率和相关模型频率、应变强化效应等；③失稳分析，计算失稳模型的形状和相关载荷因子；④非线性结构分析，解决静态条件下几何体和材料的非线性问题，包括限制载荷、过失稳、塑性和跌落试验等；⑤设计优化，包括零件和装配体结构优化，薄壁零件优化，质量、体积、频率、失稳载荷因子等目标的优化。

此外，SolidWorks 公司还提供完全集成于 SolidWorks 的流体分析软件 COSMOSFloWorks 和运动分析软件 COSMOSMotion。其中，COSMOSFloWorks 直接引用 SolidWorks 中的零件或装配体模型，具有完整的气体、液体、固体、多孔材料等工程数据库，可以用于汽车、机翼、排气阀等产品的流体力学分析。COSMOSMotion 具有计算功率、建立运动副、设计凸轮、分析齿轮驱动、计算弹簧/垫片型号、推算接触零件的运动行为等功能，支持虚拟样机试验，可以在制造之前模拟产品的运动性能，以缩短产品开发周期，降低设计风险。

5.2.4　数字化仿真应用案例

模具被称为"工业之母"。模具具有特定的功能结构、型腔形状和轮廓尺寸，在外力作用下，将高温的液态、固态或粉末状材料（如金属合金、塑料等）填充至模具型腔内，可以改变固体坯料的物理状态和形状结构，生产出具有特定形状、尺寸和功能的零部件。常用的模具种类包括冲压模具、锻压模具、铸造模具、注塑模具、吹塑模具等，其中注塑模具占有相当大的比重。

模具成形的产品通常具有高复杂性、高精度、高一致性、高生产率、低制造成本等特点，尤其适合大批量、复杂结构零部件的生产。与切削加工等制造方法相比，利用模具制造产品具有显著优势。据统计，在汽车、铁路机车、家用电器、仪器仪表、通信电子等各类机电产品中，有 60%～80% 的零部件需要依靠模具成形。

目前，模具制造业正在发生深刻变化，主要表现在：①由依赖人的经验、技巧向依赖软硬件技术转变。传统的模具开发主要依赖技术人员和钳工的经验。但是，模具开发是典型的单件或极小批量生产，很少有完全相同的模具结构，纯粹地依靠经验往往不能准确地预测问题，也难以有效、及时地解决问题。数字化开发技术，尤其是数字化仿真技术的广泛应用，为提高模具质量和缩短生产周期提供了有效的技术手段。②由串行开发模式向并行开发模式转变。以注塑模具为例，传统模具开发遵循设计、制造、试模、修模、注塑生产的串行生产方式，模具开发周期长、成本高，模具和塑件产品的质量难以保证。以产品数字化建模、数字化仿真和数字化制造为核心的数字化开发技术彻底改变了串行开发模式。

实际上，数字化仿真技术几乎涵盖注塑模具开发的所有环节。利用仿真技术，可以在产品和模具结构的设计阶段预测和发现设计方案中存在的缺陷，及时地改进、优化产品和模具的结构、尺寸和性能，提高产品的可制造性；利用模具注塑成型过程仿真，预测塑件生产过程中可能出现的缺陷，分析缺陷产生的原因，优化注塑工艺参数和环境变量。图 5-9 所示为数字化仿真技术在注塑模具开发中的功用。

下面以注塑成型过程为例，介绍有限元仿真技术在注塑件设计和注塑模具开发中的应用。注塑成型过程包括合模、充填、保压、冷却、开模和顶出等阶段，此外还有加料、预热、塑件脱模、清模等辅助工序（图 5-10）。其中，充填、保压和冷却是影响注塑成型效率和塑件质量的关键环节。影响塑件成型质量的因素包括塑件结构及其复杂程度、塑件厚度、塑件表面状态和质量（如产品结构、纹理、表面粗糙度等）、浇口尺寸、熔融塑料的温度、模壁温度、塑料品种及其性能、注射速度和压力、保压压力和时间、冷却水道位置和尺寸、冷却介质种类/流量和进口温度等。

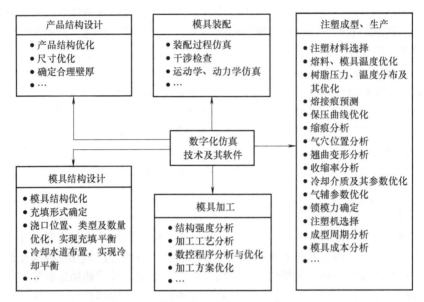

图 5-9　数字化仿真技术在注塑模具开发中的功用

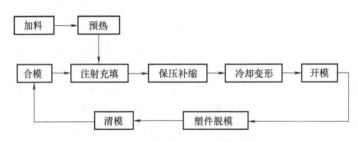

图 5-10　注塑成型的工作循环

有限元仿真技术可以分析塑件和模具设计中可能存在的不合理的结构和参数，优化注塑成型（包括充填、保压和冷却等阶段）工艺参数，辅助完成注塑机选择并设定注塑参数等。有限元仿真的作用主要包括：

1）浇口位置预测。根据用户输入的材料特性参数、工艺参数、模具状态参数，结合产品的几何模型数据，预测最佳浇口位置，使塑料熔体尽可能同时充满型腔最远端，使塑料件变形最小，避免或减少熔接痕、气穴等潜在缺陷的产生。

2）流动分析。预测熔体流经浇注系统充填型腔的全部过程，帮助设计师优化产品和型腔设计，确定合理的浇口和浇道系统，预测注塑所需的注射压力和锁模力，发现可能出现的注塑缺陷。

3）冷却分析。优化注塑成型的工艺条件和冷却系统设计；提高塑件冷却的均匀性；减少因残余应力引起的塑件翘曲变形，保证塑件尺寸的稳定性，改善制品质量；确定冷却条件和冷却系统参数，缩短塑件和模具的冷却时间，提高生产率，降低生产成本。

4）翘曲变形分析。获得塑件翘曲变形的分布情况，包括线性弯曲和非线性变形等，直观地显示不同位置、不同方向的翘曲变形量，辅助分析产生翘曲的各种因素，在此基础上提出补救措施。

5）材料和注塑工艺分析。通过对充填过程的分析，为塑件材料选择提供理论依据，以达到提高塑件质量、降低生产成本的目的。

6）应力分析和收缩分析。

7）选择注塑机规格，设定和优化注塑工艺参数。

总之，塑料成型仿真技术的目的在于：优化浇注系统设计，优化冷却系统结构和参数，确定注塑机的注射参数，解决诸如塑件翘曲、尺寸不稳定、熔接痕等质量问题，提高注塑模具开发的一次性成功率和塑件生产的良品率，降低模具的开发成本和塑件的生产成本。

与其他有限元仿真软件相似，注塑成型仿真软件主要包括前置处理、仿真计算和后置处理等三个模块：

（1）前置处理模块　主要包括塑件三维数字化模型导入、网格划分与处理、塑件材料选择及参数设定、注塑工艺要求定义、浇口位置设定、浇注系统和冷却系统建模等内容。

1）塑件三维数字化模型导入。塑件造型可以用仿真软件提供的造型工具完成，也可以先用其他三维造型软件生成实体模型，再通过一定的文件格式转换导入注塑模具仿真系统中。通常的做法是先在数字化设计软件中完成产品造型，再以一定的格式转换到仿真软件中。

以塑件成型仿真分析软件 Moldflow© 为例，它可以接收以下格式的产品数据：*.stl、*.iges、*.step、*.x_t、*.prt、*.catpart、*.ans、*.nas 等。其中，*.stl、*.iges、*.step 分别是国际或行业标准文件格式，其余分别为 UG、Pro/Engineer、CATIA、ANSYS、Nastran 等主流数字化设计或仿真软件的文件格式。

浇注系统、冷却系统布局及其参数设置涉及专业领域的知识，建模过程相对简单，一般在注塑模具仿真软件中完成建模。注塑模具仿真软件还提供浇注系统、冷却系统、一模多腔模具等内容的设计向导，可帮助用户快速建立浇注系统、冷却系统和模具型腔的三维模型。

2）网格划分与处理。

注塑模具成型过程仿真也是基于有限元法的基本原理，网格的数量和质量对仿真结果有重要影响。网格划分不正确或单元属性设置错误，将会导致某些仿真结果出现错误。另外，网格单元数量直接影响仿真结果的精度。一般地，单元数量越多，仿真结果精度越高。但是，单元数量过多会导致计算时间增加。因此，需要根据模型的复杂程度和计算机的配置情况，合理地确定单元数量，既要保证一定的计算精度，也要将仿真计算时间限定在可以接受的范围内。

Moldflow 软件提供三种形式的网格模型：中层面网格（Midplane Mesh）、双层面网格（Surface Mesh）和三维实体网格（Volume Mesh 或 3D Mesh）。其中，中层面网格（图 5-11a）

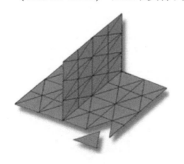
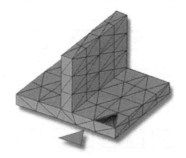
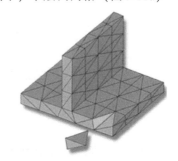

a）中层面网格　　　　　　b）双层面网格　　　　　　c）三维实体网格

图 5-11　注塑仿真的有限元网格类型

的单元数量最少，计算速度最快，但计算精度较低；双层面网格（图5-11b）的应用最为普遍；三维实体网格（图5-11c）的单元数量最多，精度最高，计算量最大。

网格划分完成后，通常需要检查网格质量，找出网格划分中存在的错误或有缺陷的网格，利用系统提供的网格修补工具加以修正。以Moldflow软件为例，它提供改进长细比（Fix Aspect Ratio）、节点合并（Merge Nodes）、节点匹配（Match Nodes）、插入节点（Insert Nodes）、移动节点（Move Nodes）、补孔（Fill Hole）、创建三角形单元（Create Triangles）、清除节点（Purge Nodes）、交换边（Swap Edge）等网格修补工具。实际上，网格检查与处理是前置处理中最为复杂、花费时间最多的环节之一。

3）塑料材料选择及参数设定。塑料材料的特性是注塑成型仿真中的重要参数。不同厂家、不同品种塑料的性能参数各不相同，如流变性能、热性能、力学性能、推荐模具温度范围、推荐熔体温度范围等，这些参数的选择直接关系到注塑成型和仿真分析结果。

4）工艺参数设置。工艺参数主要包括模具温度、熔体温度、冷却时间、开模时间、注塑机类型、注塑机控制参数等。

（2）仿真计算模块　在开展有限元仿真计算前，需要选择具体的仿真分析内容，如热塑性塑料注塑成型、气体辅助注塑成型、热固性材料的反应成型或半导体封装成型等。其中，注塑成型类型中又包括填充分析、流动分析、冷却分析、翘曲变形分析等模块及其组合，可以根据具体的仿真需求加以选择。

（3）后置处理模块　后置处理是指对仿真结果进行分析和处理。利用图形及动画技术可以形象地描述塑料熔体充填型腔的过程，逼真地显示速度场、温度场、压力场分布，分析气穴、熔接线等潜在缺陷的位置及其严重程度，帮助用户判断成型参数设置、工艺流程设置的合理与否，产品结构设计、成型过程是否存在缺陷，以及产品质量、生产率是否满足设计要求。

综上所述，注塑成型仿真分析的基本流程如图5-12所示。

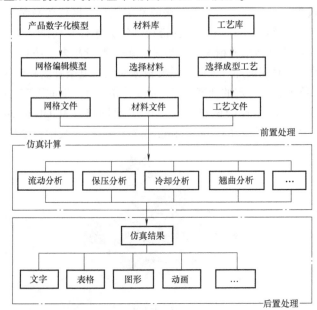

图5-12　注塑成型仿真分析的基本流程

保险杠是汽车的重要外饰件和功能部件。前保险杠尺寸大、结构复杂，成型过程中容易产生熔接痕、流痕、浇口痕迹、表面凹陷等缺陷，影响产品外观及其性能。

　　下面以某型号汽车前保险杠的注塑模具开发为例，介绍数字化仿真分析和优化的基本步骤：

　　1）建立项目，输入保险杠的数字化模型。在 UG 软件中完成保险杠的数字化造型（图5-13）。

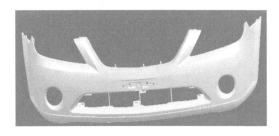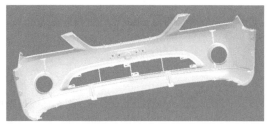

图 5-13　某型号汽车保险杠实体模型

　　2）划分网格，设置浇注系统和冷却系统。以产品的数字化模型为基础，在 Moldflow 软件中划分网格。采用中层面网格模型，单元数量为 17225 个。设置浇注系统和冷却系统（图5-14）。在初步设计方案中，设置一个 4mm×1mm 的矩形侧浇口和一个直径为 12mm 的圆柱形浇口，并采用热流道（Hot Runner）技术。

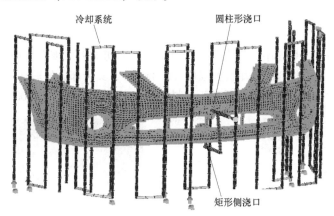

图 5-14　保险杠网格划分和浇注、冷却系统设置

　　3）选择材料，设置注塑成型工艺参数。该保险杠材料为三井（Mitsui）的 PP-X50。Moldflow 软件的材料库中有该材料的性能数据，推荐模温范围为 27～63℃，推荐熔体温度为 180～200℃。考虑到该保险杠尺寸大、结构比较复杂，设置模温为 50℃、熔体温度为 200℃。充填、保压和冷却时间设置为 45s，其中充填时间为 8s，开模时间设置为 5s，当充填到 98% 时进行螺杆速度/压力的切换。

　　4）仿真结果分析。保险杠充填时间为 8.943s。从充填过程看，由于产品结构对称、浇口位置和尺寸较合理，充填过程的平衡性较好（图5-15）。由熔接痕分布（图5-16中的黑线）可知，熔接痕较多，主要分布在保险杠正面、车灯外侧处和分型面处。原因是保险杠正面窗口较多，两个浇口的料流在正面汇合。但是，由于浇口附近和前方树脂流动前锋的温度较高，实际熔接痕不是太明显。

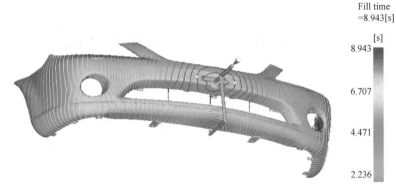

图 5-15　保险杠充填过程分析

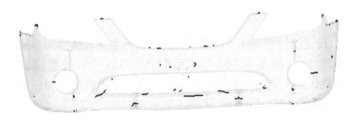

图 5-16　保险杠熔接痕分析

模壁剪切应力及剪切速率分析表明，充填时最大剪切应力出现在底面侧浇口附近，数值为 0.5028MPa，超出了材料的许用抗剪强度（0.3MPa），其余部分的剪切应力在许用范围内。另外，侧浇口附近的剪切速率值也远高于材料的最大允许剪切速率（400001/s）（图 5-17）。

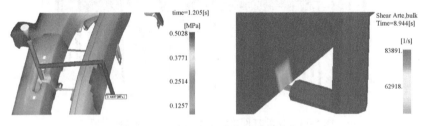

图 5-17　剪切应力及剪切速率分析

产生上述现象的原因，是侧浇口的厚度太薄，导致流动阻力过大、剪切应力增加。剪切速率过大将引起熔体破裂和降解，使制品出现银纹、分层、喷痕等表观缺陷；剪切应力超过材料的抗剪强度，致使塑料降解，在塑件表面产生白斑，在制品内形成残余应力，引起塑件制品的变形，最终影响了塑件的质量。

改进措施：考虑到流动平衡、熔接痕位置等因素，将侧浇口尺寸改为 2mm×2mm。修改模型后，再次进行有限元仿真。仿真结果表明，剪切速率和剪切应力都下降到材料的许用值范围之内。注塑生产也验证了仿真分析结果的正确性。

此外，注塑模具成型仿真分析内容还包括优化冷却系统性能、分析模具和塑件表面温度分布、确定锁模力、选择注塑机、优化注塑机螺杆推进压力和速度曲线、分析塑件收缩率、计算型腔体积和塑件质量等。限于篇幅，此处不再赘述。

5.3　虚拟样机技术

5.3.1　虚拟样机技术概述

传统的机电产品开发通常按照市场调研→概念设计→详细设计→物理样机制造→物理样机试验→修改设计方案→重新制造样机→新的样机试验→…→批量生产的流程展开（图 2-1），各环节之间呈串行关系，设计方案的可行与否在很大程度上依赖于物理样机试验的结果。由于缺少有效的技术手段和分析工具，往往到物理样机试验阶段才能发现详细设计、甚至是概念设计中存在的问题，严重影响了产品开发的进度、效率和质量。

经济全球化使得市场竞争日益激烈，为提高产品的市场竞争力，制造企业都面临着缩短产品研发周期、提高产品性能和质量、降低开发和生产成本等局面。20 世纪 80 年代以后，随着数字化设计、数控加工、数字化仿真和计算机软硬件等技术的成熟，产品开发开始向数字化设计→数字化样机→数字化样机测试→数字化制造→数字化产品全生命周期管理的全数字化开发模式转变（图 5-18）。

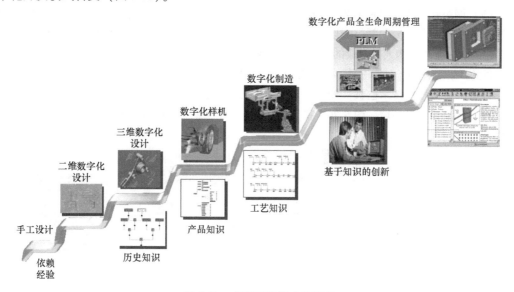

图 5-18　产品开发模式的演变

数字化样机（Digital Mockup）也称为虚拟样机（Virtual Prototype）。美国国防部将虚拟样机定义为：建立在计算机上的原型系统或子系统模型，它在一定程度上具有与物理样机相当的功能和真实度，可以代替物理样机以便对设计方案的各种特性进行测试和评价。

虚拟样机是由多学科集成形成的综合性技术，它以运动学、动力学、流体力学、材料学、有限元分析、优化理论、计算方法、传感技术、控制理论和计算机图形学等学科知识为基础，将产品设计与分析集成，构建虚拟现实的产品数字化设计、分析和优化研究平台，以便在进行产品制造之前准确地了解产品的性能特征（图 5-19）。

虚拟样机技术是一种全新的产品设计理念。它以产品数字化模型为基础，将虚拟样机与虚拟环境耦合，测试、分析和评估产品设计方案和各种动态性能，通过修改设计方案及工艺参数来优化整机性能。虚拟样机技术强调系统性能的动态优化，因此也称为系统动态仿真技术。

基于虚拟样机技术的产品开发具有以下特点：

（1）数字化　数字化特征主要表现在：①产品呈现方式的数字化，产品在不同开发阶段，直至成品出现之前，均以数字化方式（即产品数字化模型）存在；②产品开发进程管理的数字化，采用数字化方式管理产品开发的全部过程，包括开发任务的分配与协调；③信息交流的数字化，开发的不同阶段之间、部门内部与部门之间的信息交流均采用数字化方式完成。

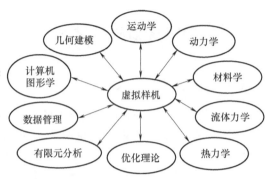

图 5-19　虚拟样机技术的学科体系

（2）虚拟化　产品开发从市场调研、产品规划、设计、制造到检验、试验直至报废的全生命周期均在计算机的虚拟环境中实现，不仅可以实现产品物质形态、制造过程的模拟和可视化，也可以实现产品性能状态、动态行为预测、评价和优化的虚拟化。

（3）网络化　虚拟产品开发是网络化协同工作的结果。由于机电产品及其开发过程的复杂性，单一的技术人员和部门难以胜任全部开发工作，往往是由身处异地的不同部门甚至是多个单位的众多工程技术人员组成的开发团队在网络化环境下协同完成的。例如，在美国波音 777 型飞机的开发过程中，日本三菱、川崎和富士重工株式会社承担了 20% 的结构研发工作。

目前，虚拟样机技术已被广泛应用于航空航天、汽车、工程机械、船舶、机器人、生产线、物流系统等众多领域。图 5-20、图 5-21 所示分别为基于 CATIA 软件的飞机和船舶的虚拟样机开发。

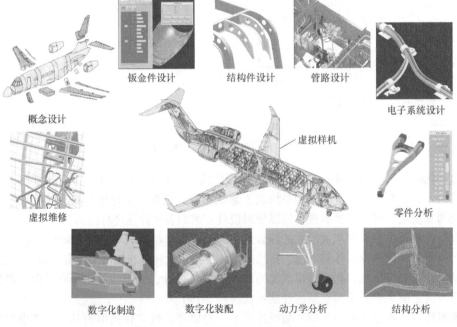

图 5-20　某型号飞机的虚拟样机开发

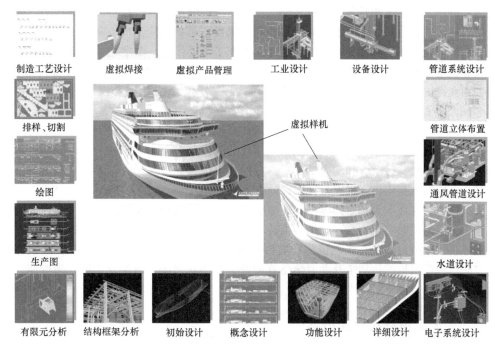

制造工艺设计　虚拟焊接　虚拟产品管理　工业设计　设备设计　管道系统设计

排样、切割

虚拟样机

管道立体布置

绘图

通风管道设计

生产图

水道设计

有限元分析　结构框架分析　初始设计　概念设计　功能设计　详细设计　电子系统设计

图 5-21　某型号船舶的虚拟样机开发

以航天工程为例，虚拟样机技术可用于研究飞船的运行轨迹与姿态控制，空间飞行目标捕捉技术，载人飞船与空间站对接技术，飞船发射、着陆和回收技术，宇航员操作与出仓活动，飞船故障维修和应急处理，太阳能帆板展开机构设计等。

虚拟样机技术已受到企业的高度重视，技术领先、实力雄厚的企业纷纷将虚拟样机技术引入其产品开发中，以保持企业的竞争优势。波音 777 型飞机是采用虚拟样机设计技术的经典案例。国内企业也十分重视虚拟样机技术的应用。例如，北京吉普汽车有限公司在 BJ2022 型新车的开发过程中，应用虚拟样机设计软件 ADAMS，建立包括前悬架、后悬架、转向杆系、横向稳定杆、板簧、橡胶衬套、轮胎、传动系及制动系等由 64 个零部件组成的虚拟样机模型，仿真研究该车型在稳态转向、单移线、双移线、直线制动和转弯制动等工况下的动力学特性。整车特性试验表明，仿真分析与试验结果相吻合，仿真计算结果具有很高的计算精度，可以作为整车性能量化评价的依据，从而探索出数字化、虚拟化汽车整车开发的有效途径。综上所述，产品开发的技术手段已经发生重大转变，数字化和虚拟样机技术逐步取代了传统的实物样机试验研究。图 5-22 所示为机电产品性能试验和开发手段的变化趋势。

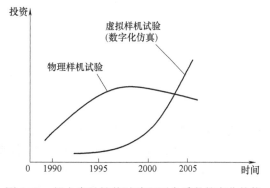

图 5-22　机电产品性能试验和开发手段的变化趋势

国产知名的汽车自主品牌——奇瑞汽车十分重视数字化仿真技术，奇瑞公司从海内外引进 100 余位专业技术人员，建立起具有国际领先水平的汽车研发仿真平台，分析对象覆盖所有关键零部件、子系统和整车，具备从概念设计到样机制造的全过程仿真验证能力。高水平仿真平台的建立，有效地缩短了新品开发周期，提高了市场响应速度，降低了开发成本，并在提高产品安全性、耐用性、综合性能等方面发挥了重要作用。数字化仿真推动了奇瑞的自主研发和技术创新，成为奇瑞汽车研发、设计和生产中不可或缺的技术手段。2008 年 6 月，奇瑞公司获得国内计算机辅助工程领域权威机构——中国 CAE 组委会授予的"2008 年中国 CAE 领域杰出贡献奖"。

在国产支线飞机 ARJ21 的研制过程中，原中航第一集团 640 研究所以 CATIA 软件为平台，建立了 ARJ21 三维实体模型，完成了数字化装配、干涉检查、运动分析、可维修/可维护性分析、人机工程、运动学和动力学分析、数控加工仿真等仿真研究，形成了新型支线飞机虚拟样机，成功地探索出飞机虚拟样机设计之路。

虚拟样机技术在航天和空间机构研究中也得到了广泛应用。例如，我国"神舟"飞船研制过程中大量采用数字化仿真和虚拟样机技术。其中，上海航天局 805 所成功地应用 ADAMS 软件完成了太阳电池阵及其驱动机构的虚拟样机设计。此外，他们还应用 ADAMS 软件完成多项空间与地面机构的运动学及动力学仿真研究，如接触撞击、缓冲校正等，为按期、高质量地完成相关项目提供了技术保证。

5.3.2 主流虚拟样机解决方案

1. 基于 SolidWorks 的虚拟样机解决方案

SolidWorks 公司成立于 1993 年，并于 1996 年推出 SolidWorks 数字化设计软件。1997 年，该公司被法国 Dassault Systemes 公司收购，成为侧重于中端并兼顾高端的市场主流品牌。

SolidWorks 具有完整的三维产品设计解决方案，提供产品开发所需的设计、验证、数据管理和交流工具。在 SolidWorks 软件中，可以利用实体、特征、曲面和参数化技术完成零件设计、装配体设计并生成工程图。该软件采用单一数据库技术，同一产品的二维数据和三维数据动态相关。当修改零件的二维尺寸时，与之相对应的零件三维模型、装配体尺寸和拓扑结构等会自动改变；反之亦然。此外，利用 SolidWorks 中的特征管理器 FeatureWorks，可以随时修改特征元素的几何尺寸，而不必考虑各几何特征的相互关系和先后次序，极大地提高了设计效率。

基于 SmartTeam 的数据库技术并通过 API 接口，可实现 SolidWorks 与有限元分析软件 COSMOSWorks、动态装配软件 IPA、高级渲染软件 PhotoWorks、运动学分析软件 COSMO-SMotion、数控编程软件 CAMWorks、产品数据管理软件 PDMWorks 的有机集成。其中，IPA 支持大型装配体及其零部件的显示和操作，便于设计人员在设计阶段真实地了解产品结构，实现产品的交互设计；COSMOSWorks 可以完成产品的动力学、力学和强度分析；COSMOS-Floworks 可以完成流体分析；PhotoWorks 具有高级渲染功能，用户可以自定义光源、反射度、透明度和背景等，并提供丰富的材质和纹理库；COSMOSMotion 可以完成三维模型的运动分析和运动仿真；CAMWorks 可以在零件数字化模型的基础上完成刀具轨迹的定义并生成数控加工代码；PDMWorks 可以完成产品数据、开发流程和项目的管理与控制。综上所述，基于 SolidWorks 软件的虚拟样机集成架构如图 5-23 所示。

为帮助用户提高设计效率，SolidWorks 还提供标准零件库 Toolbox 和生产率增强软件 SolidWorks Utilities。为便于设计人员表达和展示产品的外观设计及其性能特征，SolidWorks 提供 PhotoWorks 和 SolidWorks Animator。此外，该软件还具有 eDrawings、3D Instant Website 和

3D Meeting 等工具，设计团队可以在网络环境下完成信息交流和协同设计。另外，还可以利用 Matlab 等软件完成机械系统与控制系统的联合仿真，利用 Moldflow 等软件完成零部件模具的成形工艺分析等。

2. Dassault Systemes 公司的虚拟样机解决方案

法国达索系统（Dassault Systemes）公司成立于 1981 年，是当今全球领先的产品三维开发、全生命周期管理（PLM）软件供应商，产品线贯穿从设计、分析、制造、维护到回收再利用的所有环节，支持从单个零件设计到虚拟样机的全部设计过程。它的虚拟样机解决方案主要由 CATIA、SIMULIA、DELMIA、ENOVIA 和 3DVIA 等产品构成。

CATIA 是高端产品三维设计软件，具有网络化、协同化的三维设计环境，支持异地分布的设计团队共同参与产品研发。此外，CATIA 还针对飞机、汽车、摩托车和轮船等类产品提供专用设计模块，帮助客户缩短设计周期、提高产品质量、降低开发成本。CATIA 采用"工程关联"统一模型，用户只需规定一次关联信息（如零件尺寸、配合与公差等），就可以在装配、动力学和结构分析等文档中实现信息重用。美国波音公司 777 型飞机的设计就是在 CATIA 平台上完成的。

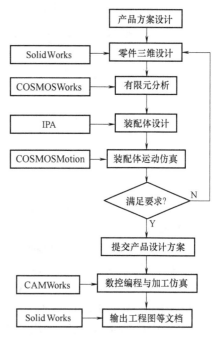

图 5-23　基于 SolidWorks 软件的虚拟样机集成架构

SIMULIA 提供具有工程品质和真实感的仿真解决方案，包括 CATIA Analysis 软件、有限元分析软件 Abaqus 和仿真数据管理模块等。SIMULIA 可以对 CATIA 设计出的产品进行快速虚拟测试，评估产品的真实性能，以改善产品品质、减少实物样机试验、驱动产品创新。

DELMIA 提供数字化制造和生产解决方案，可以在计算机中虚拟地定义、规划、创建、检测和控制各种生产工艺，在进行实际制造之前完成生产系统的优化。DELMIA 功能涵盖完整的生产设施和设备，包括早期的工艺规划、装配过程仿真、焊接路径规划、机器人和制造单元编程等。它所提供的数字化制造方案有助于降低生产成本、提高制造质量和生产率、缩短交货期。

ENOVIA 提供面向飞机、汽车、轮船、核电站等不同行业、支持不同规模系统的 PLM 解决方案，包括 VPLM、MatrixOne 和 SmarTeam 等产品线。其中，ENOVIA VPLM 可用于大中型企业，面向汽车、轮船等高度复杂的产品、资源和流程，提供三维协同虚拟产品的全生命周期管理；ENOVIA MatrixOne 支持工作流程复杂、业务流程复杂企业的产品数据管理，如跨地域、多部门和具有复杂供应链体系的跨国公司的 PLM 管理；ENOVIA SmarTeam 面向中小企业中的组织机构，关注工程部门的数据管理和工作流管理。

3DVIA 是一种三维产品体验和工业仿真系统平台。其中，3DVIA Virtools 提供全面互动的三维开发环境，具有开放式数据结构，支持多种文件格式，提供 500 多个可视化编程行为模块，可以制作复杂、精确的工业仿真对象，满足产品开发的各种需求；3DVIA Composer 是一款桌面制作系统，可以直接根据三维产品数据创建产品文档，以无缝方式将设计更改集成到产品文档中，帮助企业创建、更新和发布产品文档，给产品开发方式带来了革命性的变革。

图 5-24 所示为基于 3DVIA 平台的工业产品虚拟样机设计。

图 5-24 基于 3DVIA 平台的工业产品虚拟样机设计

3. MSC. Software 公司的虚拟样机解决方案

MSC. Software 通过产品研发和企业收购、合并、重组，成为有限元分析、数字化仿真和虚拟样机领域的行业标准，市场份额居于业界首位，产品覆盖航空航天、船舶、汽车、铁路、材料成形、压力容器、家电、医疗器械、运动器械等行业。目前，MSC. Software 公司的主要软件产品包括 MSC. Nastran、MSC. ADAMS、MSC. Marc、MSC. Dytran、MSC. Fatigue、MSC. Easy5、MSC. Actran、MSC. Patan、MSC. Mvision 等。

1）MSC. Nastran。它是通用型结构有限元分析软件，可用于解决各类大型复杂结构的拓扑、强度、刚度、屈曲、动力学、随机振动、频谱响应、热力学、非线性、噪声、转子动力学、气动弹性等动态性能参数的仿真、分析与优化。MSC. Nastran 的开发经过了严格的测试检验和长期的工程应用验证，分析功能强大、大型客户众多，是公认的业界标准。MSC. Nastran 是大型工程项目首选的有限元分析工具，它的计算结果常作为评估其他有限元分析软件精度的参照标准，主流的数字化设计与制造软件均提供与 MSC. Nastran 的接口。

2）MSC. Patran。它采用有限元前、后处理器并行的框架体系，提供全开放式的仿真分析环境。它集成了几何造型、有限元建模、仿真分析和结果评估等功能，用来仿真产品性能，以便在制造实体之前找出并解决可能存在的问题，提高产品的竞争力。

3）MSC. Marc。它是一种非线性分析软件，具有强大的结构分析能力，可以处理各种复杂的非线性问题，如大变形和大应变几何非线性、材料非线性和接触非线性等。

4）MSC. ADAMS。它是由美国 MDI 公司（Mechanical Dynamics Inc.）开发的机械系统动力学自动分析（Automatic Dynamic Analysis of Mechanical Systems，ADAMS）软件，后被 MSC. Software 公司收购。ADAMS 是功能强大、应用广泛的机械系统动力学仿真工具，可用于建立复杂机械系统的虚拟样机，模拟真实工作条件下系统的运动行为，分析和优化设计方案，以减少物理样机试验、缩短产品开发周期、降低开发成本。

5）MSC. Easy5。它是一款多学科、系统级的虚拟样机建模分析软件，基于图形完成动态系统的建模、分析和设计，主要面向由微分方程、差分方程、代数方程及其方程组所描述的动态系统。模型由基本的功能性图块组合而成，如加法器、除法器、过滤器、积分器和特殊的系统级零件，包括阀、执行器、热交换器、传动装置、离合器、发动机、气体动力模型、飞行动力模型等。分析工具包括非线性分析、稳态分析、线性分析、控制系统设计数值分析和图表等。

6）MSC. Dytran。它是高速瞬态非线性动力学和瞬态流-固耦合通用仿真工具，适用于高度非线性系统的动态性能分析，包括对结构的接触撞击、材料流分析、流体-结构耦合分析和瞬态动力响应等。Dytran 可用于模拟撞击破裂、钣金成形、锻造、安全气囊充气及其与乘客的碰撞、船体撞击毁损、飞机鸟击和爆炸等工况的仿真分析。

7) MSC. Fatigue。用于分析产品的疲劳强度，预测产品寿命，以降低物理样机制造和开展疲劳寿命试验的成本。疲劳分析有助于提高产品的可靠性，增强客户对产品性能的信心，减少售后保修维护等费用，避免因产品召回等造成的损失。MSC. Fatigue 的应用对象包括空间站、舰船、飞机、汽车、内燃机、核电站、铁路、空调、洗衣机、通信设备、石油化工装备等。

8) MSC. Sofy。它是一款有限元仿真流程自动化软件，提供先进的、自动化的和直观的建模工具，可以快速建立、处理和管理复杂的有限元模型，具有先进的前、后处理功能和功能强大的专业模块，可实现高质量和快速自动化建模。

9) MSC. FlightLoads。它是一个飞行载荷和气动仿真系统，可满足飞行器设计的需求，获得详细结构设计和分析所需的精确外载荷数据。

10) MSC. Actran。它是一种振动噪声分析的专用工具，是新一代工程声学仿真软件。它可以模拟有界的室内声场和无界的外声场，模拟声的辐射、反射、衍射、散射、传播、吸收、透射、衰减等过程，也可以模拟声场与结构的耦合作用。

2003 年，MSC. Software 推出虚拟产品开发（Virtural Product Development，VPD）战略。2004 年，MSC. Software 将虚拟产品开发软件整合为三个产品线：MSC. SimOffice、MSC. SimDesigner 和 MSC. SimManager，支持企业级的虚拟产品开发。MSC. Software 还顺应仿真研究中知识捕捉的市场需求，推出"下一代高级多学科仿真专家系统"——MSC. SimXpert。在此基础上，构建企业级仿真解决方案 SimEnterprise，并支持与第三方软件、企业自主研发或客户定制软件的无缝集成，以便开展多学科（Multi-discipline，MD）协同仿真，提高仿真分析效率，加速产品设计过程。MSC. Software 企业级仿真架构如图 5-25 所示。

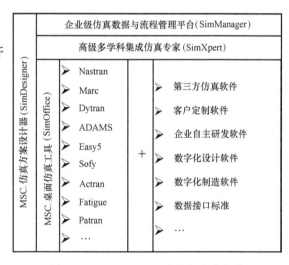

图 5-25 MSC. Software 企业级仿真架构

1) MSC. SimXpert 提供高级多学科集成仿真环境，用户可以完成从建模、求解、前后处理到仿真报告生成的全部仿真过程，它在统一的用户界面中采用同一个数据模型，有效地消除了在数据采集、模型建立和后处理过程中的重复性工作，减少了界面切换和模型转换，使分析师可以在较短的时间内实现大型、复杂问题的多学科数值仿真和求解，缩短分析周期、提高分析精度、增强产品的可靠性。MSC. SimXpert 与 MSC. SimDesigner、MSC. SimManager 无缝集成，将虚拟仿真扩展到企业层面。

2) MSC. SimDesigner 提供直观的、集成于 CAD 环境的分析工具，使设计工程师及其设计团队能够在设计的早期就开展仿真分析。MSC. SimXpert 支持制定仿真模版，可保证分析结果的准确性，以便尽早发现设计缺陷。

3) MSC. SimManager 是 MSC. Software 公司的仿真数据和仿真流程管理平台，用于管理虚拟产品开发过程中海量的、多样性的仿真数据和仿真流程，促进流程参与者之间的协作，提高仿真和产品开发流程的运作效率。它通过仿真过程的自动化来降低产品开发的复杂性，减少数据搜索花费的时间。MSC. SimManager 是一个基于网络的系统，它具有便捷的访问机制，支持多部门之间的协作，以一致、透明的方式开展仿真研究并查看仿真结果。MSC. SimManager 利用完全可追溯的模型和数据来组织仿真，简化分析师的工作任务，有助于提高仿真效率和改进产品质量。MSC SimManager 为 PLM 框架下的虚拟产品开发提供了企业级的工作平台。

4) MSC. SimOffice 是基于 Windows 平台的仿真工具。它可以直接读入/输出主流 CAD 系统的三维实体模型，如 CATIA、Pro/Engineer、NX、SolidWorks 和 Parasolid、ACIS 格式的几何模型等。它的后台求解引擎是符合工业标准的 MD Nastran，具有易用性、鲁棒性和可拓展性等特点。MSC. SimOffice 具有完整的分析功能，包括零部件应力分析、动力分析和热传导分析等，并且可以与 MSC 的企业级方案相结合，实现仿真数据管理和知识重用。此外，它支持与其他有限元分析软件的文件转换，实现企业内部以及供应链企业之间的协同和知识共享。

4. 虚拟样机软件 ADAMS 介绍

如前所述，虚拟样机技术可以应用到零部件及机械系统开发的众多环节中，其中机械系统运动学和动力学分析是虚拟样机的重要研究内容。从运动学及动力学的角度，可以将机械系统视为多个相互连接且彼此之间能做一定相对运动的构件的有机组合。以系统模型为基础，利用虚拟样机技术可以仿真和评估机械系统的运动学、动力学特性，确定系统及其构件在任意时刻的位置、速度和加速度，确定系统及其构件运动所需的作用力。

机械系统运动学及动力学仿真分析包括以下内容：①系统静力学分析，分析在外力作用下，各构件的受力和强度问题，通常假定机械系统是一个刚性系统，系统中各构件之间没有相对运动；②系统运动学分析，当系统中的一个或多个构件的绝对位置或相对位置与时间存在给定的关系时，通过求解位置、速度和加速度的非线性方程组，可以求得其余构件的位置、速度和加速度与时间的关系；③系统动力学分析，分析由外力作用引起的系统运动，可以用来确定在与时间无关的力的作用下系统的平衡位置。

要完成机械系统的运动学和动力学仿真分析，除了要有运行学、动力学基本理论和算法以外，虚拟样机软件还应具有以下技术：①产品造型和显示技术，用于完成机械系统的几何建模，并以图形化界面直观地显示仿真结果。②有限元分析技术，在已知外力时，用来分析机械系统的应力、应变和强度状况；或在已知机械系统的运动学和动力学结果时，分析所需要的外力及边界条件。③软件编程和接口技术，虚拟样机软件应具有一定的开放性，允许用户通过编程或函数调用等方式建立各种工况，模仿在不同作用力和状态下的系统性能，满足机械系统开发的实际需求。④控制系统设计和分析技术，现代机械系统是机械、液压、气动和其他自动化控制装置的有机组合。虚拟样机软件应具有运用控制理论仿真分析机械系统的能力，或提供与其他专业控制系统分析软件的接口。⑤优化分析技术，虚拟样机技术的重要作用是优化机械系统及其结构设计，以获得最佳的结构参数和最优的系统综合性能。

ADAMS 是技术领先的机械运动学及动力学分析软件。它可以生成复杂的机、电、液一体化系统的运动学、动力学虚拟样机模型，模拟系统的静力学、运动学和动力学行为，提供产品概念设计、方案论证与优化、详细设计、试验规划和故障诊断等各阶段的仿真计算。

ADAMS 功能强大、分析精确、界面友好、通用性强，被广泛应用于航空、航天、汽车、铁路等产品的开发中。

ADAMS 软件的模块包括核心模块、功能扩展模块、专业模块、工具箱和接口模块等，如图 5-26 所示。其中，核心模块包括用户界面（ADAMS/View）模块、求解器（ADAMS/Solver）、专业后处理（ADAMS/PostProcessor）模块等。其他模块适用于各种特殊的应用场合，可以根据需要进行配置。各模块的基本功能如下：

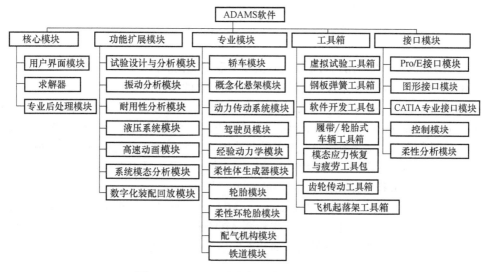

图 5-26　ADAMS 虚拟样机软件的模块组成

（1）用户界面（ADAMS/View）模块　ADAMS/View 是以用户为中心的交互式图形环境，集成了图标、菜单、鼠标点取操作以及交互式图形建模、仿真计算、动画显示、X-Y 曲线图处理、结果分析、数据打印等功能。ADAMS/View 采用分层方式完成建模工作，提供丰富的零件几何图形库、约束库和力/力矩库，支持布尔运算，采用 Parasolid 作为实体建模的核。ADAMS/View 支持 UNIX 和 Windows 操作系统，具有设计、试验及优化等功能，使用户能够方便地完成结构的优化设计。

ADAMS/View 具有自定义的高级编程语言，支持命令行输入命令和 C ++ 语言，有丰富的宏命令，并提供图标、菜单、对话框的创建和修改工具包，还具有在线帮助功能。

（2）求解器（ADAMS/Solver）　ADAMS/Solver 是 ADAMS 的仿真计算执行模块，它有各种建模和求解选项，以便精确、有效地解决各种工程应用问题，可以对刚体和弹性体进行仿真研究。

为完成有限元和控制系统分析，除输出位移、速度、加速度和力等参数之外，还可输出用户自己定义的数据。用户可以通过运动副、运动激励、高副接触、用户定义的子程序等方式添加约束。另外，还可以求解运动副之间的作用力和反作用力。

（3）专业后处理模块（ADAMS/PostProcessor）　该模块可以完成曲线编辑及数字信号处理，方便用户观察、回放和分析仿真结果，输出各种动画、数据、曲线等，进而对仿真结果进行比较分析。该模块既可以在 ADAMS/View 环境中运行，也可脱离 ADAMS/View 环境独立运行。

ADAMS 提供快速、高质量的动画显示，帮助用户从可视化的角度理解设计方案。ADAMS

采用树状搜索结构，可以快速检索对象。它具有丰富的数据作图、数据处理和文件输出功能，可以实现多窗口画面分割显示、多页面存储、多视窗动画及曲线的结果同步显示等，并可录制成电影文件。ADAMS 具有完备的曲线数据统计功能，如均值、均方根、极值、斜率等。此外，ADAMS 还具有丰富的数据处理功能，如曲线的代数运算、反向、偏置、缩放、编辑、FFT 变换、滤波、波特图等。

（4）试验设计与分析模块（ADAMS/Insight） ADAMS/Insight 是基于网页技术的模块，用户可以将仿真试验结果置于 Intranet 或 Extranet 网页上，使企业中不同部门（如设计、分析、制造、计划、采购、管理及销售等）的人员共享分析成果，以加速决策进程，减少决策风险。

利用 ADAMS/Insight，用户可以通过仿真试验和专业化的试验结果分析工具，精确地预测所设计机械系统在各种工作条件下的性能，得到高品质的设计方案。

ADAMS/Insight 提供的试验设计方法包括全参数法、部分参数法、对角线法、Box-Behnken 法、Placket-Bruman 法和 D-Optimal 法等。ADAMS/Insight 能有效地区分关键参数和非关键参数，能够在进行产品制造之前综合考虑各种制造因素，如公差、装配误差、加工精度等的影响，从而提高产品的实用性。ADAMS/Insight 可以将上述设计要求有机地集成起来，确定最佳设计方案，保证试验分析结果具有足够的精度。

（5）振动分析模块（ADAMS/Vibration） ADAMS/Vibration 是频域分析工具，其输入输出都在频域内以振动形式描述，可以用来检测 ADAMS 模型的受迫振动。例如，检测汽车虚拟样机在颠簸不平的道路工况下行驶时的动态响应等。该模块可作为 ADAMS 运动仿真模型从时域向频域转换的桥梁。

ADAMS/Vibration 的主要功能：在模型的不同测试点进行受迫响应的频域分析，将 ADAMS 的线性化模型转入 Vibration 模块中，为振动分析开辟输入/输出通道，定义频域输入函数，产生用户定义的力频谱，求解频带范围，评价频响函数的幅值大小及相位特征，动画演示受迫响应及各模态响应，把系统模型中有关受迫振动响应的信息列表等。

ADAMS/Vibration 可以用来预测汽车、火车、飞机等的振动、噪声等对驾驶人及乘员的影响，体现了以人为本的现代设计理念。

（6）耐用性分析模块（ADAMS/Durability） 耐用性试验是产品开发的重要环节，对产品零部件以及整机性能都有重要影响。耐用性试验用于回答"产品何时报废或零部件何时失效"之类的问题。ADAMS/Durability 支持耐久性的相关国际工业标准，它支持 NCode 公司的 nSoft、MTS 公司的 RPC3 时间历程文件等格式。ADAMS/Durability 可以直接读入上述格式的文件数据，也可以将 ADAMS 的仿真分析结果输出到上述格式的文件中，实现基于数字化样机的耐久性试验。其中，nSoft 耐用性分析软件可以进行应力寿命、局部应变寿命、裂隙扩展状况、多轴向疲劳及热疲劳特征、振动响应、焊接机构强度等分析。

（7）液压系统模块（ADAMS/Hydraulics） ADAMS/Hydraulics 模块用于仿真包括液压回路在内的复杂机械系统的动力学性能。使用该模块可以精确地对由液压系统驱动的复杂机械系统，如工程机械、汽车制动转向系统、飞机起落架等进行动力学仿真分析。用户可以在 ADAMS/View 中建立液压系统回路的框图，再通过液压驱动元件（如液压缸等）将其连接到机械系统模型中，最后选取适当的求解器分析系统性能。

利用 ADAMS/Hydraulics 模块，可以建立机械系统与液压系统之间相互作用的模型，设置系统的运行特性，进行各种静态、模态、瞬态和动态分析。结合 ADAMS/Control 模块，可以在同一仿真环境中建立、试验和观察包括机-电-液控制一体化的虚拟样机模型。

（8）高速动画模块（ADAMS/Animation）　该模块可以使用户能借助于增强透视、半透明、彩色编辑及背景透视等方法，对已经生成的动画进行精加工，以增强动力学仿真分析结果动画显示的真实感。

用户可以选择不同的光源，并交互地移动、对准和改变光源强度，还可以将多台摄像机置于不同的位置、角度同时观察仿真过程，从而得到更完善的运动图像。该模块还提供干涉检测工具，动态显示仿真过程中运动部件之间的接触干涉，帮助用户观察整个机械系统的干涉情况，也可以动态测试两个选定的运动部件之间的距离在仿真过程中的变化。

ADAMS/Animation 模块采用基于 Windows 界面的标准下拉式菜单和弹出式对话窗，与 ADAMS/View 模块无缝集成。用户可以在 ADAMS/View 和 ADAMS/Animation 之间任意转换。

（9）系统模态分析模块（ADAMS/Linear）　ADAMS/Linear 是 ADAMS 的一个可选模块。利用该模块，可以在系统仿真时对系统非线性运动学或动力学方程进行线性化处理，以便快速计算系统的固有频率（特征值）、特征向量和状态空间矩阵，帮助用户快速、全面地了解系统的固有特性。

（10）接口模块　ADAMS 提供包括与 Pro/Engineer 的接口模块 MECHANISM/Pro、与 CATIA 的接口模块 CAT/ADAMS，以实现 ADAMS 与 Pro/Engineer、CATIA 等软件的数据交换和无缝连接，从而提高仿真分析的速度、精度和效率。此外，系统还提供图形接口模块 ADAMS/Exchange，利用 IGES、STEP、STL、DWG、DXF 等产品数据标准格式实现 ADAMS 与其他数字化软件之间数据的双向传输。

（11）其他专业模块　除上述功能模块外，ADAMS 软件还提供一些专业模块，为特定类型的产品或部件提供专业化仿真分析。下面列举部分专业模块：

1）轿车模块（ADAMS/Car）。ADAMS/Car 是与 Audi、BMW、Renault、Volvo 等全球知名汽车公司合作开发的整车设计软件包，集成了上述公司在汽车设计、开发等方面的经验。利用该模块，用户可以快速建造高精度的整车虚拟样机（包括车身、悬架、传动系统、发动机、转向机构、制动系统等）并进行仿真，通过高速动画显示在各种试验工况下（如天气、道路状况、驾驶人经验等）的整车动力学响应，并输出标志操纵稳定性、制动性、乘坐舒适性和安全性的特征参数，减少对物理样机的依赖。

ADAMS/Car 模块包括整车动力学软件包、悬架设计软件包和概念化悬架设计模块。它的仿真工况包括转向盘阶跃、斜坡和脉冲输入、蛇行穿越试验、漂移试验、加速试验、制动试验、稳态转向试验、设定节气门开度和变速器档位等。ADAMS/Car 还能够在 ADAMS/Hydraulics、ADAMS/Vibration 等模块中运行。

2）悬架设计（Suspension Design）软件包。Suspension Design 软件包中包含用特征参数（前束、定位参数、速度）表示的概念式悬架模型。通过上述特征参数，设计师可以快速确定在任意载荷和轮胎条件下的轮心位置和方向，快速建立包括橡胶衬套等在内的柔体悬架模型。Suspension Design 采用全参数的面板建模方式，借助悬架面板，设计师可以完成原始的悬架设计方案，再通过调整悬架参数（如连接点位置、衬套参数等）来快速确定悬架方案。借助于 Suspension Design，设计师可以得到与物理样机试验完全相同的仿真试验结果。Suspension Design 可以进行的悬架试验包括单轮激振试验、双轮同向激振试验、双轮反向激振试验、转向试验和静载试验等。

3）概念化悬架模块。概念化悬架模块（Conceptual Suspension Module，CSM）是一个选

装模块。它既可作为 ADAMS/Car 的一部分，也可以单独使用。利用 CSM，通过预先定义悬架运动时或受外力作用时车桥的轨迹，可以在 ADAMS/Car 中实现悬架的运动分析。

基于 ADAMS 的虚拟样机仿真分析步骤如图 5-27 所示。

值得指出的是，在仿真分析过程中应注意以下问题：①应采取由简单到复杂的渐进仿真分析策略。在初始仿真分析建模时，不应追求构件形状尺寸、载荷特征等细节与实际系统的完全对应；可在仿真分析顺利运行且得到初步的仿真结果后再逐步完善细节，直到得到更加接近于实际的仿真模型和结果；若系统中含有非线性因素，则可以从线性分析开始，在得到线性分析结果之后再进行非线性分析。②在对复杂系统开展仿真分析时，可以将其分解为若干个子系统，先完成子系统的仿真分析，在得到子系统特性的基础上，再完成系统级的仿真分析工作。③简化仿真模型结构和分析过程，移除一些与仿真和性能分析无关的零部件。

近年来，虚拟样机技术的开发受到数字化软件公司的高度关注。2007 年，Autodesk 公司向全球发布了"数字样机（Digital Prototyping）"的理念，以期引领全球上百万的制造业用户，从基础的绘图、3D 模型和图片渲染等分离的工作方式提升到以数字样机为核心的设计研发方式。2007 年 4 月，西门子工业软件公司在 NX 软件中推出主动数字样机（Active Mockup）技术。该技术将轻量化三维模型内置于数字样机之中，实现了轻量化三维模型和实体模型的混合应用，有效地提高了显示速度，降低了数字样机显示和编辑对计算机硬件的要求。同年，该公司发布全生命周期仿真战略（图 5-28），推出端到端的数字化仿真解决方案，通过开放式仿真与技术协作，可以更快地验证产品设计理念，加快创新过程。

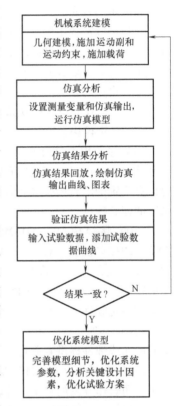

图 5-27 基于 ADAMS 的虚拟样机仿真分析步骤

图 5-28 西门子工业软件公司的全生命周期仿真战略

思考题及习题

1. 分析系统、模型与仿真之间的关系，论述系统建模与仿真技术的作用。

2. 给出系统模型和仿真的定义，论述其常用的分类方法。

3. 仿真技术在机械产品开发中的功用有哪些？

4. 数字化仿真的基本步骤是什么？分析每个阶段的任务。

5. 与传统的物理仿真方法相比，数字化仿真具有哪些优点？

6. 了解常用制造系统建模与仿真软件的类型、功能、特点及使用步骤。

7. 论述有限元分析方法的基本原理和求解步骤，有限元软件主要由哪些模块组成？

8. 就机械产品开发而言，常用的仿真软件有哪些？它们的应用领域分别是什么？

9. 什么是虚拟样机设计技术？与传统的物理样机试验相比，虚拟样机技术有哪些优点？

10. 结合工程实际，熟悉主流有限元分析软件、制造系统仿真软件、虚拟样机软件的功能指令与基本操作，并选择典型机械产品或系统，完成有限元分析、性能仿真和参数优化等研究。

第6章
数字化制造技术

6.1 数字化制造技术概述

科学技术发展和市场竞争的加剧，顾客对制造企业提出了更为苛刻的要求，主要表现在产品的高质量、高可靠性、高柔性、短交货期和低价格等方面。为此，制造企业需要采用先进的加工装备、制造工艺和管理方法，其中加工装备、制造工艺和生产过程数字化成为重要的发展趋势。以数字控制（NC）技术和可编程序逻辑控制器（PLC）为基础，基于计算机软硬件、信息技术和网络技术，建立全数字化产品生产环境，成为制造企业的必然选择。实际上，数字化已经成为先进制造技术的核心内容和重要载体。

数字化制造是制造技术与信息技术有机融合、相互集成的产物。它是对传统制造技术的拓展、突破和创新，主要体现在技术手段、应用领域、制造过程和制造方法等几个层面。

1）数字化可以消除手工作业中因个人技术水平、经验、情绪、觉悟、品德等非技术因素对产品质量的影响，有助于解决手工制造带来的产品质量不稳定的问题。利用数字化制造工艺和技术，可以实现零件加工工艺、工艺参数设计和加工过程的数字化，最大限度地减少人工的操作和干预，提高生产率和产品加工质量。

2）数字化制造技术可以从系统全局出发，将传统制造技术中定性的、经验性的描述转化为数字化的定量定义，建立系统结构、性能和状态的数字化模型，从动态和优化的视角研究产品结构设计、制造工艺、加工装备、制造技术以及企业生产组织与管理等内容，优化制造流程，从而获得最佳的生产率和经济效益。

3）传统意义上的制造只是单纯的机械加工过程，数字化制造则涵盖产品全生命周期，贯穿产品设计、加工制造、市场营销和售后服务的全过程，形成"市场—产品设计—制造—市场"的闭环系统。

面对变幻莫测的市场，制造企业需要具有快速组织生产、开展柔性制造的能力，以便灵活、快速地适应市场需求，最终实现数字化、柔性化和敏捷化制造的目标。为此，制造企业要构建涵盖企业内部和外部的网络环境，集成市场、设计、制造、售后服务、采购、物流和人力资源等相关部门的信息，有机地整合产品数字化建模、工艺设计、工装设计、数字化装备等制造要素，减少信息传递的中间环节，减小信息传递误差，增加制造系统的柔性，从而快速响应市场需求。

4）数字化制造不局限于传统的机械制造领域，它可以扩展到几乎所有的工业领域。实际上，数字化制造已经成为推动第一产业和第三产业发展的重要力量。

此外，还可以从以下三个层面来理解数字化制造：

1）数字化制造是以产品数字化设计为基础的制造。以产品数字化模型为基础，通过对产品结构的仿真分析实现设计方案的优化，在此基础上完成产品制造工艺的制定、制造过程的管控、产品装配、质量检测、制造成本测算与控制等生产过程的数字化。

2）数字化制造是以控制为中心的制造。数字化信息是数字化制造的主线，它贯穿于制造的全部过程中。数字化制造以数字化信息的获取、存储、组织和控制为抓手，完成对加工过程中物料、设备、人员以及生产组织的控制。在开展加工过程仿真的基础上，实现企业生产组织、计划、调度、控制、决策等制造过程的优化。

3）数字化制造是基于数字化管理的制造。要真正体现数字化制造的潜在效益和效率，必须实现市场需求、研究开发、产品设计、工程制造、销售、服务、维护等环节相关信息的高度集成，以数字化方式高效管理产品开发、供应链、客户关系和企业资源计划等业务流程。因此，只有建立功能完善的数字化管理系统，才有可能实现数字化制造的内在价值。与传统的制造技术相比，数字化制造更加重视制造与管理的结合，追求制造过程组织和管理的合理化、简化和优化，由此形成精益生产（Lean Production）、并行工程（CE）、企业业务流程重组（BPR）、敏捷制造、智能制造等新的生产组织方式。

信息技术的飞速发展和经济全球化对制造业提出了新的要求与挑战，主要表现为以下几个方面：

（1）全球化　随着互联网技术的广泛应用和经济全球化的推进，产品研发、设计、制造和营销的全球化趋势日趋明显。制造业全球化的传统实现方式，主要是基于制造企业自身所拥有的研发力量、制造技术和生产能力，借助东道国在原材料、人力资源和市场等方面的条件，完成产品的全球化生产与销售。新型的全球化制造重视利用东道国的生产设施和技术力量，企业可以在不拥有生产设施和制造技术所有权的情况下，完成产品的开发与制造，并实现全球化销售。

近年来，制造业全球化的内涵更加丰富，主要形式包括产品开发、设计的国际化合作，产品制造的国际化，销售市场的国际化，跨地区、跨国家制造企业之间的合作，国际范围内制造企业的兼并重组，制造资源的跨国协同、共享和优化利用等。制造业全球化有效地推动了制造技术的发展与进步，同时也加剧了制造企业之间的竞争。例如，美国苹果（Apple）公司的 iPhone 智能手机产品的 700 多家供应商来自美国、日本、中国（含中国台湾地区）、韩国等多个国家，其中来自中国的供应商有 300 多家，如蓝思科技等公司提供屏幕玻璃，歌尔声学等公司提供声学模组，德赛电池和欣旺达等公司提供手机电池，金龙机电等公司提供线性马达，环旭电子等公司提供 WiFi 模组，大族激光等公司提供激光加工设备，富士康等公司提供组装服务，另外韩国三星电子和海力士等公司提供闪存，韩国 LG 等公司提供摄像头组件。苹果公司通过与供应商的深度协作，共同解决产品的创新设计、新材料研发、制造工艺攻关和规模化生产中的众多技术难题。该公司手机产品的主要制造基地设在中国，再将在中国国内组装完成的手机分发到全球市场。显然，苹果公司的 iPhone 手机就是全球化制造的产物。

（2）网络化　网络化制造（Networked Manufacturing）是一种新的制造模式。它是指采用互联网技术建立起来的具有灵活有效、互惠互利特征的动态企业联盟（Dynamic Enterprise Alliance），可以实现产品研发、设计、生产制造和销售等资源的动态重组，提高市场响应速度和竞争能力。在企业内部，通过 Intranet 集成管理制造企业的相关部门；在企业外部，通过 Extranet 有效组织相关资源，实现产品的协同设计和异地制造，以达到高质量、高速度和低成本开发新产品的目的。网络化制造贯穿于从承接订单到产品研发、设计、制造、销售、售后服务的全生命周期。在组织结构和运行形态方面，网络化制造具有结构分布性、生产组织的动态可重构性、并行执行和快速响应等特点。

（3）虚拟化 虚拟制造（Virtual Manufacturing）是20世纪90年代提出的一种制造理念，它是虚拟现实技术推动制造业变革的产物。虚拟制造利用计算机仿真和虚拟现实技术，在计算机上模拟产品的制造和运行过程，完成产品设计、加工制造、性能分析、生产计划与调度、销售、售后服务等环节的评价和优化，以提升决策方案的科学性、可行性。虚拟制造在提升新产品开发能力、缩短研发周期、增强市场竞争力等方面显示出巨大潜力。

（4）智能化 智能制造（Intelligent Manufacturing）是指一类具有人类智能特征的产品设计和制造模式，它具有自组织、自学习、自适应等特点。借助于计算机模拟人类专家的智能行为，智能化制造可以收集、存储、处理、共享、继承和发展人类专家的设计制造知识，完成分析、判断、推理、构思和决策过程，部分取代或延伸人的脑力劳动。此外，智能化制造集自动化、集成化和智能化于一体，并具有自我完善和向纵深发展的能力。

（5）绿色化 人口、资源和环境问题事关可持续发展。资源短缺和枯竭、环境污染和生态破坏、人口快速增长和老龄化，已经成为当今全球范围内普遍关注的紧迫课题。上述问题的产生与制造业的发展息息相关。制造业是造成资源枯竭和环境破坏的主要推动力，人口老龄化也给制造业发展提出了新的课题。在制造业的发展过程中，需要考虑以下问题：如何最大限度地利用资源，如何最大限度地减少废弃物排放，如何有效地减少对环境和生态的破坏，如何更好地为人们提供可以持续的服务。绿色制造（Green Manufacturing）是一种能够综合考虑环境影响和资源利用的制造模式，有助于推动和实现制造业与人类、自然、环境的和谐共处与可持续发展。

数字化制造的核心技术包括计算机辅助工艺规划（CAPP）技术、成组技术（GT）、数控（NC）加工技术和增材制造技术等。

6.2　计算机辅助工艺规划技术

6.2.1　计算机辅助工艺规划的基本概念

尽管机电产品的结构、功能千差万别，它们的设计和制造过程还是存在一定的内在规律和共性内容。产品制造主要包括工艺规划、生产计划制订、零部件加工、产品装配、质量检验等环节。其中，工艺规划是机械制造过程中重要的技术准备工作，也是产品设计与制造之间的桥梁和纽带。工艺规划所形成的工艺文档是指导生产的基本文件，也是制订生产计划和组织生产的重要依据。

工艺规划（Process Planning）包括零件机械加工工艺设计和产品装配工艺设计两方面内容。机械加工是指采用特定的加工方法（如车、铣、刨、磨等）改变毛坯的状态（包括形状、尺寸、材料性能和表面质量等），使其成为合格零件的过程。机械加工的工艺设计就是根据产品加工的技术要求，考虑零部件的生产批量、加工成本、加工装备类型、工装夹具和企业技术人员素质等因素，确定所要采用的机械加工工艺，并按照一定格式、以文件的形式固化下来，用以指导企业生产的纲领性文件，即工艺规程。

通常，机械加工工艺设计应遵循以下步骤：

1）分析产品零件图、装配图和数字化模型，分析和审查生产工艺。

2）确定毛坯的形状、尺寸，或按照材料标准确定型材的规格、尺寸。

3）拟定工艺路线，包括确定加工方法、安排加工顺序、确定零件的定位和夹紧方法，以及安排热处理工序、检验工序和其他辅助工序。拟定工艺路线是工艺设计的关键步骤，通常需要开展多方案对比分析，以便选择最佳方案。

4）确定各工序所需的工艺装备、刀具、夹具、量具和辅助工具等。在加工过程中，如果用到专用的工装，还需要提出工装设计任务书和工装制造申请。

5）确定各工序的加工尺寸、技术要求和检验方法。

6）确定切削用量、切削工艺参数设置等。

7）通过试验等方法，测量和确定工时定额，为制订生产计划、测算制造成本、确定制造设施规模等提供基础数据。

8）编写零件制造的工艺文件。

9）编制零件的数控加工程序等。

通常，机电产品是由多个零件、组件和部件装配而成的。零件是产品的基本组成单元。组件是两个或两个以上零件的有机组合，其在产品中一般不具有完整的功能。部件是若干个零件和组件的组合，在产品中可以完成特定的、完整的功能。

按照规定的技术要求，将零件、组件、部件加以配合和连接，使其成为半成品或成品的工艺过程，称为装配（Assembling）。将装配工艺按照一定的格式编写成工艺文件，就是装配工艺规程（Assembly Process Specification）。它是组织装配工作、指导装配作业的基本依据。

制定装配工艺规程的基本步骤如下：

1）产品分析。主要内容包括：确定产品装配的技术要求和验收标准；完成产品尺寸和工艺分析，验算尺寸链及其精度要求，确定能够达到装配要求的工艺方法，分析产品结构设计是否便于装拆和维修作业；研究将产品分解成装配单元的实施方案。

2）确定装配工作的组织形式。总体上，装配按组织形式不同可以分为固定式装配和移动式装配等两种类型。固定式装配在地面或装配台上完成，装配地点不变；移动式装配的地点不固定，可以随移动小车或输送带等物流设施移动。装配组织形式的确定需要考虑产品尺寸、质量、复杂程度、生产批量和生产成本等因素。

3）拟定装配工艺过程。根据产品结构及其装配要求，确定装配工作的具体内容；拟定装配工艺方法，装配用设备、工具、夹具和量具等；确定装配顺序；确定工时定额和人员配置；编写工艺规程。对于专用的设备、工具和夹具，需要提交设计任务书。

在完成上述内容的基础上，制订产品工艺规划的作业计划，完成装配任务分配和生产组织设计，提交工艺数据统计和分析报表，提交工艺装备的设计和制造计划，处理和控制现场工艺问题，完成工艺文件的分类管理、版次管理和更改管理等工作，形成工艺标准、规范。

工艺规划的制订需要考虑多种因素的影响，包括产品类型、制造工艺、企业资源状况、生产批量、制造成本、操作人员素质、生产周期等。传统的工艺规划制订由人工方式完成，工艺规划的质量主要取决于企业的技术水平、工艺人员的经验和习惯等因素。即使是在相同的资源状况和约束条件下，不同工艺设计人员制定的工艺规程也不尽相同，由此导致工艺规程的一致性差，难以得到标准的、优化的工艺方案。此外，手工编制工艺规划还存在劳动强度大、设计效率低、工艺规划的一致性差等缺点，工艺设计人员需要完成大量的重复性劳动，因此无暇顾及工艺的创新与优化。

计算机和信息技术的发展使得利用计算机辅助编制工艺规划成为可能，由此产生了计算机辅助工艺规划（CAPP）技术。CAPP是指利用计算机来制订零件加工工艺的方法和过程，通过向计算机输入被加工零件的几何信息（如形状、尺寸、精度等）、工艺信息（如材料、热处理、生产批量等）、加工条件和加工要求等，由计算机自动输出经过优化的工艺路线和工序内容等。计算机在工艺规划中的辅助作用主要体现在交互处理、数值计算、图形处理、逻辑决策、数据存储与管理、流程优化等方面。采用CAPP系统代替传统的工艺设计方法具有重要意义，主要表现在：

1）它将工艺设计人员从烦琐的、重复性的劳动中解放出来，使其能够将更多的精力放在新工艺的开发和工艺优化上，从根本上改变了工艺设计依赖于个人经验的状况，有利于提高工艺设计的质量。

2）有助于缩短工艺设计周期，加快产品开发速度。

3）有利于总结和传承工艺设计人员的经验，逐步形成典型零件的标准工艺库，实现工艺设计的优化和标准化。

4）CAPP是产品数字化造型和数控加工之间的桥梁，有助于将产品数字化设计的结果快速应用于生产制造，发挥数控编程和数控加工技术的优势，实现数字化设计与数字化制造环节的信息集成。

CAPP的研究始于20世纪60年代末。1969年，挪威开发成功世界上第一个CAPP系统——AUTOPROS。它根据成组技术原理，利用零件的相似性交互式地检索、修改标准工艺过程，制定出新零件的工艺规程。AUTOPROS系统的出现，引起了工业化国家的普遍重视。1976年，设在美国的国际性组织CAM-I开发出CAPP（CAM-I's Automated Process Planning）系统。20世纪80年代初，同济大学、西北工业大学等国内高校先后开发出TOJICAP、CAOS创成式CAPP系统。几十年来，CAPP的研究和应用取得了很大进展。

随着数字化设计与制造技术不断向系统化、集成化方向发展，CAPP的内涵不断扩展，先后出现了狭义的CAPP和广义的CAPP。狭义的CAPP（Computer Aided Process Planning）是指利用计算机辅助编制工艺规划的过程；广义的CAPP是指在数字化设计与制造集成系统中，利用计算机实现生产计划和作业计划的优化，它是产品制造过程、制造资源计划（MRPII）和企业资源计划（ERP）的重要组成部分。CAPP与数字化设计、数字化制造等子系统之间的关系如图6-1所示。

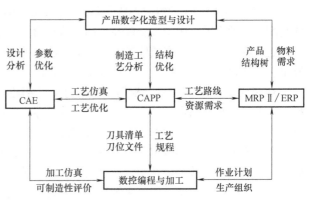

图6-1　CAPP与其他数字化系统之间的关系

随着产品数字化技术的发展，CAPP在产品数字化开发和企业信息化中的作用越来越显著。在集成化环境下，CAPP与企业信息系统各模块之间存在如下信息交互：

1）CAPP从数字化设计系统中获取零件的几何信息、材料信息和工艺信息等，作为

CAPP 系统的原始输入，同时向数字化设计系统反馈产品结构工艺性的评价信息。

2）CAPP 向数控加工系统提供零件加工所需的设备、工装、切削参数、装夹参数以及反映零件切削过程的刀具轨迹文件，并接收数控系统反馈的工艺修改意见。

3）CAPP 向工装设计系统提供工艺规程文件和工装设计任务书。

4）CAPP 向制造自动化系统（Manufacturing Automation System，MAS）提供各种工艺规程文件和夹具、刀具等信息，并接受由 MAS 反馈的刀具使用报告和工艺修改意见。

5）CAPP 向计算机辅助工程分析（CAE）系统提供工序、设备、工装、检测等工艺数据，并接收 CAE 系统的分析和反馈信息，用以修改工艺规程。

6）CAPP 向管理信息系统（MIS）、制造资源计划（MRPⅡ）和企业资源计划（ERP）系统提供工艺路线、设备、工装、工时、材料定额等信息，接收 MIS、MRPⅡ 和 ERP 系统发出的技术准备计划、原材料库存、刀夹量具状况、设备变更等信息，还能与产品数据管理（PDM）系统、产品全生命周期管理（PLM）系统无缝集成。

随着信息技术的发展，各种先进制造模式不断出现，CAPP 系统开始向集成化、智能化、网络化和可视化方向发展，研究热点包括：

1）集成化、智能化、网络化和可视化的 CAPP 体系结构。随着互联网的普及，要求 CAPP 系统具有基于网络的分布式体系结构，支持动态工艺设计的数据模型，支持开发工具的功能和信息抽象方法，提供单一数据库结构和协同决策机制等。

2）CAPP 与企业生产作业计划、调度和控制系统的集成。研究的目标是：能够在并行环境下根据企业资源的动态变化，寻找满足当前资源、时间、质量、成本、服务和环境约束条件的最佳工艺规划决策及其评价标准。

3）人工智能技术在工艺规划各环节中的应用。例如，将基于思维逻辑的专家系统技术和基于形象思维的人工神经网络技术有机结合，提高 CAPP 系统的智能化水平。

4）开发面向不同类型企业的 CAPP 系统，为高速、高效和高质量的产品开发提供技术保障。

6.2.2　计算机辅助工艺规划的功能模块

CAPP 的研究内容主要包括：①检索标准工艺文件；②选择加工方法；③安排加工路线；④选择机床、刀具、量具、夹具等；⑤选择装夹方式和装夹表面；⑥选择、优化切削用量；⑦计算加工时间和加工费用；⑧确定工序尺寸、公差和选择毛坯；⑨绘制工序图，编写工序卡。此外，CAPP 系统通常还具有自动计算刀具轨迹、自动化 NC 编程和加工过程仿真的功能。

为适应多变的产品种类和制造环境的要求，CAPP 应具有以下功能：

1）工艺设计。工艺文件是产品的属性，根据产品结构、装配关系和零部件明细表等信息，编制产品制造工艺的过程卡和工序卡，绘制工序图。

2）工艺管理。包括产品的工艺路线设计、材料定额汇总等。

3）资源利用。根据企业和产品的实际情况，灵活地选择资源及其使用模式，包括工艺设计所需要的设备、工装、物料、人力、工艺规范、国家/企业技术标准、工艺样板、工艺档案等。

4）工艺汇总。在工艺规程中的工艺数据被修改之后，必须修改汇总卡片中的相关内容。

5）工艺设计管理。

6）流程控制与管理。控制和管理工艺设计、审核、批准、会签等工作流程。

7）工艺设计后处理。对定型产品的工艺进行分类归档，并加以利用。

8）标准工艺。存储标准工艺（典型工艺），作为相似零件、相似工艺的参考或模板。

综上所述，功能完整的 CAPP 系统包括以下模块：

1）控制模块：协调各模块运行，实现人机之间的信息交流，控制零件信息的获取方式。

2）零件信息获取/输入模块：以人机交互方式输入或者从数字化设计系统中获取零件信息。

3）工艺过程设计模块：完成加工工艺流程的决策，生成工艺过程卡。

4）工序决策模块：生成工序卡，计算工序间的尺寸，生成工序图。

5）工步决策模块：生成工步卡，提供形成 NC 加工控制指令所需的刀位源文件。

6）数控加工指令生成模块：根据刀位源文件和机床数控系统的数据文件，生成 NC 加工程序。

7）输出模块：编辑和输出工艺流程卡、工序卡、工步卡、工序图和其他相关文档。

8）加工过程动态仿真：完成加工过程的仿真，检查数控程序代码、制造工艺和参数设置的正确性。

6.2.3 计算机辅助工艺规划的类型

1. 派生型

派生型 CAPP，也称变异型 CAPP 或修订型 CAPP。它建立在成组技术（GT）的基础上，基本原理是利用零件的相似性，即结构相似的零件应该具有相似的工艺规程。因此，可以将典型零件的样板工艺存放在工艺文件库中，形成标准工艺规程库。对于一个新零件，可以通过零件的成组编码确定其所属的零件族并检索到相似零件的工艺规程，再根据新零件的具体要求，编辑、修改工艺规程，形成新零件的工艺规程。

在派生型 CAPP 系统中，科学、合理的零件编码体系和零件信息输入方法具有至关重要的作用。另外，标准工艺规程的存储、检索、编辑、修改和输出也是系统开发的重要内容。图 6-2 为派生型 CAPP 系统流程图。

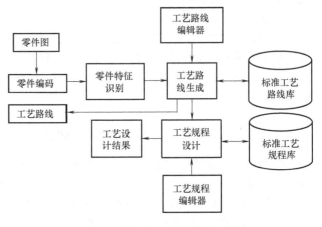

图 6-2　派生型 CAPP 系统流程图

2. 创成型

创成型 CAPP 也称生成型 CAPP。它不需要派生型 CAPP 中的样板工艺文件，新零件工艺规程的产生是模拟工艺设计人员的决策过程，在输入新零件的全面信息后，根据工艺数据库的信息，如各种加工方法的加工能力、加工对象、设备和刀具的适用范围等，在没有人工干预的情况下，运用一定的决策逻辑和规则自动生成工艺文件，包括选择机床、工具和加工过程优化等事务。创成型 CAPP 系统流程图如图 6-3 所示。

工艺设计是一个复杂的、多层次、多任务的决策过程。常用的决策方法有：

1）决策树法。决策树采用"if <条件> then <动作>"的逻辑关系完成工艺决策，决策树的分枝处为条件，各分枝的节点为动作。根据决策树可以做出决策的程序流程图。

2）基于知识的决策。

3）基于规则的推理过程。从零件的毛坯开始（此时工艺过程为空），根据零件的基本信息及资源信息调用工艺决策知识，逐步形成工艺过程，最终完成工艺设计任务书。

4）基于框架的推理控制。以零件特征为信息框架构成对象树，再以框架推理为主导、以规则推理为核心，自上往下遍历对象树的每个节点，完成工艺决策任务。

3. 智能型

智能型 CAPP 在系统中运用了人工智能技术，使其成为 CAPP 的专家系统。它利用推理加知识的原理自动生成新零件的工艺规程。智能型 CAPP 系统流程图如图 6-4 所示。

4. 综合型

综合型 CAPP 也称半创成型 CAPP。它集成了派生型 CAPP 和创成型 CAPP 的优点，基本过程是采取派生加决策逻辑的过程，通过查询来确定新零件所属零件族的样板工艺，并加以修改，完成新零件的工艺设计，再运用决策逻辑与规则完成工序设计。

5. 交互型

交互型 CAPP 采用人机交互方式，在确定新零件工艺规程时，由工艺设计人员按照 CAPP 系统的提示，确定每一步所采取的工艺，最后生成工艺文件。在很大程度上，交互型工艺文件的质量取决于设计者的经验。

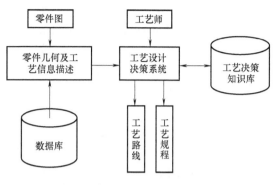

图 6-3 创成型 CAPP 系统流程图

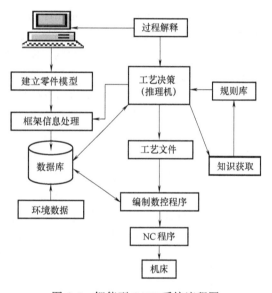

图 6-4 智能型 CAPP 系统流程图

6.2.4 基于三维模型的工艺规划与应用案例

传统的 CAPP 工艺设计建立在零件二维模型和工程图样的基础上，通过自然语言描述工艺设计过程中工序和工步的相关信息，工艺文件的审核也以纸质文件为主，三维模型信息未能得到有效利用。由于缺乏三维模型的支持，工装设计的合理性和可行性难以充分验证，造成工艺文件的指导性差，成为产品数字化开发的一个瓶颈环节。在三维产品开发环境下，基于工程图样和二维模型的工艺设计已经不能满足企业的生产要求。

以三维模型为基础的产品数字化开发对计算机辅助工艺设计（CAPP）提出了新的要求。三维工艺设计可以打通三维数据的断层，所生成的工序模型可以直接指导数控编程，避免了从三维模型到二维工程图的转换。此外，三维工艺设计可以提供直观的可视化工艺设计环境，工艺设计人员可以在三维环境下完成工艺路线规划、制造资源选择和工装设计等工作，有利于提高工艺设计的效率和质量。

近年来，三维制造工艺设计研究取得了丰硕成果。法国达索公司数字化设计与制造软件 DELMIA 中的 DPM-Machining Process Planning 模块面向三维制造工艺设计，具有加工特征识别、加工操作定义、工序模型生成等功能。德国西门子工业软件公司的 Teamcenter 软件支持三维工序模型生成和三维模型标注。在国内，不少高校、公司也相继开展了相关的研究与应用工作。例如，华中科技大学开展基于三维工艺建模与工艺设计的研究；西北工业大学开展基于三维模型的集成化 CAPP 系统的研究。

在 MBD 环境下，制造工艺信息建立在产品三维模型的基础上，并存储于三维模型中，与产品的三维几何信息密切关联。三维工艺模型主要包括产品设计模型、毛坯模型、工序模型和工艺属性等文件，它们通过装配形成组件模型。其中，产品的设计模型、毛坯模型和每道工序的工序模型都是独立的零件模型，相邻的工序模型之间具有一定的关联。工序模型是每道工序加工完成之后所形成的中间模型，与传统二维机械加工工艺卡中的工序图相对应。工序模型主要由工序几何模型、本道工序的加工特征和工序属性等组成。工序参考模型是指开展本道工序设计所依据的三维模型信息，它是工序设计的输入。第一道工序的工序参考模型为设计模型和毛坯模型，后道工序的工序参考模型为前一道工序的工序模型和设计模型。工艺属性信息包括工艺代号、工艺名称、零件号、零件名称、工艺版本等内容。

利用 MBD 技术，在 PLM 和协同设计环境下，工艺设计人员可以在设计部门发放的三维模型基础上开展工艺设计，建立三维制造工艺规程。具体步骤如下：设计工程师完成产品设计，并将设计结果保存到 PLM 系统中；工艺设计师从 PLM 系统获取设计部门发放的三维模型，完成工艺设计，并将工艺设计文件保存到 PLM 系统中；制造执行系统（MES）和生产现场从 PLM 系统获取工艺规程文件，安排生产。

1. MBD 环境下三维工艺设计的内容

基于 MBD 环境的三维工艺设计流程包括毛坯模型设计、工序设计、工序模型生成与标注、三维工艺发布四个环节，如图 6-5 所示。

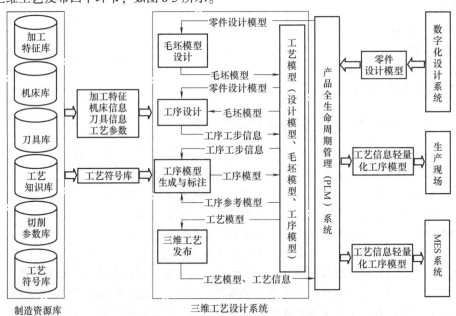

图 6-5 基于 MBD 环境的三维工艺设计流程

（1）毛坯模型设计　在工艺路线设计之前，根据零件的设计模型建立毛坯模型。对于结构简单的零件，可以通过零件的最大包络体快速构建毛坯模型，如立方体毛坯、圆柱体毛坯等；对于形状复杂的零件，其毛坯可以通过修改设计模型来获得。

（2）工序设计　工序设计是指根据工序参考模型，确定每道工序所要加工的加工特征，定义所使用的机床、工装、刀具等制造资源信息，指定所采用的加工方法、工艺参数等信息。工序设计的主要内容是工序和工步的定义。其中，工序定义包括工序名称、机床和工装信息等内容；工步定义包括工步内容、刀具、工艺参数等。

（3）工序模型生成与标注　根据工序参考模型和工艺设计信息，通过对上一道工序的工序模型与刀具进行布尔运算，生成本道工序的工序模型。在此基础上，完成工序模型的标注，包括工序尺寸、装夹定位基准、工艺信息标注等。

（4）三维工艺发布　在完成工艺设计后，将三维工艺模型、工艺信息和轻量化工序模型保存到 PLM 系统中并完成审签、发布，车间生产人员通过企业信息网络从 PLM 系统中浏览并获取工艺模型文件。

通常，将在 MBD 环境下的工艺规划设计称为基于模型的工艺规划（Model-based Process Planning，MBP）。MBP 是基于模型的定义技术在工艺设计中的应用，它将与工艺设计相关的各类信息定义在三维产品模型中，包括产品制造信息（如尺寸公差、几何公差、表面粗糙度、注释、装夹定位基准等）和工艺设计信息（如工艺基本信息、工序信息、工步信息等）。根据工艺规划对象的不同，MBP 包括两方面内容：基于模型的零件加工工艺规划和基于模型的装配工艺规划。

2. 基于模型的加工工艺规划设计流程

下面以零件的加工工艺规划为研究对象，简要分析基于模型的加工工艺规划设计流程。在传统的二维机械加工工艺设计中，每道工序都有对应的二维工序图，并在工序图上标注本道工序的定位基准、加工尺寸、加工余量等信息。在三维环境下，同样有与每道工序对应的工序模型，并且在工序模型上标注本道工序的加工要求。加工特征是工序模型上具有语义的几何实体，用于表达零件的几何信息和非几何信息（如尺寸公差、几何公差、表面粗糙度等）。以工序模型为载体，通过加工特征组织工序 MBD 模型信息，建立基于模型的零件工艺规划（MBP）体系，包括几何层、加工特征层和工艺信息层等，如图 6-6 所示。

图 6-6　基于模型的工艺规划（MBP）体系架构

（1）几何层　几何层由工序模型的几何信息组成，它由待标注的几何要素构成，同时也是其他非几何信息（如尺寸公差、几何公差、表面粗糙度、注释等）的载体。工序模型的几何信息由模型几何和辅助几何组成。模型几何包括几何特征、几何形面和几何区域等内容。其中，几何特征是产品建模过程中用于描述加工特征的特定形状，如螺纹、倒角等；几何形面是构成加工特征形状的基本几何要素，如平面、圆柱面、圆锥面、放样曲面等；几何区域是几何形面上具有特定要求的部分区域，如平面上具有特殊刚度要求的区域。辅助几何是指建模和标注过程中使用的一些辅助几何信息，如建模过程中建立的辅助平面等。

（2）加工特征层　加工特征层由工序模型上需要加工的加工特征组成。它是指工序模型上一个具有语义的几何实体，用于描述模型上的材料切除区域，以表达加工过程及其结果。加工特征包括基本信息、形状特征、精度特征和热处理特征等内容。其中，基本信息包括特征名称、特征类型等内容；精度特征包括尺寸（公差）、几何公差、表面粗糙度等信息。尺寸（公差）包括加工特征的定形尺寸（公差）和定位尺寸（公差）；几何公差包括形状公差（如直线度、平面度、圆度、圆柱度等）、方向公差（如垂直度、平行度、倾斜度等）、轮廓度公差（如线轮廓度、面轮廓度等）、位置度公差（如同轴度、同心度、对称度等）、跳动公差（如圆跳动、全跳动等）。热处理特征是指加工特征表面工序模型上需要进行特殊工艺处理的特征，如外圆表面的渗碳工艺等。

加工特征层的精度特征和表面热处理特征通常以三维标注的形式存储在三维模型中，三维标注类型包括尺寸（公差）、几何公差、表面粗糙度、注释和标记等。

（3）工艺信息层　工艺信息层用于描述零件的工艺设计信息，包括工序模型的加工工序信息和辅助工艺信息。加工工序信息包括工序号、工序名称、加工设备和工序中的工步信息；辅助工艺信息包括工序模型的装夹和定位基准等信息。工序模型的加工工序信息可以表征为模型的属性。这些信息与三维模型关联，可以通过查询获取。辅助工艺信息通过符号标记的形式标注在工序模型中。

在传统的二维工艺设计中，零件的工艺信息以工艺对象（如工艺、工序、工步）为核心，并存储在数据库中。在MBD模式下，零件的工艺信息是以三维几何模型为载体的，工艺设计中的制造信息（如尺寸公差、几何公差、表面粗糙度等）、工艺设计信息（如工序信息、工步信息等）均存储在三维模型中，并与零件的几何信息密切关联。综上所述，基于模型的工艺规划（MBP）信息模型如图6-7所示。

传统的工艺设计主要以自然语言来描述工艺设计过程中的工序、工步信息，并辅以二维工序简图，工序、工步信息与二维工序简图之间的映射关系不够直观，常常存在歧义。此外，不同工艺设计人员对同一对象所采用的描述语言不完全相同，会造成生产人员对工艺信息理解的偏差。MBD技术为工艺信息提供了一种全新的表达方法。工艺信息的三维标注以工艺方法为核心，通过组合框格等形式，涵盖工艺方法、工艺参数、设备型号、工装符号、工装型号、刀具符号、刀具参数和检验信息等内容（参见本书4.3.8节）。

3. 基于模型的工艺规划（MBP）**设计系统开发案例**

下面简要介绍一个基于模型的工艺规划（MBP）设计系统开发案例。该三维机加工工艺设计系统以C++作为编程语言，以Visual Studio 2005作为开发工具，利用Pro/Toolkit二次开发工具包，在三维数字化开发软件Pro/Engineer的基础上完成二次开发。系统包括毛坯模型设计、工序设计、工序模型生成与标注、三维工艺发布四个功能模块。

工艺设计人员从PLM系统中获取当前的工艺设计任务，启动三维工艺设计系统。在零件三维模型的基础上，生成毛坯模型，如图6-8所示。之后定义零件加工的工序和工步，开展第一道工序设计，生成本道工序的工序模型并完成模型标注；在此基础上，完成剩余工序的设计并生成相应的工序模型。图6-8左侧为工艺设计完成之后形成的工艺模型树，包括设计模型、毛坯模型和工序模型。每个工序模型都是以设计模型为基础，并且建立在前一个工序模型的基础上，以保证当发生设计变更时，各工序模型能够实现自动关联变更。

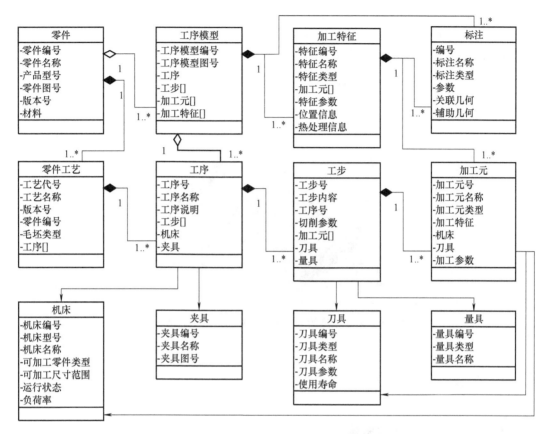

图 6-7 基于模型的工艺规划（MBP）信息模型

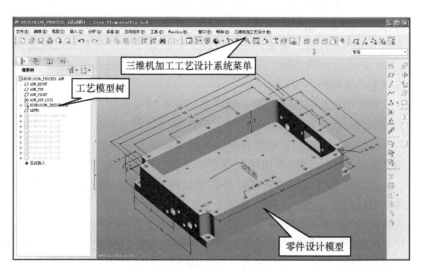

图 6-8 基于模型的工艺规划（MBP）的工艺模型

通过二次开发，在 Pro/Engineer 软件主界面中增加了一个"工艺结构树"选项卡页，如图 6-9 所示。工艺结构树由工艺、工序和工步节点组成。单击某一工序或工步节点，可以显示工序或工步对应的工序模型，并高亮显示本道工序或工步拟要加工的特征。通过标注的方式，加工特征的工艺信息可以直接展示在三维模型中，并与几何信息相关联。图 6-9 所示为"30 铣四角及型腔"工序的工序模型。

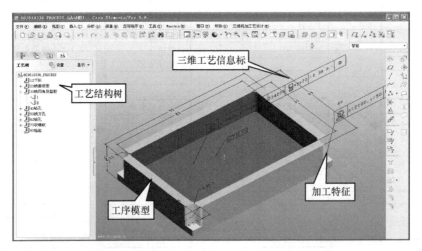

图 6-9　基于模型的工艺规划（MBP）的工艺结构树

6.3　成组技术

6.3.1　成组技术的基本概念

成组技术（Group Technology，GT）是一门综合性生产技术。它以零件之间的相似性为基础，研究如何将生产活动中相似的问题归类成组，根据结构和工艺的相似性将种类众多的零件分类形成为数不多的零件族，再将同一零件族中分散的小生产量汇集成较大的成组生产批量，寻求相对统一的优化解决方案，从而以接近于大批量生产的方式来生产多品种、中小批量的产品，提高生产率和经济效益。

通常，将机械产品及其部件在性能、规格方面具有的相似性称为基本相似性，也称为一次相似性。若两个产品具有基本相似性，则它们在几何形状、尺寸、精度、功能要素和材料方面也常常具有相似性。上述相似性的存在，又会导致零件在制造/装配工艺、生产经营与管理活动等方面具有相似性，包括所使用的设备、工具、软件、制造工时、成本、材料供应、库存管理等。这些以基本相似性为基础导出的相似性称为派生相似性或二次相似性。其中，基本相似性属于设计信息，而二次相似性属于工艺信息。

另外，从机械设计的角度来看，可以将零件的相似性分为功用相似性和特征相似性两类。其中，功用相似性包括功能相似、名称相似等；特征相似性包括结构、材料和工艺三个方面的相似性，可以由零件图的信息加以确定。图 6-10 所示为零件相似性的分类。

成组技术的理论基础是相似性原理，它对产品在规格、形状、制造工艺、功能、工装等方面所具有的相似性进行归类分组，实现多品种、中小批量产品结构设计、工艺设计、加工制造、生产组织与管理等方面的优化。成组技术应用的基本流程如图 6-11 所示。

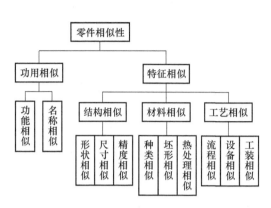

图 6-10 零件相似性的分类

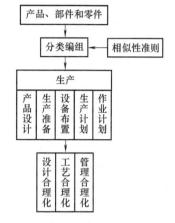

图 6-11 成组技术应用的基本流程

成组技术为解决重复性、相似性和中小批量生产问题提供了一种有效方法。它可以提高刚性生产线的柔性，也是数控技术、柔性制造技术和计算机集成制造的基础技术之一。成组技术已经成为中小批量生产中缩短生产周期、降低制造成本、改善经营管理水平和提高劳动生产率的有效手段。

成组技术不仅有利于实现产品设计的标准化、模块化、系列化和工艺规程编制的规范化，也有利于完成生产作业计划的制定和生产组织。目前，成组技术已经发展到利用计算机自动完成零件分类、成组的阶段，并与计算机辅助工艺规划（CAPP）实现了有机结合。成组技术在产品开发中的应用领域主要包括：

（1）产品设计 在产品造型设计中，利用成组技术对零件的设计信息进行分类和标准化。在新产品设计时，利用产品所具有的继承性，最大限度地重复使用设计信息，加快设计速度，提升产品质量的稳定性，减少重复性劳动和工艺准备时间，减少制造费用。

（2）制造工艺 成组技术最早应用于制造工艺领域。以成组分析为依据，以零件的结构形状特点、工艺过程和加工方法的相似性为原则，以成组技术指导的工艺设计合理化和标准化为基础，采用先进的生产工艺技术，设计成组工艺过程、成组工序和成组夹具，有利于计算机辅助工艺规划（CAPP）的实现和计算机辅助成组夹具的设计。

（3）生产管理 成组技术是计算机辅助管理系统的技术基础之一。成组技术将大量信息分类成组，并使其规格化、标准化，有利于优化生产系统的公用数据库。同时，成组技术利用相似性分类的特点，有利于采用模块化原理组织生产，以零件族为单元实现成组加工。

6.3.2 零件的分类编码体系

零件相似性分析和编码是成组技术的核心。它根据零件结构、功能、材料和制造工艺等方面的相似性，完成产品及其零部件的分类成组、组建零件族，按照零件族制定加工工艺，扩大了生产批量、减少了工艺种类。从表象上看，成组技术利用的是零件几何形状、尺寸、功能、材料等方面的相似性。在表象的背后，它利用的是零件在制造工艺、生产组织、作业管理等方面的相似性。应用成组技术可以有效地改进企业生产组织和提高生产率，以获取最佳的经济效益。对多品种小批量产品开发而言，成组技术具有重要的应用价值。

零件分类成组有多种方法，本节主要介绍编码分类法和生产流程分析法。

1. 编码分类法

根据编码系统编制零件代码，编码可以反映零件的特征信息。利用零件代码可以方便地从数据库中找到相同或具有相似特征的零件，形成零件族。编码分类的先决条件是准确地描述零件的特征信息，并使其数字化（代码化）。零件的特征信息主要包括零件尺寸、加工面特征、非加工面特征等。然后选用或制定零件分类编码系统，将零件编码，从而将与零件有关的设计、制造信息转译为代码，根据代码完成零件的分类。代码可以是数字、字母或数字与字母兼用。下面简要介绍几种常用的编码系统。

（1）Opitz 编码系统 Opitz 编码系统由德国亚琛工业大学（RWTH Aachen University）的奥皮茨（Opitz）教授开发完成，在成组技术领域中具有开创性的意义。Opitz 系统是由十进制 9 位代码构成的混合结构系统，它的代码结构为：

12345 6789 ABCD

其中，第 1 位代码是零件类别码，用于表述其形状特征；第 2、3、4、5 位代码为形状及加工代码，用于描述零件的基本设计特征；第 6、7、8、9 位为增补代码，用于描述零件的制造特征信息，如尺寸、材料、毛坯形状和精度等；最后四位代码用于识别生产类型和顺序，由应用者根据需要安排。

Opitz 编码系统的特点是结构简单、便于记忆和手工分类；偏重于零件的结构特征。但是，分类标准在严密性和准确性方面有不足之处。

（2）KK-3 编码系统 KK-3 编码系统由日本通产省机械技术研究所开发。它是使用十进制 21 位代码的混合结构系统，可供大型企业使用。它的代码结构为：前 2 位为名称代码；第 3、4 位为材料代码；第 5、6 位为尺寸代码（长度和直径）；第 7 位为外轮廓形状和尺寸比代码；第 8～20 位为各部形状与加工代码，根据回转体和非回转体零件的不同，这组代码的内容有所变化；第 21 位为精度代码。在码位顺序方面，KK-3 编码系统考虑了各部分形状的加工顺序关系，是一个结构-工艺并重的分类编码系统。

（3）JLBM-1 编码系统 1984 年，我国机械工业部制定了 JLBM-1 编码系统。它吸收了 Opitz 系统和 KK-3 系统的优点，克服了 Opitz 系统分类标志不全和 KK-3 系统环节过多的缺点。JLBM-1 编码系统是一个十进制 15 位代码的混合结构系统，其基本结构如图 6-12 所示。

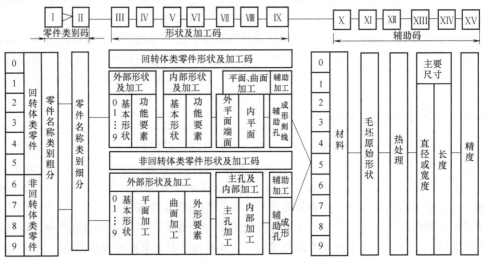

图 6-12 JLBM-1 编码系统的结构

（4）柔性编码系统　Opitz、KK-3 和 JLBM-1 编码系统都属于刚性编码系统，其结构相对简单，便于分类和记忆，也便于检索和辨识。但是，此类编码系统也存在固有的弱点，主要包括：①不能完整、详尽地描述零件的结构特征和工艺特征；②存在高代码掩盖低代码的问题；③描述存在多义性；④不能满足生产系统中多方位、多层次的技术需求。

为克服刚性编码系统的缺点，柔性编码系统的概念应运而生。柔性编码系统是指横向码位长度可以根据描述对象的复杂程度而变化的分类编码系统。它既要克服刚性编码系统的缺点，又要继承其优点，柔性编码的结构模型为

$$柔性编码 = 固定码 + 柔性码$$

固定码用于描述零件的综合信息，如类别、总体尺寸、材料等，出于简单明了、便于检索和识别等目的，其码位不宜太长；柔性码主要用来描述零件各部分的详细结构特征和工艺信息，如形面尺寸、精度、几何公差等。目前，柔性编码系统尚没有形成标准。

2. 生产流程分析法（Production Flow Analysis，PFA）

多数编码分类是以零件的结构形状和工艺信息为基础制定的。在实际应用中，编码信息可能存在不够精细、不够准确等问题，尤其是在工艺信息的描述方面。此外，多数编码分类方法未能将零件族或零件组与加工设备联系起来。

英国的 Burbige 教授提出以市场过程或工艺过程为主要依据的分类方法，称为生产流程分析（PFA）法。该方法着重分析生产过程中从原材料到产品的物料流程，研究最佳的物料路程系统，通常包括四个方面的内容：①工厂流程分析，建立车间与零件的对应关系；②车间流程分析，建立制造单元与零件的对应关系；③单元流程分析，建立加工设备与零件的对应关系；④单台设备的流程分析，建立工艺装备与零件的对应关系。根据上述对应关系，编制出各类关系中最佳的作业顺序，找出各个设备组对应的零件族。

成组编码的优点主要包括：①以简单的字符来代替对事物复杂特征和属性概念的描述，有利于利用计算机对数据进行分类处理；②便于信息的传输、存储和检索；③可以避免或减少信息的重复存储；④有利于数据和信息的共享。

6.3.3　成组技术应用案例

1. 背景分析

某类产品是由机械、材料、控制、电气、通信、集成电路、微波等学科有机集成而形成的高技术产品。以该产品的车载型号为例，产品由数千个零件组成，可以分为机械、微波等系统，机械系统又可以分为天线、天线车、传动、馈线、钣金、冷却、液压等子系统，每个子系统中又包括众多零部件。此类产品具有结构和制造工艺复杂、加工精度要求高、品种多、生产批量小等特点。

目前，此类产品的设计、制造和生产组织已经广泛采用数字化技术，包括数字化设计、数字化仿真、计算机辅助工艺规划、数控编程与加工等。统计数据表明，在该类产品制造工艺的制定过程中存在大量重复性和相似性的工艺信息，但是已有的工艺信息没有得到充分利用，由此导致了工艺人员的重复性劳动。如果利用成组技术对该类产品的工艺信息进行分类，实现工艺规划信息的重用，逐步形成标准和典型工艺信息库，将会极大地提高工艺规划制订的效率和质量，也有利于企业的生产组织。

此外，随着数字化开发技术的深入应用，此类产品数字化信息的数据量急剧增加。如何将海量信息整理归档，过滤掉无效的信息，发现有用的知识，提高信息的利用率，发挥信息

的价值，成为企业关注的课题。

利用成组编码技术来表征零件的结构、材料和工艺信息，实现已有制造工艺信息的重用是一条有效途径。但是，前述的编码系统产生年代较早，不能满足此类产品成组生产的技术需求，具有很大的局限性。

2. 成组编码规则的制定

根据某企业信息化建设现状与此类产品的特点，通过与企业技术人员的交流沟通，确定新编码系统的基本性能要求如下：①能涵盖企业的主要产品类型，可以描述该类产品零部件的主要结构组成及其工艺信息，符合企业关键零部件的结构分类标准；②应包含零件的主要加工工艺信息，如毛坯、材料、尺寸、精度、热处理、表面处理等；③应包含零件的工序、工步信息，以方便工艺人员快速获取零件的加工流程；④各码段定义应具有明确的规则，含义清晰，便于零件信息的表达、传输、储存和检索；⑤码位长度应适宜，既能满足当前需求，也具有一定的可扩展性；⑥要防止出现雷同现象，应有流水号，以保证每种零件的编码具有唯一性。

根据此类产品的制造工艺特点，最终确定如下编码规则：

(1) 码位长度及字段划分　码位长度拟定为 20 位，共分为 10 个字段，如图 6-13 所示。

第一字段：功能结构码（第 1~5 位，共 5 位）。

第二字段：毛坯类型码（第 6 位，共 1 位）。

第三字段：材料类型码（第 7~8 位，共 2 位）。

第四字段：尺寸码（第 9 位，共 1 位）。

第五字段：精度码（第 10 位，共 1 位）。

第六字段：加工工艺码（第 11~15 位，共 5 位）。

第七字段：焊接码（第 16 位，共 1 位）。

第八字段：热处理码（第 17 位，共 1 位）。

第九字段：表面处理码（第 18 位，共 1 位）。

第十字段：识别码（第 19~20 位，共 2 位）。

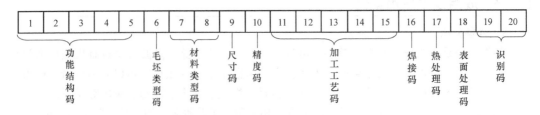

图 6-13　产品制造工艺编码规则

(2) 各字段编码的基本含义

1）功能结构码：用于描述当前零件与其所属部件、产品之间的从属关系。根据功能、结构及其主要加工特征，可以将该类产品的机械系统分为天线、传动系统、钣金、馈线等子系统，每个子系统再细分为部件、组件和零件。该字段各码位采用阿拉伯数字（0、1、…、9）作为代码。

2）毛坯类型码：用于描述本次加工中毛坯的基本形式。该字段各码位采用阿拉伯数字（0、1、…、9）作为代码。

3）材料类型码：用于描述选用的材料类型。该字段各码位采用阿拉伯数字（0、1、…、

9）作为代码，采用两位联合编码。例如，00 ~ 29 表示铝材，30 ~ 59 表示钢材，60 ~ 79 表示铜材，80 ~ 99 表示其他材料。

4）尺寸代码：用于描述零件的尺寸，以便选择合适规格的机床，主要考虑车床、刨铣床等。该字段码位采用数字-字母混合编码的形式，先用数字，然后用字母，按顺序排列。

5）精度码：用于描述零件最终的加工精度要求。该字段各码位采用阿拉伯数字（0、1、…、9）作为代码。

6）加工工艺码：用于描述零件主要的和典型的加工工艺过程，共预设 5 道典型工艺。编制代码时，根据零件的实际加工情况，按先后顺序从第 11 位开始依次选择加工工艺类型。该字段的码位采用数字-字母混合编码的形式，优先采用数字，其次采用字母，按顺序排列。

7）焊接码：用于描述零件主要的焊接工艺类型。焊接是此类产品零部件生产中的典型工艺，该字段体现了此类产品制造工艺的特点。该字段的码位采用数字-字母混合编码的形式，先用数字，后用字母，按顺序排列。

8）热处理码：用于描述零件主要的（或最终的）热处理工艺类型。该字段的码位采用数字-字母混合编码的形式，先用数字，后用字母，按顺序排列。

9）表面处理码：用于描述零件第一次出现的（或最重要的）表面处理类型。该字段各码位采用阿拉伯数字（0、1、…、9）作为代码。

10）识别码：用于描述与前 17 位代码完全相同的同系列类似件的序列号，采用两位联合编码，从 01 开始，自动往下排列。

该编码系统的主要特点包括：①充分考虑零件的功能结构与工艺信息，将编码系统分为 10 个字段。考虑到该产品零件的加工工艺复杂，将工艺信息中的加工工艺码集中处理。②根据该类产品的目录树结构确定零件的功能结构码，涵盖了零件所有的分类信息。此外，五位结构码具有从属关系，便于对功能结构进行展开、设计和检索。③考虑到零件种类多，信息可能存在重复性，划分了两个识别码，以便于建立数据库，实现编码和相关信息的计算机管理。图 6-14 所示为某基座类零件的制造工艺成组编码示例。

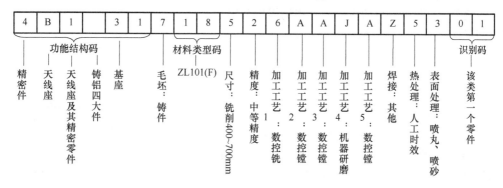

图 6-14　零件制造工艺成组编码示例

该编码系统能有效地表达零件的结构类别、毛坯类型、材料、尺寸、焊接、热处理和表面处理方式，对加工工艺的编制具有良好的指导意义。

3. 成组编码软件与工艺数据库管理软件的开发

根据企业信息化建设现状和实际生产需要，从工艺数据和信息集成的角度出发，在确定成组工艺编码规则的基础上，开发成组编码软件和工艺数据库管理软件，以便利用计算机辅

助完成零件的成组编码，并与企业已有的
数字化设计系统和CAPP系统交互，实现产
品工艺数据的有效管理和高效重用。该软
件的体系架构如图6-15所示。

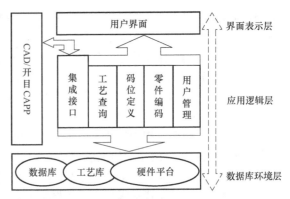

图6-15 成组编码软件与工艺数据库
管理软件的体系架构

根据功能不同，该系统自底向上分为
三层：①数据库环境层，该层是系统运行
的基本环境，提供软件系统的硬件平台、
通信协议和数据库等；②应用逻辑层，该
层用于集成各应用功能模块，如用户管理
模块、零件编码模块、码位定义模块、工
艺查询模块等，同时提供与CAD、CAPP等
软件系统的集成接口；③界面表示层，用
于运行客户端用户界面程序。在企业内部的局域网环境中，用户界面程序通过内部通信机制
向数据库环境层提出服务请求，在服务器端执行相应操作，再将结果返回界面表示层。

该软件的主要组成模块及其功能如下：

（1）用户管理模块 由管理员分配和管理软件操作人员，设置软件操作人员的用户名、口
令和权限。在满足不同系统用户操作需求的基础上，提高系统的安全性。

（2）零件编码模块 根据成组编码规则，完成新产品中零件的成组编码。该模块是软件开
发的重点，主要功能包括：①录入零件基础数据，包括对应图形、图片的浏览；②选取和显
示零件成组编码；③获取和快速查询零件的相关码位信息；④修改与更新零件码位信息；⑤
获取零件码位信息的辅助提示；⑥完成零件的成组编码并存入数据库。

（3）码位定义模块 用于编码规则的说明和显示，并完成各码位数据（包括码位编号、
含义特征等）的浏览、录入、修改、删除等数据操作。该模块是零件编码模块的数据来源。

（4）工艺查询模块 主要功能包括：①按工件
图号查编码，即根据零件的工件图号查询零件编码，
提供浏览、修改、另存等操作功能；②按编码查零
件，即将编码相关信息作为查询条件，模糊查询相
匹配零件，并对该零件信息完成浏览、修改、另存
等操作功能。

该软件系统采用客户端/服务器（Client/Server，
C/S）两层网络结构（图6-16），系统开发采用Visual
C++语言，基于Oracle数据库。其中，客户端层用
于响应和完成用户的服务请求，处理相关的业务逻
辑，通过ODBC驱动程序与Oracle数据库建立连接，
完成数据提交、查询和更新等请求；服务器端为数
据库服务器，用于存储相关工艺数据，为系统提供
统一的数据模式和服务。

在分析系统功能的基础上，建立数据表和数据
库。其中，数据库的概念数据模型（Concept Data
Model，CDM）如图6-17所示。

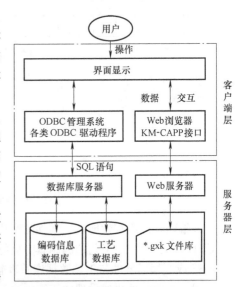

图6-16 成组编码软件与工艺
数据库管理软件的结构

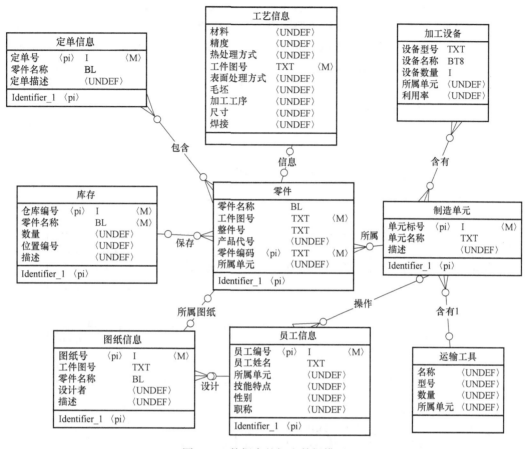

图 6-17　数据库的概念数据模型

"零件编码"用户界面如图 6-18 所示。其中，左上侧为零件"基本信息"显示区，需要

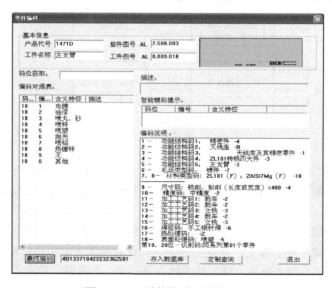

图 6-18　"零件编码"用户界面

手工输入零件的基本信息；右上侧是零件图样显示区域；下侧为编码区，提供"码位获取""智能辅助提示""编码对照表"和"编码说明"等功能。编码时，用户双击"码位获取"区中的任意一行即可进行码位值选取，选取其中的码位值，自动进入下一个码位。在选取最后两位的流水号类码段时，系统将根据其定义的码段长度自动获取当前最大流水号的下一个编码。系统操作的基本流程为：用户登录→进入主界面→选择各功能模块，完成相关操作。软件系统的操作流程和各模块之间的关系如图 6-19 所示。

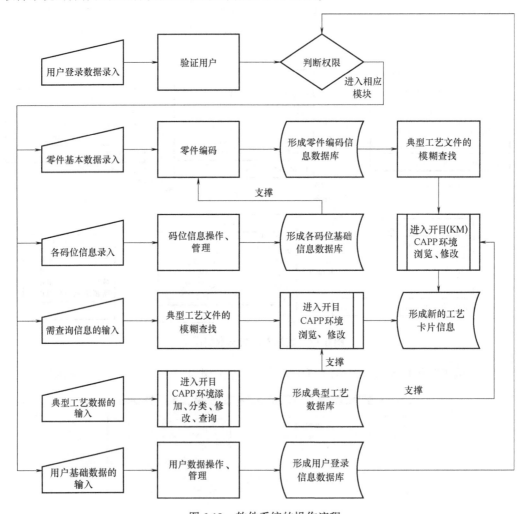

图 6-19　软件系统的操作流程

完成零件编码后，编码可以直接存入数据库，也可以实现定制化查询。单击"定制查询"按钮，出现如图 6-20 所示的"定制查询"用户界面。该界面主要包括"编码"显示编辑框、"码段选择"条件显示组合框、"查询参数"显示表和搜索结果显示区域等。

对于已经生成的编码，选择相应的码段，提取编码中该码段的"含义特征 + 编码"信息并添加到"查询参数"中，按下"查询"按钮，即在数据库表中实现模糊查找，同时，工艺信息将显示在界面下方的列表中。单击其中的一条记录，"编码"显示框中将显示该记录所对应的零件编码，同时出现"文件下载"界面，用户可以利用 CAPP 软件打开或下载相应零

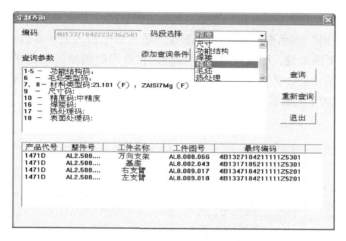

图 6-20 "定制查询"用户界面

件的工艺卡片 *.gxk 文件,完成零件结构图、工序、工步等工艺信息的"修改""另存"等操作,实现工艺规程的快速定制。通过采用计算机辅助编码和智能提示等技术,零件的编码过程较为简单、快捷,并且有良好的人机接口,操作人员无需翻阅大量资料手册就可以编制出复杂的零件工艺编码。

如前所示,此类产品具有品种多、结构复杂等特点,工艺代码中包括功能结构特征、材料类型、加工精度、加工工序、热处理方式等信息。为提高信息检索和重用的效率,软件还应具有零件工艺信息的快速查询和定制功能。

工艺查询模块可以根据查询条件查找出与其相匹配的工艺信息,便于工艺人员对工艺信息进行浏览和编辑,并以快捷方式生成新的工艺信息。它提供"按工件图号查零件"和"按编码查零件"两种查询功能。其中,按工件图号查零件是指根据零件的工件图号快速查找特定的零件;按编码查零件是指根据零件的工艺编码和工艺人员添加的相关工艺信息,形成组合查询条件,利用模糊技术查找出符合一定条件的零件。"工艺查询"模块的基本功能如图 6-21 所示,该模块的实现技术及其操作流程如图 6-22 所示。

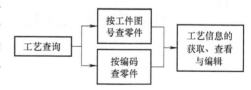

图 6-21 "工艺查询"模块的基本功能

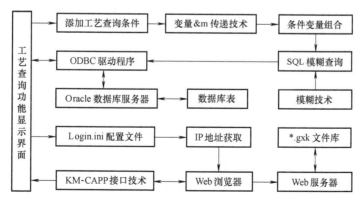

图 6-22 "工艺查询"模块的实现技术及其操作流程

图6-23所示为"工件图号查询"界面，其中主要包括"工件图号"输入框、查询信息显示列表和"零件编码"显示框。在"工件图号"输入框中输入表示零件工件图号的字符串（如AL8.00），按下回车键，即可实现模糊查询。在查出的模糊匹配记录中单击某条记录，"零件编码"显示框中就会显示该条记录的零件编码，同时出现文件下载界面（图6-24）。此时，可以保存相应的工艺数据文件，或用开目（KM）CAPP软件打开该工艺卡片文件，开展编辑、修改等工作。

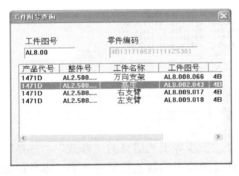

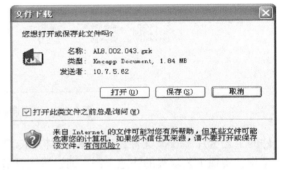

图6-23 "工件图号查询"界面　　　　图6-24 "文件下载"界面

按编码查零件以编码规则中各字段的工艺信息为基础，通过添加查询条件来查取工艺信息。按编码查零件的软件界面如图6-25所示，其中主要包括三个区域：工艺信息条件添加区、查询条件显示区和搜索结果显示区。考虑编码规则中第一个字段五位功能结构码之间存在主从关系，工艺信息条件添加区单独将该字段的五位功能结构码放在一张表中显示，其他几个字段放在另一张表中显示。右侧的查询条件显示区显示已添加的查询条件的"含义特征+编码"，可以实现多条件添加。单击"查询"按钮时，可以根据已选择的查询条件形成编码

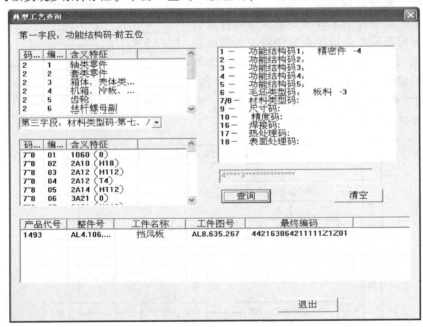

图6-25 按编码查零件的软件界面

字符串，再根据字符串信息模糊查询数据库表，并将搜索结果显示在界面下方的显示区中。另外，单击某条记录时，可以在界面上方的零件编码显示框中显示该条记录的零件编码，同时出现文件下载界面，可以利用开目 CAPP 软件打开或编辑工艺卡片（*.gxk）文件。

 ## 6.4 数控加工技术

6.4.1 数控加工的基本概念

数控是数字控制（Numerical Control，NC）的简称，它是利用数字化信息控制机床运动及其加工过程的一种方法。

数控机床（NC Machine Tools）就是用数字化信号对机床的运动及其加工过程进行控制的一类机床，或者说是装备了数控系统的机床。国际信息处理联盟（International Federation of Information Processing，IFIP）将数控机床定义为：一种装有程序控制系统的机床，该系统能按照一定逻辑处理具有特定代码或其他符号编码指令所规定的程序，数控装置对输入的代码信息进行处理和运算，并发出控制指令，控制机床的伺服系统和其他驱动元件，使机床自动完成工件的加工。

数控系统（NC System）就是上述定义中的程序控制系统。它能够自动阅读输入载体中给定的程序，并对程序进行编译，以控制机床运动、完成零件的加工。数控加工（NC Machining）是指根据零件图样和工艺要求等原始条件编制零件的数控加工程序并将其输入数控系统，控制数控机床中刀具与工件的相对运动，完成零件加工的过程。数控程序（NC Program）是指输入数控机床的，控制一个加工任务执行的一系列指令的集合。数控编程（NC Programming）是指生成用于在数控机床上完成零件加工的数控程序的过程。

利用数控机床加工零件的基本过程：①工艺准备，了解待加工零件的结构、几何尺寸和加工要求；②根据被加工零件的几何信息和工艺特征，按规定的代码和程序格式编写数控程序，制作控制介质；③将控制介质上的数控加工程序输入数控系统中；④根据输入信号，数控系统完成相应的运算和处理，并将处理结果以脉冲信号的形式发送给机床伺服系统，驱动机床运动部件，按规定的加工顺序、速度和进给量完成加工操作，从而完成零件的加工。以框图形式，数控机床加工零件的基本过程如图 6-26 所示。

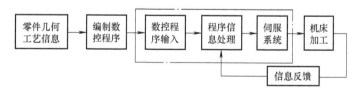

图 6-26　数控机床加工零件的基本过程

6.4.2 数控机床的组成及分类

1. 数控机床的组成

数控机床主要由控制介质（信息载体）、数控系统、伺服系统和机床本体等部分组成。它们的工作原理见表 6-1。

表 6-1　数控机床的组成及其工作原理

组　　成	功能与工作原理
控制介质 （信息载体）	控制介质是人与机床之间的联系介质，其中存储着零件加工过程中所需要的指令和数据，包括零件的几何信息、工艺参数（如进给量、主轴转速等）和辅助运动等。常见的控制介质包括磁盘、手动输入（MDI）和直接数字控制（DNC）等
数控系统	数控系统是数控机床的核心，由译码器、运算器、存储器、控制器、显示器、输入与输出装置等部分组成，用来完成数控程序输入、程序信息处理和伺服系统驱动等任务。它根据运算结果控制脉冲信号输出/输入装置的起动与停止、机床主轴的变速或换向、工件的夹紧或松开、分度工作台的转位和锁紧、刀具的选择与更换、切削液的开启或关闭等，以完成零件的数控加工
伺服系统	伺服系统接收数控系统经插补输出的位移、位置等信息，经功率放大后驱动机床移动部件实现精确定位，或使其按照规定的轨迹和速度运动，以加工出合格的零件。伺服系统的精度和动态响应性能直接影响数控机床的生产率、加工精度和零件的表面粗糙度 　常见的伺服驱动元件有步进电动机、电液伺服电动机、直流伺服电动机和交流伺服电动机等。脉冲当量，也称最小设定单位或分辨率，是指数控系统输出一个脉冲信号使机床工作台移动的位移量。脉冲当量是衡量数控机床性能的重要参数
机床本体	数控机床本体是指数控机床的机械结构，包括主轴、床身、立柱、工作台、刀架等核心部件，此外还包括冷却过滤系统、润滑系统、油液分离系统、气液动系统、对刀仪、自动排屑器等辅助装置 　与普通机床相比，数控机床在整体布局、传动系统、刀具系统、操作系统和结构等方面都有较大改变。主要表现为：①机床本体刚性提高，抗振性能得到改善；②机床热变形降低，精度提高；③采用高效、高性能传动部件，传动链短，结构简单，传动精度高；④机床功能部件增多，包括自动换刀装置、对刀仪等；⑤采用移门结构的全封闭外罩壳，提高了操作安全性

2. 数控机床的分类

（1）按数控机床的用途分类

1）金属切削类。包括数控车床、数控铣床、数控钻床、数控镗床、数控磨床、数控刨床等类型。在普通数控机床的基础上，通过加装刀具库和自动换刀装置，可构成加工中心（Machining Center），如车削中心、镗铣削中心、磨削中心、钻削中心等。镗铣加工中心具有铣削、镗削、钻削、攻螺纹等功能和工艺手段。加工中心具有自动换刀功能，通过调用数控程序，工件经一次装夹可以连续完成多道工序的加工操作，工序高度集中，加工质量稳定、加工精度高，极大地缩短了生产周期，提高了生产率。

2）金属成形类。包括数控弯管机、数控压力机、数控折弯机、数控冲剪机等。

3）特种加工类。包括数控线切割机床、数控电火花加工机床、数控激光加工机床等。

4）测量绘图类。包括数控绘图仪、数控坐标测量仪、数控对刀仪等。

（2）按机床运动部件的轨迹分类

1）点位控制数控机床。只控制机床运动部件（如刀具、机床工作台等）从一个坐标点到另一个坐标点的位置，不控制运动部件移动的轨迹。部件移动过程中不做加工动作，定位过程中对轨迹没有严格要求，各坐标轴之间的运动不相关。此外，为减少移动时间和提高定位精度，运动部件通常先快速地移动到终点坐标附近，再以低速准确地到达终点位置。数控钻床、数控坐标镗床、数控压力机等都属于点位控制的数控机床。图 6-27 为点位控制数控加工示意图。

2）点位直线控制数控机床。这类机床既要控制机床运动部件从一个坐标点到另一个坐标点的精确定位，又要控制两点之间的运动轨迹和速度。运动部件的轨迹为平行于机床各坐标轴的直线，或两轴同时移动构成的斜线，即运动部件只能做简单的直线运动，不能实现任意轮廓轨迹的加工。数控车床、数控铣床、数控磨床等都能实现点位直线控制。图 6-28 为点位直线控制数控加工示意图。

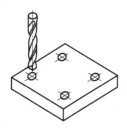

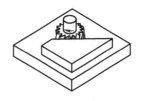

图 6-27　点位控制数控加工示意图　　　　图 6-28　点位直线控制数控加工示意图

3）轮廓控制（连续控制）数控机床。这类数控机床可以实现两个或两个以上坐标轴的连续关联控制，不仅能控制机床运动部件起点和终点的坐标位置，而且可以精确控制加工运动的轨迹，包括每一个点的速度和位移量，以满足零件轮廓表面的加工要求。常用的轮廓控制数控机床包括数控车床、数控铣床、数控线切割机床、各类加工中心等。

另外，按照机床能够同时控制的坐标轴数，数控机床可以分为二轴联动、二轴半联动、三轴联动、四轴联动、五轴联动等类型。二轴联动同时控制 X、Y、Z 三轴中的两轴联动，可以加工曲线柱面，如图 6-29 所示。二轴半联动可以实现二轴联动，第三轴做周期性进给，可以采用行切法加工三维空间曲面，如图 6-30 所示。三轴联动可以同时控制 X、Y、Z 三轴实现联动，或在控制 X、Y、Z 三轴中的两轴联动的同时，再控制绕某一直线坐标轴旋转的旋转坐标轴（A 轴、B 轴或 C 轴），完成三维立体加工，如图 6-31 所示。四轴联动可以同时控制 X、Y、Z 三轴联动，再控制一个旋转坐标轴（如 A 轴、B 轴或 C 轴），如图 6-32 所示。五轴联动可以同时控制 X、Y、Z 三轴联动，再控制两个旋转坐标轴（如 A 轴、B 轴或 C 轴），如图 6-33 所示。

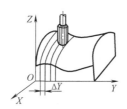

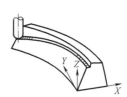

图 6-29　二轴联动　　　　图 6-30　二轴半联动　　　　图 6-31　三轴联动

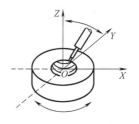

图 6-32　四轴联动　　　　　　　图 6-33　五轴联动

（3）按伺服控制方式分类

1）开环控制数控机床。开环控制（Open Loop Control）系统没有检测反馈装置，数控系统发出的指令脉冲信号是单方向的，机床的加工精度主要取决于伺服系统的性能。步进电动机是开环控制系统的主要驱动元件，控制电路每变换一次指令脉冲信号，电动机就转过一个步距角。开环控制系统结构简单，成本低，调试维修方便，但是控制精度较低。图6-34为开环控制系统框图。

图6-34 开环控制系统框图

2）半闭环控制数控机床。半闭环控制（Semi-closed Loop Control）系统将角位移检测装置安装在伺服电动机或丝杠端部，通过检测伺服电动机的转角或丝杠转角，间接测得工作台的实际位移值，并与输入指令值进行比较，然后利用差值控制运动部件。角位移检测装置可以与伺服电动机设计成一个整体，以简化系统结构、方便安装调试。但是，此类机床无法校正和彻底消除机械传动误差。半闭环控制系统具有较高的控制精度，广泛应用于中小型数控机床。图6-35为半闭环控制系统框图。

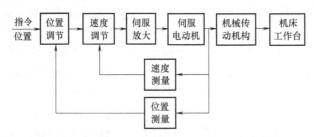

图6-35 半闭环控制系统框图

3）闭环控制数控机床。闭环控制（Closed Loop Control）系统将直线位移检测装置安装在机床工作台上，直接检测工作台的实际位移值，与输入指令值比较后，利用差值控制运动部件。此外，闭环控制在位置环内还有一个速度环，以减少因负载变化而引起的进给速度波动，改善位置环的控制品质。

闭环控制将机械传动部分全部包括在内。从理论上讲，闭环控制精度取决于检测装置的精度，与机构的传动误差无关。但是，在工程实际中，机床结构、传动装置和传动间隙等非线性因素均会影响控制精度，严重时甚至会引起系统振荡，降低系统的稳定性。闭环控制系统的定位精度高、速度快，但成本较高，调试和维修复杂，主要用于精度要求较高的数控机床，如数控精密镗铣床、超精车床、精密加工中心等。图6-36为闭环控制系统框图。

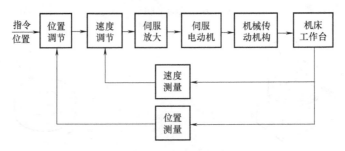

图6-36 闭环控制系统框图

根据数控系统的功能水平和技术参数，可以将数控机床分为高、中、低（经济型）三档。表6-2列举了数控机床的部分功能及其分类。需要指出的是，高、中、低档机床没有明确的定义和界限，不同时期、不同国家的划分标准也有所不同。此外，随着科学技术的进步，上述指标也处于变化之中。

表6-2　数控机床的部分功能及其分类

功　能	低档数控机床	中档数控机床	高档数控机床
分辨率/mm	0.005～0.01	0.001～0.005	0.0001～0.001
进给速度/(m/min)	4～10	15～24	15～100
伺服控制类型	开环、步进电动机	半闭环、闭环直流或交流伺服系统	
联动轴数（轴）	2	3～4	3～5以上
通信功能	一般无	RS-232、DNC	RS-232、DNC、MAP
显示功能	LED 或简单的 CRT 显示	较齐全的 CRT 显示	有三维图形显示
内装 PLC	无	有	有功能强大的 PLC
主 CPU	8 位或 16 位	32 位或 64 位	

3. 数控加工的特点

与普通机床相比，数控加工具有其自身的特点。

（1）优点

1）高柔性。通过编制数控程序可以完成新零件的加工。

2）高自动化。数控机床按照数控程序自动完成零件的加工，操作者只需要监控机床运行，完成零件装卸、更换刀具和夹具等作业，工人的体力劳动强度低。

3）加工精度高、一致性好。数控机床的定位精度和重复定位精度高，减少了加工过程中人为因素的影响，零件加工精度高、质量稳定。

4）生产率高。数控机床可以在一次装夹中完成多个部位、多道工序的加工作业，有利于缩短生产准备时间和机床调整时间，有效地提高了生产率与加工质量。

5）适合于复杂零件的加工。可以完成普通机床难以完成的复杂零件的加工，对航空航天、造船、模具、汽车等行业具有重要意义。

6）一机多用。数控机床可以综合普通机床（如钻、镗、铣）的加工功能，通过配置自动刀库、刀具交换系统等装置构成加工中心，实现复合加工。

（2）缺点

1）生产成本较高。数控机床的价格高于同规格的普通机床，机床运营、备件和维护成本较高，并需要计算机、编程软件、打印机等附加软硬件设备。

2）适用于多品种、中小批量、复杂零件的加工。与专用多工位组合机床或生产流水线相比，数控机床在大批量生产方面不具备成本和效率优势。对于形状简单、精度质量要求不高的零件，数控机床不具备普通机床的低成本特点。

3）需要有经过专门培训、熟悉数控机床的操作人员和零件编程人员。

4. 数控机床的选用

由上文可知，并非所有零件都适合在数控机床上加工。此外，选择何种功能、规格和档次的数控机床也是需要认真考虑的问题。

总体上，选择机床时需要考虑毛坯材料和类型、零件的复杂程度和尺寸、加工精度、热处理要求和生产批量等因素。选择机床的基本标准有：①满足零件的精度和技术要求；②有利于提高生产率；③能够降低零件的加工费用和生产成本。

图 6-37 和图 6-38 所示为机床类型与零件复杂程度、生产批量和加工成本之间的定性关系。由图 6-37 可知，当零件较简单、生产批量不大时，宜采用普通机床；数控机床则更适用于复杂零件的加工。由图 6-38 可知，在多品种、中小批量（如 100 件以下）情况下，使用数控机床的经济效益较高；随着零件批量的增大，数控机床的加工成本呈上升趋势。

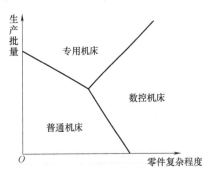

图 6-37 机床类型与生产批量、零件
复杂程度之间的关系

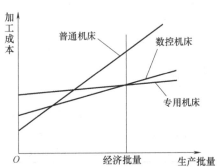

图 6-38 机床类型与生产批量、加工
成本之间的关系

一般地，数控机床最适用于以下类型零件的加工：①多品种、中小批量零件的生产或新零件的试加工；②轮廓形状复杂、加工精度要求较高的零件；③采用普通机床加工时，需要有昂贵工艺装备（如工具、夹具等）的零件；④需要多次改型的零件；⑤加工周期要求较短的零件。

6.4.3 数控编程技术

1. 数控机床的坐标系统

为描述机床运动，简化程序编制，保证程序的通用性，国际标准化组织（ISO）制定了数控机床坐标系相关标准。在我国，原机械工业部颁布了部颁标准《数控机床坐标和运动方向的命名》（JB/T 3051—1999）。该标准与 ISO 标准等效，对数控机床的坐标和运动方向做出了明确规定。

（1）机床坐标系 数控机床加工零件的动作是由数控系统发出的指令控制完成的。为确定机床运动部件的运动方向和移动距离，在机床上建立的坐标系称为机床坐标系，也称为标准坐标系。标准坐标系采用右手直角笛卡儿坐标系，如图 6-39 所示。它规定：直角坐标 X、Y、Z 三者之间的关系、正方向用右手定则判定；围绕 X、Y、Z 各轴的回转运动轴分别为 A、B、C 轴，回转轴的正方向 $+A$、$+B$、$+C$ 由右手螺旋法则判定。与 $+X$、$+Y$、…、$+C$ 相反的方向相应用 $+X'$、$+Y'$、…、$+C'$ 表示。

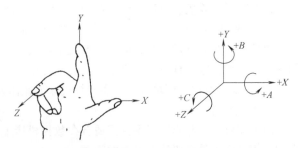

图 6-39 数控机床的标准坐标系

（2）坐标轴及其运动方向　JB/T 3051—1999 规定：不论数控加工中是工件静止、刀具运动，还是工件运动、刀具静止，编写程序时一律规定为刀具相对于静止的工件运动；机床某一部件运动的正方向是工件与刀具之间距离增大的方向。数控机床坐标轴及其运动方向的确定方法见表 6-3。图 6-40 所示为几种常见数控机床的坐标系。

表 6-3　数控机床的坐标轴及其运动方向

坐标轴及其运动方向	简要说明
Z 坐标	Z 坐标的运动由传递切削力的主轴，即与主轴轴线平行的坐标轴决定。Z 坐标的正方向为工件与刀具之间距离增大的方向 如果机床有几个主轴，可以选择一个垂直于工件装夹面的主轴作为主要的主轴。如果主要的主轴能够摆动，在摆动范围内使主轴只平行于三坐标系统中的两个或三个坐标，则取垂直于机床工作台的装夹面的坐标作为 Z 坐标。如果机床没有主轴（如数控龙门刨床），则 Z 坐标垂直于工件装夹面
X 坐标	X 轴为水平的、平行于工件的装夹平面的坐标轴。它平行于主要的切削方向，正方向是工件与刀具之间距离增大的方向 对于工件旋转的机床（如车床、磨床等），X 坐标的方向在工件的径向上，且平行于横滑座。对于安装在横滑座的刀架上的刀具，X 轴正方向为离开工件旋转中心的方向
Y 坐标	Y 坐标轴垂直于 X、Z 坐标轴。Y 运动的正方向根据 X 和 Z 坐标的正方向，按照右手直角笛卡儿坐标系来判断
旋转运动坐标 A、B、C	A、B 和 C 分别表示轴线平行于 X、Y 和 Z 坐标的旋转运动。A、B 和 C 的正方向分别表示在 X、Y 和 Z 坐标正方向上按照右旋螺纹前进的方向
附加坐标	对于直线运动，如果在 X、Y、Z 主要直线运动之外，还有第二组平行于它们的坐标，可以分别指定为 U、V、W；如果还有第三组运动，则分别指定为 P、Q、R 如果在 X、Y、Z 主要直线运动之外，还有平行于或不平行于 X、Y 或 Z 的坐标，也可以分别指定为 U、V、W 或 P、Q 和 R 对于旋转运动，如果在第一组旋转运动 A、B、C 的同时，还有平行于或不平行于 A、B、C 的第二组旋转运动，可以指定为 D 或 E

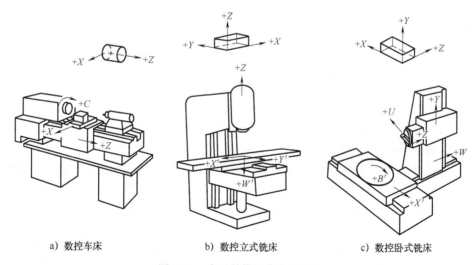

a）数控车床　　　　　b）数控立式铣床　　　　　c）数控卧式铣床

图 6-40　常见数控机床的坐标系

（3）数控机床中的坐标基准点 在编制数控程序和操作数控机床时，需要用到多种坐标系及其基准点，包括机床原点、机床参考点、工件原点、刀位点和程序原点等。

1）机床原点（M）。机床原点（Machine Orgin）是在机床上设置的一个固定的点，即机床坐标系的原点。它在机床装配、调试时就已确定，是数控机床加工运动的基准参考点。一般地，数控车床的机床原点取在卡盘端面与主轴轴线的交点处；数控铣床的机床原点设在 X、Y、Z 三个直线坐标轴正方向的极限位置上。

2）机床参考点（R）。机床参考点（Reference Point）也称机械原点，它是指机床运动部件在各自正方向退至极限时的一个固定点，由限位开关精密定位。当数控机床开机并执行回参考点动作后，操作面板上显示的数值表示机床参考点与机床原点之间的工作范围。机床参考点在机床出厂时已经调定，它是机床上一个具体的固定点。每次回参考点时显示的数值应相同，否则就会存在加工误差。一般地，加工中心的参考点为机床的自动换刀位置。

3）工件原点（P）。工件原点（Part Orgin）也称编程零点，它是工件坐标系的原点。编制数控程序时，一般将工件图样上的设计基准作为工件原点，如回转体零件的端面中心、非回转体零件的角边、对称图形的中心等均可作为工件原点。工件原点只与工件相关，在工件没有安装到机床工作台之前已经存在。当工件安装在工作台上时，工件原点与机床原点之间的位置尺寸通过对刀操作来确定。

4）对刀点和换刀点。为确定工件原点在机床坐标系中的数值，需要对刀。对刀点（Tool Setting Point）是用来对刀的一个辅助点，应选择在对刀方便的位置。对刀点可以设在工件上，也可以设在夹具上。对刀点与工件定位基准之间有一定的坐标关系，以便确定机床坐标系与工件坐标系之间的位置关系。

对刀点的准确度直接影响加工精度，对刀点的找正方法、基准选择与零件加工精度要求相关。当精度要求较低时，可以将工件或夹具上的某些表面作为对刀面。当加工精度要求较高时，对刀点应尽量选在零件的设计基准或工艺基准上。例如，以孔定位的零件，取孔的中心作为对刀点。

与对刀点相关的还有刀位点（Cutter Location Point）。对于平底立铣刀，刀位点是指刀具轴线与刀具底面的交点；对于球头铣刀，刀位点是指球头部分的球心；对于车刀，刀位点是指刀尖；对于钻头，刀位点是指钻尖。对刀时，应该使对刀点与刀位点重合。

另外，采用加工中心加工复杂零件时，加工过程中需要换刀，还要设定换刀点（Cutter Changing Point）。换刀点位置的选定以换刀时刀具不得碰伤工件、夹具和机床为基本原则。

5）程序原点（W）。程序原点（Program Orgin）也称起刀点，它是指刀具起始运动的刀位点，即程序开始执行时的刀位点。通常采用程序指令来设置程序起点，该指令视具体数控系统而定，通常是 G92 或 G50，可参见后续内容。

编程人员在编制数控程序时，通常只需要知道工件上程序的原点位置，无须考虑机床原点、机床参考点等，所编写的程序与数控系统类型有关，与数控机床的型号无关。但是，对于数控机床操作人员，需要清楚地了解所用数控机床中上述各原点之间的关系，必要时应参考机床用户手册和编程手册。

（4）绝对坐标与相对坐标 在数控系统中，可以采用两种坐标形式来描述机床运动及其位置，即绝对坐标（Absolute Coordinate）和增量坐标（Incremental Coordinate）。与之相对应，数控编程也有绝对坐标编程和增量坐标编程之分。

1）绝对坐标。若刀具（或机床）运动轨迹的坐标值均是相对于某个固定的坐标原点的，即为绝对坐标，该坐标系即为绝对坐标系。

在图6-41a中，A、B两点的坐标均是以固定的坐标原点 O 为基准进行计算的，坐标值分别为 $X_A = 10$，$Y_A = 20$；$X_B = 50$，$Y_B = 40$。因此，该坐标系为绝对坐标系。

2）增量坐标。若刀具（或机床）运动轨迹的坐标值是相对于前一个位置（或起点）来计算的，则为增量坐标，该坐标系即为增量坐标系。通常，用符号 U、V、W 分别表示增量坐标系中与 X、Y、Z 平行且同向的坐标轴。在图6-41b中，B 点相对于 A 点的增量坐标分别为 $U = 40$，$V = 20$，$U\text{-}O_1\text{-}V$ 构成了增量坐标系。

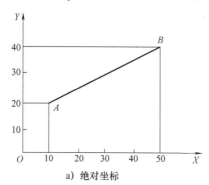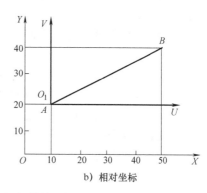

图 6-41　绝对坐标与增量坐标

与上述两种坐标系相对应，绝对坐标编程就是将刀具运动过程中的刀具位置坐标以一个固定的编程原点为基准给出，在数控程序中用 G90 指定；而增量坐标编程是将刀具运动过程中的位置坐标以刀具当前所在位置到下一个位置之间的增量形式给出，在数控程序中用 G91 指定。

实际编程时，可以根据数控系统的坐标功能，从方便编程和提高加工精度等角度出发，选用绝对坐标系或增量坐标系。对于车床，可以选用绝对坐标系或增量坐标系，也可以两者混合使用；对于铣床和线切割机床，则常采用增量坐标系。

（5）工件坐标系　为便于编程，通常要设定工件坐标系。工件坐标系也称编程坐标系，常设在工件的设计基准或工艺基准上，它的坐标轴及其方向与机床坐标系一致。编程人员根据零件结构和图样，设定工件坐标系原点，即可以编制数控程序。

在数控车床中，工件坐标系的 X 轴通常位于旋转轴的中心，Z 轴可以由编程人员根据需要自由选取，通常设定在工件右端面，工件坐标系的原点即为工件零点。

在数控铣床或加工中心中，编程人员根据工件图样要求设定工件坐标系，把要加工的工件通过夹具安装到加工中心的工作台上，并与机床坐标系建立起坐标关系。

（6）零点偏置　数控加工程序是按工件坐标系编制的，将工件安装到机床上后，必须建立起工件坐标系与机床坐标系的位置关系，这就是零点偏置。零点偏置确定了工件原点与机床原点之间的距离，也确定了机床坐标系原点与工件坐标系原点之间的关系。

数控系统中有两种用于设定零点偏置的指令。一种是设定零点偏置指令，它通过对刀操作确定机床坐标系原点与工件坐标系原点之间的偏置值，并通过操作面板将该值输入数控系统相应的寄存器中，如 G54～G59 指令；另一种是可编程序零点偏置指令，在数控程序中用该指令建立新的工件坐标系，如 Siemens 数控系统 G158 指令和 FANUC 数控系统 G92 指令等。

2. 数控编程的功能指令

（1）数控程序的格式 如前所述，数控机床的运动是由数控程序控制的。数控程序由一系列的程序段和程序块构成，程序段内容包括关于准备功能、刀具坐标位置、工艺参数和辅助功能等部分的描述。

国际标准化组织（ISO）对数控机床的坐标轴和运动方向、数控程序的编码字符和程序段格式、准备功能和辅助功能等制定了若干标准，成为数控系统设计和数控程序编制的通用规范。一般地，程序段中的指令格式如下：

N40 G01 X12.0 Y45.5 Z8.5 F150 S300 T02 M03；

其中，N40 为程序段编号，用于识别程序段，一般用 N 和若干位数字来表示；G 代码为准备功能代码，其作用是使数控机床做好某种操作准备，由 G 和其后的几位数字组成，如 G01 表示直线插补，也可以写成 G1；X、Y、Z 为刀具运动的终点坐标位置，可以是增量坐标，也可以是绝对坐标；F150 表示进给速度为 150mm/min；S300 表示主轴转速为 300r/min；T02 表示用第 2 号刀加工；地址码 M 和随后的数字构成机床的一些辅助动作指令，如 M03 表示机床主轴沿顺时针方向转动。

完整的数控程序由程序号、程序内容和程序结束三部分组成。例如：

O 0001
N01 G92 X50 Y20；
N03 G90 G00 X35 T01 S500 M03；
N06 G01 X-16 Y-8 F150；
N09 X0 Y0；
N012 G00 X40；
N015 M02；

其中，第一段 O 0001 为程序编号，是数控程序的开始部分，不同数控系统的编号格式不尽相同；中间部分为程序内容，是数控程序的核心，用来描述数控机床要完成的全部动作；最后一段为程序结束语句，一般地，以指令 M02 或 M30 作为程序结束的标志。

（2）数控系统功能指令的组成 准备功能和辅助功能是程序段的基本组成部分。其中，准备功能主要用于命令机床执行某种运动或建立某种加工方式等，如指令刀具和工件的相对运动、设定或选择坐标系、定义刀具偏置、指令刀具补偿等。准备功能也称 G 功能或 G 代码，由地址符 G 和后面的 1~3 位数字组成，常用的为 G00~G99，共 100 种。随着数控机床功能的不断增加，不少数控系统的准备功能指令已扩展到 G100 以上，如 Siemens 数控系统的可编程序零点偏置指令 G158 等。

G 代码可以分为模态代码和非模态代码两类。其中，模态代码在数控程序段中指定后一直有效，直到同组的其他 G 代码出现时才失效；而非模态代码仅在本指令的程序段中有效，下一程序段需要时必须重写。

ISO 标准为数控系统的开发和数控编程提供了基本框架。但是，数控机床厂商众多，机床功能不尽相同，新技术、新方法不断出现，不少数控系统的功能和数控程序格式已经超越 ISO 标准的范围。此外，即使是同一种功能，不同数控系统的指令格式也存在一些差异。因此，编程时需要依据数控系统说明书进行。表 6-4 所列为我国 JB/T 3208—1999 标准中 G 代码定义的主要内容。

表 6-4　JB/T 3208—1999 标准中的 G 代码

代　码	功　能	代　码	功　能
G00	点定位	G50	刀具偏置 0/ −
G01	直线插补	G51	刀具偏置 +/0
G02	顺时针方向圆弧插补	G52	刀具偏置 −/0
G03	逆时针方向圆弧插补	G53	直线偏移，注销
G04	暂停	G54	直线偏移 X
G05	不指定	G55	直线偏移 Y
G06	抛物线插补	G56	直线偏移 Z
G07	不指定	G57	直线偏移 XY
G08	加速	G58	直线偏移 XZ
G09	减速	G59	直线偏移 YZ
G10 ~ G16	不指定	G60	准确定位 1（精）
G17	XY 平面选择	G61	准确定位 2（中）
G18	ZX 平面选择	G62	快速定位（粗）
G19	YZ 平面选择	G63	攻螺纹
G20 ~ G32	不指定	G64 ~ G67	不指定
G33	螺纹切削、等螺距	G68	刀具偏置（内角）
G34	螺纹切削、增螺距	G69	刀具偏置（外角）
G35	螺纹切削、减螺距	G70 ~ G79	不指定
G36 ~ G39	永不指定	G80	固定循环注销
G40	刀具补偿/刀具偏置注销	G81 ~ G89	固定循环
G41	刀具补偿-左	G90	绝对尺寸
G42	刀具补偿-右	G91	增量尺寸
G43	刀具偏置-正	G92	预置寄存
G44	刀具偏置-负	G93	时间倒数，进给率
G45	刀具偏置 +/+	G94	每分钟进给
G46	刀具偏置 +/−	G95	主轴每转进给
G47	刀具偏置 −/−	G96	恒线速度
G48	刀具偏置 −/+	G97	每分钟转数（主轴）
G49	刀具偏置 0/+	G98 ~ G99	不指定

　　辅助功能也称 M 功能或 M 代码，由地址码 M 和随后的 1 ~ 3 位数字组成，主要用来控制数控机床辅助装置的接通与断开，即机床开关量的控制，如切削液开/关、主轴正转/反转、工件夹紧/松开、程序结束等。我国 JB/T 3208—1999 标准中 M 代码的功能定义见表 6-5。

表 6-5 JB/T 3208—1999 标准中的 M 代码

代码	功能	代码	功能
M00	程序停止	M36	进给范围 1
M01	计划停止	M37	进给范围 2
M02	程序结束	M38	主轴速度范围 1
M03	主轴顺时针方向旋转	M39	主轴速度范围 2
M04	主轴逆时针方向旋转	M40 ~ M45	如有需要作为齿轮换档，此外不指定
M05	主轴停转	M46 ~ M47	不指定
M06	换刀	M48	注销 M49
M07	2 号切削液开	M49	进给率修正旁路
M08	1 号切削液开	M50	3 号切削液开
M09	切削液关	M51	4 号切削液开
M10	夹紧	M52 ~ M54	不指定
M11	松开	M55	刀具直线位移，位置 1
M12	不指定	M56	刀具直线位移，位置 2
M13	主轴顺时针方向，切削液开	M57 ~ M59	不指定
M14	主轴逆时针方向，切削液开	M60	更换工件
M15	正运动	M61	工件直线位移，位置 1
M16	负运动	M62	工件直线位移，位置 2
M17 ~ M18	不指定	M63 ~ M70	不指定
M19	主轴定向停止	M71	工件角度位移，位置 1
M20 ~ M29	永不指定	M72	工件角度位移，位置 2
M30	纸带结束	M73 ~ M89	不指定
M31	互锁旁路	M90 ~ M99	永不指定
M32 ~ M35	不指定		

（3）基本功能指令及其编程方法 下面以 ISO 标准为基础，介绍常用的功能指令及其编程方法：

1）用准备功能的编程。

① 绝对坐标和增量坐标指令 G90/G91。绝对坐标指令用 G90 指定，它表示程序段中的尺寸字为绝对坐标值，即以编程零点为基准的坐标值。如图 6-42 所示，刀具由起点 A 直线插补到终点 B，采用绝对坐标指令（G90）编程的程序为：

G90 G01 X10 Y40 F200

其中，"X10 Y40" 为终点 B 在编程坐标系（XOY）中的绝对坐标。

增量坐标指令用 G91 指定。它表示程序段中的尺寸字为增量坐标值，即尺寸字为刀具运动的终点相对于起点坐标值的增量。对于图 6-42 所示的情况，采用 G91 编程的程序为：

G91 G01 X – 30 Y20 F200；

其中，"X – 30 Y20" 为终点 B 相对于起点 A 的坐标增量值。

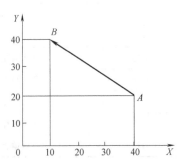

图 6-42 G90 和 G91 编程示例

G90 和 G91 为一组模态指令，默认为 G90。实际编程时，采用 G90 编程还是 G91 编程，主要应根据待加工零件的尺寸标注方法而定。当零件的尺寸标注是以同一设计基准给定的时候，宜采用 G90 编程；当点位之间以相对尺寸标注时，宜采用 G91 编程。总之，应减少编程时点位坐标的计算量。

② 工件坐标系设定指令 G92/G54 ~ G59。采用绝对坐标编程时，需要先建立工件坐标系，以确定绝对坐标的原点（编程原点）。建立工件坐标系后，就可以确定刀具起始点在工件坐标系中的坐标值。工件坐标系设定（G92）的程序格式为：

G92 X × × Y × × Z × ×；

其中，"X × × Y × × Z × ×" 为刀位点在工件坐标系中的初始位置。G92 指令根据刀具当前位置与工件原点的位置偏差，设置刀具当前位置。程序内绝对指令中点的坐标，即为点在工件坐标系中的坐标值。G92 指令将该坐标寄存在数控系统的存储器内。执行 G92 指令时，机床不动作，即 X、Y、Z 轴均不移动，但显示器中的坐标值发生变化。

例如，图 6-43a 中通过调零，使机床回到机床坐标系（XOY）的零点，刀具中心对准机床零点，显示器中各轴的坐标值均为 0。执行 "G92 X − 10 Y − 10" 后，建立工件坐标系 $X_1O_1Y_1$，如图 6-43b 所示，刀具中心（或机床零点）位于工件坐标系的 "X − 10 Y − 10" 处。O_1 为工件坐标系的原点，显示器中的坐标值为 "X − 10.000 Y − 10.000"，但刀具相对于机床的位置没有发生改变。在该指令以后的程序中，凡是绝对坐标指令中的坐标值均为点在工件坐标系 $X_1O_1Y_1$ 中的坐标值。

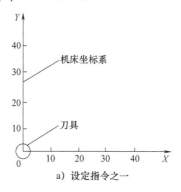
a）设定指令之一

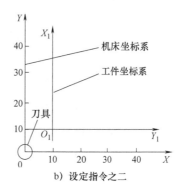
b）设定指令之二

图 6-43　工件坐标系设定指令 G92

利用设定零点偏置代码 G54 ~ G59 可以在程序中指定工件零点。将工件装夹到机床上并测出偏置值，通过操作面板将其输入规定的偏置值数据寄存器中，在程序中可以通过选择 G54 ~ G59 指令激活此值，如图 6-44 所示。

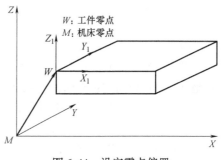
图 6-44　设定零点偏置

其中，G54 为第一可设定零点偏置，G55 为第二可设定零点偏置，G56 为第三可设定零点偏置，G57 为第四可设定零点偏置，G58 为第五可设定零点偏置，G59 为第六可设定零点偏置。若工件形状复杂，则还可设定多个工件零点。

采用 G54 ~ G59 指令设定工件零点偏置的过程如下：

a. 准备工作，机床回参考点，确认机床坐标系。

b. 装夹工件毛坯，通过夹具定位工件，并使工件定位基准面与机床运动方向一致。

c. 对刀测量，测量所用工件坐标系原点与机床坐标系的偏置量。

d. 采用手动数据输入（MDI）方式，将所测量的工件原点偏置量输入数控系统中，以便在编程时用 G54 ~ G59 指令调用。

③ 坐标平面选择指令 G17/G18/G19。右手笛卡儿坐标系中三个互相垂直的轴 X、Y、Z 分别构成三个相互垂直的平面：XY 平面、ZX 平面和 YZ 平面（图 6-45）。

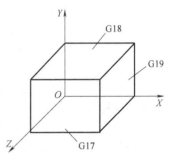

图 6-45 坐标平面及其选择

数控编程时，通常需要选择平面，以指令机床在哪一平面内运动。例如，立式数控铣床主要在 XY 平面内进行切削；数控车床主要在 XZ 平面内进行切削；圆弧插补、刀具半径补偿和用 G 代码钻孔时，也需要选择平面。选择坐标平面的指令为：G17 表示在 XY 平面内加工；G18 表示在 ZX 平面内加工；G19 表示在 YZ 平面内加工。其中，XY 平面为默认加工平面，G17 可以省略。

④ 快速点定位指令 G00。快速点定位指令 G00 以点位控制方式，控制刀具以最快的速度从当前位置移动到目标位置。移动速度由操作面板上的"快速进给率"旋钮调整，G00 段中的 F 代码不起作用。程序格式为：

G00 X×× Y×× Z××；

其中，"X×× Y×× Z××"为目标位置坐标。当采用绝对坐标指令时，"X×× Y×× Z××"为目标位置在工件坐标系中的坐标；当采用增量坐标指令时，"X×× Y×× Z××"为目标位置相对于起始点的增量坐标；不运动的坐标可以省略。以图 6-42 为例，指令刀具从 A 点快速移动到 B 点的程序为：

G90 G00 X10 Y40；/绝对坐标指令

或 G91 G00 X-30 Y20；/增量坐标指令

需要指出的是，G00 只能用于快速定位，不能用于切削加工。对于非切削的移动，使用 G00 指令可以节省运动时间，如由机械原点快速定位至切削起点、退刀以及 X、Y 轴定位等。

⑤ 线性插补指令 G01。G01 的作用是使机床按照指定的进给速度 F，插补加工出任意斜率的平面或空间直线。该指令可以使机床沿各坐标方向运动，或在各坐标平面内做具有任意斜率的直线运动，或使机床沿任意空间直线做三坐标联动，也可以使机床做四坐标、五坐标线性插补运动。G01 为模态指令，其程序格式为：

G01 X×× Y×× Z×× F××；

其中，X×× Y×× Z××"为目标点的坐标值，可以为绝对坐标，也可以为增量坐标，由 G90/G91 指定；"F××"为刀具移动的速度，如果不指定 F 代码，则作为零处理。

以图 6-46 为例，刀具从起始点 A 沿 AB 切削，程序为：

G90 G01 X50 Y40 F300；/绝对坐标指令，G90 可以省略

或 G91 G01 X40 Y20 F300；/增量坐标指令

⑥ 圆弧插补指令 G02/G03。G02、G03 的作用是使机床在指定的平面内执行圆弧插补运行，切削出圆弧轮廓。其中，

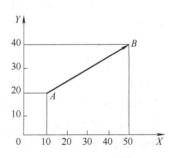

图 6-46 线性插补指令 G01

G02 为顺时针圆弧插补指令，G03 为逆时针圆弧插补指令。圆弧的顺时针方向、逆时针方向可以按图 6-47 判断：沿圆弧所在平面（如 XY）另一个坐标的负方向（−Z）看去，顺时针方向为 G02，逆时针方向为 G03。其程序格式为：

XY 平面上的圆弧：

G17 G02（或 G03）X×× Y×× I×× J×× F××；

ZX 平面上的圆弧：

G18 G02（或 G03）X×× Z×× I×× K×× F××；

YZ 平面上的圆弧：

G19 G02（或 G03）Y×× Z×× J×× K×× F××；

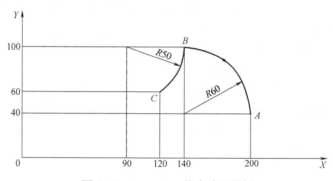

图 6-47　圆弧插补指令 G02、G03

其中，G17、G18、G19 为平面选择指令，用来确定被加工表面所在平面，G17 可以省略；X、Y、Z 为圆弧终点坐标值，可以为绝对坐标，也可以为增量坐标，由 G90 和 G91 决定，在增量方式下，圆弧终点坐标是相对于圆弧起点的增量值；I、J、K 为圆弧圆心的坐标，它们是圆心相对于圆弧起点在 X、Y、Z 轴方向上的增量值，也可认为是圆弧起点到圆心的矢量（矢量方向指向圆心）在 X、Y、Z 轴上的投影，与前面定义的 G90 或 G91 无关；F 规定了沿圆弧切线方向上的进给速度。下面以图 6-48 为例，说明 G02、G03 指令的编程方法。

图 6-48　G02、G03 指令编程举例

设刀具从 A 点开始沿 A→B→C 切削。绝对坐标指令的程序为：

G92 X200 Y40 Z0；

G90 G03 X140 Y100 I−60 J0 F200；

G02 X120 Y60 I−50 J0；

增量坐标指令的程序为：

G91 G03 X−60 Y60 I−60 J0 F200；

G02 X−20 Y−40 I−50 J0；

另外，圆弧插补也可以用圆弧半径 R 代表 I、J、K 指令，程序格式为：

G17 G02（G03）X×× Y×× R×× F××；

G18 G02（G03）X×× Y×× R×× F××；

G19 G02（G03）X×× Y×× R×× F××；

有关该指令使用的详细说明，可参考相关数控机床的操作手册。

⑦ 暂停延时指令 G04。指令格式为：

G04 X×× ; 或 G04 P×× ;

G04 按指定的时间延迟执行下个程序段，可以使刀具做短时间（如几秒）的无进给光整加工，常用于锪孔或镗孔等加工，以保证零件的加工精度。G04 为非模态代码。其中，X 用来指定暂停时间，必须用小数点表示，单位为秒（s）；P 用来指定暂停时间，不可用小数点表示，单位为毫秒（ms）。例如：

G04 X2.5；/暂停 2.5s

G04 P2500；/暂停 2500ms

⑧ 刀具半径补偿指令 G41/G42/G40。由于刀具都有一定的直径，因此，加工零件时刀具中心的轨迹与工件轮廓之间存在偏移，偏移量为刀具的半径。若按刀具中心轨迹进行编程，则加工时会出现过切或少切现象。如果不采用刀补编程或机床不具备刀补功能，编程人员就需要按照与轮廓距离为刀具半径的刀具中心运动轨迹的数据进行编程。当待加工轮廓曲线复杂时，刀具中心运动轨迹的计算将十分烦琐。此外，当刀具因刃磨而导致半径减小后，也要按照新的刀具轨迹重新编程，否则加工出的零件将存在偏差，偏差值为刀具的磨损量。

刀具半径补偿的作用是根据待加工轮廓和刀具半径的数值计算出刀具中心的轨迹。因此，编程人员可以根据工件的轮廓尺寸进行编程，而刀具沿刀具中心轨迹移动，从而加工出所需要的轮廓。

刀具半径补偿指令为 G41、G42。其中，G41 为刀具左偏置指令，即沿刀具进给方向看去，刀具中心在零件轮廓的左侧，如图 6-49a 所示；G42 为刀具右偏置指令，即沿刀具进给方向看去，刀具中心在零件轮廓的右侧，如图 6-49b 所示。

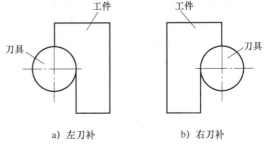

a) 左刀补　　　　b) 右刀补

图 6-49　刀具半径补偿方向

刀具半径补偿（刀补）过程可以分为以下三个步骤：

a. 刀补建立。刀补建立就是在刀具从起点接近工件时，刀具中心从与编程轨迹重合过渡到与编程轨迹偏离一个偏置量的过程。如图 6-50 所示，OA 段为建立刀补段，对 O→A 要采用 G01 或 G00 进行编程，刀具的进给方向如图所示。当采用编程轨迹（零件轮廓）而不用刀补对 O→A 进行编程时，刀具中心将在 A 点；若采用刀补指令编程，则刀具将偏置一个刀具半径的距离，使刀具中心移动到 B 点。在刀具补偿程序段内，必须有 G00 或 G01 指令功能才有效。

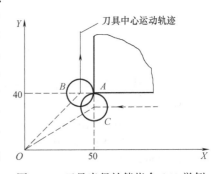

图 6-50　刀具半径补偿指令 G41 举例

在图 6-50 中，O→A 的建立刀补程序为：

G41 G01 X50 Y40 F100 D01；或 G41 G00 X50 Y40 D01；

其中，D01 为预先寄存刀具偏置（刀具半径）的存储器；G41、G42、D 均为续效代码。

b. 刀补进行。在建立刀补之后的程序段中，刀具中心将始终与编程轨迹相距一个偏置量，直到刀补取消。

c. 刀补取消。刀补取消过程是指刀具离开工件，刀具中心轨迹过渡到与编程轨迹重合的过程。图 6-50 中的 CO 段即为取消刀补段。当刀具以 G41 的形式加工完工件又回到 A 点后，进入取消刀补阶段。与建立刀补相似，对 $A{\to}O$ 也需采用 G00 或 G01 进行编程，取消刀补完成后，刀具又回到起点位置。图中取消刀补的程序段为：

G40 G01 X0 Y0 Fl00；或 G40 G00 X0 Y0；

由上述分析可知，G40 必须与 G41 或 G42 成对使用。

刀具补偿功能简化了数控程序的编制，给数控加工带来了方便。利用刀具补偿功能，编程人员不仅可以直接按零件轮廓编程，还可以用同一个加工程序完成零件轮廓的粗加工和精加工。如图 6-51 所示，当按零件轮廓编程以后，零件粗加工时可以将偏置量设为 D，$D = R + \Delta$，其中 R 为铣刀半径，Δ 为精加工前的加工余量。零件粗加工结束后，将得到一个比零件轮廓 $ABCDEF$ 大 Δ 的零件 $A'B'C'D'E'F'$。精加工时，设置偏置量 $D = R$，在精加工结束后，可得到零件的实际轮廓 $ABCDEF$。

以刀具半径补偿功能为基础，还可以实现利用同一个程序，加工公称尺寸相同的内、外型面。如图 6-52a 所示，设粗实线为零件的轮廓线。当偏置量为 $+D$ 时，刀具中心将沿轨迹 A 在轮廓外侧切削；当偏置量为 $-D$ 时，刀具中心将沿轨迹 B 在工件轮廓内侧切削。以图 6-52b 所示的模具为例，按轨迹 A 即为加工模具的阳模（凸模），按轨迹 B 则为加工模具的阴模（凹模）。

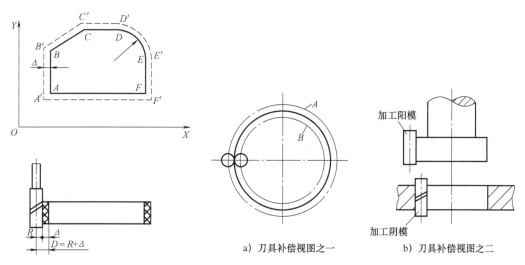

a) 刀具补偿视图之一　　b) 刀具补偿视图之二

图 6-51　刀补功能举例之一　　　　　图 6-52　刀补功能举例之二

需要指出的是，在建立和取消刀补过程中，需要注意刀具与工件之间的相对位置，避免发生撞刀现象。

⑨ 刀具长度补偿指令 G43/G44/G49。刀具长度补偿指令主要用于刀具轴向（Z 方向）的长度补偿，它使刀具在 Z 方向上的实际位移量比程序给定值增加或减少一个偏置量。因此，当刀具在长度方向的尺寸发生变化时，可以在不改变程序的情况下，通过改变偏置量，加工出所要求尺寸的零件。刀具长度补偿的格式是：

G43（或 G44）Z×× H××；

其中，G43 为刀具长度正补偿，G44 为刀具长度负补偿；H×× 为刀具长度补偿值的存储地址，补偿量存入由 H 代码指令的存储器中，可以从操作面板上输入。一般地，存储地址为 H00 ~ H99，常用地址是 H00。

使用 G43、G44 指令时，无论是采用绝对坐标还是增量坐标指令编程，程序中指定的 Z 轴移动指令的终点坐标值，都要与 H 代码指令存储器中的偏移量进行运算，G43 时相加、G44 时相减，再将运算结果作为终点坐标值完成加工。G43、G44 为一组模态代码。

G49 为撤销刀具长度补偿指令，指令刀具运行到编程终点坐标。

对于图 6-53 所示零件的外轮廓，采用刀补功能的铣削程序为：

N01 T1 S1000 M03；   /使用 1 号刀具（φ20mm 端铣刀），主轴正转，转速为 1000r/min

N02 G42 D01；   /刀具半径右补偿，D01 = 10

N03 G00 X10 Y5 Z15； /快速定位至 A 点正上方

N04 G43 H01；   /刀具长度正向补偿，H01 = − 10

N05 G01 Z-10；   /直线切削至 A 点

N06 X110；   /A→B

N07 Y85；   /B→C

N08 X90 Y105；   /C→D

N09 X50；   /D→E

N10 G02 X10 Y65 R40；/E→F

N11 G01 Y5；   /F→A

N12 G00 Z15；   /快速退刀至 A 点上方

N13 G40 G49；   /取消补偿

N14 M05；   /主轴停止

N15 M30；   /程序结束

2）常用辅助功能的编程。

① M00：程序停止指令。执行 M00 指令程序段后，主轴将停转、进给停止、切削液关闭、程序停止，以便执行某一手动操作，如手动变速、手动换刀等。重新按下机床控制面板上的"循环启动"按钮，继续执行下一程序段。

② M01：计划程序停止指令。该指令的功能与 M00 相似，但是必须预先按下操作面板上的"选择停止"按钮，在执行 M01 指令程序段后，程序才停止；如果不按下"选择停止"按钮，则 M01 指令无效，将继续执行以下程序。

③ M02：程序结束指令。该指令位于最后一条程序段中，用于结束全部程序，命令主轴停转、进给停止、切削液关闭，并使机床处于复位状态。

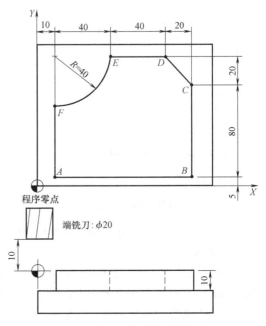

图 6-53　采用刀补功能的铣削编程

④ M03、M04、M05：主轴顺时针转动、主轴逆时针转动和主轴停止指令。主轴正转是指从主轴往 Z 的正方向看，主轴沿顺时针方向转动；反转则为沿逆时针方向转动。主轴停止转动在该程序段及其他指令执行完成后才会执行。一般地，在主轴停止转动的同时，机床开始

制动并关闭切削液。

⑤ M06：换刀指令。用于控制具有刀库的数控机床（如加工中心）的换刀功能。

⑥ M07、M08、M09：M07 命令 2 号切削液（雾状）开；M08 命令 1 号切削液（液状）开，即起动冷却泵；M09 为切削液关，注销 M08。

⑦ M10、M11：运动部件的夹紧与松开指令。

⑧ M30：程序结束并返回指令。在完成程序段中的所有指令后，使主轴停转、进给停止、切削液关闭。与 M02 不同的是，M30 将程序指针返回到程序的第一条语句，准备下一个工件的加工。

3）其他常用功能指令。

① 刀具功能（T 功能）。使用加工中心加工的复杂零件，往往在一次装夹后要进行多道切削工序，每道工序需要使用不同的刀具。加工中心刀库中的每把刀具都有各自的编号。

刀具功能指令通过指定刀具号使对应的刀具转到换刀位置，做好换刀准备。它由地址符 T 及其后的 2 位数字组成，也称 T 功能或 T 代码，数字表示刀库中刀具的编号。例如，若加工中心的刀库容量为 20 把刀具，则编程时可用 T01 ~ T20 指令。

需要指出的是，T×× 只是用来选择刀库中的刀具，并不执行换刀动作，由 M06 指令执行换刀动作。此外，T×× 不一定要放在 M06 之前，但需要与 M06 在同一个程序段中。

在执行换刀动作时要选择合适的位置，以避免刀具或主轴与工作台、工件发生碰撞。数控机床厂商在设计机床时，均考虑了安全的换刀位置。此外，Z 轴参考点距离工件最远，一般是安全位置，可以使 Z 轴先回到参考点，再执行换刀指令。例如：

```
…
T01；                   /1 号刀转至换刀位置
G91 G28 Z0；            /Z 轴回参考点
M06 T03；               /将 1 号刀换到主轴孔内，3 号刀转至换刀位置
…
G91 G28 Z0；
M06 T04；               /将 3 号刀换到主轴孔内，4 号刀转至换刀位置
…
G91 G28 Z0；
M06 T05；               /将 4 号刀换到主轴孔内，5 号刀转至换刀位置
…
```

② 主轴速度功能（S 功能）。主轴速度功能用来指定主轴转速，也称 S 功能或 S 代码。指令由地址符 S 及其后的一串数字组成，数字表示机床主轴的转速，要求为整数，单位为 r/min，速度单位从 1 到机床的最大转速。例如，M03 S1200 表示主轴正转，转速为 1200r/min。

当加工程序中设定了 S 值后，实际加工时的主轴转速与机床操作面板上主轴转速倍率开关的值有关，一般地，倍率开关可在 10% ~ 150% 的倍率范围内以每档 10% 的幅度调整主轴转速，倍率开关值为 100% 时即为程序中设定的 S 值。

一般地，中档以上的数控车床都具有恒定线速度切削功能。在切削过程中，当工件直径发生变化时，主轴转速也随之变化，从而保证切削线速度不变，以提高切削质量。要实现恒定线速度切削功能，可以在程序中用 G96 指定，用 G97 注销。此时，S 指令是车削加工的线速度值。为防止主轴超速，可以用 G92 限定主轴的最高转速，这是 G92 的另一种功能。

③ 进给功能（F功能）。进给功能用来指令刀具切削的进给速度，由地址符F及其后面的数字组成，也称F功能或F代码。进给功能指令的是刀具的轨迹速度，即所有移动坐标轴速度的矢量和，各坐标轴速度是刀具轨迹速度在坐标轴上的分量，分速度不应超过允许值。

当只有X、Y、Z三坐标运动（如铣削加工）时，F后面的代码表示刀具的运动速度为每分钟进给量（mm/min）；当运动坐标为转动坐标A、B、C（如车削）时，F代码后面的数值通常为每转进给量（mm/r）。进给功能F在直线或圆弧插补方式中才能生效。F功能为续效代码，在未修改F值之前其值保持不变。

在程序中设定了F值后，加工时实际的进给速度值与机床操作面板上进给速度倍率开关的值有关。一般地，倍率开关可在10%~150%的倍率范围内以每档10%的幅度调整，倍率开关值为100%时即为程序中设定的F值。在加工时，操作者可根据材料和加工精度等因素调整进给速度。

3. 高级数控编程功能

除了可使用标准的数控程序之外，现代数控系统还提供一些高级编程方法，如子程序、镜像、旋转、缩放、固定循环、宏程序等。利用高级编程功能，可以使数控编程更加灵活、高效。需要指出的是，不同数控系统提供的高级编程功能和方法不尽相同。

（1）子程序　当一组程序段在程序中多次出现时，可以将这组程序段摘录出来，命名后单独存储，称其为子程序（Sub Program）。调用子程序的指令所在的数控程序称为主程序（Main Program）。主程序可以通过指令调用子程序，子程序执行完后返回主程序，继续执行后面的程序段。此外，子程序可以嵌套调用，嵌套的层数由数控系统决定。图6-54所示为两层子程序的嵌套调用。

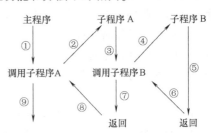

图6-54　两层子程序的嵌套调用

子程序调用适用于以下场合：①零件上的若干处具有相同的轮廓形状，利用子程序只需编写一个轮廓形状的子程序，由主程序调用该子程序实现相同轮廓的加工；②加工中反复出现的、具有相同轨迹的走刀路线；③程序内容具有独立性，可以将独立的工序编成子程序，主程序中只有换刀和调用子程序等指令段，实现程序的模块化；④满足特定的加工需求。

子程序的格式为：

O××××；

…

M99；

子程序的起始必须有程序号，并作为主程序调用的入口地址。程序号的格式由数控系统规定。例如，EIA规定程序号由"O"及其后的四位数字组成；ISO规定程序号由"："及其后的四位数字组成。子程序以指令M99为结束标志，之后返回主程序。

子程序调用格式如下：

M98 P××××L××；

其中，M98是调用子程序指令，地址P后的4位数字为子程序号，地址L指令重复调用的次数，若只调用一次可以省略。

下面举例说明子程序的执行过程：

主程序	子程序
O0001 ;	O1010 ;
N0010 ××× ;	N1020 ××× ;
N0020 M98 P1010 L2 ;	N1030 ××× ;
N0030 ××× ;	N1040 ××× ;
N0040 M98 P1010 ;	N1050 ××× ;
N0050 ××× ;	N1060 M99 ;

当主程序执行到 N0020 时转去执行 O1010 子程序, 重复执行两次后继续执行 N0030 程序段, 在执行 N0040 时又转去执行一次 O1010 子程序, 之后返回继续执行 N0050 及其后面的程序。当用一个子程序调用另一个子程序时, 其执行过程与上述过程完全相同。

(2) 镜像功能指令 G24、G25　当工件相对于某个轴具有对称形状时, 可以利用镜像功能和子程序, 只对工件的一部分进行编程, 而加工出工件的对称部分, 这种功能称为镜像功能。当某一轴的镜像有效时, 该轴执行与编程方向相反的运动。镜像轴 (对称轴) 可以是 X 轴或 Y 轴或 X、Y 轴。

下面以 HNC-1M 型数控铣削系统为例, 说明镜像程序的指令格式和编程方法。镜像功能指令为 G24 和 G25, 其中 G24 为建立镜像功能指令, 由指令坐标轴后的坐标值指定镜像位置; G25 为取消镜像功能指令。G24、G25 为模态指令, 可以相互注销, 默认值为 G25。其程序格式为:

G24 X×× Y×× Z×× A×× B×× C×× U×× V×× W×× ;
M98 P×× ;
G25 X×× Y×× Z×× A×× B×× C×× U×× V×× W×× ;

以图 6-55 为例, 其镜像功能程序为:

%1	/主程序
N1 G91 G17 M03 ;	
N2 M98 P100 ;	/加工①
N3 G24 X0 ;	/Y 轴镜像, 镜像位置为 $X = 0$
N4 M98 P100 ;	/加工②
N5 G24 X0 Y0 ;	/X 轴、Y 轴镜像, 镜像位置为 (0,0)
N6 M98 P100 ;	/加工③
N7 G25 X0 ;	/取消 Y 轴镜像
N8 G24 Y0 ;	/X 轴镜像
N9 M98 P100 ;	/加工④
N10 G25 Y0 ;	/取消镜像
N11 M05 ;	
N12 M30 ;	

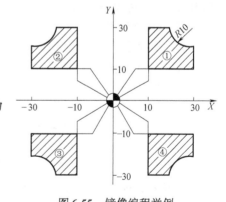

图 6-55　镜像编程举例

%100	/子程序, ①的加工程序
N100 G41 G00 X10.0 Y4.0 D01 ;	
N110 Y1.0 ;	

N120 Z – 98. 0；

N130 G01 Z – 7. 0 F100；

N140 Y25. 0；

N150 X10. 0；

N160 G03 X10. 0 Y – 10. 0 I10. 0；

N170 G01 Y – 10. 0；

N180 X – 25. 0；

N190 G00 Z105. 0；

N200 G40 X – 5. 0 Y – 10. 0；

N210 M99；

（3）缩放变换指令 G50、G51   缩放变换是数字化设计软件的基本功能。为实现灵活编程，很多数控系统提供缩放变换的数控编程功能。以 HNC-1M 型数控铣削系统为例，缩放变换的程序格式为：

G51 X × × Y × × Z × × P × ×；

M98 P × ×；

G50；

其中，G51 为缩放开指令，既可以指定平面缩放，也可以指定空间缩放；G50 为缩放关指令。在 G51 之后，运动指令的坐标值以 (X,Y,Z) 为缩放中心，按 P 规定的缩放比例进行计算。利用 G51 指令，可以用同一个程序加工出形状相同而尺寸不同的工件。G51、G50 为模态指令，可相互注销，默认值为 G50。

例如，在图 6-56 所示的三角形 ABC 中，顶点为 $A(30,40)$、$B(70,40)$、$C(50,80)$，缩放中心为 $D(50,50)$，则缩放程序为：

G51 X50 Y50 P2；

执行该程序后，系统将自动计算 $A'(10,30)$、$B'(90,30)$ 和 $C'(50,110)$ 的坐标值，并得到放大一倍的三角形 $A'B'C'$。

需要指出的是，缩放变换功能不能用于补偿量，并且对 A、B、C、U、V、W 轴无效。

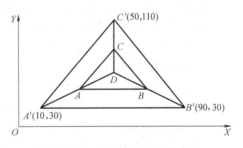

图 6-56   缩放变换编程举例

（4）旋转变换指令 G68、G69   旋转变换也是数字化设计软件的基本功能。目前，很多数控系统也可完成旋转变换功能的数控编程。以 HASS CNC 系统为例，设原始几何图形如图 6-57 所示，按图形中窗口轮廓的刀具轨迹编制的子程序为：

子程序：

O0200；

S500 F100；

G00 X1 Y1；

G01 X2 Y1；

G01 X2 Y2；

G03 X1 R0. 5；

G01 Y1；

G00 X0 Y0；

M99； /子程序返回

以程序原点为旋转中心将图形旋转 60°，将得到如图 6-58 所示的图形，其数控加工程序和程序说明如下：

O0001；

G59；

G00 G90 X0 Y0 Z0；

M98 P0200； /调用子程序，加工原始几何图形

G90 G00 X0 Y0；

G68 R60； /以程序原点为旋转中心将图形旋转 60°

M98 P0200； /调用子程序，加工旋转 60°后的图形

G69 G90 G00 X0 Y0； /G69：关闭旋转

M30； /程序结束

以给定点为旋转中心将图形旋转 60°，将得到如图 6-59 所示的图形，其数控加工程序及程序说明如下：

O0002；

G59；

G00 G90 X0 Y0 Z0；

M98 P0200；

G68 X1.5 Y1.5 R60； /以坐标（1.5，1.5）为旋转中心将图形旋转 60°

M98 P0200； /调用子程序，加工旋转 60°后的图形

G69 G90 G00 X0 Y0； /G69：关闭旋转

M30； /程序结束

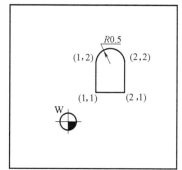
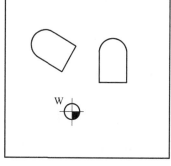
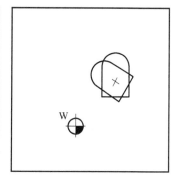

图 6-57 原始刀具轨迹　　图 6-58 以程序原点为中心的旋转　　图 6-59 以给定点为中心的旋转

（5）固定循环 在数控加工过程中，有一些加工动作已经固定化。以钻孔、镗孔动作为例，其加工过程可以分为六个动作：①动作 1，孔位平面定位，使 X、Y 轴快速定位到孔的加工位置；②动作 2，刀具从初始点快速进给到参考平面（R 点）；③动作 3，刀具以切削进给方式完成孔的加工；④动作 4，孔底动作，包括暂停、刀具移位等；⑤动作 5，刀具退到参考平面（R 点）并继续进行孔的加工；⑥动作 6，刀具快速返回初始点。图 6-60 为孔加工动作示意图，其中虚线表示快速进给，实线表示切削进给。

对于固定化的加工动作，可以预先编制好数控程序并存储到内存中，使用时再用 G 代码的程序段调用，以便简化编程工作。通常，将这种完成固定化加工动作的 G 代码的集合称为固定循环。

（6）宏程序　宏程序也称宏指令。它是一组由变量、变量运算指令和程序控制指令组成的，并能完成一定加工功能的子程序，可以在主程序中调用宏程序。与子程序相比，宏程序中可以使用变量、算术和逻辑运算以及条件转移，程序编制更为便捷。变量是宏程序的主要特征，即以变量代替具体数值。在宏程序中，除可以对变量赋值之外，还可以完成变量之间的运算。当加工同一类型的工件时，赋予变量以不同数值就可以加工出不同尺寸的零件，不必为每个零件各自编制一个程序，有效地减小了编程工作量，提高了数控程序的灵活性。

数控系统不同，其固定循环、宏指令等的指令格式也不尽相同，本书对此不多做介绍。在实际编程时，需要查阅相应机床或数控系统的编程手册。

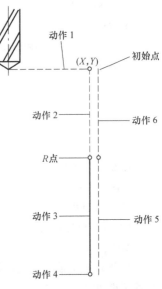

图 6-60　孔加工动作示意图

4. 数控编程方法

总体上，数控编程包括手工编程和自动编程两种方式。

（1）手工编程　手工编程是指编制零件数控程序的各个步骤，包括分析零件图样、确定加工工艺、数值处理、编写数控加工程序和程序校验等，均由人工完成（图 6-61）。

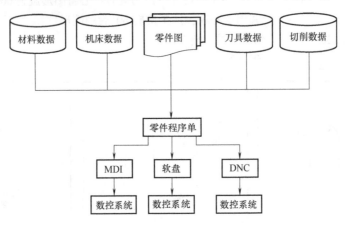

图 6-61　手工编程的基本过程

对于点位控制加工和形状较简单的零件，计算简单、程序编制量不大，可以采用手工编程。对于轮廓形状复杂的零件，特别是具有复杂空间曲面的零件，手工编程容易出错甚至难以完成，数控程序的检验也比较困难。此外，有些零件的几何形状虽然不复杂，但是数控程序量大，数控程序的计算、编写和校核过程会十分繁琐。

（2）自动编程　自动编程是利用计算机完成数控加工程序的编制，可以分为基于 APT 语言的自动编程、基于数字化开发软件的自动编程等类型。

1）基于 APT 语言的自动编程。自动编程工具（Automatically Programmed Tools，APT）是

一种接近于英语的符号语言，主要用于描述零件的几何形状、尺寸、几何元素之间的关系（如相交、相切、平行）以及加工的运动顺序、工艺参数等。APT 语言包括几何定义语句、刀具运动语句、程序控制定义语句、后置处理语句和辅助语句等。基于 APT 语言的数控编程步骤如下：

① 编程人员根据零件图样，采用 APT 语言表达全部加工内容的程序，称为零件加工源程序。不同于手工编程中用数控指令代码编写的数控加工程序，零件加工源程序不能直接控制数控机床，只能用于编译处理计算机的输入程序。

② 将零件加工源程序输入计算机中，经 APT 语言编译系统编译产生刀位数据（Cutter Location DATA，CLDATA）文件并完成后置处理，生成符合具体数控机床和数控系统格式的零件数控加工程序。

③ 通过 MDI、软盘、DNC 等输入方式，将数控程序输入数控系统中。

基于 APT 语言的自动编程，利用计算机完成手工编程中烦琐的数值计算工作，提高了编程效率，解决了手工编程中无法解决的一些复杂零件的编程问题。

2）基于数字化开发软件的自动编程。先利用数字化设计软件在计算机中构建零件三维几何模型，再利用数字化制造软件的数控编程功能，完成数控加工程序的编制，基本步骤如下（图6-62）：

① 几何造型。利用数字化设计软件的造型（如实体造型、曲面造型、参数化造型等）及其编辑功能，在计算机中准确地建立被加工零件的几何和结构模型，为刀具轨迹的计算提供依据。

② 刀具路径生成。通过与计算机的交互，如选择图标、选取坐标点、输入所需的各种参数等，由数控编程软件从零件的几何模型中提取编程所需的信息，经分析判断和数学处理，计算出节点数据并转换为刀具位置数据，存入刀位文件中。刀具轨迹可显示在屏幕上，也可以直接完成后置处理，生成数控加工程序。

③ 后置处理。后置处理的目的是形成符合特定数控系统要求的数控加工程序。数控系统不同，数控加工程序的指令代码和程序格式也不尽相同。因此，数控编程软件中均具有后置处理功能，由编程人员根据具体数控系统的指令代码和程序格式进行编辑处理，直到输出符合数控系统要求的 NC 加工程序。

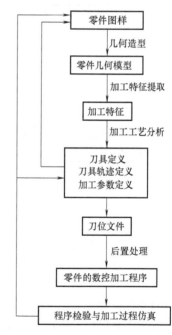

图 6-62　基于数字化开发软件的自动编程

基于数字化开发软件的自动编程可以在图形化交互方式下建立零件三维模型，编制数控程序，包括定义刀具及其运动方式、确定切削参数、生成刀具规迹、加工过程的动态仿真、程序检验和后置处理等，编程过程形象、直观、高效。

随着人们对产品质量和开发速度要求的提高，手工编程和基于 APT 语言的自动编程已难以满足数控加工的要求。因此，基于数字化开发软件的自动编程受到重视、得到广泛应用，成为产品数字化开发的重要手段。

目前，主流商品化数控加工自动编程软件包括 Pro/Engineer、Siemens NX、Cimatron、CATIA、MasterCAM、SurfCAM、CAXA、CAMWorks 等。

CAMWorks 是美国 TekSoft 公司开发的数控加工编程软件，该软件可以集成于数字化设计软件 SolidWorks 中。CAMWorks 的主要特点包括：①有效地集成产品的模型及特征信息，操作界面与 SolidWorks 软件完全一致；②具有自动特征识别功能，能自动识别孔、凸台、凹腔和槽等二维加工特征，提高了数控编程的自动化和智能化水平，此外，CAMWorks 还提供多种识别加工特征的方式；③具有智能化加工计划制订功能，将操作人员的工艺知识、经验与 CAD/CAM 技术有机结合，以缩短编程时间；④能够完成二轴半铣削加工、三轴铣削加工、四轴和五轴铣削加工、车削和线切割等的数控编程；⑤具有强大的后置处理功能，能将刀具轨迹文件转换成符合 EIA/ISO 等标准的数控代码，并提供数百种数控机床的后置处理程序。此外，还可以根据用户机床的特殊要求，采用图形化方式定制后置处理程序。CAMWorks 软件数控编程的基本步骤如图 6-63 所示。

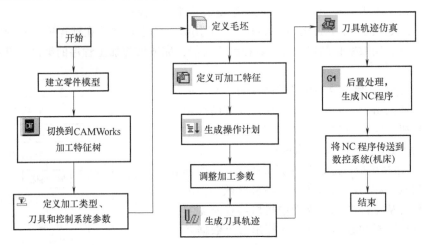

图 6-63　CAMWorks 软件数控编程的基本步骤

5. 数控编程的后置处理

如前所述，手工编程方式是根据零件的加工要求，按照所选数控系统的指令格式直接编制数控程序，并将其输入数控机床的数控系统中。

与此不同的是，基于数字化开发软件的自动编程方法首先在计算机中建立零件的几何模型，再将零件的加工工艺过程信息（如毛坯定义、刀具选择、走刀方式、进给量等）输入计算机，经过计算得到刀具的运动轨迹数据，称为刀位源文件（Cutter Location Source File）。该过程称为数控编程的前置处理（Pre-processing）。

刀位源文件不是数控程序，不能直接用于数控机床的加工控制，需要按照一定的格式将其转换成指定数控机床能够接收和执行的数控程序，再采用合适的方式（如磁盘、网络等）输入数控机床的数控系统中，才能完成零件的数控加工。该过程称为数控编程的后置处理（Post-processing）。

一般地，前置处理具有通用性，与零件的结构和工艺要求有关，与具体的数控机床和数控系统无关；后置处理具有专用性，往往针对特定的数控系统，与数控系统的功能代码和程序格式有关。后置处理的基本步骤如图 6-64 所示。根据刀位源文件的格式不同，可将其分为两类：一类是符合 IGES 标准的标准格式刀位源文件；另一类是非标准刀位源文件，如某些专用或非商品化数控编程系统输出的刀位源文件。

多数后置处理过程按解释方式执行，即根据读出的每一条完整数据，先分析数据类型以确定进行坐标变换还是进行文件代码转换，再根据所选数控系统的代码要求完成坐标变换或文件代码转换，生成一个完整的数控程序段，写入数控程序文件，直到刀位源文件结束。

此外，后置处理系统还可以分为专用后置处理系统和通用后置处理系统两种类型。前者针对专用数控编程系统和特定数控机床而开发，读取刀位源文件中的刀位数据，根据特定的数控机床指令集和代码格式将其转换成数控程序

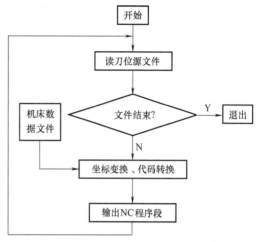

图 6-64 后置处理的基本步骤

输出。这类后置处理系统的针对性强，刀位源文件格式和程序格式较简单，多用于专用、非商品化的数控编程系统。通用后置处理系统可以针对不同类型的数控系统，对刀位源文件完成相应的后置处理并输出数控程序。通用后置处理系统通常是数控编程软件的子系统。如果后置处理系统支持 IGES 标准，则只要数控编程系统输出的刀位源文件符合 IGES 标准，就可以利用该后置处理系统处理其输出的刀位源文件。主流数字化开发软件编程系统的刀位源文件都符合 IGES 标准。

目前，通用后置处理系统有两种工作模式：①由软件厂商向用户提供多个常用的基于 ASCII 码的数控系统数据文件，当用户需要使用其他类型的数控系统时，可以按照数控系统数据文件的格式说明，修改其数控系统数据文件，生成所需数控系统的数据文件；②由软件厂商向用户提供一个用于生成数控系统数据文件的交互式对话程序，用户运行该程序，逐一回答其中的问题，即可生成所需数控系统的数据文件。

思考题及习题

1. 与传统制造技术相比，数字化制造技术有哪些特点？对传统制造模式有哪些突破与创新？

2. 信息技术、经济全球化、顾客的个性化需求等因素对制造业提出了哪些要求与挑战？

3. 查阅资料，结合具体的企业案例，分析制造业全球化的内涵及其实现形式。在此基础上，结合科学技术进步情况，分析制造业全球化的发展趋势。

4. 名词解释：

(1) 数字控制（NC）

(2) 可编程序逻辑控制器（PLC）

(3) 动态企业联盟（Dynamic Enterprise Alliance）

(4) 绿色制造（Green Manufacturing）

(5) 工艺规划（Process Planning）

(6) 尺寸链

(7) 计算机辅助工艺规划（CAPP）

(8) 派生型 CAPP

(9) 创成型 CAPP

(10) 成组技术（GT）

(11) 相似性原理

(12) 数控机床

(13) 数控程序

(14) 伺服系统

(15) 加工中心

(16) 开环控制

(17) 闭环控制

(18) 机床坐标系

(19) 机床原点

(20) 机床参考点

(21) 工件原点

(22) 对刀点

(23) 程序原点

(24) 绝对坐标/相对坐标

(25) 工件坐标系

(26) 刀具半径/长度补偿

(27) 数控编程的前置处理

(28) 数控编程的后置处理

(29) 直接数字控制（DNC）

5. 简述机械零件加工工艺设计的基本步骤。

6. 简述制定机电产品装配工艺规程的基本步骤。

7. 什么是计算机辅助工艺规划（CAPP）？它的基本功能是什么？

8. 与传统的手工编制工艺规划相比，CAPP 具有哪些优点？简述 CAPP 系统的分类。

9. 简述 CAPP 与其他产品数字化开发环节、企业信息系统（模块）之间的关系。

10. 什么是成组技术？它产生的背景是什么？结合案例论述成组技术的功用。

11. 什么是机械零件的相似性？零件相似性分析有什么作用？简述零件相似性常用的分类标准，并指出相似性与成组技术之间的关系。

12. 简述成组技术的应用步骤，并分析成组技术的应用领域。

13. 零件成组分类编码的主要方法有哪些？分析它们的特点及应用范围。

14. 查阅资料，分析主要编码规则的特点及应用范围，简述制定编码规则的基本原则。

15. 什么是数控加工？数控加工的基本步骤是什么？

16. 数控机床主要由哪几部分组成？分析各部分的功能及工作原理。

17. 对比分析数控加工、传统机床加工和专用机床三种加工方式的特点及适用范围。

18. 数控机床的分类标准有哪些？简述数控机床的类型和主要特征。

19. 分析数控机床中的坐标基准点类型，说明它们之间的相互关系。

20. 简述数控机床中常用坐标系的类型及其定义方法。

21. 熟悉数控程序的格式和常用指令。简述什么是准备功能（G 代码）和辅助功能（M 代码），以及常用的 G 代码和 M 代码。

22. 查阅资料，熟悉常用高级数控编程指令及其功能。

23. 简述数控编程的常用方法，分析它们的特点及应用步骤。

24. 什么是刀位源文件？分析刀位源文件与数控程序之间的区别与联系。

25. 什么是数控编程的前置处理和后置处理？后置处理的功用和类型有哪些？

26. 什么是 DNC 技术？它的功能和用途是什么？

27. 在查阅资料的基础上，分析数字化制造的内涵；分析数字化制造与数字化设计、数字化管理等学科之间的内在关系；分析数字化制造面临的挑战和发展趋势。

28. 结合主流数字化软件，熟悉三维计算机辅助工艺规划模块的功能及使用方法。

29. 熟悉主流数字化制造软件，了解软件的功能模块及操作流程。

30. 熟悉主流数控编程软件，完成典型零件数控加工程序的编制，并通过数控加工仿真检验数控程序的正确性，优化数控程序代码。

第7章
逆向工程与增材制造技术

 7.1　逆向工程技术概述

机电产品的开发大致有以下两种模式：

（1）正向工程（Forward Engineering，FE）　正向工程是从无到有的产品开发过程，其基本流程是：根据当前市场需求和对未来发展趋势的预测，确定产品的市场定位和目标客户，拟定产品的预期功能、规格和配置；按照概念设计、详细设计、模具设计、样机制造与装配等流程完成样机开发；开展产品性能、可靠性和大批量生产技术验证，完成产品的试生产、制造工艺的改进和生产线的调试，在此基础上实现批量生产。以汽车产品为例，验证内容包括发动机标定，变速器标定，底盘系统测试，主动和被动安全试验，振动、噪声和热测试，电子系统功能验证，整车耐久性测试，排放测试等。产品正向开发的基本流程可以参照图2-1。通常，产品正向开发方式的周期长，开发成本高。

（2）逆向工程（Reverse Engineering，RE）　逆向工程也称为反求工程或反向工程，它是以已有产品的实物、数字化模型、程序、图像或图片等信息源为基础，通过坐标测量设备等软硬件技术获取产品开发所需要的数字化信息，在消化吸收已有产品结构、功能、材料、制造工艺等内容的基础上，完成必要的改进与创新，快速开发出新的、与已有产品具有一定相似性的产品。逆向工程有助于缩短产品的研发周期，降低新产品的开发成本，帮助企业赢得市场先机。

工业化国家在经济发展过程中，无不积极应用逆向工程技术来消化、吸收先进产品设计与制造中的成功经验和有效做法。实践表明，合理地运用逆向工程技术有利于加快技术进步、提高新产品开发的效率和质量，增强市场竞争力，产生良好的经济效益和社会效益。与工业发达国家相比，我国制造业的整体技术水平还相对落后，引进世界先进技术与装备对推动企业技术进步、提高制造业竞争力具有重要意义。

通常，先进技术的引进可以分为应用、消化和创新三个层次。其中，应用层次是指直接购买国外的先进设备，用于制造系统中；消化层次是指通过引进国外先进技术、设备或产品，在开展理论分析、专项研究和性能测试的基础上，仿制引进的设备或产品；创新层次是指在消化引进技术的基础上，利用现代设计方法和先进制造技术，对原有产品加以改进和创新，在此基础上开发出技术更加先进、结构更加合理、性能更加完善、市场竞争力更强的产品。在上述三个层次中，后面两个层次都需要应用逆向工程技术。

7.2　逆向工程的类型与实施步骤

1. 逆向工程的类型

逆向工程的理论研究起步于 20 世纪 60 年代。随着计算机软硬件、坐标测量技术以及数字化设计与制造技术的成熟，逆向工程技术逐渐受到重视，成为新产品快速开发的有效工具。根据信息来源不同，逆向工程可以分为以下四种类型：

（1）实物逆向　信息源为产品实物，在测量实物模型、获得产品特征点坐标信息的基础上，在计算机中快速重建零件模型，生成数控加工程序，完成零件的复制。实物逆向的目标是实物本身，它是逆向工程中应用最为普遍的一种形式。

（2）软件逆向　以产品的工程图样、工艺流程、算法、数控代码、技术文件等信息为基础，完成产品复制。

（3）影像逆向　根据产品的图片、照片或影像等信息，完成产品复制。

（4）局部逆向　对于破损艺术品的复原或缺乏备件的受损零件的修复等，往往不需要复制整个零件，而是借助逆向工程技术完成对局部的复原工作，因而也称为局部逆向技术。

逆向工程不等同于常规的、简单的产品仿制，主要原因包括：①采用逆向工程技术开发的产品，其结构和功能往往比较复杂，如产品由复杂曲面构成、有较高的加工精度和性能指标要求等；②逆向工程的实现需要借助坐标测量设备、数字化模型重建技术、数控编程与数控加工等先进技术手段。实际上，逆向工程是数字化设计与制造技术的集成应用。

2. 逆向工程的实施步骤

以数字化技术为基础，逆向工程的典型过程如下：①采用特定的坐标测量设备和测量方法完成实物模型的测量，获取实物模型的特征参数；②借助相关数字化软件，根据所获取的特征数据在计算机中重构逆向对象的数字化模型；③对重构的产品模型进行必要的分析、改进和创新；④以数字化模型为基础，完成数控编程和加工，制造出新的产品实物。

逆向工程的实施需要考虑多方面因素，主要包括：①信息源的类型；②逆向对象的形状、结构、材料、制造工艺和精度要求；③制造企业的软硬件条件和工程技术人员的素质。逆向工程主要包括分析、再设计和制造三个阶段，其实施步骤如图 7-1 所示。

（1）分析阶段　根据逆向样本，获取逆

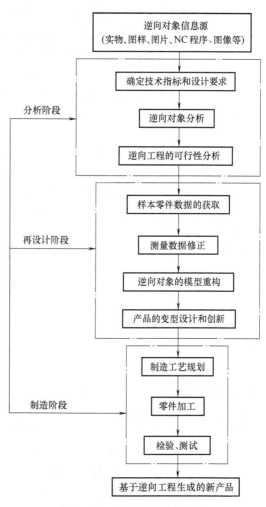

图 7-1　逆向工程的实施步骤

向对象的结构、功能、工作原理、材料性能、加工和装配工艺、精度特征等信息，确定样本零件的技术指标，明确关键功能及其实现技术。上述内容关系到逆向工程能否顺利开展和成功与否。分析阶段的研究内容包括：

1）逆向对象的功能和工作原理分析。分析逆向对象的设计思想、功能特点和结构组成，分析产品功能实现的原理与方法，寻找逆向对象在结构和功能等方面的不足，制订出源于原产品又高于原产品的改进方案。

2）逆向对象的材料分析。材料是产品功能的载体。在特定工况和环境下使用的产品，通常对材料有着特殊要求。逆向对象材料分析的内容包括：材料成分分析、材料组织结构和性能分析等。其中，材料成分分析旨在弄清逆向对象材料的元素种类、含量等，常用方法有钢种的火花鉴别法、钢种听音鉴别法、原子发射光谱分析法、红外光谱分析法、微探针分析技术等。材料组织结构分析主要是指分析逆向对象材料的组织结构、晶相组织等，可以分为宏观组织分析和微观组织分析。材料性能分析主要是指分析材料的力学、电磁、声、光、热等方面的性能。

3）逆向对象的制造和装配工艺分析。产品设计与其制造工艺、装配工艺之间的关系密切。优秀的设计工程师在设计阶段就会考虑产品的可制造性和可装配性。

逆向对象的制造工艺和装配工艺是逆向工程的重要研究内容，主要任务包括选择合适的加工方法和装配工艺，以保证产品的性能要求；提高装配精度和装配速度；控制生产成本等。常用的逆向对象制造和装配工艺分析方法有：

① 采用反求法编制工艺规程。以零件的技术要求，如尺寸公差、几何公差、表面质量等为依据，查明设计基准，分析关键工艺，优选加工工艺方案，并依次由后向前递推获得零件的加工工序，编制零件的工艺规程。

② 改进工艺方案。在满足产品功能和设计要求的前提下，对制造工艺做出必要的改进与创新。

③ 采用曲线对应法获得逆向工艺参数。以逆向对象的性能指标或工艺参数为基础建立第一参照系，以企业的实际条件为基础建立第二参照系，根据已知点或某些特殊点的工艺参数关系拟合出一条曲线。根据生产实际，对曲线进行适当拓展，从曲线中选出优化的工艺方案和参数。

④ 在满足功能要求的前提下，对产品结构做出改进与创新。为满足逆向对象大批量生产要求、控制生产成本，在满足产品功能的前提下，通过改变产品结构来降低制造、装配难度，提高制造和装配效率。

4）逆向对象的精度分析。精度直接影响产品的性能特征。逆向对象精度分析也是逆向工程的重要内容，主要包括确定逆向对象的形体尺寸、精度分配等。

根据逆向对象具体形式（如实物、影像或软件等）的不同，确定形体尺寸的方法也有所不同。实物逆向时，可以用游标卡尺、千分尺、万能量具、坐标测量机等设备测量产品尺寸；对于软件逆向和影像逆向，可以采用参照物对比法，利用透视成像原理和作图技术，结合人机工程学和相关专业知识，通过分析计算来确定形体尺寸。

在精度分配时，需要考虑产品的工作原理、精度要求、经济指标和技术条件等因素，并综合考虑企业的加工装备与技术水平，满足相关标准的规定和要求。精度分析和精度分配的基本步骤：①明确产品的精度指标；②综合考虑各类可能出现的误差，确定产品结构和总体布局；③计算所有误差源，确定产品精度；④编写设计技术说明书，确定精度分配方案；

⑤在产品设计、制造和装配过程中，根据生产实际情况，对精度分析和分配结果进行必要的调整和修改。

5）逆向对象的造型分析。造型是产品设计与艺术设计有机集成的综合性技术。它需要综合运用工业美学、产品造型原理、人机工程学原理等内容，完成产品的外形构型、色彩设计等，提高产品的外观质量和舒适方便程度。

例如，在数控系统设计中，需要考虑数控系统显示器的总体布局，图形显示的比例与大小，数控系统操作面板的造型和色彩组合，功能按键的造型、色彩和布局，数控系统操作的方便性等问题。

6）逆向对象的系列化、模块化分析。系列化和模块化有利于产品的多品种、多规格和通用化生产，有利于降低生产成本、提高产品的质量和市场竞争力。

在实施逆向工程的过程中，可以采用系列化和模块化的思维分析逆向对象，考虑所开发的产品是否为系列化产品、在系列型谱中是否具有代表性以及产品的模块化程度等。

7）逆向对象的包装技术分析。在用户需求日益个性化的今天，先进的包装技术和富有创意的包装方式也是赢得用户的重要条件。在逆向工程中，要研究逆向对象在包装方面的特点，并根据实际需求对包装材料、包装工艺和包装技术做出改进和创新。

8）逆向对象的使用和维护技术分析。在产品开发阶段就要考虑产品的使用、维护和回收等问题。企业若能从用户的角度出发，考虑用户的经济承受能力、产品使用和操作的方便性、产品维护和回收的方便性等因素，无疑会赢得用户的信任并获得市场认可。

（2）再设计阶段　在开展逆向分析的基础上，对逆向对象进行再设计，包括样本模型的测量规划、模型重构、改进设计、仿制等过程。具体任务包括：

1）根据分析结果和实物模型的几何拓扑关系，制定零件的测量规划，确定实物模型测量的工具设备、测量方法和测量精度等。

2）在测量过程中不可避免地会含有测量误差，因此需要修正测量数据。修正内容包括：剔除测量数据中的坏点，修正测量值中明显不合理的测量结果，按照拓扑关系定义修正几何元素的空间位置与关系等。

3）按照修正后的测量数据和逆向对象几何元素的拓扑关系，利用数字化设计软件，重构逆向对象的几何模型。

4）在分析逆向对象功能的基础上，对产品模型进行再设计，根据实际需要对产品结构和功能等做出必要的创新和改进。

（3）制造阶段　采用数字化方法完成逆向产品的制造，然后开展必要的测试验证，分析逆向产品的结构和功能是否满足预期设计要求。若不满足设计要求，则返回分析阶段或再设计阶段重新修改设计。

逆向工程的最终目标是完成对逆向对象（样本零件）的仿制和改进，它要求逆向工程的设计过程快捷、精确。在逆向工程实施过程中应注意以下几点：①从应用角度出发，综合考虑样本零件参数的获取方法，仔细规划再设计流程，提高所获取参数的精度和处理效率；②综合考虑逆向对象的结构、测量和制造工艺，有效控制制造过程中的各种误差；③充分了解逆向对象的工作环境及其性能要求，合理地确定目标产品的规格、功能和精度。

 ## 7.3　实物逆向工程及其关键技术

实物逆向是逆向工程中应用最为广泛的一种形式。它是以产品实物为依据，利用坐标测量设备获得产品的坐标数据，再利用建模工具在计算机中重建三维模型，开发出结构更加合理、性能更加先进的产品。实物逆向工程的关键技术包括逆向对象的坐标数据测量、测量数据处理和模型重构技术等。

7.3.1 逆向对象的坐标数据测量

逆向对象的坐标数据测量是实物逆向工程的前提。

1. 测量规划

在测量之前，要认真分析实物模型的结构特点，制订出可行的测量规划，主要内容有：

（1）基准面的选择与定位　选择定位基准时，要考虑测量的方便性和获取数据的完整性。因此，所选择的定位面要便于测量，还要保证在不变换基准的前提下，能够获取尽可能多的数据，尽量避免出现测量死区。在实施逆向工程时，要尽可能通过一次定位完成所有数据的测量，避免在不同基准下测量同一个零件不同部位的数据，以减少因变换基准而造成的数据不一致，从而减少误差的产生。

为防止因与测量设备接触等原因而改变样件位置、保证测量数据的准确性，需要保证样件定位的可靠性。在装夹时要注意使测量部位处于自然状态，避免因受力使测量部位产生过大的变形。一般地，可选取逆向对象的底面、端面或对称面作为测量基准。

（2）确定测量路径　测量路径决定了采集数据的分布规律和走向。在逆向工程中，通常需要根据测量的坐标数据，由数据点拟合得到样条曲线，再由样条曲线构造曲面，以重建样件模型。当采用三坐标测量机测量时，一般采用平行截面的数据提取路径，路径控制包括手动、自动和可编程序控制等方式。

（3）选择测量参数　测量参数主要包括测量精度、测量速度和测量密度等。其中，测量精度的确定取决于产品性能和使用要求；测量密度（测量步长）要根据逆向对象的形状和复杂程度来设定，基本原则是使测量数据充分反映被测件的形状，做到疏密适当。

（4）特殊和关键数据的测量　对于精度要求较高的零件或形状比较特殊的部位，应该增加测量数据的密度、提高测量精度，并将这些数据点作为三维模型重构的精度控制点。对于变形或破损部位，应在破损部位的周边增加测量数据，以便在后续造型中更好地复原该部位。

2. 实物模型数据化方法

（1）坐标数据测量设备分类　要在计算机中重构产品模型，首先需要采用坐标采集设备将实物模型数据化。根据逆向对象的复杂程度和实际测量条件，可以采用以下测量手段：①用圆规、卡尺、万能量具等简易测量工具进行手工测量；②采用机械接触式坐标测量设备；③采用激光、数字成像、声学等非接触式坐标测量设备。其中，手工测量方法只能用于结构简单、精度要求低的场合。除简易测量工具外，总体上，坐标数据测量设备可以分为非破坏性测量设备和破坏性测量设备等两大类（图7-2）。

破坏性测量主要是自动断层扫描技术。该技术采用逐层铣削样件实物、去除材料，并逐层扫描断面的方法，获取零件原形不同位置截面的内外轮廓数据，通过将各层轮廓组合起来获得零件的三维数据。它的特点是可以测量任意形状、任意结构样件的数据，测量精度较高，片层最小可达0.01mm。

非破坏性测量设备可以分为接触式和非接触式两大类。接触式测量设备又可以分为点接触式和连续式数据采集方法，最典型的是三坐标测量机（Coordinate Measuring Machine，CMM）。它通过测量机的传感测头与样件表面的接触来记录坐标位置，技术成熟、适应性强、测量精度高。

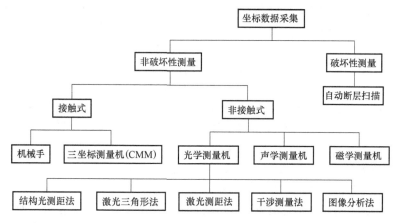

图 7-2　坐标数据测量设备的分类

由于接触式测头一次采样只能获取一个点的三维坐标值，使得接触式测量设备的测量效率较低，难以实现快速测量，测量点的密度也受到限制。20 世纪 90 年代，英国 Renishaw 公司研制出一种三维力-位移传感扫描测量头，可以在样件上进行滑动测量，连续获取表面的坐标信息，扫描速度可达 8m/s，数字化速度最高可达 500 点/s，精度约为 0.03mm。由于采用接触方式，受机械结构和空间的限制，对于某些复杂零件的特殊区域，会因测头无法到达而出现测量死区。此外，对于软质表面的样件，因变形误差过大，测量精度难以得到保证。

随着机械视觉技术和光电技术的发展，非接触式测量设备发展迅速。这种测量方法的优点是测量过程中测头不接触被测表面，避免了测头和被测表面的损伤和测头半径补偿，测量速度快、自动化程度高，适用于各种软硬材料和各类复杂曲面模型的三维高速测量。其缺点是数据量大，数据处理过程复杂。

非接触式测量主要是基于光学、声学、磁学等原理，将一定的物理模拟量通过适当的算法转化为样件表面的坐标点。例如，声呐测量仪利用声音发射到被测物体上产生回声的时间差计算与被测点之间的距离；激光测距法将激光束的飞行时间转化为被测点与参考平面之间的距离；图像分析法利用一点在多个图像中的相对位置，通过视差计算距离得到点的空间坐标；激光三角形法利用光源与影像感应装置（如摄像机）之间的位置与角度来推算点的空间坐标；结构光测距法将条形光、栅格光等具有一定模式的光投射到被测物体表面，并捕获光被曲面反射后的图像，通过对图像的分析获得三维点的坐标。总体上，非接触式设备的价格相对昂贵，对技术人员的素质要求较高。其中，基于光学的坐标测量设备在测量精度和测量速度方面具有明显优势，在逆向工程中应用广泛。

（2）三坐标测量机的工作原理　三坐标测量机由主机、CNC 装置、驱动装置和辅助装置等部分组成，其工作原理示意图如图 7-3 所示。主机包括床身、立柱、工作台、主轴和进给机

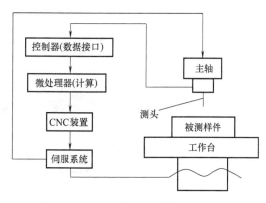

图 7-3　三坐标测量机工作原理示意图

构等部件,是测量机的主体;CNC 装置包括印制电路板、显示器、测试探头、接口、输入设备等软硬件,是测量机的核心;驱动装置包括驱动单元和伺服电动机,是用来驱动测量机的执行机构;辅助装置包括液压和气动装置、监控装置、测量用附件等。

将被测样件定位在工作台上,当测头接触到被测工件时,测头内部产生一触发信号,它通过发信臂内的电磁耦合器将此信号传给受信模块,再进入控制器,信号在控制器中经整形由相应的接口传到数控系统的指令端,向机床发出终止移动指令,从而使测头在接触工件瞬间的坐标位置信号被触发并进行运算处理,同时测量机进入下一个程序段。重复上述测量过程,即可自动完成所需坐标数据的测量。图 7-4 所示为白车身坐标数据的采集。

图 7-4 白车身坐标数据的采集

需要指出的是,通过三坐标测量机读出的数据是测头中心的位置坐标,而不是测头球形表面和样件接触点的坐标,它们之间的差值与测头半径、测量位置等因素有关。为了得到测量表面的数据,需要修正实际测量数据。常用的修正方法有:

1)等距偏移法。以测头球心轨迹数据点构造曲线或曲面,并将测头球心轨迹的曲线或曲面沿外法线方向等距偏移一个测头半径 R,获得的等距线或等距面即为所需的曲线或曲面。

该方法的特点是先构造球心轨迹曲面,只需偏移一次就能得到补偿曲面。但是,当曲面较为复杂时,等距偏移曲面难以实现,且对等距面的修改也非常困难。此时,可以先根据球心数据拟合曲线,将曲线向外法线方向等距偏移,然后再根据偏移曲线来构造曲面。

2)编程补偿法。该方法先建立半径补偿的数学模型,通过编程来实现补偿,得到所需的曲线和曲面数据。目前,一些三坐标测量机已经将半径补偿内部化,测量数据经过内部处理后,可以直接输出被测表面的坐标数据。

(3)非接触式测量设备的工作原理 在非接触式测量设备中,激光三角法因设备结构简单、测量速度快、使用灵活、实时处理能力强而得到广泛应用,尤其是在大型物体表面、复杂物体形貌的测量方面。以激光三角法为基础,实现等距测量的基本思路是:采用半导体激光器作为光源,以线阵电荷耦合器件(Charge Coupled Device, CCD)作为光电接收器件,通过高精密光栅及导轨装置,控制非接触式光电测头与被测曲面保持恒定的距离,扫描曲面,测头的扫描轨迹即为被测曲面的形状。激光等距测量的基本原理如图 7-5 所示。

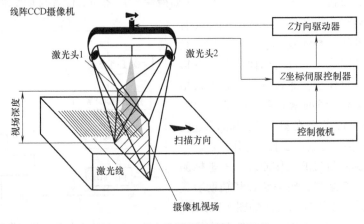

图 7-5 激光等距测量的基本原理

当两束激光在被测曲面上形成的光点相重合并通过 CCD 传感器轴线时，CCD 中心像元将监测到成像信号并输出到控制微机。光电测头安装在一个由计算机控制的、能在 Z 向随动的伺服机构上，伺服控制系统根据 CCD 传感器的信号输出控制伺服机构带动测头做 Z 向随动，以确保测头与被测曲面在 Z 方向上始终保持一个恒定的距离。光电测头是获取被测表面形状的传感部件，也是测量装置的核心部分。它主要由线阵 CCD 摄像机（包括光学镜头）、两个等波长激光器、CCD 摄像头的机械调整机构等部分组成。

光学系统和光电接收器件——线阵 CCD 传感器具有自扫描、高灵敏度、低噪声、低功耗等优点。此外，它的像元尺寸小、几何精度高，配以适当的光学系统，可以获得很高的分辨率，适用于高精密非接触式测量。

7.3.2　实物逆向的数据处理与模型重构

1. 测量数据的预处理

（1）测量数据的初步处理　由于存在系统误差和随机误差，测量数据中难免存在误差较大的数据点，也会出现测量遗漏和数据重复等现象。通过造型软件提供的编辑工具和视图功能，可以从多个角度观察原始型面数据，找出数据中存在的缺陷。对于误差明显偏大的数据点，要将其剔除，以免影响模型精度。通过对测量精度的初步评估并根据逆向工程的精度要求，来决定是否需要补测某些关键点或重新测量实物数据。

（2）测量数据的分块　在实物逆向工程中，考虑到样件结构或测量设备等因素的影响，在数据测量之前要预先对零件进行分块，得到的测量数据通常是分块数据。另外，出于数据处理的需要，也可以在数据测量完成后，根据对产品功能、结构的分析以及数据的曲率分布，定义曲面边界，提取边界线，完成测量数据的分块处理。

（3）分块数据的规则化　一般地，由边界线测量得到的分块数据的边缘是参差不齐的。若以这些数据点的拟合曲线构建曲面边界，则形成的曲面质量会比较差。因此，通常需要对边界进行规则化处理。首先将分块数据拓延，使其与边界线在某个方向形成直纹面求交，将交线作为分块数据的边缘数据。需要指出的是，对数据进行规则化处理时，相邻数据块用来与数据拓延相交的由边界线构造的直纹面必须是统一的，以减少曲面拼接时的人为错位。

（4）数据的均匀化　测量得到的数据通常是疏密不均的。由于插值分布和数目不同，若直接采用由这些数据点拟合的曲线来构造曲面，则构造出来的曲面质量通常会比较差，甚至会导致曲面造型失败。为此，需要对数据进行均匀化处理。

2. 影响模型重建数据完整性的因素及其处理方法

（1）影响模型重建数据完整性的因素分析

1）测量死区。由于产品结构形状或测量设备的原因，在数据测量时经常会出现一些难以获取坐标数据的特殊区域，称为测量死区。对于三坐标测量机而言，通常有两种情况：一是测头无法到达的地方；二是尽管测头能够到达，但只有在变换测量基准面的前提下才能够完成对被测面的测量，而基准面的变换往往会导致测量误差增大或数据错位。此外，即使是激光扫描仪也可能存在测量死区。

2）测量数据重叠或数据间隙。在一些大型零部件或复杂形状零件的逆向工程中，受测量设备、计算机软硬件的限制或由于产品几何形状和后续工艺的要求，需要对产品样件进行分块测量。受各种原因影响，所测得的数据往往在分界线上存在数据点不重合的问题，出现数据重叠、数据间隙，甚至数据空洞（图 7-6）。

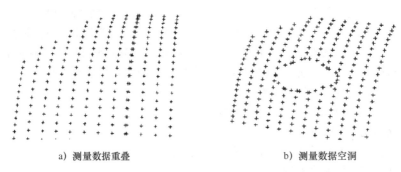

a) 测量数据重叠　　　　　　　　　　　　b) 测量数据空洞

图 7-6　测量数据重叠和数据间隙

3）产品样件的局部变形或破损。产品样件发生局部变形的区域不能反映产品的最初形态。因此，变形区域的数据不能作为逆向模型重建的依据。此外，当样件产品破损时，会造成数据不全，给模型重建带来困难。

4）数据传输造成的数据失真或数据丢失。在协同设计和网络化制造环境下，经常需要通过各种数据转换接口（如 DXF、IGES、STEP 等）在异构平台之间交换产品的模型信息。虽然各种数据交换标准功能不断完善，但是转换过程中还是会存在一些问题。例如，不同软件系统的底层数据结构不一致，可能会导致模型数据不能精确、完整地转换；由于设计思路不同或曲线、曲面的阶数不当，会造成模型表面数据的失真或丢失等。

5）造型残缺。在曲面造型中，由于造型算法的限制，在曲面间进行光滑连接时会造成小范围的曲面残缺。为保证曲面的完整性，需要进行相应处理。

（2）数据处理方法

1）几何功能分析。根据实物样件，找出数据缺损部分与现存部分的关系，主要方法有：①从几何角度分析，研究缺损或变形部分与周边以及整个实物之间的几何关系，如光滑过渡、圆弧连接、垂直、平行、倒圆等。如果存在能与之相装配的零部件，则可以通过相应的零部件间接获取数据。②从功能的角度分析，产品设计需要满足一定的功能要求，功能决定了产品结构。因此，可以由产品功能获取一定的几何信息。③从工艺角度入手，产品的某些结构设计是为了满足工艺要求，运用工艺知识也可以反推出产品的某些几何形状。

2）信息补充。缺损、变形部分以及存在数据间隙的区域附近是样件模型重建的关键部位。为保证几何造型的完整性和精度要求，数据测量时要在相应区域适当增加数据采集点。针对在不同软件系统之间因模型转换和传输而造成的数据丢失、数据失真的情况，可以利用点、线在转换或传输中比面、体稳定的特点，在转换和传输之前提取特征点和线框，与模型一起转换和传输，以便在其他软件系统中恢复模型数据。

3. 产品造型和模型重构

模型重构是根据所采集的样本几何数据在计算机内重构样本模型的过程。坐标测量技术的发展使得对样本的细微测量成为可能。在逆向工程中，样本测量数据十分庞大。尤其是采用非接触方法时，测量的数据点常常会达到几十万甚至上百万个。因此，形象地称之为"点云（Points Cloud）"。海量的点云数据给数据处理和模型重构带来了一定困难。

逆向工程的模型重构还具有以下特点：①曲面型面数据散乱，曲面对象的边界和形状有时极其复杂，一般不能直接运用常规的曲面构造方法；②曲面对象往往不是一张简单的曲面，而是由多张曲面经过延伸、过渡、裁剪等混合而成的，因此需要分块构造；③在逆向工程中，还存在"多视图数据"问题。为保证数字化模型的完整性,各视图数据之间存在一定的重叠,由此出现"多视图拼合(Multiple View Combination)"问题。

按照所处理数据对象的不同,模型重构可分为有序数据的模型重构和散乱数据的模型重构。有序数据是指所测量的数据点集不仅包括测量点的坐标位置,而且包括测量点的数据组织形式,如按拓扑点阵排列的数据点、按分层组织的轮廓数据、按特征线或特征面测量的数据点等。散乱数据是指除坐标位置之外,测量点的集合中不隐含任何的数据组织形式,测量点之间没有任何相互关系,而要凭借模型重构算法来自动识别和建立。

在逆向工程软件中,曲面的构建有两种基本方式:一是直接利用点数据构建曲面;二是由数据点构造特征曲线,再由曲线构建曲面。与数字化设计软件相似,拉伸、扫描、放样、旋转等是常用的由曲线构建曲面的方法。此外,还可以利用点数据与边界曲线构建曲面。

按照数据重构后表示形式的不同,曲面模型可分为两种类型:一是以 B-Spline 或 NURBS 曲面为基础的曲面构造方案;二是以众多小三角 Bezier 曲面为基础构成的网格曲面模型。其中,由三角片构成的网格曲面模型因构造灵活、边界适应性好,而受到人们重视。它的基本构建过程是:采用适当的算法将集中的三个测量点连成小三角片,各个三角片之间不能交叉、重叠、穿越或存在缝隙,使众多的小三角片连接成分片的曲面,最佳地拟合样本表面。

曲线、曲面的光顺处理是模型重构中的重要问题。由于测量得到的是离散的数据点,缺乏必要的特征信息,并且存在误差,由以上述数据点直接构造的曲线和曲面通常难以满足产品的设计要求,需要进行光顺处理。

光顺包括光滑和顺眼两方面的含义。光滑是指空间曲线和曲面的连续阶,数学上一阶倒数连续的曲线即为光滑的曲线;而顺眼是人的主观感觉评价。对于平面曲线,光顺需要满足曲线 C^2 连续、没有多余拐点、曲率变化均匀等特性。

曲面光顺往往归结为网格光顺。网格光顺是指网格的每一条曲线都是光顺的。光顺的曲面应该没有凸区和凹区。从数学角度看,判断曲面是否满足上述条件的依据是高斯曲率。在造型软件中,可以使用高斯曲率法分析曲面。若曲面质量很差、曲率变化很大,则需要重新调整构造曲线,直到曲面质量满足要求为止。

图 7-7 ~ 图 7-11 所示为某产品实物逆向工程的模型重建过程。其中,图 7-7 所示为实物扫描后获取的点云数据;图 7-8 所示为提取的特征点信息;图 7-9 所示为由特征点构建的特征线和分块的边界线;图 7-10 所示为各块拼接后对应的三角形网格曲面;图 7-11 所示为重建后曲面模型的光照渲染效果。

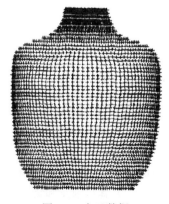
图 7-7　点云数据

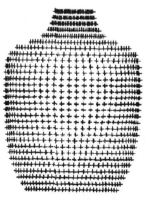
图 7-8　特征点

图 7-9　特征线

图7-10　三角形网格曲面　　　　　图7-11　曲面模型的光照渲染效果

综上所述，实物逆向工程中坐标数据处理和模型重构可以分为点数据处理、曲线数据处理和曲面数据处理三个阶段，基本流程如图7-12所示。

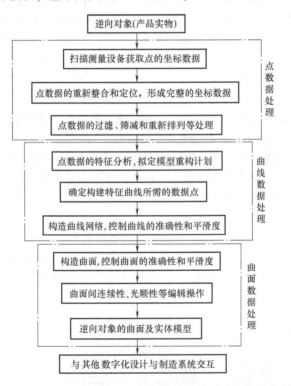

图7-12　实物逆向工程中坐标数据处理和模型重构的基本流程

7.4　逆向工程技术应用案例

　　汽车工业是国民经济的支柱产业之一，也是数字化设计与制造技术应用最为普遍的行业之一。与世界先进水平相比，我国汽车工业的技术水平还相对落后，尤其是卡车和货运汽车在新品开发时多以实物模型为主要依据。因此，逆向工程技术在汽车产品开发中具有重要作用。

下面以卡车产品为例，介绍逆向工程技术在汽车开发中的应用过程。一般地，基于油泥模型的汽车产品数字化开发流程为：

1) 以市场调研与预测为基础，确定新款汽车的开发目标，在对产品款式、外形、配置、结构组成及其装配关系、性能和价格等进行综合评价的基础上，采用工业造型和艺术设计技术完成产品的创意设计，形成渲染图 (Rendering Sketch)。

2) 以创意设计为依据，按 1∶1 的比例或小比例制作专业线图 (Tape Drawing)，为油泥模型的制作做准备。

3) 以专业线图为基础，制作出汽车的油泥模型，进一步评测汽车的结构和性能，并根据评测结果修改完善油泥模型。

4) 采用逆向工程技术，利用坐标测量设备测出模型表面的点云数据，将油泥模型的坐标数据精确地输入计算机中。

5) 采用逆向工程软件完成模型重建和数字化装配，完成相关的工程结构设计，形成完整的汽车数字化模型。

6) 以数字化模型为基础，完成数控编程和数控加工，采用简易模具、增材制造等方式制造样机 (Prototype)，以验证工程设计的正确性。

7) 根据样机试验结果，对产品设计方案做必要的改进，进入批量化生产阶段。

图 7-13 ~ 图 7-19 所示为南京汽车集团有限公司某型号卡车的开发流程。

图 7-13　某型号卡车的创意设计

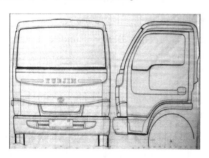

图 7-14　制作 1∶1 线图

图 7-15　根据线图制作油泥模型

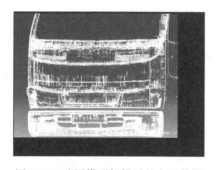

图 7-16　油泥模型扫描后的点云数据

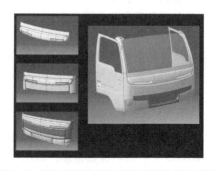

图 7-17　点云数据重构后的零件数字化模型

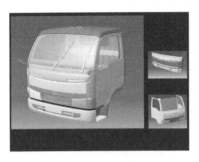

图 7-18　整车的数字化装配模型

图 7-19　批量化生产的汽车产品

7.5　常用逆向工程软件介绍

目前，市场上已经有多种商品化的逆向工程软件，如英国 Delcam 公司的 CopyCAD、英国 Renishaw 公司的 Trace 等。此外，一些主流数字化设计软件中也集成了逆向工程模块。例如，德国 Siemens PLM Software 公司的 Imageware 软件，美国 PTC 公司的 Pro/Engineer 软件中的 Pro/Icem Surf、Pro/Designer、Pro/Scantools 模块，美国 3D Systems 集团的 Cimatron 软件等。国内浙江大学、华中科技大学、南京航空航天大学、西安交通大学等高校也开展了逆向工程研究与软件开发，并取得了一定成果，如浙江大学推出 Re-Soft 逆向软件系统。下面简要介绍几种常用逆向工程软件。

1. Delcam 公司的 CopyCAD 软件

Delcam 是世界知名的专业化数字化设计与制造软件公司，总部位于英国伯明翰（Birmingham）市。它的产品被应用于航空航天、汽车、船舶、内燃机、家用电器、轻工产品等行业，在塑料模、压铸模、橡胶模、锻模、大型覆盖件冲压模和玻璃模具的设计与制造领域具有优势。典型用户包括 Toyota、Ford、Volkswagen、Mercedes Benz、Honda、Boeing、Pratt & Whitney、Siemens、Mitsubishi、Canon、LG、Nike、中国第一汽车集团、东风汽车集团、格力电器等。

PowerSolution 是 Delcam 公司的产品，CopyCAD 是其中的逆向工程软件。它的主要功能包括：①数据点云的输入与处理，接受三坐标测量机、探测仪和激光扫描仪等测得的数据；②根据用户定义的允差构造三角化网格模型；③交互输入特征曲线，或从三角网格模型中自动提取特征线；④利用特征网格构造曲面片，并完成曲面片间的光滑拼接处理，自动形成符合规定公差的平滑、多面块曲面，保证相邻表面之间相切的连续性，以生成高质量的复杂曲面；⑤曲面模型精度和品质分析。

CopyCAD 提供一系列工具，来帮助用户通过点云数据产生光滑的曲面模型，包括通过实物模型生成产品三维模型、根据修改后的模型更新数字化主模型、基于已有部件设计新的零件等。CopyCAD 不仅能与 Delcam 的其他模块集成，还提供与 NX、Pro/Engineer、CATIA 等数字化软件的专用接口。

2. PTC 公司的 Pro/Engineer 软件

目前，PTC 公司产品中用于逆向工程的软件模块有 ICEM Surf、Pro/Designer（CDRS）和 Pro/Scantools 等。它们各有特点，适用于不同的应用领域。

ICEM Surf 是一种 A 级自由曲面构造工具。A 级曲面是指满足曲率连续条件、曲面边界的连续性达到最佳化，并且曲面之间的边界完全密合的曲面。A 级曲面具有优异的光反射性能，可用于车灯、镜面等具有高质量反射效果的曲面。ICEM Surf 可以在不构造曲线的情况下直接构造曲面，在调整过程中可以对曲面进行动态更新、完成曲面质量的动态评价，用于构造汽车、摩托车的外饰件和内饰件等曲面。此外，ICEM Surf 还能将点云数据自动转换成三角形面片模型，也可以用来求任意截面线、边界线和特征线。

Pro/Designer（CDRS）是一个工业设计造型模块，主要用于概念设计。它可以方便地调整各条特征曲线，以实现特定的设计结果。对于逆向工程而言，它可以利用较少的测量数据（如仅有主要特征线和边界线）实现产品的逆向造型。

Pro/Scantools 是一个集成了 Pro/Engineer 实体建模功能的逆向曲面软件包。它可以接受有序点（测量线），也可以接受点云数据，还可以用来构建非 A 级自由曲面。利用该模块，可以完成工业产品，如家用电器、汽车内饰件等的逆向模型重建。

对于由初等解析面构成的零件，可以用 Pro/Engineer 的实体和曲面功能，直接将测量数据作为造型的依据。

3. Simens PLM Software 公司的 Imageware/Surfacer 软件

Imageware 是德国 Simens PLM Software 公司的产品，在曲面造型、曲面检查等方面功能强大，在逆向工程领域具有显赫声誉，尤其是在汽车、航空航天、家用电器、模具等领域应用广泛。其典型用户包括 BMW、Boeing、GM、Chrysler、Ford、Toyota、上海大众、成都飞机制造公司等。

Imageware 可运行于 UNIX + 工作站平台或 Windows + PC 平台，其功能强大、流程简单清晰。它的主要模块包括：①Surfacer，它是逆向工程工具和 A 级曲面生成工具；②Verdict，它对测量数据和 CAD 数据进行对比评估；③Build it，它提供实时测量功能，用于验证产品的可制造性；④RPM，用于生成快速成形数据；⑤View，其功能与 Verdict 相似，主要用于提供三维报告。其中，Surfacer 是 Imageware 软件的主要模块。

Surfacer 的主要功能包括：①扫描点的分析和处理，可以接收不同来源的数据，如三坐标测量机、激光测量设备、超声波测量设备等的数据；②曲面模型构造，能够快速、准确地将扫描点变换成 NURBS 曲面模型；③曲面模型的精度和品质分析；④曲线、曲面的编辑与修改。

Surfacer 按照"点→曲线→曲面"的步骤处理数据，基本流程如下：

（1）点的创建过程　Surfacer 首先读入点阵数据，它可以接收各种类型三坐标测量机的测量数据。此外，它还可以接收如 STL、VDA 等其他格式的数据。对于复杂形状零件或尺寸较大的零件，需要经过多次扫描、形成多个样本数据文件，Surfacer 可以利用诸如圆柱面、球面、平面等特殊点的信息实现多样本数据的整合和准确定位。此外，Surfacer 还提供多种工具，用于分析判断数据点阵、去除噪声点，以保证结果的准确性。

如前所述，零件通常是由多个曲面组合形成的，每个曲面的生成方式也不尽相同。在模型重建过程中，需要从不同侧面观察和判断可视化点阵，以决定如何更快、更好地创建曲面。Surfacer 还提供多种工具帮助用户进行判断和决策。

（2）曲线的创建过程　曲线有多种生成方式。例如，曲线可以精确地通过点阵，也可以用点阵来控制曲线的大致形状。因此，应根据需要合理地选择曲线类型。一般地，控制点数目越多，所生成曲线的形状吻合度越好；控制点数目越少，曲线则越光顺。因此，可以通过改变控制点的数目来调整曲线形态。

Surfacer 提供多种工具来调整和修改曲线。例如，通过曲率判断曲线的光顺性，检查曲线与点阵的吻合性。此外，还可以改变曲线之间的连续性特征，如连接、相切、曲率连续等。

（3）曲面的创建过程　与曲线相似，曲面也有多种创建方法。例如，可以通过扫描点阵直接生成曲面，可以采用曲线通过蒙皮、扫掠、四个边界线等方法生成曲面，可以结合点阵和曲线的信息来创建曲面，还可以通过过圆角、过桥面等形式生成曲面。

Surfacer 提供多种工具，如任意截面的连续性、曲面反射线、高亮度线、光谱图、曲率云图和圆柱形光源照射下的反光图等，来检查曲面缺陷并进行修改。例如，比较曲面与点阵的吻合程度，检查曲面的光顺性，检查与其他曲面的连续性，调整曲面控制点使曲面更加光顺，对曲面进行重构处理等。

4. 浙江大学的 Re-Soft 软件

Re-Soft 软件采用三角 Bezier 曲面模型，先建立数字化点云的三角形网格，再在三角形网格的网孔内蒙上三角 Bezier 曲面。具体过程为：先以数字化点云建立三角形网格模型，利用该模型辨识曲面的特征（如尖边、过渡等）；再利用辨识结果和用户给定的误差对三角形网格进行必要的调整、简化，使得由网格表示的曲面模型与实物一致；最后在三角形网格的网孔内构造三角 Bezier 曲面的曲面片。

Re-Soft 软件具有以下特点：①三角形曲面可以灵活地表现各种形状，满足各种复杂零件的建模要求；②不需要构造曲线，减少了用户的交互式操作，使用简单；③采用三角 Bezier 曲面模型，与其他数字化开发软件的通信不太方便。为此，Re-Soft 软件集成了 NURBS 曲面转换模块和基于三角 Bezier 曲面模型的曲面加工模块。

5. Raindrop 公司的 Geomagic Studio 软件

Geomagic Studio 是美国 Raindrop 公司的逆向工程和三维检测软件产品。它可以根据扫描的点云数据创建多边形模型和网格，并可自动转换为 NURBS 曲面。

Geomagic Studio 包括 Qualify、Shape、Wrap、Decimate、Capture 五个模块，主要功能包括：①将点云数据转换为多边形；②编辑和修改多边形；③将多边形转换为 NURBS 曲面；④曲面分析；⑤文件格式转换与输出，可以输出 IGES、STL、DXF 等格式的文件。

6. INUS 公司的 RapidForm 软件

RapidForm 是韩国 INUS 公司的产品。它提供一种高效、可靠的计算技术，可以迅速处理庞大的点云数据，根据点云快速地计算出多边形曲面，实现三维扫描数据的快速化处理，提高工作效率。

RapidForm 提供多点云数据管理界面，能够处理无顺序排列和有顺序排列的点数据。它还提供过滤点云工具和表面偏差分析技术，以消除扫描过程中所产生的不良点云。此外，RapidForm 还具有点云合并功能，可以用手动方式将多个点扫描的数据点合并。

RapidForm 支持彩色三维扫描仪，并可以将颜色信息映像在多边形模型中。在曲面重建过程中，颜色信息将被完整地保存，也可以运用增材制造设备加工出有颜色信息的模型。它还提供上色功能，通过实时上色编辑工具，用户可以直接编辑模型的颜色。

 ## 7.6　增材制造技术

7.6.1　增材制造技术概述

1. 增材制造技术的相关概念

原型（Prototype）是指用于开发未来产品或系统的初始模型，包括物理模型和分析模型等类型。物理模型是产品有形实体的近似或直接表示。它是实际存在的，在视觉和触觉上都类似于拟开发的最终产品，可用于产品的检测和试验；分析模型是产品的非有形表示，如图像、方程、仿真程序等。原型能够在结构、表面质量、色彩、质感、性能等方面反映产品的某些特性，但是还不具备或不完全具备产品的所有功能。在新产品开发过程中，原型的主要用途包括：

（1）支持产品的外形设计　在买方市场情况下，顾客对家电、汽车、工程装备等产品的外观要求不断提高，原型可以供设计人员和用户评议，使产品的外形设计及其检验更加直观、快捷和有效。对于照相机、电动工具等消费类产品，原型可以使设计者真实地触摸和感受实体，以便充分考虑人机、人因等因素，及时改进外形设计，赢得用户。

（2）用于检查设计质量　在产品设计完成后，如何有效地检验设计质量，始终是产品开发中的难题。在传统的串行开发模式中，只有在产品加工、装配完毕甚至在样机试验完成之后，才能对设计质量做出科学评价，产品的开发周期难以控制。以数字化模型为基础，利用快速原型制造技术，可以快速制造出原型，有利于及时评价和改进产品设计，保证设计质量。

（3）功能检测　在某些机电产品（如风扇、叶片等）的开发过程中，设计者可以利用原型测试产品性能（如空气动力学等），判定产品是否满足设计要求，优化产品的形状结构（如扇叶、叶片曲面等）和性能特征（如噪声最低、效率最高等）。

（4）装配干涉检验　对于复杂的机电产品，装配干涉检验具有重要意义。利用原型可以模拟产品的装配过程，以观察工件之间的配合情况，评估产品设计和装配流程合理与否，提高产品一次性开发成功的概率。

（5）产品宣传与改进设计　在产品开发和推广的早期阶段，原型可以对产品宣传发挥重要作用。通过原型，企业可以在收集用户意见的基础上，尽早评估设计方案，快速修改和优化设计，缩短设计反馈周期，提高产品开发的成功率，降低开发成本，缩短开发时间。

原型制造（Prototyping）是设计和加工原型的过程。与产品的加工成形方式相似，原型制造大致有四类加工方法，即净尺寸成形（Net Forming）、去除材料成形（Subtractive Forming）、生长成形（Growth Forming）和增材制造（Additive Manufacturing）。

净尺寸成形也称为受迫成形（Forced Forming）。它是利用材料的可变形性（如塑性），在特定的边界约束或外力约束下，使半固化的流体材料在型腔约束下成形后再硬化、定形，或者通过挤压固体材料而达到成形要求。典型的净尺寸成形方法包括铸造、锻造、拉拔、碾压、轧制、挤压、注塑等，它既可以成形毛坯，也可以直接成形最终零件，生产率较高。

去除材料成形通过从毛坯中除去某些材料来满足产品的形状、尺寸、结构及功能要求，主要成形方法包括车削、铣削、刨削、磨削、切割、钻孔、电火花加工、激光切割、化学腐蚀、火焰切割等。去除材料成形仍然是当前机械产品制造中主要的成形方式，也是最早实现数字化设计与制造的一类成形方式。但是，对于形状极其不规则、内部结构复杂的零件，采用去除材料成形方法往往很困难甚至不可能实现。另外，去除材料成形方法还存在材料利用率低、生产率低等缺点，限制了其应用。

生长成形是仿生制造（Bionical Forming）的一种形式，它通过模拟自然界中的生物发育过程实现材料的生物活性成形。目前，在理论和应用层面这种成形方式还不够成熟。但是，随着生命科学、仿生学、材料科学和制造科学的发展，人们有可能采用这种成形方式进行人工生物成形。

增材制造又称为堆积成形（Stacking Forming），它通过逐步连接原材料颗粒、丝杆、层板等，或通过使流体（熔体、液体或气体）在指定位置凝固、定形，经过层层堆叠达到成形的目的。增材制造的最大优点是不受成形零件复杂程度的限制。增材制造是产品成形原理与方法的重要突破。该成形方法与数字化设计、数字化制造技术有机结合，可以快速制造出各种形状复杂的原型或零件，有效地缩短了生产周期。因此，增材制造技术也常被称为快速原型制造（Rapid Prototype Manufacturing，RPM）技术。实际上，RPM 是指由产品数字化模型直接驱动成形设备，以增材制造方式快速制造任意复杂形状的三维物理实体的相关技术的总称。

表 7-1 简要地比较了上述四类成形方法的基本特点。

表 7-1 四类成形方法的特点分析

名　　称	精　　度	柔　　性	结构复杂性	材料制备/材料成形	材料成形信息/成形物理过程
去除材料成形	最高	较低	低	完全分离	完全分离
净尺寸成形	较低	低	较低	分离	完全分离
增材制造	较高	高	高	比较统一	比较统一
生长成形	较高	最高	最高	高度统一	高度统一

2. 增材制造技术的发展

增材制造中分层制造的思想可以追溯到 19 世纪。1892 年，美国人 J E Blanther 获得用层合方法制作三维地图模型的专利。20 世纪 70 年代，出于缩短产品开发周期、降低开发成本等目的，人们开始尝试不借助传统工具，而通过现代制造技术来实现三维物体的分层制造。20 世纪 80 年代初，激光技术为材料的快速硬化、熔融和固结提供了先决条件，促使了第一代增材制造工艺的产生。从诞生之日起，增材制造技术就以面向企业的生产和制造为最终目标。

1979 年，日本东京大学生产技术研究所的中川威雄教授发明了叠层模型造型法，制造了金属冲裁模、成形模和注塑模。1980 年，日本名古屋工业大学的小玉秀男（Kodama）博士提出光造型法（立体光固化成形），并于 1981 年首次发表了有关快速原型制造技术的论文。在此基础上，丸谷洋二（Malutani）继续进行研究，并于 1987 年试制出产品。同时，美国和法国的研究人员发表借助计算机辅助设计在三维空间实现实体制造的研究论文。美国 UVP 公司的查尔斯·胡尔（Charles W Hull）建成立体光固化设备（Stereo Lithography Apparatus，SLA）的完整制造系统 SLA-1，并于 1986 年获得专利。之后，胡尔与他人创办 3D Systems 公司，研制出掩膜式的增材制造系统。1984 年，Michael Feygin 提出叠层实体制造的方法，并于 1985 年组建 Helisys 公司。1986 年，美国得克萨斯大学的 Deckard 提出选域激光烧结思想，成立 DTM 公司。1988 年，Crump 提出熔融沉积造型的方法，并于 1992 年开发出商业机型。上述几种制造技术至今仍然在增材制造技术中占主要地位。

美国是世界上首先使用增材制造技术的国家。1987 年，3D Systems 公司首次推出商品化增材制造设备。1988 年，第一代增材制造设备 SLA-1 在 Pratt and Whitney 和 Eastman Kodak 等公司使用，标志着增材制造技术开始进入工业应用阶段。

进入 20 世纪 90 年代，增材制造技术发展十分迅速。1992 年，增材制造设备在 17 个国家的 500 多个项目中得到应用。1995 年，全球增材制造设备销售额达到 3 亿美元。2002 年，全球共有三十多家增材制造设备厂商，制造、销售了 1400 多台快速成形设备，全世界共拥有近万台快速成形设备，快速成形设备及其服务的产值达到近 5 亿美元。

增材制造已经成为一项新兴产业，它的应用涉及汽车、家电、航空航天、建筑工程、产品可视化、广告宣传等行业。在增材制造技术的发展过程中，政府、企业和学术界都给予了极大的关注。由日本发起，澳大利亚、加拿大、欧盟和美国等国家与地区参加的智能制造系统（Intelligent Manufacturing System，IMS）项目，旨在加强先进制造技术研究与开发中的国际合作，增材制造便是其主要子项目。1993 年，欧洲启动"欧洲快速原型制造（EARP）"项目，由增材制造领域的工业企业和学术机构参加，研究内容包括创造性产品设计与开发、建模和原型制造、软件和医疗应用等。1994 年，日本政府设立 8 亿日元的基金研究项目，开展数据交换、树脂固化等基础理论研究与应用。1995 年，美国有 45 项与增材制造技术有关的研究得到政府资助，研发经费超过 4500 万美元。1999 年，澳大利亚政府建立了一个有 6 个节点的教育网络，配有 CAD/CAM 工作站和一台 SLA-250 快速成形机，用于对工程师进行继续教育、开发研究项目和为工商界提供低价服务，鼓励研究和传播增材制造技术。

　　1990 年，美国戴顿大学（University of Dayton）主办快速原型国际会议（International Conference on Rapid Prototyping）年会，成为快速原型制造技术历史上最悠久的国际会议。美国机械工程师协会（SME）定期主办快速原型与制造国际会议（International Conference on Rapid Prototyping and Manufacturing）。美国德克萨斯州大学（University of Texas at Austin）举办固体自由成形制造（The Solid Free Form Fabrication）学术年会。美国 CAD/CAM 杂志出版每月新闻通讯-快速原型制造报告（Rapid Prototyping Reports）。快速原型制造技术协会出版季刊——快速原型制造（Rapid Prototyping）。1995 年，英国 MCB 大学创刊出版快速原型学报（Rapid Prototyping Journal）。

　　1995 年，美国麻省理工学院的研究人员提出"3D 打印（Three Dimension Printing）"的概念。该校毕业生吉姆·布莱特（Jim Bredt）和蒂姆·安德森（Tim Anderson）提出在喷墨打印机工作原理的基础上，通过打印，将粉末状材料逐层粘接起来制造出三维物体，并获得 3D 打印技术专利。2005 年，ZCorp 公司研制成功首台高清晰彩色 3D 打印机 Spectrum Z510。2010 年 11 月，世界上第一辆由 3D 打印机打印而成的汽车 Urbee 在美国问世。2011 年 8 月，英国南安普敦大学（University of Southampton）的工程师开发出世界上第一架 3D 打印飞机。2012 年 11 月，英国科学家以人体细胞为材料、首次利用 3D 打印机打印出人造肝脏组织。目前，3D 打印技术已经在建筑工程、工业设计、汽车、航空航天、珠宝、医疗、家居、食品等众多领域得到应用。据统计，2011 年全球累计销售 4.9 万台工业级 3D 打印机，其中约 75% 的产品为美国制造；2015 年，全球 3D 打印行业产值约为 37 亿美元，2019 年产值将超过 80 亿美元。图 7-20 所示为某型号 3D 打印机。

图 7-20　3D 打印机

　　1992 年，清华大学在国内率先开展增材制造技术的研究。1993 年，国内首次发表有关快速原型制造技术的论文。1994 年，在北京举办的国际机床博览会上，首次展出了我国自主开发的增材制造设备。清华大学、西安交通大学、华中科技大学、南京航空航天大学、北京隆源公司、北京航空工艺研究所、北京航空航天大学等高校和研究机构先后开展增材制造技术研究，在制造工艺原理、成形设备开发、材料和工艺参数优化等领域取得突破，并开发出商品化的快速成形设备。2002 年，我国安装的快速成形设备达 160 台，数量仅次于美国和日本。

3. 增材制造技术的特点

综上所述，增材制造是指由产品数字化模型直接驱动成形设备，快速制造任意复杂形状三维物理实体的相关技术的总称。它的基本步骤是：①通过正向设计或逆向测绘，在计算机中建立产品三维数字化模型；②根据具体要求，将模型离散成一系列的有序单元，通常，在Z方向按一定厚度进行离散分层，将原先的三维模型变成一系列二维层片；③根据每个层片的轮廓信息，输入加工参数，生成数控代码；④选择合适的材料和成形工艺，利用快速成形设备，将材料按照指定的路径逐层堆积并连接起来，得到产品的三维物理实体。增材制造的基本步骤如图7-21所示。

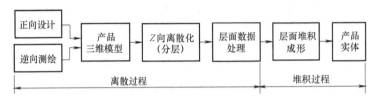

图7-21 增材制造的基本步骤

增材制造将复杂的三维加工转变成一系列二维层片的加工，实现了降维（Dimensionality Reduction）制造，使得成形过程的实现与待成形实体的形状、结构及其复杂程度无关，有效地降低了加工难度。作为一种新的成形方法，人们赋予增材制造以不同名称，如自由成形制造（Freeform Fabrication）、分层制造（Layered Manufacturing）、即时制造（Instant Manufacturing）、材料累积制造（Material Increasing Manufacturing）、直接CAD制造（Direct CAD Manufacturing）、3D打印等。上述名称从不同侧面反映了增材制造的基本特点。除名称有所不同之外，它们的成形思想和基本步骤相近，均采用"离散分层＋堆积成形"的加工方法，只是不同工艺所采用的原材料、设备功能和制造原理不尽相同。

增材制造与传统切削加工、模具成形方法有着本质区别。在理论层面，利用增材制造技术可以加工出任意复杂形状的零部件，它开辟了不用刀具、模具而制造产品原型和产品的新途径，使设计师可以直观地体会设计感觉，快速检查、验证所设计产品的结构、外形和性能，开创了产品开发的全新模式和全新境界。

增材制造技术具有以下特点：

（1）以数字化设计与制造技术为基础 增材制造技术建立在数字化设计和数字化制造的基础上。如图7-21所示，产品三维模型是增材制造的基础。另外，模型的离散分层、堆积成形过程也离不开数字化设计和数控加工技术的支持。增材制造技术的发展也促进了数字化设计与制造技术功能的完善和集成。

（2）可以实现产品的快速开发 将增材制造技术与逆向工程技术集成，从实物逆向获取产品数据到加工出新产品原型，只需几天甚至几个小时的时间。与传统的成形方法相比，极大地缩短了产品的制造周期，有助于加快产品开发速度，降低新产品的开发成本和研制风险。

（3）先进设计方法与制造技术集成的产物 增材制造技术是多项高新技术集成的产物，如数据采集与处理技术、产品建模技术、材料科学、数控加工技术、激光加工技术、机电控制技术等。

（4）可以实现自由成形 自由成形（Free Forming）有两种含义：一是指可以根据原型或零件的形状，无须使用刀具、模具而自由地成形，有利于缩短新产品的试制时间，节省刀具和模具费用；二是指成形时不受形状复杂程度的限制，几乎能够制造出任意复杂形状与结构的零件或产品。只需要改变产品的三维模型，无须或只需较少的人工干预就可以生产出不同结构和形状的产品。

（5）材料来源丰富　增材制造的材料来源广泛，包括塑料、纸、石蜡、复合材料、金属材料、陶瓷粉末等。

（6）应用领域广阔　除用于制造产品的原型之外，增材制造技术还特别适用于新产品开发、单件和小批量零件的制造、不规则零件或复杂形状零件的制造、模具设计与制造、快速逆向工程与产品复制、难加工材料制造等领域。增材制造在材料科学、工业设计、生物医学、文化艺术、建筑工程等领域也有着广阔的应用前景。

4. 增材制造技术与其他学科的关系

增材制造技术是多学科技术集成的产物。它既是这些学科发展的必然结果，也对相关学科的发展提出了新的要求与研究内容。增材制造与相关学科的关系如下：

（1）与数字化设计技术的关系　传统的新产品开发沿用类似"概念设计→结构设计→原型制造→原型试验→模具加工→批量生产"的工艺路线。采用传统的原型制造方法，原型设计存在的问题或缺陷很难在早期阶段被发现，而要弥补这些缺陷，就需要重复产品的设计过程，极大地延长了产品的开发周期，增加了开发成本。数字化设计与制造技术的出现，为设计者提供了便捷的产品模型编辑、显示、仿真、加工和修改手段。

产品模型数据是增材制造技术产生的前提和基础。目前，增材制造技术已经成为数字化设计技术的重要组成部分。它的出现也促进了数字化设计技术的发展，数据交换 STL 文件、分层软件等技术均是因增材制造技术而产生的，并在数字化设计中得到了广泛应用。

（2）与能源技术的关系　增材制造的成形过程对能源有着较高要求，能源选用还与所使用的原材料性能有关。总体上，增材制造中有两类能源形式：一类是基于激光能量的固化、切割或熔化方法；另一类是基于非激光能量的堆积成形方法。

激光具有能量集中、易于控制、光斑小、波长恒定等优点，特别适合作为增材制造技术的能源。以激光作为能源的成形工艺较早受到人们关注，其性能较完善，应用最为普遍。在以激光为能源的增材制造系统中，需要考虑激光束的直径、聚焦、散焦等因素。激光技术推动了增材制造技术的产生和发展。目前，从几十毫瓦的 He-Cd 激光器到上千瓦的 CO_2 激光器、氪离子激光器等在增材制造中都有应用。

（3）与数控加工技术的关系　在分层堆积的过程中，需要对成形层的轨迹、厚度和边界条件进行精确的控制，这也是数控加工技术的基本原理。因此，数控技术是实现增材制造技术的桥梁。

此外，增材制造也为数控技术提出了新的研究课题。不同的成形工艺对数控系统有不同要求，由此需要引入可变参数的数控系统。例如，在每次加工一层的掩膜光刻中，控制方式为简单的一轴控制；在逐层扫描工艺中，数控系统需要两轴联动，即在 X-Y 平面内进行加工，加工完成后 Z 轴有规律地调整高度。

除控制运动方式之外，数控技术在增材制造技术中的应用还包括对加工参数的控制。为加工出高质量的薄层，要求控制系统对激光光学参数、几何参数、温度补偿、功率等实施有效控制并对材料进给做出实时补偿。此外，与切削加工的数控技术相比，增材制造系统的扫描速度快，定位精度高，负荷小。显然，增材制造技术与数控技术密不可分。

（4）与材料科学的关系　材料是决定增材制造工艺可行与否的前提条件，材料的性能不仅影响产品的加工质量，还决定了产品的应用前景。例如，立体光固化成形工艺采用的特种光敏树脂要具有高的感光灵敏度、确定的感光波段，以便固化后能够满足不同用途的要求；叠层实体制造工艺采用涂有黏结剂的纸张，要求纸厚胶薄、纸和胶在切割时不会发生碳化。因此，黏结剂在很大程度上决定了产品的加工质量和使用性能。

材料始终是增材制造技术研究中的热点和难题问题。材料科学的发展，尤其是新材料的出现，将会极大地促进增材制造技术的发展。增材制造技术对材料提出了新的性能要求，也促进了材料设计和制造技术的发展。

（5）与其他相关学科的关系 除上述学科之外，增材制造技术还与机械设计、检测技术、信息与控制技术等密切相关。机械工程是增材制造技术的工艺基础，它为原型设计提供理论指导。利用检测技术可以反馈加工信息、了解成形质量，以确定补偿方案，是增材制造过程的必备手段。信息与控制技术使得各个子系统相互协调并有机集成。

近年来，增材制造开始与电铸、电弧喷涂、等离子喷涂、等离子熔射成形、浇注、精密铸造、电火花切割等特种加工方法集成，形成复合加工工艺技术，为特殊性能材料零件、金属与非金属零件、金属模具的制造提供了新的技术途径。

7.6.2 典型的增材制造工艺与设备

1. 立体光固化

立体光固化也称为立体印刷成形、光敏液相固化、立体光刻或立体造型。它是以光敏树脂（如丙烯基树脂）为原料，在液槽中盛满液态光敏树脂，在计算机控制下，采用一定波长的紫外激光逐点扫描预定成形的分层截面轮廓，使被扫描区域的树脂薄层发生光聚合反应后固化，形成一个薄层截面的过程。未被激光照射的树脂仍然是液态的。当一层固化后，向上（或向下）移动工作台，在刚固化的层面上铺上一层新的液态树脂，使液面始终处于激光的焦平面内，用刮平器将树脂液面刮平，再扫描、固化下一层树脂。新固化的层与前一层牢固地粘接。重复上述操作，完成产品制造。

立体光固化成形系统主要由紫外激光器、X-Y 运动装置或激光偏转扫描器、光敏树脂、容器、升降工作台、刮平器、软件及控制系统等组成。立体光固化成形的工作原理如图 7-22 所示。

常用的激光器有两种类型：氦-镉（He-Cd）激光器，输出功率为 15 ~ 50mW，输出波长为 325nm，寿命约为 2000h；氩（Ar）激光器，输出功率为 100 ~ 500mW，输出波长为 351 ~ 365nm。一般地，激光束的光斑尺寸为 0.05 ~ 3.00nm，位置精度可达 0.008mm，重复精度可达 0.13mm。

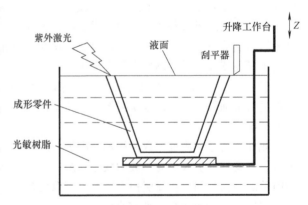

图 7-22 立体光固化成形的工作原理

激光束扫描装置有两种形式：一种是电流计驱动式的扫描镜方式，最高扫描速度可达 15m/s，适合制造尺寸较小的高精度原型件；另一种是 X-Y 绘图仪方式，激光束在扫描过程中与树脂垂直，可以获得高精度、大尺寸的原型件。一般地，升降工作台由步进电动机控制，最小步距可达 0.02mm 以下。刮平器可以使树脂快速、均匀地覆盖在已固化层的表面，保持每一层面厚度的一致性，提高成形精度。盛装液态树脂的容器通常由不锈钢制成，其尺寸取决于成形设备所能成形的最大零件的尺寸。

机械系统是增材制造的基础，控制系统是成形的关键，软件系统则是成形的核心。软件系统主要包括两部分，即数据处理软件和控制软件。数据处理软件的任务是以对象的数字化模型为基础，经过分层、充填等处理，产生有加工工艺信息的层片文件；根据层片文件，可以生成供数控加工用的 NC 代码文件。控制软件的功能是完成分层信息输入、加工参数设定、NC 代码生成、实时加工控制等。

数字化设计软件的种类众多，数据格式各异，从产品模型到增材制造系统通常需要进行数据转换。增材制造中的数据处理过程如图 7-23 所示。国外增材制造设备大多配有数据处理软件，如 3D Systems 公司的 Lightyear、QuickCast，Helisys 公司的 LOMSlice，DTM 公司的 Rapid Tool，Stratasys 公司的 QuickSlice、SupportWorks，Cubital 公司的 SoliderDFE，Sander Prototype 公司的 ProtoBuild 和 ProtoSupport 等。此外，市场上也有一些第三方软件，可以作为数字化设计系统和增材制造系统的接口与桥梁，如 CIDES、BridgeWorks、ADMesh、SHAPES、SolidView、Blockware、Surfacer、STL-Manager 等。

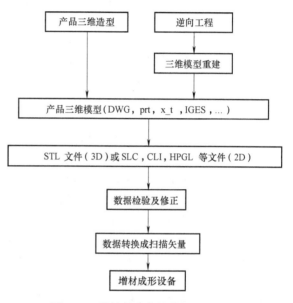

图 7-23 增材制造中的数据处理过程

美国 3D Systems 公司提出的 STL 文件格式，具有数据处理过程简单、与产品三维模型的类型无关等特点，成为增材制造领域主要的文件格式。Pro/Engineer、UG NX、CATIA、SolidWorks、SolidEdge 和 AutoCAD 等主流数字化设计软件都支持 STL 格式。此外，常用的转换格式还包括 SLC、CLI、VRML、CFL、HPGL、VDA-FS 等。

STL 是表面三角形列表（Surface Triangle List）的缩写。STL 文件将 CAD 实体模型或曲面模型表面离散为三角形面片，用小的三角形面片构成三维多面体模型。STL 文件就是由众多三角形面片的排列组合构成的。STL 格式的优点是简单、通用、灵活，缺点包括精度较差、数据量大、不包含加工信息、模型会出现裂纹或空洞现象、面片重叠等。图 7-24 所示为 STL 文件的几何定义，每个三角形面片用三个顶点表示，每个顶点用 (X,Y,Z) 坐标表示其位置。此外，还必须指明材料包含在面片的哪一侧，即需要指明每个三角形面片的法向，并用 (X_n,Y_n,Z_n) 表示。

STL 文件采用三角形面片来描述产品的形状和几何特征。显然，三角形面片的个数与模型精度密切相关。一般地，三角形面片的数量越多，模型精

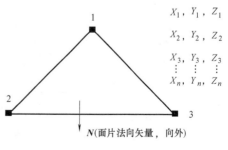

图 7-24 STL 文件的几何定义

度越高；三角形面片的数量越少，模型精度越低。由同一 CAD 模型产生的 STL 文件，三角形面片的数量可以从数百到数十万个不等，后处理的时间和难度也有很大差异。若精度选择不当，可能会出现以下两种情况：①精度过低，此时 STL 文件偏小，模型描述能力差，光顺程度低，出现以多棱柱表示圆柱等现象，加工出的产品有明显的平面和棱角，产品表面质量差；②精度过高，当产品模型复杂、曲面较多时，精度过高会使 STL 文件过大，导致文件处理和传输时间过长，增加数据处理负担，降低成形速度。因此，在输出 STL 文件时，要选择合适的输出精度。图 7-25 所示为用 STL 文件表示的三维实体。

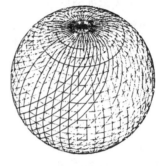

a) 球体   b) 塔

图 7-25 用 STL 文件表示的三维实体

目前，立体光固化成形是增材制造领域中技术最为成熟、应用最为普遍的成形方法。与其他增材制造方法相比，该方法具有以下特点：

（1）成形精度高 紫外激光束在焦平面上聚焦的光斑大小可达 $\phi 0.075$mm，最小层厚在 20μm 以下。单元离散的细小化保证了成形件的精度和表面质量。一般地，立体光固化成形件的尺寸精度可达 0.05 ~ 0.1mm。

（2）成形速度快 在增材制造过程中，离散与堆积之间存在一定的矛盾。离散得越细小，成形精度越高，成形速度就越慢。因此，在保证成形精度的前提下，要提高成形速度，就必须在减小光斑直径和层厚的同时，有效地提高激光光斑的扫描速度。

（3）扫描质量好 高精度的焦距补偿系统可以根据平面扫描光程差实时地调整焦距，以保证位于较大成形扫描平面（如 600mm × 600mm）内的光斑直径在规定范围内，提高扫描质量。此外，立体光固化成形工艺中树脂刮平系统的精度也达到了很高水平，真空吸附式和主动补偿式刮板系统的刮平精度可达 0.02 ~ 0.1mm。高精度、高速度刮平系统极大地提高了成形的精度与效率。

目前，拥有立体光固化成形技术的公司包括 3D Systems、EOS、F&S、CMET、D-MEC 等。其中，3D Systems 公司设备的市场占有率最高。国内的上海联泰公司、陕西恒通智能机器有限公司和北京殷华公司等也推出了商品化的立体光固化成形设备。表 7-2 所列为几种立体光固化成形设备的技术参数。

表 7-2 几种立体光固化成形设备的技术参数

厂商及设备型号	3D Systems 公司 SLA-7000	Sony/D-MEC SCS-8000	北京殷华公司 Auro350
成形空间/mm³	508 × 508 ×600	600 × 500 × 500	350 × 350 × 350
分层厚度/mm	0.025 ~ 0.127	0.05 ~ 0.4	0.1 ~ 0.3
激光器功率/mW	800	800	300
最大扫描速度/(m/s)	9.52	10	5

2. 熔融沉积成形

1988 年，美国学者斯科特·克伦普（Scott Crump）研制成功熔融沉积成形（Fused Deposition Modeling，FDM）工艺。1993 年，美国 Stratasys 公司开发出第一台 FDM 成形设备。

熔融沉积成形也称为熔化沉积法、熔融挤出成模（Melted Extrusion Modeling，MEM）。它采用热熔喷头，将半流动状态的材料（如蜡、ABS、PC、尼龙等）按照分层数据控制的路径挤压、堆积在指定的位置，使其迅速凝固成形，并与周围的材料粘接，经过逐层堆积、凝固后完成零件的成形。熔融沉积成形的工作原理如图 7-26 所示。

熔融沉积成形工艺具有以下特点：

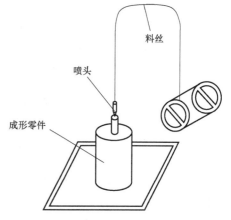

料丝

喷头

成形零件

图 7-26　熔融沉积成形的工作原理

（1）成形材料广泛　熔融沉积成形中的喷嘴直径一般为 0.1～1mm。多数热塑性材料（如蜡、尼龙、橡胶、塑料等）经适当改性后都可用于熔融沉积成形。通过添加着色剂，同一种材料可以变成不同颜色，以制造各种颜色的零件。采用蜡成形的零件，可以直接用于失蜡铸造；采用 ABS 制造的产品具有较高的强度，在产品设计、测试与评估等方面得到了广泛应用。近年来，以 PC、PPSF 等更高强度的成形材料为基础的熔融沉积成形技术也趋于成熟，采用该工艺有可能直接制造出功能性零件。

此外，该工艺还可以堆积复合材料零件，如将低熔点的蜡或塑料熔融并与高熔点的金属粉末、陶瓷粉末、玻璃纤维、碳纤维等混合成多相成形材料。成形材料的广泛性满足了不同用户对可成形材料的要求，促进了熔融沉积成形技术的快速发展。目前，在全球已安装的增材制造系统中，熔融沉积成形设备占有较大的市场份额。

（2）设备结构简单、成本低　与其他增材制造工艺（如 SLA、LOM、SLS 等）依靠激光成形有所不同，熔融沉积成形工艺通过材料熔融实现成形，无须激光器及电源，设备结构得到简化，也有效地降低了生产成本。另外，熔融沉积成形设备运行可靠、维护操作也较为简单。

（3）环境污染较小　熔融沉积成形工艺所采用的材料多为无毒、无味的热塑性材料，环境污染小，设备运行时的噪声较低。

近年来，增材制造开始向桌面制造系统（Desk Top Manufacturing，DTM）方向发展。桌面制造系统要求成本低、体积小、操作维护简单、噪声小、污染少等。熔融沉积成形系统满足上述要求，是理想的桌面制造系统。例如，Stratasys 公司推出的 Dimension 系列，能完成设计模型的三维打印，帮助设计者完成设计验证，加快产品开发速度，可以像打印机一样在设计室占据一席之地。此外，熔融沉积成形也适用于大型商品化零件的快速制造。

国内清华大学开发出与熔融沉积成形工艺原理相近的熔化挤出制造（Melted Extrusion Manufacturing，MEM）工艺，并由北京殷华公司推出 MEM-200、MEM300-Ⅱ、MEM-350 等系列产品。表 7-3 列出了几种熔融沉积成形设备的技术参数。

表 7-3　几种熔融沉积成形设备的技术参数

生产厂商和设备型号	Stratasys		北京殷华公司	
	Dimension	Vantage i	MEM-200	MEM-350
成形空间/mm³	$203 \times 203 \times 305$	$355 \times 254 \times 254$	$200 \times 200 \times 300$	$350 \times 350 \times 400$
分层厚度/mm	0.254，0.33	0.127，0.254	0.15～0.3	0.15～0.3
成形材料	ABS	ABS + PC	ABS	ABS + PC
精度/mm		±0.127/127	±0.25/100	±0.2/100

3. 选择性激光烧结

选择性激光烧结借助精确引导的激光束使粉末状材料烧结或熔融后凝固成形为三维制件。它的成形过程如下：①将材料粉末铺覆在已成形零件的上表面（厚度为 $100 \sim 200\mu m$）并刮平；②采用高强度的 CO_2 激光器在刚铺覆的新层面上有选择地扫描，材料粉末在高强度的激光照射下被烧结在一起，得到零件的截面，并与下面已成形部分黏接在一起；③当一层截面烧结完后，向上或向下移动工作台，铺覆上一层新的粉末材料，再选择性地烧结下层截面；④全部烧结后，去掉多余的粉末，进行打磨、烘干等处理，就可以得到原型或零件。选择性激光烧结的工作原理如图 7-27 所示。

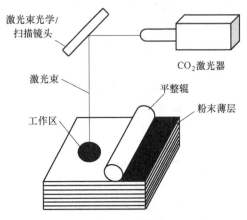

图 7-27 选择性激光烧结的工作原理

选择性激光烧结工艺的最大优点是材料来源广泛。从原理上说，任何加热时黏度降低的粉末材料都可以用于激光烧结成形，尼龙、石蜡 ABS、聚合碳化物、金属粉末和陶瓷粉末等是常用的成形材料。除烧结陶瓷外，一般不需要加添加剂，也无须进行后续处理。利用选择性激光烧结技术可以成形出高强度的原型或零件。此外，该工艺与铸造有着密切关系，如烧结的陶瓷原型可以作为铸造的型壳、型芯，石蜡原型可以作为蜡模，用热塑性材料烧结的模型可做消失模。

由于原材料种类丰富，采用选择性激光烧结技术可以制造出任何形状、满足不同需要的原型或产品。

此外，根据所使用的材料种类、粒径、产品几何形状及其复杂程度的不同，选择性激光烧结的精度一般可达 $\pm(0.05 \sim 2.5)\,mm$。当粉末粒径在 $0.1\,mm$ 以下时，成形后的原型精度可达 $\pm1\%$。

目前，选择性激光烧结工艺的主要厂商和设备有美国 DTM 公司的 Sinterstation2000、Sinterstation2500、Sinterstation2500plus 和 AFS - 300，德国 EOS GmbH 公司的 EOSINT 系列设备，法国 Phenix Systems 生产的 Phenix 900，北京隆源公司生产的 AFS 系列设备等。2001 年，DTM 公司被 3D Systems 公司收购。表 7-4 所列为几种选择性激光烧结成形设备的技术参数。

表 7-4 几种选择性激光烧结成形设备的技术参数

厂商及设备型号	EOS GmbH EOSINT P700	3D Systems Vanguard	北京隆源公司 AFS 450
成形空间/mm^3	$700 \times 380 \times 580$	$437 \times 320 \times 445$	$450 \times 450 \times 500$
分层厚度/mm	0.15（视材料确定）	视材料确定	$0.08 \sim 0.3$
激光功率/W	50	25 或 100	50
扫描速度/(m/s)	5	7.5 或 10（最大值）	
成形材料	PA2200、PA3200GF、 Pdme 3200 GF	DuraForm PA、DuraForm GF、 LaserFormST-200	精铸模料、工程塑料、树脂砂

4. 叠层实体制造

叠层实体制造（Laminated Object Manufacturing, LOM）也称为层合实体制造或分层实体制造（Slicing Solid Manufacturing, SSM）。1986 年，美国 Helisys 公司的 Michael Feygin 发明了叠层实体制造工艺。1991 年后，叠层实体制造成形设备相继推出，如 Helisys 公司的 LOM-1050 和 LOM-2030 等。

叠层实体制造的成形过程如下：①先在纸、塑料薄膜等薄片材料的表面涂覆一层热熔胶；②通过加热、辊压片材，使其与已成形部分实现黏接；③采用 CO_2 激光器在刚黏接的层片上切割出零件的截面轮廓和工件外框，并在截面轮廓与外框之间的区域中切割出上下对齐的网格；④激光切割结束后，工作台带动已成形的工件下降，与带状片材（带料）分离；⑤供料机构转动收料轴和供料轴，带动料带移动，使新层移动到加工区域；⑥工作台上升到加工平面；⑦压辊加热、加压，工件层数增加一层；⑧重复上述操作，完成原型或零件制造。从工作台上取下被边框包围的实体，用小锤轻轻敲打，使大部分由小网格构成的小立方块废料与制品分离，再用小刀从制品上剔除残余的小立方块，即可得到三维原型制品。叠层实体制造的工作原理如图 7-28 所示。

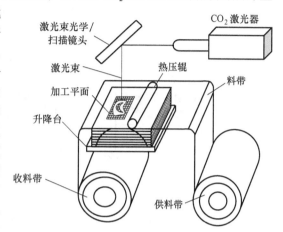

图 7-28 叠层实体制造的工作原理

与叠层实体制造类似的快速原型制造工艺还有日本 Kira 公司的 Solid Center（SC）、瑞典 Sparx 公司的 Sparx、新加坡精技公司的 ZIPPY、清华大学 Sliced Solid Manufacturing（SSM）等。

叠层实体制造只需在片材上切割出零件截面的轮廓，而不需要扫描整个截面，因而成形速度较快，易于制造大型零件。由于外框与截面轮廓之间的多余材料在加工过程中起支承作用，因此叠层实体制造工艺无需加支承。需要指出的是，叠层实体制造技术也存在一些缺点，主要包括：

1）材料性能较差。该工艺的主要材料是纸和塑料等片材，且通过黏结实现成形，成形件的强度等性能较差。近年来，其他快速原型制造工艺的材料性能不断提高，而该工艺在材料方面的研究进展较慢。另外，该工艺的材料浪费较多，一般仅有 50% 左右的材料得到有效利用，其余部分由于被用作边框或被切为立方块而无法重新利用。

2）设备购置和运行成本较高。需要采用 CO_2 激光作为能源，增加了设备成本和运行成本，使其无法与非激光技术的快速原型制造工艺竞争。

3）成形精度较低。商品化叠层实体制造设备的精度为 0.15 ~ 0.25mm，与立体光固化设备（SLA）的工艺水平相差很远。虽然 SLA 成形方法需要采用价格昂贵的紫外激光，但设备其他部分的结构相对简单且成形精度较高。

4）系统结构较复杂，工作稳定性差。

5）利用激光切割片材会造成烟尘等污染，且激光功率较高，存在一定的安全问题。

叠层实体制造工艺曾经在快速原型制造市场中占有较大的市场份额。但由于存在上述问题，它的地位正日益下降。2001 年，Helisys 公司倒闭，该公司主要股东、叠层实体制造工艺的发明人 Michael Feygin 成立了 Cubic Technologics 公司。

5. 三维印刷

与选择性激光烧结工艺相似，三维印刷工艺采用粉末材料（如陶瓷粉末、金属粉末）成形。不同的是，材料粉末不是通过烧结连接起来的，而是通过喷头用黏结剂（如硅胶）将零件的截面"印刷"在材料粉末上。由于用黏结剂黏接的零件强度较低，因而还需要做后续处理，如烧掉黏结剂，再在高温下渗入金属，使零件致密性提高以增加强度等。图 7-29 所示为三维印刷的工作原理。表 7-5 所列为几种三维印刷成形设备的技术参数。

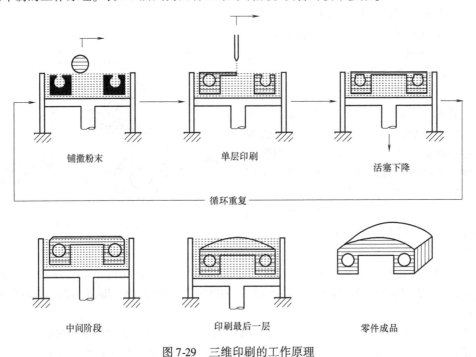

图 7-29　三维印刷的工作原理

表 7-5　几种三维印刷成形设备的技术参数

厂商 及设备型号	Z Corporation		Objet
	Zprinter, 310	Z810	Eden 330
成形空间/mm³	$203 \times 254 \times 203$	$500 \times 600 \times 400$	$340 \times 330 \times 200$
分层厚度/mm	0.076 ~ 0.254	0.076 ~ 0.254	16μm
材料	石膏基粉末、淀粉基粉末、混合基粉末	石膏基粉末、淀粉基粉末、混合基粉末	FullCure720 Model、FullCure705 Support
喷射单元	1 个 HP 打印头	4 个 HP 打印头	8 个

三维印刷工艺的成形速度快，成形材料价格低，适合作为桌面型快速成形设备。通过在黏结剂中添加颜料，可以制造出彩色的原型。它的主要缺点是成形件的强度较低，只能作为概念原型使用，一般不能进行功能性试验。

经过几十年的发展，增材制造技术逐步趋于成熟。在成形尺寸方面，商业 3D 打印塑料件的最大成形尺寸可达 $1m \times 1m$，最大金属件的成形尺寸约为 $250mm \times 250mm$；在制造精度方面，金属成形件的精度可达 $0.02 \sim 0.05mm/100mm$，表面粗糙度值约为 $Ra6.3 \sim 12.5\mu m$；在制造成本方面，金属件的制造成本约为 1000 元/h，成形速度为 $2 \sim 30mm^3/h$。受制造精度、生产成本、产品性能和成形尺寸等因素的限制，增材制造技术目前主要用于产品展示、原型设计和产品的装配验证等领域，用于直接制造功能件的情况还较少。图 7-30 所示为一些采用增材制造技术加工的零件和产品模型。

a) 电视机壳体零件　　　　b) 发动机模型　　　　c) 摩托车发动机箱体模型

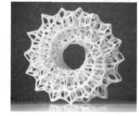

d) 镂空零件之一　　　　e) 镂空零件之二　　　　f) 镂空零件之三

图 7-30　采用增材制造技术加工的零件和产品模型

7.7　增材制造技术的发展趋势

目前，增材制造技术有以下发展趋势。

1. 概念创新和工艺改进

目前，已经有数十种增材制造工艺和方法，但是真正实现商业化的只有其中几种。增材制造技术的成形精度大致处于 0.01mm 的数量级，还难以满足大多数的生产需求。另外，受成形工艺的限制，分层厚度难以减小，也影响了产品精度的提高。例如，汽车模具对尺寸精度和表面粗糙度要求很高，对产品的表面精度和尺寸精度也有较高要求。

受材料和工艺等方面的限制，利用增材制造技术生产的某些原型件在物理性能上还难以满足工程要求。因此，增材制造技术必须与传统的制造工艺相结合，以形成快速产品开发系统。例如，利用激光束熔融、堆积材料成形再进行铣削加工的制造工艺，基于快速原型制造技术的金属模具制造系统等。

增材制造技术的改进和创新主要体现在完善增材制造工艺，提高成形精度和成形件尺寸的稳定性，降低系统运行成本，缩短成形时间等方面。

2. 寻找适合增材制造的材料

材料是决定增材制造工艺成功与否的关键因素之一。增材制造中的材料应具备以下性能：①能快速、精确地加工成形，易于连接并具有一定的强度；②可方便地进行后处理；③直接作为最终零部件使用的材料还应满足一定的使用功能。

此外，关于成形材料的研究内容还包括：①材料加工性能研究，如固化尺寸收缩、不均匀变形等，以便完成模具设计；②材料成形后的加工和处理方法，以提高原型（或零件）的力学性能和表面质量；③开发高性能、低成本的增材制造专用的特种材料，如光固化树脂、特种箔材、特种粉末材料、特种陶瓷和复合材料等；④探索基于增材制造技术原理的微型机械及其技术；⑤研究晶粒、分子、原子量级分层离散/堆积成形的概念、原理和方法。

开发适合增材制造的专用材料也是当前研究的热点。例如，用于快速模具制造的材料，对力学性能和物理化学性能，如强度、刚度、热稳定性、导电性、加工性等通常有特定的要求。

3. 数据采集、处理和监控软件的开发

软件系统不仅是模型离散、堆积成形的基础，对成形速度、成形精度、零件表面质量等也有很大影响。另外，仿真分析软件还可以预测产品的成形过程。随着增材制造技术的发展，软件的价值和重要性更加凸显。

目前，多数增材制造系统的分层切片算法都是基于STL文件的，但是STL文件还存在一些缺陷。例如，三角形网格之间会出现空隙，导致分层切片轮廓不连续；对于结构复杂的零件，STL文件会很大，导致模型无法全部读入内存，造成不能完成切片操作等。针对STL文件存在的缺陷，已经出现了一些修改和转换处理软件，如SolidView、MagicsView、STLView等。这些软件或采用适应性切片，以提高制作速度和减少阶梯效应；或将STL文件分割成若干个小文件；或利用产品几何造型的原始模型，通过STEP文件进行几何分析，设置和优化工艺参数，获取切片层信息，以避免STL文件的缺陷。

另外，目前的切片方式都是平面的，采用曲面切片、不等厚分层等方法从曲面模型上直接截面、分层，或采用更精确的数学描述，都可以提高造型的精度。

4. 拓展新的应用领域

增材制造技术与传统制造方法有效结合，可以缩短复杂产品及其零部件的生产周期，降低生产成本，改善产品质量，优化产品设计，在航空航天、汽车、机械、电子、医学、建筑等领域得到广泛应用。例如，增材制造技术与硅胶模、金属冷喷涂、精密铸造、电铸、离心铸造等制造方法相结合，可以实现模具的快速制造。

随着医学水平和医疗手段的提高，以数字影像技术为特征的临床诊断技术发展迅速，如计算机辅助断层扫描（Computerized Tomography，CT）、核磁共振成像（Magnetic Resonance Imagine，MRI）、三维B超等。通过对人体局部的扫描获得截面图像，利用计算机重建人体器官的三维模型，再将这些模型数据传输到增材制造系统中，就可以制造出实体器官模型。因此，医学和医疗领域也是增材制造技术的重要应用领域。

此外，借助数码相机、扫描仪、三坐标测量仪等逆向工程手段，利用增材制造技术还可以实现瓷器、青铜器等文物的数字化复制和仿制。

5. 研制经济、精密、可靠、高效的增材制造设备

目前，增材制造系统还存在设备的生产、购置成本和使用费用昂贵等问题；另外，制造精度偏低、制品物理性能较差、原材料受限等也是需要解决的问题。不同制造设备对数控系统的要求相差甚远，在大型零件的增材制造方面还存在不足。因此，迫切需要研制精度高、可靠性好、生产率高、经济实用的增材制造设备。

6. 制造设备和工艺的集成化

增材制造技术的集成化主要有三个方面的含义：①同一种增材制造技术的内部集成；②不同增材制造技术之间的集成；③与传统制造手段、其他先进设计与制造技术的集成。

增材制造技术的内部集成是将同一种工艺中的产品造型技术、产品数据信息处理、成形

设备和工艺等相关技术有机地集成，构成闭环的快速集成制造系统。每种增材制造工艺都有一定的适用范围，将不同工艺集成可以满足更广泛的应用需求，提高成形工艺的适应性。

外部集成包括与数控加工、逆向工程技术的集成，与并行工程、虚拟制造、检测技术等的集成，以期形成更高层次的产品快速设计与制造系统。其中，增材制造与逆向工程技术的集成可以构成闭环的快速产品开发系统，用于产品的设计评价、装配检验、信息集成、快速模具制造以及直接将产品原型用于功能试验等，具有重要的应用价值。

逆向工程（RE）和增材制造是支持产品快速开发的两种重要技术。有些产品采用通用数字化设计软件直接建模比较困难，但借助于逆向工程技术则可以快速建立产品数字化模型。因此，逆向工程是快速原型制造（增材制造）技术重要的数据来源。基于逆向工程原理，利用坐标测量设备输入样本数据，建立和修改数字化模型，再利用增材制造设备完成产品的快速制造，可以实现产品创新设计和提高企业的快速响应能力。

逆向工程与增材制造技术的集成，可以实现对原型产品的快速、准确测量，可以验证产品设计的正确性，及时发现产品设计中的不足，构建一个包括测绘、设计、制造和检验等环节的产品快速开发闭环反馈体系（图7-31）。

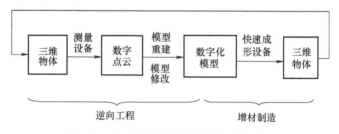

图 7-31 逆向工程与增材制造技术的集成

逆向工程和增材制造技术的集成不仅有利于发挥各自的优势，也扩大了它们的应用领域和范围。实际上，很多增材制造系统都配套有逆向工程设备。此外，逆向工程与增材制造的集成应用还体现在以下方面：

1）将逆向工程与增材制造相结合，可以读入三维物体的数据，通过网络在异地重建、成形，实现异地制造。

2）对于一些外形和结构复杂物体的仿制，如玩具、艺术造型等，可以利用逆向工程技术将实物模型转化为数字化模型，并通过增材制造技术进行直观的检验。

3）利用逆向工程与增材制造集成技术，可以实现快速模具制造。

4）逆向工程与增材制造技术相结合，可以构成产品测量、建模、修改、制造、再测量的闭环系统，实现开发过程的快速迭代，有利于提高产品质量。

5）在医学领域，利用计算机辅助断层扫描（CT）和核磁共振成像（MRI）等设备采集人体器官的外形数据，重建三维数字化模型，再利用增材制造技术可以制造出器官模型，供教学和临床参考。

 思考题及习题

1. 产品开发有哪两种模式？分析这两种模式的开发过程，以及它们的特点、区别、联系与应用领域。

2. 根据信息来源的不同，逆向工程可以分为哪几类？分析它们的特点及适用对象。

3. 以实物逆向为例，分析逆向工程的基本步骤，并简述每个步骤的主要研究内容。

4. 实物逆向工程有哪些关键技术？

5. 坐标数据采集设备有哪些类型？它们的特点是什么？分别适用于什么样的产品？

6. 熟悉市场上主流逆向工程软件的功能及操作方法，选择典型零部件，基于逆向工程思想完成产品数字化模型的重建。

7. 什么是原型？原型和产品（零部件）制造有哪几种方式？分析每种制造方式的特点及适用性。

8. 什么是增材制造技术？分析增材制造技术的特点及应用步骤。

9. 增材制造技术的实现需要哪些技术基础？它的支撑学科有哪些？

10. 查阅资料，熟悉主流增材制造工艺、设备及其使用方法。

11. 查阅资料，了解逆向工程和增材制造技术的发展趋势，分析逆向工程和增材制造技术在智能制造中扮演的角色。

12. 从新产品开发的角度，论述逆向工程与增材制造技术之间的关系。

13. 熟悉逆向工程、增材制造软件和成形设备的功能及操作方法，选择典型产品开展坐标数据测量、数字化模型重建、离散分层和增材制造实践。

第8章
数字化管理技术

目前，数字化设计、数字化仿真和数字化制造技术已经在制造企业得到广泛应用，由此产生了大量的数字化信息。为有效管理与高效利用数字化信息，提高产品数字化开发的质量和效率，数字化管理技术应运而生。数字化管理建立在计算机、通信和网络技术的基础上，通过对制造企业中管理要素、管理行为和管理流程的数字化，实现产品研发、采购、生产计划与组织、市场营销、服务、创新等管理职能的数字化、网络化和智能化。数字化管理有利于企业数字化信息的集成与综合应用，挖掘数字化信息的内在价值，减少人为因素对企业管理的影响，提高管理决策的科学性、效率、质量和智能化水平，提升制造企业的竞争力。此外，数字化管理还有利于消除管理信息和管理活动在时间、空间维度上的限制，增强企业对资源的管控能力，提高管理决策的时效性。

经过几十年的发展，数字化管理技术已经形成较为完善的理论体系和软件模块。常用的数字化管理软件（模块）包括产品数据管理（PDM）、产品全生命周期管理（PLM）、客户关系管理（CRM）、供应链管理（SCM）、企业资源计划（ERP）和制造执行系统（MES）等。

 8.1 产品数据管理技术

1. 产品数据管理的定义

企业的生产运营活动需要建立在对全局信息有效把控的基础上，其中既包括设计、制造工艺等产品信息，也包括人、财、物、产、供、销等业务信息。为了在激烈的市场竞争中取得先机，企业各职能部门都需要及时地获取、方便地共享与产品相关的各类信息。

20世纪80年代中期，计算机开始应用于产品开发。由此产生了大量的电子化工程图、技术文档和产品数据信息。如何有效地管理计算机中的设计图样、电子文档、物料清单（BOM）、设计变更等产品数据和信息，成为企业关注的问题。

早期，人们采用工程数据库系统管理产品数据，利用数据库系统记录数据项、表达数据记录之间的联系，通过结构化的查询语言（Structured Query Language，SQL）和友好的人机界面，用户可以方便地完成数据库相关操作，在一定程度上缓解了电子化数据的管理问题。但是，工程数据库系统存在一些不足之处，主要表现在：

1）产品开发不同阶段（如需求分析、概念设计、结构设计、工艺设计、仿真分析、制造与装配等）的数据类型各异，关系复杂。普通数据库技术不能全面地描述工程数据的分类、组合、继承和引用等关系，难以有效管理上述数据。

2）工程数据来自于不同应用系统，难以实现产品信息的紧密集成和有效应用。要实现产品信息的集成，首先要实现各个应用系统之间的集成。现有的工程数据库在工程数据处理等方面存在局限性，难以满足应用系统无缝集成的要求。

3）应用开发的接口能力差。企业类别和产品类型不同，对工程数据管理的需求也不相同，甚至存在很大差异。针对具体的企业，往往需要在通用工程数据管理系统的基础上开展定制。

为解决产品数据的集成化管理需求，产品数据管理（PDM）技术应运而生。因此，PDM是企业信息化发展到一定阶段的必然结果。国际知名的企业信息化咨询公司 CIMdata 给出的定义为：PDM 是一门管理所有与产品相关信息、相关过程的技术。另一家国际知名咨询公司 Gartner Group 给出的定义为：PDM 是一种使能器（Enabler），它用于在企业范围内构造一个从产品策划到实现的并行化协作环境；成熟的 PDM 系统能够使所有参与创建、交流和维护产品设计意图的人员在产品生命周期中方便地共享与产品有关的异构数据，如图样、数字化设计文档、CAD 文件和产品结构等。

综上所述，PDM 建立在软件的基础上，它是一门管理与产品相关信息（包括电子文档、数字化文件、数据库记录等）和相关过程（包括工作流程、更新流程等）的技术，旨在企业内建立一个产品设计与制造的并行化协作环境。狭义的 PDM 仅管理与工程设计相关的信息；广义的 PDM 技术则远超过设计和工程部门的范畴，渗透到生产和经营管理部门，覆盖市场需求分析、设计、制造、销售、服务与维护等过程，涵盖产品全生命周期，成为产品开发过程中各种信息的集成者。

20 世纪 90 年代中期之后，PDM 开始形成产业规模，具备对产品全生命周期内各种数据、产品结构和配置的管理能力，具有产品电子数据发布和更改控制、对零部件分类管理和查询等能力，实现了企业级的信息集成和过程集成。

2. 产品数据管理系统的功能分析

产品是制造企业生产运作的基本对象和核心目标。在企业中，所有与产品相关的人均与 PDM 软件相关，包括企业领导、部门主管、项目经理、设计工程师、分析工程师、制造工程师、采购工程师、生产计划与调度工程师、质量工程师、生产线上的工人、库存管理人员、维修人员和销售人员等。因此，PDM 系统应具备管理产品相关信息和控制产品相关过程的有效机制，提供对产品设计、制造、维护、售后服务等信息进行存储、变更、管理、检索和控制的功能。标准 PDM 系统可以用于产品文字档案、图形档案和数据库记录的规划及管理，包括产品的形态、结构定义、设计信息、几何模型、工程分析模型与分析结果、工艺规程、数控程序、声音和影像文件、纸质文件、项目计划文件等的管理。

产品的种类繁多、企业状况各异，PDM 软件产品的功能也不尽相同。PDM 系统的主要功能包括：

（1）项目管理（Project Management） 项目是为开发和制造某个产品或提供某种服务而组成的临时性组织。为保证项目的顺利实施，需要制订项目规划、拟定计划进度、监控实施过程、分析执行结果等。

项目管理是对项目实施过程中的计划、组织、人员和相关数据开展管理与配置，监控项目的运行状态，完成计划的执行与反馈。产品项目管理的主要功能包括：项目的创建、修改、查询、审批、统计和分析；项目组成人员、组织机构的定义和修改；人员角色的指派；产品数据操作权限的设定。

为完整地描述一个项目，需要按照"项目—阶段—活动—任务"的流程来表达项目实施过程，帮助管理人员由粗放到精确、从整体到局部地把握和分析项目。项目完成通常要经历若干阶段、完成不同的活动及任务，项目管理需要对每个阶段的状态进行监控。此外，项目管理还包括时间管理、费用管理、资源管理等内容，以便实时监控项目的执行情况。

产品信息的完整性、准确性和安全性是 PDM 关注的重要问题。PDM 系统要根据操作计算机人员的角色和职责，赋予其不同的数据存取和访问权限，防止合法用户越权访问，杜绝非法用户的入侵。与此相对应地，计算机中的数据也被设置成不同密级，以保证各类资料不被非法修改或盗用。

总体上，PDM 系统的用户可以分为普通用户和超级用户。超级用户通常为系统管理员，它是一类特殊用户，在系统中具有最高权限，负责系统的正常运行。超级用户的管理职能包括项目管理、用户管理、权限管理、工作流程管理等。根据职责和权限不同，普通用户又可以分为多种类型。

（2）工作流程管理（Workflow Management）　工作流程管理是 PDM 系统的主要功能之一，用于定义产品设计流程，控制产品开发过程。工作流程管理还是项目管理的基础，它管理数据流向，跟踪项目全生命周期内所有的事务和数据活动。

工作流程管理涉及加工路线（Route）、规则（Rule）和角色（Role）等内容。加工路线用来定义对象及其传送路径，常用对象包括文档、事件、部件和消息等。规则用于定义信息加工的路线、方向和异常情况处理等。工作流程管理的主要功能包括：①过程单元定义，是指根据用户的指定将过程单元连接成需要的工作流程；②提交工作流程执行的设计对象，如零件、部件、文档等；③建立相关人员的工作任务列表，并根据流程走向记录每个任务列表的执行信息，支持工作流程的异常处理和过程重组；④根据工作流程的进展情况，向有关人员提供电子审批与发放，并通过接口技术实现用户之间的通信和过程信息的传递。

（3）文档管理（Document Management）　PDM 系统需要管理产品开发过程中的所有数据，包括工程设计与分析数据、产品模型数据、产品图形数据、加工数据等。管理模型可以是图形文件、数据文件或文本文件，也可以是表格文件、多媒体文件等。

文档管理的目的是使相关用户能够按照要求方便地存取数据。文档管理的对象主要包括：

1）原始档案。包括合同、产品设计任务书、需求分析、可行性报告、产品设计说明书等。

2）设计文档。包括设计规范、标准和产品技术参数，也包括设计过程中生成的数据，如产品模型数据、工程设计与分析数据、图形信息、测试报告、验收报告、NC 加工代码等。

3）工艺文档和工艺数据。工艺文档和工艺数据是指由 CAPP 系统产生的静态和动态工艺数据。其中，静态工艺数据主要是指工艺设计手册中已经标准化、规范化的工艺数据和标准工艺规程等；动态工艺数据包括工艺决策所需的规则等。

4）生产计划与管理数据。

5）销售、维修服务数据。包括常用备件清单、维修记录和使用手册等文件。

6）专用文件。如电子行业的电气原理图、布线图、印制电路板图等。

文档管理的主要功能是提供文档信息的定义与编辑模块，为用户提供文档信息的配置功能，并根据用户定义的信息项完成文档基本信息的录入与编辑，包括调用、删除、修改等操作。产品文档管理的主要内容包括：

1）图形文件管理。图档的入库和出库模块用来建立图档基本信息与图档文件的连接关系，实现图档文件的批量入库和交互入库；从数据库中提取指定的图档文件，并传送到客户端。

2）数据文件管理。管理如有限元分析等应用程序产生的数据文件等。

3）文本文件管理。管理文本文件记录的技术要求、更改说明、使用方法等文档。

4）多媒体文件管理。多媒体文件多与其生成环境有关。

为完整地描述产品、部件和零件，通常需要将有关产品、部件或零件的文件集中起来，建立一个完整的描述对象的文件目录，称为文件集或文件夹。为保证产品数据的安全性和完整性，PDM通常在关系型数据库的基础上建立电子仓库（Data Vault），通过权限控制保证文件的安全性和集中修改，以面向对象的方式提供高效的信息访问功能，实现信息透明、过程透明。

（4）版本管理（Version Management） 版本管理用于管理零件、部件和产品等对象的产生和发生变化的所有历程。从制订产品开发计划到制造的过程中，产品配置信息要经历多次变化，产品结构和信息的改变形成了不同版本。版本记录了设计人员对产品的每次修改，便于设计人员随时跟踪产品状态。当开发完成时，需要将版本冻结，以防止其再被修改。另外，也可以在冻结版本的基础上开展新的设计工作，此时需要在工作区中建立冻结版本的副本。

PDM系统的版本管理反映了整个设计过程，可以实现设计历程追溯、设计方案比较和设计方案选择等功能。

（5）产品配置管理（Product Configuration Management） 产品配置管理以材料清单（BOM）为核心，将与最终产品有关的所有工程数据和文档联系起来，实现产品数据的组织、管理与控制，向用户或应用系统提供产品结构的定义。

由于缺乏统一的产品结构描述，企业的产品配置管理通常会存在一些问题，主要包括：①在查阅产品资料时需要花费大量时间；②产品配置信息不准确，影响采购、生产计划、制造和装配等工作的安排；③设计、采购、生产、供应等部门的材料清单（BOM）不一致，造成返工、浪费和等待等现象；④设计或生产过程的更改造成产品配置信息混乱。

产品配置管理的研究内容包括：①产品结构定义域的编辑，根据产品与零件之间的独立需求和相关需求的内在关系，采用结构树定义和修改产品结构，并存入数据库中；②产品结构的视图管理，针对产品设计中不同批次或同一批次的不同阶段（如设计、工艺、制造、装配等），生成产品结构信息的不同视图，满足不同部门对同一产品的不同BOM需求；③产品结构查询与浏览，提供多种条件的浏览与查询功能，用直观的图视方式显示零件之间的层次关系。

产品配置管理的目标包括：①集中管理产品数据资源和使用权限；②统一管理产品全生命周期内的数据；③保证各部门材料清单（BOM）的一致性；④提供不同类型产品的配置信息；⑤提供灵活的产品数据配置模式。

（6）分类管理（Classification Management） 按照设计或工艺的相似性将零件分类，形成零件族。设计人员可以通过零件族结构树快速查找零件，提高设计效率。成组技术和编码规则是分类管理的基础，相关内容可参见本书6.3节。

（7）网络、数据库接口和信息集成 PDM只是企业信息化的一个环节，成熟的PDM软件应提供有效的网络接口和数据库接口，以实现与其他数字化应用系统的有机集成，并应具有以下特征：①与操作系统、数据库软件和软件开发环境保持同步更新；②能够对存储信息进行有效的版本管理；③能够完成对存储信息的查询、关联性分析等操作；④能够浏览各种信息，并添加必要的图形和文字标注；⑤能够与 CAD/CAE/CAPP/CAM/ERP 等数字化软件集成；⑥能够进行数字化信息的流程追踪和管理；⑦能够对数字化信息进行有效的安全控制；⑧保证信息架构的稳定性和可用性；⑨易于操作和使用。

PDM 技术建立在网络和数据库的基础上，它利用计算机将产品设计、分析、工艺规划、制造、销售、售后服务和质量管理等方面的信息集成起来，支持分布、异构环境下的软硬件平台，实现了 CAD/CAE/CAPP/CAM 等系统的信息共享和无缝集成，解决了产品数字化设计与制造中的重要技术瓶颈问题。

除数字化设计、数字化制造和 PDM 系统之外，企业信息化系统还包括企业资源计划（ERP）系统等。要保证企业内部信息的完整、统一，需要将产品信息与 ERP 集成。PDM 自然地成为 ERP 系统与 CAD/CAE/CAPP/CAM 模块之间信息传递的桥梁，通过产品数据和相关文档的无缝双向传输，使设计、生产、采购和销售等部门的沟通和交流成为可能，实现企业范围内信息的集成与共享。PDM 为产品数字化开发提供了理想的集成框架（图 8-1），企业产品数据管理的技术水平和能力已经成为衡量企业综合竞争力的重要指标。

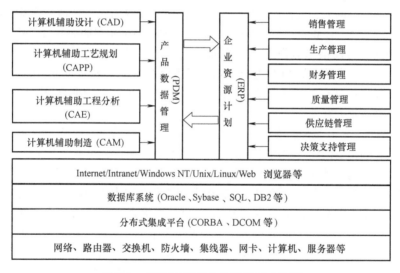

图 8-1　基于 PDM 的企业信息集成框架

8.2　产品全生命周期管理技术

1. 产品全生命周期管理的定义

20 世纪 90 年代中后期，企业生产经营的全球化和电子商务的兴起，对 PDM 技术的发展产生了深远的影响。它要求分布在异地的企业团队成员之间能够实时、同步地开展工作。企业开始关注产品全生命周期的信息集成问题，PDM 走向支持产品协同开发和提供产品全生命周期管理（PLM）的发展阶段。

推动 PLM 发展的因素主要包括：①网络和信息技术的支持，通过网络可以实现产品全生命周期中各种数据信息的交换、管理和集成，为 PLM 思想的实现奠定了技术条件；②在全球化市场竞争的背景下，产品的开发速度和成本成为企业竞争的核心因素，而 PLM 对缩短开发周期、降低生产成本具有重要价值；③顾客的个性化需求要求企业具有强大的产品研发手段，以便更加灵活地应对市场变化，通过对信息的高效管理与集成，PLM 可以提高企业响应市场变化的敏捷性。

具有代表性的 PLM 思想包括协同产品商务（Collaborative Product Commerce，CPC）、协同产品定义管理（Collaborative Product Definition Management，CPDM）和产品全生命周期管理（PLM）等。主流 PLM 软件系统包括 PTC 公司的 Windchill、EDS 公司（现 Siemens PLM Software 公司）的 Teamcenter、Matrixone 公司（现 Dassault Systemes 公司）的 eMatrix 和 SAP 公司的 mySAP 等。PLM 是对传统 PDM 的扩展，其目的是实现企业内部、企业之间的信息集成与业务协同，帮助企业在产品创新、研发速度和开发质量等方面建立竞争优势。

PLM 建立在网络和 CAD/CAE/CAPP/CAM/PDM 技术的基础上，它面向制造企业，管理包括需求分析、设计、采购、生产、销售、售后服务直至报废在内的产品全生命周期数据，实现产品全生命周期中各阶段的数据、过程、资源、工具等信息的有机联系和同步共享。

PLM 尚没有统一、权威和公认的定义。下面给出几种有代表性的观点：

（1）CIMdata 的观点　PLM 是企业的一种战略性业务模式，它提供一整套业务解决方案，有效地集成企业内部的人、过程和信息，支持在扩展企业内创建、管理、分发和使用覆盖产品全生命周期的信息。CIMdata 认为：任何工业企业的产品生命周期都是由产品定义的生命周期、产品生产的生命周期和运作支持的生命周期三个交织在一起的基本生命周期组成的。CIMdata 的 PLM 模型在传统的 PDM 基础上增加了规划管理（Program Management）。

（2）Aberdeen 的观点　PLM 是覆盖从产品产生到报废的生命周期全过程的、开放式的和互操作的一整套应用方案。

（3）Collaborative Visions 的观点　PLM 是一种商业 IT 战略，它专注于解决与企业新产品开发和交付相关的重要问题。利用跨越供应链的产品智力资产，PLM 可以实现产品创新的优化，改善产品研发的速度和敏捷性，增强产品的客户化能力，以最大限度地满足客户需求。

PLM 强调可持续发展的战略思想，支持企业创新和对智力资产的有效利用。PLM 的组织实施主要围绕以下六种需求：①调整（Alignment），平衡企业在信息化建设方面的投入，增加对 PLM 的投资；②协同（Collaboration），与业务伙伴交换意见、观点和知识，而不仅仅是交换产品 CAD 数据；③技术（Technology），获取新的技术以建立智力资产系统；④创新（Innovation），开发由客户需求驱动的、能克敌制胜的创新产品；⑤机会（Opportunity），跨学科集成，寻找产品新生命周期的机会；⑥智力资产（Intellectual Property），将产品知识作为企业的战略财富加以对待和充分利用。

（4）AMR 的观点　PLM 是一种技术管理战略，它将跨越不同业务流程和用户群的单点应用集成起来，并使用流程建模工具、可视化工具或其他协作技术整合已有的系统。AMR 将 PLM 分为四个部分：①产品数据管理（PDM），作为中心数据仓库保存产品的所有信息，并提供与研发、生产相关的物料管理；②协同产品设计（Collaborative Product Design，CPD），利用 CAD/CAE/CAM 及相关软件，技术人员可以用协同方式从事产品研发；③产品组合管理（Product Portfolio Management，PPM），提供相关工具，为管理产品组合提供决策支持；④客户需求管理（Customer Needs Management，CNM），获取销售数据和市场反馈，并将其集成到产品设计和研发过程中。

（5）EDS 的观点　PLM 是一个以产品为核心的商业战略，它应用一系列的商业解决方案来协同化地支持产品定义信息的生成、管理、分发和使用，在地域上横跨整个企业和供应链，在时间上覆盖从概念产生到产品结束使命的全生命周期。在数据方面，PLM 包括完整的产品定义信息，包括机械的、电子的产品数据以及软件和文件等信息。在技术上，PLM 整合了一系列的技术和方法，如产品数据管理、协同产品商务、仿真、企业应用集成、零部件供应等，它沟通了供应链上的原始设备制造商（OEM）、转包商、外协厂商、合作伙伴和客户。在业务上，PLM 能够开拓潜在业务，整合现在、未来的技术和方法，高效率地将产品推向市场。

PLM 概念一经提出，就迅速成为全球制造业关注的焦点，国际知名的制造企业和软件公司纷纷投入研究、开发和应用。例如，IBM 公司、MSC. Software 公司和 Dassault Systemes 公司合作提供产品全生命周期管理的支持与服务；SDRC 公司推出协同产品管理策略；EDS 公司提供面向 PLM 的全面解决方案；PTC 公司提出基于 Windchill 的协同产品商务（CPC）解决方案等。CPC 从供应商、合作伙伴、分销商和客户等角度，强调产品研发的横向沟通与协作，涵盖了产品全生命周期。

根据 Aberdeen 公司提供的数据：全面实施 PLM，企业可以节省 5% ~ 10% 的直接材料成本，库存流转率可提高 20% ~ 40%，开发成本可降低 10% ~ 20%，产品开发周期可缩短 15% ~ 50%，生产率可提高 25% ~ 60%。显然，PLM 是提升制造企业竞争力的重要支撑技术。

2. 产品全生命周期管理的功能

PLM 是产品数字化开发技术广泛应用和数字化管理思想演变的必然结果，它与 PDM 技术有着不可分割的联系。图 8-2 简要地分析了产品生命周期活动与 PDM、PLM 之间的关系。

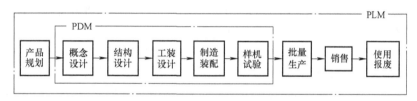

图 8-2　产品生命周期活动与 PDM、PLM 之间的关系

PDM 与 PLM 之间的关系如下：

1）PDM 主要管理从产品概念设计到样机试验阶段的产品数据信息；PLM 管理向前延伸至客户需求管理（CNM）和供应链管理（SCM），向后延伸至客户关系管理（CRM），信息涵盖从产品规划、设计、制造、使用、报废乃至回收的全部过程。因此，在功能上 PDM 是 PLM 的子集，也是 PLM 的核心内容。

2）PDM 注重产品开发阶段的数据管理，PLM 关注产品全生命周期内数据的管理。

3）PDM 侧重于企业内部和产品数据的管理，PLM 则强调对支持产品全生命周期的企业内部以及跨越企业的资源信息的管理及利用。

4）PDM 是以文档为中心的研发流程管理，主要通过建立文档之间刚性的、单纯的连接来实现；PLM 力图实现多功能、多部门、多学科以及与供应商、销售商之间的协同工作，需要提供上下文关联式的、更具柔性的连接。

PLM 与企业资源计划（ERP）的主要区别：PLM 以产品为核心，侧重于对无形资产（知识、信息）的管理，跨越企业和供应链，利用企业信息资源，支持产品协同开发和管理，促进产品创新；ERP 以业务为中心，主要面向企业的物质资源，注重对有形资产的管理和整合，关注产品、生产、库存、供应、销售、客户、财务、人力资源等环节。PLM 与 ERP 在生产、销售和服务领域有信息重合的地方，并互为补充。

PLM 的管理功能主要包括：

（1）需求管理 如前所述，产品设计阶段决定了产品全生命周期内的绝大部分成本。需求信息包括来自企业外部（如市场、客户）和企业内部（如设计、工艺、制造、生产调度等）对产品外观、性能、结构、维修等方面的要求，包括对产品性能参数、结构、成本、标准、规范等方面的描述、规定和限制。良好的需求管理可以保证所开发的产品与实际需求一致，有效缩短开发周期，降低生产成本，提高产品开发的成功率。因此，需求管理具有重要价值。

（2）产品数字化开发过程管理 产品数字化开发技术包括数字化设计、数字化仿真、数字化制造、数字化装配、数字化工厂等内容。通过 PLM 系统可以实现数字化环节的集成和信息共享，提高数字化开发的效益。此外，PLM 还可以管理制造工艺、资源、生产计划与调度等制造过程，实现制造过程的全局协同和优化。

（3）质量管理 质量是产品性能的综合评价，质量管理贯穿于产品整个生命周期。需要指出的是，质量的定义与产品类型、顾客的消费观念、社会环境、技术等因素有关，具有动态性和时变性。

（4）产品回收管理 产品的回收再利用已经成为售后服务的重要内容，对于树立企业形象、获得消费者认同等具有重要作用。从环境保护、资源再生利用和可持续发展等角度，产品回收管理对产品的回收过程进行监督和管理。

（5）项目管理 产品全生命周期或其中的某个阶段（如产品研发过程）都可以视为项目。采用项目管理手段，可以保质、保量地完成产品开发。

（6）产品数据管理 产品数据包括需求数据、项目数据、几何数据、供应商数据、过程数据、变更数据、资源数据等。PLM 可以提取、处理上述数据，使其成为有价值的信息。

（7）价值链管理 传统的价值链概念着眼于分析单个企业的价值活动，关注从原材料采购到最终产品的相关过程和活动。随着 IT 技术的发展和数字化时代的到来，价值链的概念得到扩展，新的价值链概念不仅包括由增加价值的成员构成的链环，还包括由虚拟企业构成的网络，称为价值网。

（8）配置管理 使用各种动态、交互、协作性和可视化工具，帮助制造企业实现"依单设计"的产品需求。

（9）工作流管理 提供灵活的过程管理构架，支持用户建立、控制和管理自身的业务流程，提高产品开发的效率和效益。

PLM 为产品数字化开发提供了一种管理思想和可行的解决方案。但是，此类系统能否发挥应有功能还取决于多方面因素，如领导的重视程度、企业信息化水平、员工素质以及与企业内部 SCM、CRM、ERP 系统的集成程度等。

3. 主流 PLM 软件介绍

总体上，PLM 软件包括以下三种类型：

1）以数字化开发软件和 PDM 软件为核心，并集成部分 ERP 功能的 PLM 软件，如 Siemens PLM Software 公司的 Teamcenter、美国 PTC 公司的 Windchill 等。这类软件具有强大的产品数字化开发和数据管理能力，是以产品开发为导向的 PLM 产品。

2）以 ERP 软件为核心，增加协同工作功能的 PLM 软件，如 SAP、Baan 和 Oracle 等公司的相关产品。这类软件以资源管理和组织计划为基础，注重制造业的流程配置，产品数字化开发能力较弱。

3）独立的 PLM 软件，如 Agile Software、MatrixOne 等。这类软件以第三方的模式，为数字化开发软件和 ERP 软件提供集成服务。

近年来，PLM 软件开发和工程应用发展迅速，业内兼并、重组、投资和收购等活动不断。2007 年 5 月，西门子集团收购 UGS 公司（原 EDS 公司），并更名为 Siemens PLM Software 公司，成为西门子集团旗下一个独立的全球分支机构。2007 年 5 月，Oracle 公司收购产品全生命周期管理解决方案供应商 Agile Software 公司，并于 2008 年 10 月推出 Oracle Agile PLM 商务智能 3.0 版。2007 年 5 月，Dassault Systemes 在收购美国 MatrixOne 后推出 PLM 软件 ENOVIA MatrixOne。2007 年 10 月，Siemens PLM Software 公司推出新一代 PLM 软件 Teamcenter。2007 年 12 月，国际投资公司 IDG 技术创业投资基金向国内领先的 PLM 软件和服务供应商 CAXA 注资 1000 万美元，用于扩充服务体系和加强 PLM 产品研发。2010 年 3 月，金蝶集团斥资 2100 万人民币并购国内 PLM 专业软件厂商广州普维科技有限公司。2012 年，Siemens PLM Software 公司以 6.8 亿欧元收购比利时 LMS 公司，LMS 提供虚拟仿真软件、试验系统和工程咨询服务，进一步完善了西门子 PLM 技术体系。此外，PLM 软件供应商在注重产品研发和完善解决方案的同时，也加大了对咨询服务的投入，众多国际知名咨询公司加入到 PLM 项目咨询中，如埃森哲、IBM、HP、德勤、Infosys 等，共同推动 PLM 产业走向成熟。下面简要介绍几种主流的 PLM 软件。

（1）Siemens PLM Software 公司的 Teamcenter Teamcenter 的前身为 Metaphase 和 iMAN。梅塞德斯-奔驰（Mercedes-Benz）、宝马（BMW）、洛克希德马丁（Lockheed Martin）、波音等公司均是它的客户。它采用 J2EE、Microsoft. NET 框架、UDDI、XML、SOAP、JSP 和 Web 等技术，支持产品生命周期不同阶段信息的无缝集成和管理，支持产品生命周期中所有的参与者（包括供应商、合作伙伴、客户）捕捉、控制、评估和利用产品知识，用户可以使用各种 Web 接入/存取设备，包括计算机、个人数字助理 PDA、移动电话等，消除因地域、部门和技术等原因形成的障碍，构建跨越产品生命周期的协同工作环境。

Teamcenter 支持不同类型信息的访问，包括产品需求信息、项目数据、流程信息、设计信息、供应数据、产品文档、来自异构商用系统和协作企业应用系统的产品数据等。Teamcenter 的产品族包括 Teamcenter 企业协同、工程协同、制造协同、项目协同、需求协同、可视化协同、社区协同和 Teamcenter 集成器等。

1）Teamcenter 企业协同（Teamcenter Enterprise）。支持扩展企业内的数据管理和信息共享，利用产品全生命周期中的需求、项目数据、工程数据、供应数据、流程数据、产品配置等信息加速产品上市，降低产品成本。

Teamcenter 提供快速变更管理，通过建立简捷的变更流程，可以快速地完成产品变更的启动、管理、审批和执行。它通过企业数据仓库、对象管理、关联管理、产品结构管理、配置管理、零件分类、发布管理、工作流管理、通知服务、浏览批注服务、关联数据库管理、系统/数据安全管理、用户/团队和网络管理服务，来支持行业协同。

2）Teamcenter 工程协同（Teamcenter Engineering）。Teamcenter 工程协同能够无缝集成主流异构数字化开发软件的产品和流程数据，利用产品数据管理和三维浏览器功能，支持产品开发团队的协同工作。工程协同具有流程管理功能，通过制定企业的业务规则、分配用户角色和配置设计解决方案，帮助工程团队在集成环境中完成新产品的设计与修改。

3）Teamcenter 制造协同（Teamcenter Manufacturing）。Teamcenter 制造协同支持扩展企业在统一的环境中完成产品加工前期的工艺设计，优化产品加工操作，为产品、工艺、车间和资源信息的管理提供集成环境。Teamcenter 使用产品/工艺配置、变更控制、工作流和过程管理等功能来管理变更，消除产品全生命周期中因变更造成的影响。Teamcenter 制造协同与 Teamcenter 工程协同无缝集成，共同支持产品生命周期早期阶段中设计和加工信息的共享，提高产品设计和管理的效率，加速新产品开发进程。

4）Teamcenter 项目协同（Teamcenter Project）。Teamcenter 项目协同支持项目的团队成员同步分配项目中的工作任务和安排项目工作进度，通过对团队资源的管理、优化与分配，降低产品开发成本；以协同文档的形式组织项目信息，团队成员可以共享和浏览相关信息。此外，还可以利用协同记事簿和在线讨论功能帮助项目团队交换产品信息。

5）Teamcenter 需求协同（Teamcenter Requirements）。Teamcenter 需求协同根据客户需求和法规约束来调整产品设计，以提高新产品开发的成功率。用户可以利用 Teamcenter 的需求协同生成建议书，完成配置管理、预算分析、报表统计、文档生成、验证测试和决策支持。

6）Teamcenter 可视化协同（Teamcenter Visualization）。Teamcenter 可视化协同提供一个中性的协同环境。产品开发团队可以在协同环境中完成产品配置、数字化装配和虚拟产品发布等操作，以降低产品开发成本，缩短产品开发周期，提高产品创新能力。可视化协同还为企业提供可视化和虚拟样机功能，支持在数字化环境下进行零件设计、可视化产品配置和虚拟测试，适合有众多供应商和合作伙伴的扩展企业使用。

7）Teamcenter 社区协同（Teamcenter Community）。Teamcenter 社区协同支持扩展企业创建安全、实时、支持 Web 的实时工作区，并提供多种协同服务，支持用户对 Teamcenter 数据仓库的浏览和访问，能够快速建立虚拟团队，并根据特定的项目或活动选取不同的协同服务，提高企业的创新能力。

Teamcenter 社区协同为团队成员提供团队日历、通讯录、在线讨论、实时消息和在线会议服务。团队成员能够访问来自 Teamcenter 工程协同和 Teamcenter 企业协同建立的产品信息。利用 Web 浏览器，团队成员能够浏览、选择、测量和批注数字化系统产生的数据。

8）Teamcenter 集成器（Teamcenter Integrator）。Teamcenter 集成器支持扩展企业成员无缝地访问来自多种应用系统（如 PDM、ERP、SCM 和 CRM）的产品全生命周期信息，无须完全依赖企业应用软件和数据模型集成产品信息，并可以同步地对相关产品事件做出反应，有效地提高了工作效率。

此外，Teamcenter 还提供满足行业需求、经过预先配置、具有即装即用功能的行业解决方案，如航空/国防解决方案、汽车供应商解决方案、高科技/电子解决方案、日用消费品解决方案等。在行业解决方案的基础上，Teamcenter 还提供通用的、跨行业的和某种共性问题的解决方案，如专门的文档管理、配制管理，变更管理、控制管理、零件族管理等。这种解决方案构建在 Teamcenter 产品族的基本功能的基础上。

综上所述，Teamcenter 的 PLM 解决方案如图 8-3 所示。

（2）PTC 公司的 Windchill 1998 年，美国 PTC 公司推出基于 Java 平台和 B/S 结构的产品全生命周期管理系统——Windchill，并于 1999 年进入中国市场。Airbus、Boeing、ABB、TRW、Caterpillar、Toshiba、Volkswagon、华为、一汽、大连柴油机厂等公司都是 Windchill 的客户。

Windchill 的主要功能包括：①具有完整的数字化产品数据模型和安全的产品信息库；②由工作流和生命周期驱动产品开发；③提供独立于 CAD 系统和基于 Web 的 2D、3D 产品信息可视化插件；④采用基于角色的 Web 访问功能，获取产品和过程信息，具有基于事件的提

图 8-3　Teamcenter 的 PLM 解决方案

示功能；⑤提供项目和计划的管理与协作功能；⑥提供对过程、活动的监控分析和报告功能；⑦提供更改、配置和发布管理过程的有效方法；⑧提供零件和设计的参数化搜索功能，以最大限度地实现设计重用；⑨提供用于设计和采购的制造协作区；⑩实现与 CAD/ERP/SCM/CRM/Web 服务等企业应用系统的集成。Windchill 提供模块化解决方案，适用于客户驱动式的产品协作开发。Windchill 的模块化解决方案如图 8-4 所示。

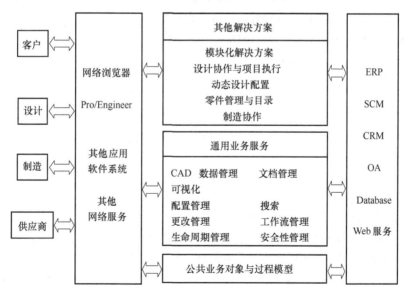

图 8-4　Windchill 的模块化解决方案

　　Windchill 采用多层体系结构，支持大型系统的实施与扩展。总体上，Windchill 的体系结构可以分为客户层、应用和数据层、集成层：

1）客户层。用户可以通过 Web 浏览器访问 Windchill 解决方案，连接到标准的 Web 服务器，通过互联网浏览 HTML 页面。

2）应用和数据层。由 Windchill Java 应用服务器提供安全服务（身份识别和验证）、数据库通信和系统管理等功能，提供产品结构及相关数字化产品内容的表示功能，提供可视化服务和视频会议等功能。

3）集成层。提供通信服务，集成企业系统的 EAI 中间件和用于连接其他系统的适配器，支持其他专用应用程序接口。

Windchill 的核心产品包括：

1）产品数据管理（Windchill PDM Link）模块。基于 Web 使参与产品开发过程的人员掌握最新的产品信息，帮助企业管理产品数据和开发流程，保证数据的可用性。

2）项目管理（Windchill Project Link）模块。基于 Web、项目计划编制、里程碑跟踪、工作分配与管理、论坛等方式，辅助产品开发小组成员与供应商、客户完成项目沟通。

3）动态设计（Windchill Dynamic Design Link）模块。使用具有交互、动态、协作等特点的可视化功能，帮助企业完成产品设计，减少设计的重复性，更快地将高质量产品推向市场。

4）组件管理和零件目录（Windchill Parts Link）模块。组织内部组件库并对其进行分类，形成统一的零件信息源，支持供应链优化，通过 Web 访问零件供应商，实现零件信息的重用。

5）供应链协作（Windchill Supply Link）模块。提供产品数据的在线访问和合作伙伴间的数据交换功能，支持共同的数据交换标准，简化采购、控制等跨组织业务流程，实现"随处设计、随处制造"的目标。

6）特殊客户业务过程应用。针对特殊客户建立有针对性的产品全生命周期管理解决方案。

上述模块可以任意组合，为企业提供多种解决方案，以满足产品制造和管理的特殊需求。Windchill 可以简化产品开发各阶段的协作和信息管理，提供包括工程更改申请、新产品推介、产品采购、生产交付、设计和组件再用等在内的管理功能。

（3）Dassault Systemes 公司的 MatrixOne　MatrixOne 原来是美国 MatrixOne 公司的产品，2006 年被 Dassault Systemes 公司收购。其典型客户包括阿尔卡特（Alcatel）、通用电气（GE）、IBM、英特尔（Intel）、强生（Johnson & Johnson）、诺基亚（Nokia）、飞利浦（Philips）、宝洁（Procter & Gamble）、索尼爱立信（Sony Ericsson）、意法半导体（STMicroelectronics）等。

MatrixOne 主要由 PLM 平台（PLM Platform）、协同应用（Collaborative Applications）、全生命周期应用（Lifecycle Applications）和 PLM 建模工作室（PLM Modeling Studio）等组件构成。各组件的主要功能如下：

1）PLM 平台是 MatrixOne 的基础组件和 PLM 应用的主干，其他的业务流程、协同建模和第三方工具等都集成在该平台上。

2）协同应用组件主要包括 MatrixOne Team Central、MatrixOne Document Central 和 MatrixOne Program Central 三个模块，它们构成了企业及其产品生命周期中合作伙伴协同工作的基础，使地理上分散的工作团队可以实时获取信息，共同完成同一业务流程。

3）全生命周期应用组件包括 MatrixOne Sourcing Central、MatrixOne Engineering Central、MatrixOne Supplier Central、MatrixOne Product Central 和 MatrixOne Specification Central 五个模块，它们分别管理完整的产品全生命周期中的一部分，包括外包、工程流程、产品结构、供应商、采购、商务谈判、合同和制造等内容。

协同应用组件和全生命周期应用组件共同构成完整的协同 PLM 应用环境，用户也可以根据实际需求进行二次开发。

4）PLM 建模工作室组件是一组界面友好的业务建模工具。它基于 PLM 平台，提供动态建模功能，可以在多个层面上完成动态建模，包括信息建模、流程建模及应用建模等。通过 PLM 建模工作室，用户可以定义新的数据类型或业务流程，也可以定义新的用户界面。

 ## 8.3　企业资源计划

1. 企业资源计划的定义

1990 年 4 月，美国著名计算机技术咨询和评估机构 Gartner Group 公司的 L Wylie 发表题为《ERP：下一代 MRPⅡ的愿景设想（ERP：A Vision of the Next-generation MRPⅡ）》的研究报告，首次提出企业资源计划（Enterprise Resource Planning，ERP）的概念。该报告用"功能"和"技术"两个核查表来表达 ERP 的定义，将内部集成（Internal Integration）和外部集成（External Integration）作为 ERP 的核心标志。其中，内部集成涵盖产品研发、核心业务和数据采集三方面的信息；外部集成是指打破企业既有的四面墙，实现与供应链上合作伙伴之间的信息共享，最终实现对全供应链的管理（Management of Entire Supply Chain）。之后，Gartner Group 公司又陆续发表一系列研究报告，分析 ERP 功能和相关技术。1993 年 5 月，该公司发表题为《ERP：愿景设想的定量化（ERP：Quantifying the Vision）》的会议报告，阐述了 ERP 的定义、理念和本质特征，成为 ERP 发展史上重要的里程碑。

Gartner Group 认为，企业资源计划（ERP）是制造资源计划（Manufacturing Resource PlanningⅡ，MRPⅡ）的下一代技术。它采用信息技术，将信息集成范围从企业内部扩展到企业的上下游，涵盖整个供应链。同时，ERP 是一种规范、集成和优化企业业务流程的解决方案和信息化工具，也是制造业先进管理思想在计算机环境中的实现。它综合应用客户机/服务器体系、浏览器/服务器体系、关系型数据库、面向对象技术、计算机软硬件、网络通信等信息技术成果，有机地整合企业的人、财、物、产、供、销、时间和空间等资源，实现对企业物流、资金流和信息流的集成化管理。

ERP 具有如下特征：①ERP 是 MRPⅡ的增强形式，它超越了 MRPⅡ的范围和功能，为企业提供包括物料、采购、生产计划、销售、质量、运输、工具、人力、项目、财务等在内的全方位解决方案；②ERP 旨在实现制造企业从"以产品为中心"向"以客户为中心"的转变；③ERP 强调对集团和跨国公司的控制与管理，可以对分布在全球范围内的子公司、供应商、销售商和顾客提供集成化管理，成为企业参与全球化竞争不可或缺的手段，这也是供应链管理（SCM）思想的起源；④ERP 支持混合生产类型及其制造环境，包括多品种小批量、大批量生产、单件生产等生产类型以及按库存生产、按订单生产等生产方式；⑤ERP 支持分布式网络和客户机/服务器的计算环境。美国生产与库存控制协会的统计表明：成功实施 ERP 可以使企业的库存水平下降 30% ~ 50%，交货延期率降低 80%，采购提前期缩短 50%，制造成本下降 12%，大幅度提升了企业的管理水平。

2. ERP 的理念与方法

ERP 是制造业各种先进管理思想和方法的集大成者。它的核心思想主要表现在两个方面：一是关注企业生产经营活动的计划、平衡与控制；二是基于供应链管理的视角。计划工作贯穿于企业生产经营管理的全过程中，涉及企业组织的各个层次和所有成员。有效的计划具有任务明确、可以有效测定和衡量、能够圆满实现、符合时间和成本限制等特征。平衡与控制的作用是保证计划执行结果不超出允许的偏差范围，需要考虑企业内部环境与外部环境的平衡、战术和战略的平衡、市场需求和企业生产能力的平衡、业务运行与资金供给的平衡等。在 ERP 系统中，计划功能主要围绕制造过程中的主生产计划（Master Production Schedule, MPS）、物料需求计划（Material Requirement Planning, MRP）和能力需求计划（Capacity Requirement Planning, CRP）展开。此外，计划功能还包括企业经营活动中的销售计划、采购计划、车间作业计划、预算计划、资金使用计划等。计划、平衡与控制的管理理念贯穿于 ERP 系统中，通过有效地整合和优化资源帮助企业形成竞争优势。

有需求才会有供应，"供"和"需"总是相伴而生的。供应链（Supply Chain）有狭义和广义之分。狭义的供应链是指制造企业的原材料和零部件的采购环节；广义的供应链则涵盖制造企业生产运作与售后服务的所有环节。实际上，供应链的每个环节都包含"供"和"需"两方面信息，涉及物流、资金流和信息流，伴随着业务流程和增值服务。任何不增值的业务活动，都会造成无效劳动和资源浪费。因此，ERP 系统需要具备为企业业务流程提供增值服务的能力。为保证正常的生产运营，企业既要有相对稳定的销售渠道和顾客，也要有稳定的原材料、零部件供应商和协作伙伴。在供应链管理模式下，制造企业与供应商、销售商和客户之间不再是简单的业务往来对象，而是利益共享、风险共担的合作伙伴；企业之间的竞争也不再是一个企业与另一个企业的竞争，而是一个企业的供应链与其竞争对手供应链之间的竞争。为满足企业对供应链系统的有效管理，ERP 应运而生。图 8-5 为供应链管理原理图。

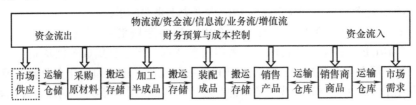

图 8-5　供应链管理原理图

供应链管理主要包括以下四方面内容：

1）市场需求分析。包括需求管理、客户关系管理、顾客期望与价值分析等。

2）市场需求与供应的转换。包括产品开发与设计，生产能力管理，计划、执行与控制，业绩评价等。

3）物资采购与供应。包括库存、采购、物资配送等。

4）企业生产与经营管理。包括企业运行环境、财务、制造资源计划（MRPⅡ）、准时制（JIT）生产、全面质量管理（TQM）及供应链管理等。

供应链管理要统筹"供"和"需"两个方面，兼顾顾客需求、企业内部的制造活动和供应商资源，有效管理供应链上的每个环节。ERP 系统从市场竞争和企业需求出发，通过业务和资源重组，以产品为核心构建跨越部门和企业的业务流程，有利于消除或减少中间的冗余环节，改善制造企业的运作效率和经济效益。

在数字化时代，企业的产品研发、生产和管理活动都离不开软件的支持。ERP 既是一种先进的管理思想和管理理念，也是一种管理软件系统，其中包含了先进的管理哲学、理论和方法。ERP 软件的开发建立在管理信息系统（MIS）、物料需求计划（MRP）、制造资源计划（MRPⅡ）等企业运作理论和管理方法的基础上，涵盖企业生产运作的各个方面。ERP 系统及其软件模块组成如图 8-6 所示。

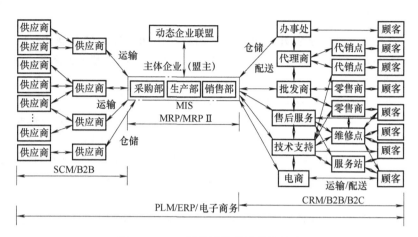

图 8-6 ERP 系统及其软件模块组成

ERP 系统建立在信息技术的基础上。信息技术在 ERP 中的应用主要包括：

（1）智能化技术 ERP 系统面对大量的数据，需要有智能化技术的支持。主流 ERP 系统提供数据仓库（Data Warehouse）、在线分析处理和数据挖掘（Data Mining）等技术，以完成数据的提取、分析和挖掘，获得数据中蕴含的规律。常用的数据库管理系统包括 SQL Server、Oracle、DB2、Sybase 和 Access 等。数据仓库从不同的数据源中提取数据，并将其转换成新的存储格式，以便于决策。数据仓库中数据的组织方式包括虚拟内存、基于关系表的存储和多维数据存储等，它是集成信息的存储中心。在线分析处理也称多维分析，它基于特定的数据存储和分析技术，可以满足终端用户的查询、分析需求。数据挖掘技术可以从大量不完整、模糊、随机的数据中提取出隐含的、有价值的信息和知识。

（2）基于网络的计算环境 在传统客户机/服务器模式的基础上，ERP 技术开始向以网络为中心的计算体系转变，可以根据任务需求动态调整、灵活配置负荷大小和设备角色，提高设备利用率和系统运行效率，增强系统对环境的适应性。

（3）Internet/Extranet/Intranet 技术 Internet 技术在 ERP 中扮演着重要角色。通过 Internet 企业可以建立电子店面（Electronic Store Fronts），展示产品，完成交易，在此基础上为顾客提供服务、开展数据分析。Internet 技术面向国内和国际市场，可以帮助制造企业获得更多的商业机会。企业内部网络（Intranet）是 Internet 技术与传统局域网技术相结合的产物，应用范围涵盖企业内部，可以实现企业内部组织之间的信息共享，帮助企业管理各类数据、信息和业务流程，提高工作效率。企业外部网络（Extranet）是 Internet 对企业外部用户的安全延伸。它利用 Internet 技术和公共通信系统，使通过认证的指定用户（如供应商、销售商、合作伙伴、身在外地的企业员工等）分享公司内部网络的部分信息和部分应用，将信息网络延伸到特定的合作伙伴，有助于改善供应链系统内的运作效率和服务质量。

（4）事件驱动编程和面向对象技术 相对于传统的结构化编程，事件驱动的编程方法将应用系统的控制权交由用户掌控。ERP 系统由众多可以重复使用、封装的业务规则对象组合而成。它们可以根据特定的业务需求灵活组合，并由特定的业务事件驱动，完成各种业务活动。基于对象的业务规则具有良好的封装性，可以独立完成指定的功能。根据需要，任何业务过程都可以调用相关业务规则，降低了系统编程的复杂性。面对动态变化的业务环境，采用事件驱动的编程方法，利用基于对象的业务规则，可以迅速开发出新功能，提高 ERP 系统的适应能力。

20世纪40年代，管理学者开始研究库存物料使用和消耗的内在规律，提出订货点法（Order Point Method）并用于企业库存的计划管理中。订货点法的基本思路是：确定合适的订货时间点，当所订物料到货时，物料库存将由安全库存量（Safety Inventory）达到最大库存量，以保证企业的生产需求。满足上述条件的采购时间称为订货点（Order Point）。订货点法以最大库存、安全库存、订货提前期、物资消耗速率等数据为基础，为企业控制库存和制定补货策略提供了理论依据。但是，订货点法建立在一些假设的基础上，如市场需求、物料消耗和物料供应稳定、下单后物料可以在指定的订货期内到达仓库、对不同物料的需求相互独立等。在工程实际中，由于客户需求和市场环境不断变化，物料需求的数量和时间往往具有不稳定性和间歇性。

20世纪60年代之后，随着生产力水平的提升和顾客个性化需求的增加，传统的卖方市场向买方市场转变，市场需求开始由少品种、大批量向多品种、中小批量转变，需求的波动性增加。此外，随着产品复杂性的增加，企业的生产组织和库存管理问题也日趋复杂。订货点法的假设条件不再成立，已经难以满足企业的物料计划和订货需求，导致物料库存和占用资金增加、生产成本上升。20世纪60年代中期，美国IBM公司的管理专家Joseph A Orlicky提出将物料需求分为独立需求（Independent Demand）和相关需求（Dependent Demand），之后逐步发展成MRP理论。

物料订购数量是由物料需求决定的，而物料需求又取决于最终产品的需求量（即独立需求）以及由独立需求引起的相关需求。相关需求不仅与独立需求相关，还取决于产品结构和零部件组成。通常，产品结构是多层次性和树状的。因此，在制订物料需求计划时，需要考虑产品结构组成，得到各层次物料的实际需求量。最终的原材料就是采购需求，中间件需求则是制订生产计划的依据。

MRP建立在可行的主生产计划（MPS）基础上，考虑了生产设备状况和人力资源供给。在工程实际中，企业的生产活动会受到外部环境和内部条件的制约，存在不确定性，如原材料供货不及时、设备故障、生产能力不足等。此外，在MRP中信息流是单向的，缺少必要的信息反馈和决策更新。因此，由MRP制订的生产和采购计划往往并不可行。

20世纪80年代，在基本MRP的基础上，进一步考虑企业生产能力、采购作业计划变动和计划执行过程中反馈的信息，形成闭环MRP理论。闭环MRP具有以下特点：①将车间作业计划、能力需求计划（Capacity Requirement Planning, CRP）和采购作业计划纳入MRP中，形成一个闭环系统，增加物料需求计划的可行性；②在计划执行过程中，可以根据车间现场状况、采购计划执行情况等反馈信息，及时调整和更新作业计划，以保证MPS的顺利实施，必要时甚至要修改MPS。

能力需求计划（CRP）是闭环MRP的核心所在，它可以保证设备、人力等资源的有效供给和优化配置。CRP以MRP的输出为输入，根据MRP计算出的物料需求和生产设备、工作中心（Work Center）数据，确定生产设备和能力需求，完成生产负荷的分配与平衡。CRP可以分为粗能力计划（Rough Cut Capacity Planning, RCCP）和细能力计划。其中，粗能力计划主要用于编制生产计划大纲或MPS，评估对关键工作中心的能力需求；细能力计划则根据MRP的输出，结合生产系统的信息完成详细的工作中心能力需求分析，计算人员和设备负荷需求，预测瓶颈工位，通过调整生产能力实现设备负荷的平衡。闭环MRP以满足市场需求为目标，编制计划时优先考虑计划需求，再考虑能力需求，经过多次平衡、调整和核实，完成计划的制订。

闭环 MRP 在各个环节都增加了信息反馈和平衡控制功能，解决了基本 MRP 中因环境变化而导致生产计划难以有效执行的局限，增强了 MPS 的可行性，是生产计划理论的一次飞跃。此外，在企业生产运营过程中，除物流和信息流外，采购、生产、销售、仓储等环节都伴随着资金流，并与财务系统密切相关。实际上，资金状况常常会影响企业的生产经营情况，资金短缺可能会导致采购计划延期而影响生产计划的执行，闭环 MRP 中未考虑资金流。

1977 年 9 月，美国生产管理专家 Olive W Wight 提出制造资源计划（Manufacturing Resource Planning，MRP Ⅱ）的概念。它以生产计划为主线，统筹规划和控制企业的各种资源，形成一个集物流、信息流和资金流为一体的动态反馈系统。MRP Ⅱ 是闭环 MRP 系统的发展与扩充。与闭环 MRP 相比，MRP Ⅱ 具有以下特点：①MRP Ⅱ 将财务系统纳入企业管理中，实现了物料流、资金流信息的同步与集成；②MRP Ⅱ 以共享数据库作为各子系统的数据源，保证了信息的准确性和一致性；③MRP Ⅱ 有一定的模拟功能，如模拟未来一个时间段的物料需求，发出物料短缺报警，它还能模拟生产能力需求，发出产能不足报警等，为管理者提供必要的信息，有助于生产计划的制订和实施。MRP Ⅱ 的计划管理始于企业的经营规划，包括经营计划、销售计划、生产计划、资源需求计划、MPS、MRP 和 CRP 等多个层次，由企业计划、技术、生产、采购、销售、财务等部门共同参与制订。通过实施事前计划、事中控制和事后分析与审核，MRP Ⅱ 系统能够最大限度地缩短原材料采购、零部件制造的提前期，减少库存和在制品数量，减少资金占用，提高计划的及时性和准确性，增强企业的市场应变能力，有效提高企业的管理水平、服务水平和经济效益。

在不同的历史阶段，MRP、闭环 MRP 和 MRP Ⅱ 等理论在制造企业生产计划与管理中发挥了重要作用。随着市场竞争的日趋激烈、经济全球化和信息技术的进步，MRP Ⅱ 的局限性逐渐显现，主要表现在：①除物流、信息流和资金流外，供应商资源、销售商资源、人力资源、市场资源和全面质量管理等也是企业竞争力的重要组成部分，而 MRP Ⅱ 未能有效集成上述信息；②全球范围内的企业兼并、联合方兴未艾，企业规模不断扩大，形成集团化、全球化、多工厂、多层级的复杂公司治理结构，这就要求集团内部各分公司之间、集团与集团之间有效、及时、准确地共享信息，制定统一的生产计划，动态调整和调配企业资源，而 MRP Ⅱ 对此无能为力；③信息化技术发展迅猛，市场千变万化，商机稍纵即逝。企业之间既是竞争对手，也是合作伙伴。制造企业需要利用信息技术，将信息管理的范围扩大到整个供应链系统，这也是 MRP Ⅱ 不能胜任的。为满足制造企业的生产计划与管理需求，ERP 应运而生。

综上所述，ERP 是制造企业数字化管理方式不断演化的结果。它建立在订货点法、MRP 和 MRP Ⅱ 等管理方法的基础之上，如图 8-7 所示。

图 8-7　制造企业数字化管理方式的演化过程

3. 主流 ERP 软件介绍

ERP 软件主要有两个源头：一个源头是以面向制造企业的制造资源计划（MRP Ⅱ）为基础，通过不断添加模块，完善系统功能，形成 ERP 软件；另一个源头是从会计电算化软件起家（如国内的用友、金蝶等），逐步发展成集财务管理、生产计划、人力资源管理、设备管理、采购管理等于一体的 ERP 软件。

国内 ERP 管理软件市场大致可以分为两个阵营：一方是以 SAP、Oracle、Infor、Sage、Microsoft 等为代表的国外公司，它们拥有雄厚的资本、丰富的市场运作经验和人才技术储备，它们所提供的 ERP 软件功能强大，并且有很强的二次开发能力；另一方是以金蝶、用友、神州数码、新中大、开思等为代表的国内软件企业，它们或从财务软件转型而来，或由 MRP 软件演化而成，具有本土化优势，可以为客户提供及时的服务。总体上，国内阵营在财务管理软件中占有很高的市场份额；但在 ERP 软件领域，系统功能、安全性、可扩充性等方面与国外知名厂商还存在一定差距。

（1）SAP　SAP 是全球商业软件的领导厂商，1972 年 4 月创立于德国。该公司创始人原为 IBM 公司德国分公司的软件工程师。目前，该公司市值位于全球独立软件制造商前列，仅次于微软（Microsoft）和甲骨文（Oracle）等公司，是全球最大的 ERP 软件生产厂商。该公司产品在全球 120 多个国家拥有数十万个企业客户，80% 以上的世界 500 强企业都是该公司用户。SAP 的核心业务是 SAP 软件销售、解决方案、技术和售后服务。

SAP 的产品线主要包括：①MySAP，适用于大型制造企业或集团，如世界 500 强企业；②SAP Business All-in-one，适用于大中型企业；③SAP Business One，适用于中小型企业。

（2）Oracle　Oracle 是全球领先的信息管理软件开发商，尤其以复杂的关系型数据库产品而闻名。该公司成立于 1977 年，总部位于美国加利福尼亚州，其产品被众多跨国公司和大型网站所采用，服务遍布全球 140 多个国家或地区。近年来，Oracle 公司大举并购 IT 公司，包括 ERP 厂商 PeopleSoft、JDE 等，以期在 ERP 领域挑战 SAP 的地位。两家公司在 ERP 领域互为最大的竞争对手。此外，Oracle 还收购了全球著名服务器与软件企业 Sun，将触角延伸到硬件领域，试图挑战 IBM 和惠普公司地位。

Oracle 公司的 ERP 产品主要包括 Oracle E-Business Suite、People–soft Enterprise、Siebel、JD Edwards EnterpriseOne、JD Edwords World 等。

（3）Infor　近年来，Infor 公司先后收购 SSA、MAPICSSYMIX、BAAN、LILLY 等知名管理软件厂商，迅速成为全球最大的 ERP 软件供应商之一，为众多类型的企业提供专业的软件和服务。2016 年该公司销售额达 30 亿美元，在 100 多个国家开展业务。在国内，北京、上海、广州、香港等地设有其办事处和客户支持服务中心，并在上海设立产品研发中心。Infor 的国内用户包括中兴汽车、云天化、神华集团、大唐电力等。目前，该公司的 ERP 产品包括 Infor ERP LN、Infor MAPICS XA、IBaan、Infor ERP LX 等。

（4）Sage　Sage 成立于 1981 年，2009 年销售额约为 22.7 亿美元。该公司在加拿大、以色列、美国、印度等地设有研究中心，提供账单、商业智能、电子商务、客户关系管理、财务规划、人力资源管理等专业软件。此外，它还提供咨询、维护、技术支持、培训等服务。ERP 的软件产品包括 Sage Accpac、Sage ERP X3 等。

（5）Microsoft　Microsoft 是全球最大的软件公司，在 ERP 领域也占有一席之地。该公司的 ERP 软件产品为 Dynamics，包括 Navision 和 Axapta 等品牌，涵盖企业资源计划、客户关系管理、供应链管理等模块。此外，该公司还为制造业、零售业等行业提供定制化服务。

（6）用友软件　用友（Yonyou）公司成立于 1988 年。该公司从财务软件起家，1998 年进入企业管理软件与服务领域，提供 ERP 软件、集团管理软件、人力资源管理软件、客户关系管理软件、小型企业管理软件、财政及行政事业单位管理软件、汽车行业管理软件、烟草行业管理软件、内部审计软件等产品与服务。目前，该公司员工超过 15000 人，在国内和多个国家设有业务部门与研发机构，制造企业客户超过 100 万家，覆盖航空航天、军工、机械、新能源汽车、电子电器、化工、冶金、能源、建材等行业。

近年来，用友公司基于移动互联网、云计算、大数据、人工智能、物联网、区块链等新一代计算机技术，形成了软件、云服务、金融三大核心业务，业务领域从企业管理扩展到运营、企业金融等领域，软件产品覆盖完整的生命周期，可以为各类企业提供信息化解决方案。2017 年 8 月，用友公司发布用友精智工业互联网平台，进入智能制造领域，提供基于数据的场景化智能云服务，融合企业云计算、大数据、物联网、人工智能等技术，提供支撑智能制造的软件、SaaS 应用、智能制造应用组件，覆盖制造企业营销、设计、生产制造、采购、质量、设备、人力、资产、财务、售后等全业务链。在系统集成层面，该公司具有 CAD、PLM、ERP、SCM、CRM、MES、智能装备等多系统集成的应用服务经验。用友的智能制造解决方案如图 8-8 所示。

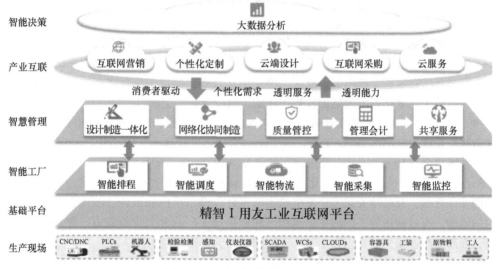

图 8-8　用友的智能制造解决方案

（7）金蝶软件　金蝶公司的前身是成立于 1991 年 7 月的深圳爱普电脑技术有限公司。该公司从开发会计电算化软件起步，一举打破当时国内企业财务管理软件完全依赖进口的局面。1993 年金蝶国际软件集团成立，以管理信息化的产品和服务为核心。1997 年，金蝶在国内率先开发出 32 位决策支持型财务软件，引领财务软件由核算型向管理型转变。1999 年，金蝶开发出国内首款基于互联网平台的 ERP 软件——金蝶 K/3。此外，该公司还提供面向小企业的管理软件——金蝶 KIS、基于 Java 的中间件软件——金蝶 Apusic、面向大中型企业的金蝶 EAS（Kindee Enterprise Application Suite）等软件产品，提供包括企业内部资源管理、供应链管理、客户关系管理、知识管理在内的管理功能，支持企业之间的商务协作和电子商务集成。

2011 年，金蝶提出以移动互联网、社交网络、云计算等新兴技术为依托的"云管理"战略，开始了继 Windows 版财务软件、金蝶 K/3 ERP 软件之后的第三次转型。金蝶云是金蝶公司在移动互联网时代研发的一款 ERP 产品，帮助客户实现多组织异地协同、财务精益化集中管控、全渠道 O2O 营销平台、供应链高效管理和制造智能化，助力客户快速向云端转型。金蝶聚焦企业级"平台即服务（Platform as a Service，PaaS）"和"软件即服务（Software as a Service，SaaS）"领域，布局金蝶云生态，满足不同企业的服务需求。IDC 公司的统计数据显示，金蝶软件连续十余年蝉联国内企业管理应用市场占有率首位，金蝶 SaaS ERP 和 SaaS 财务云市场份额也位居国内各厂商之首。

8.4 制造执行系统

20世纪80年代以来，MRP/MRP Ⅱ/ERP 等管理信息系统在制造企业中得到广泛应用，有效地提升了企业的数字化管理水平。与此同时，以 PLC、NC 等为代表的自动化制造系统在生产车间得到普遍应用，极大地提高了产品的加工质量和生产率。但是，这两类系统之间的鸿沟和信息断层现象也日益明显，主要表现在：①生产计划没有建立在车间实际生产状况的基础上，车间状态和设备信息未能及时地反映到作业计划中；②生产过程难以得到生产计划的有效指导；③无法实时跟踪产品和车间的状态数据；④在制品库存控制和订单准时交货困难。

生产计划管理系统与生产过程控制系统之间相互分离、缺乏有效的信息交互，是产生上述问题的主要原因。随着制造业信息化的发展，在制造企业中存在大量的数字化系统，除数字化设计、数字化制造和数字化仿真系统外，还存在生产调度、工艺管理、质量管理、设备维护、过程控制等数字化管理系统。但是，上述系统之间相互独立，缺乏统一的数据模型和数据共享规范，在制造系统内部形成了一个个信息孤岛，造成了信息阻断，影响了信息交流和共享，制约了数字化系统效能的发挥，降低了制造企业的竞争力。

1990年11月，美国先进制造研究中心（Advanced Manufacturing Research，AMR）首次提出制造执行系统（Manufacturing Execution System，MES）的概念。1992年，AMR 发起成立制造执行系统协会（Manufacturing Execution System Association，MESA）。MESA 将 MES 定义为："MES 通过信息的传递，管理和优化从订单下达到产品交付的整个生产过程。MES 能够利用当前的准确数据，及时地处理工厂发生的实时事件，做出反应和报告，减少企业内部没有附加值的活动，有效地指导工厂的生产运作过程，提高工厂及时交货的能力，改善物料的流通性能，提高生产回报率。"

MES 系统是一套面向制造企业车间执行层的生产信息化管理系统，包括制造数据管理、计划排程管理、生产调度管理、库存管理、质量管理、人力资源管理、工作中心/设备管理、工具工装管理、采购管理、成本管理、看板管理、生产过程控制、底层数据集成分析、上层数据集成分解等管理模块，为企业提供一个制造协同的管理平台。与 MRP Ⅱ、ERP 侧重于车间作业和采购作业不同，MES 侧重于作业计划的执行，关注车间控制与调度，以适应车间现场情况的变化。MES 可以为现场操作人员/管理人员提供计划的执行状况以及人员、设备、物料、客户需求等资源的当前状态。

AMR 将制造企业信息系统划分为三个功能层级，即业务计划层、制造执行层和过程控制层，如图8-9所示。MES 是位于业务计划层（上层）和过程控制层（底层）之间的制造执行层（中间层），在制造企业信息系统中起到承上启下的作用。MES 分析制造系统内的各种状态信息和数据，既向生产现场传递计划信息，也向计

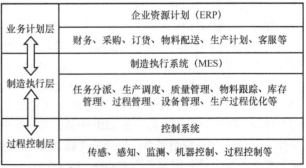

图8-9 制造企业信息系统的层次结构

划和管理部门反馈产品制造过程的状态信息，实现与业务计划层、过程控制层信息的互联互通，管理和优化企业生产过程。因此，MES 是生产活动和管理活动之间信息沟通的桥梁。

过程控制层负责现场数据的感知、监测和控制等活动，以完成产品的生产。根据生产方式不同，过程控制层可以分为连续控制、批控制和离散控制等类型。控制层功能的实现方式包括分布式控制系统（Distributed Control System，DCS）、分布式数控（Distributed Numerical Control，DNC）系统、可编程序逻辑控制器（Programmable Logic Controller，PLC）、监测控制和数据采集（Supervisory Control and Data Acquisition，SCADA）系统等。过程控制层活动的运行时限通常采用小时（h）、分钟（min）、秒（s），甚至更小的时间单位。

制造执行层介于业务计划层和过程控制层之间，主要用于定义实现制造企业最终产品的工作流活动，包括生产调度、设备管理、质量管理、物料跟踪、库存管理等。制造执行层的功能可以通过 MES 系统实现。执行层活动的运行时限通常是日、班次、小时、分钟等。

业务计划层用于定义与制造企业管理相关的业务活动，包括资源管理、物资采购管理、产品销售管理、售后服务管理、制订生产计划、确定库存水平、安排物料配送等。该层功能的实现主要基于 ERP（MRP Ⅱ）、SCM、CRM 等软件系统。业务计划层活动的执行时限通常是季度、月、旬、周、日。

业务计划层制订的生产计划需要通过 MES 传递给生产现场；过程控制层的实际生产状态也需要通过 MES 报告给业务计划层。因此。MES 的系统设计建立在对制造执行层活动进行准确定位的基础上，不仅要界定制造执行层内部的活动，也要清晰地定义执行层与业务计划层、过程控制层之间的信息交互。

总体上，业务计划层与 MES 交互的信息可以分为四类，即产品定义信息、生产能力信息、生产计划调度信息、生产绩效统计信息。过程控制层与 MES 交互的信息也可以分为四类，即设备和过程生产规则、操作指令、操作响应、设备和过程数据。产品定义信息是指产品生产规则、物料清单和资源清单之间共享的信息。产品生产规则是用来指导如何生产产品的制造操作信息。资源清单是生产一种产品所需要资源的列表，包括物料、人员、设备、能源及消耗品等。生产能力信息是生产资源信息的汇总，包括相关的设备、物料、人员和过程等信息。生产计划调度信息由一个或多个生产请求组成，用于描述生产中"将要用什么资源、制造什么产品"的信息。生产请求的内容包括产品类型、何时开始生产、何时结束生产、请求的优先级、物料批量等。生产绩效统计信息是对所提出的制造请求的响应报告，是所有生产响应的汇总，用于描述生产中"实际使用了什么资源、生产了什么产品"的信息。设备和过程生产规则用于定义对特定任务和过程控制层的专门说明。操作指令用于定义和传递过程控制层的请求信息。操作响应是指从过程控制层接收的针对指令的响应信息。设备和过程数据是指从过程控制层接收的关于监控结果的信息。

生产管理是 MES 的核心。生产管理可以定义为一组满足成本、数量、质量、安全性和实时性要求的活动，以便对利用原材料、能源、设备、人员和信息来制造产品的诸多功能进行协调、指导、管理和跟踪。生产管理可以分为产品定义管理、资源管理、生产调度、生产分派、操作管理、生产跟踪、数据收集、生产统计、绩效分析 9 个相对独立的子功能。各子功能之间存在信息交互关系，并与上层业务计划层和下层过程控制层交换信息。对生产过程有影响的功能模型包括维护管理、质量管理和库存管理等，它们是制造企业执行层不可缺少的组成部分，对企业的生产运行有重要的甚至是决定性的影响。综上所述，制造执行系统（MES）的功能体系如图 8-10 所示。

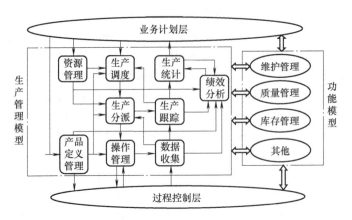

图 8-10 制造执行系统（MES）的功能体系

生产管理的具体内容包括：①收集和保存关于产品、库存、人力、原材料和能源使用的数据；②实现人员管理功能；③为区域内的维护、运输和其他与生产有关的请求建立及时、详细的生产调度；④在职责范围内修改生产调度，以补偿可能发生的生产中断行为；⑤提交包含可变制造成本的生产报告；⑥按照工程功能的要求，完成数据采集和离线分析。

生产管理模型可以分为三个区域：①基础静态信息定义区域，包括产品定义管理模块和资源管理模块，用于管理企业生产运行过程中所必备的产品定义类信息和基础资源类信息；②生产调度指令下达区域，包括生产调度模块、生产分派模块和操作管理模块；③生产绩效统计反馈区域，包括数据收集模块、生产跟踪模块、绩效分析模块和生产统计模块，通过采集控制层中的生产、资源和过程数据，并开展跟踪、分析和处理，传递给生产统计模块并反馈给业务计划层。

1997 年，MESA 提出包含 11 个功能的 MES 功能模型，包括资源配置和状态、运作/详细调度、分派生产单元、文档管理、数据采集获取、人力资源管理、质量管理、过程管理、维护管理、产品跟踪和谱系、绩效分析。MESA 规定，只具备上述 11 个功能中的一个或某几个功能的模型，为 MES 系列单一功能产品；而将能够实现上述 11 个功能的整体解决方案称为制造执行解决方案（Manufacturing Execution Solution，MES Ⅱ）。MESA 给出的制造执行系统功能模型如图 8-11 所示，每个功能模块的含义如下：

（1）资源配置和状态（Resource Allocation and Status） 管理机器、工具、物料、人员、文档等，以保证系统正常运行所必需的实体；提供资源使用情况的历史记录，确保设备正常安装和运转；提供设备的实时状态信息。资源管理还包括为满足生产运作要求所做的预约、分派和调度等工作。

（2）运作/详细调度（Operations/Detail Scheduling） 在编制生产作业计划时，提供基于优先级、属性、特性等的作业排序功能，最大限度地减少生产准备时间，制定详细的设备负荷和班次安排。

（3）分派生产单元（Dispatch Production Units） 以作业、订单、批量和工作流等形式管理生产单元。当车间有事件发生时，按顺序分派信息，及时执行和修改作业计划。

（4）文档控制（Document Control） 管理与生产单元相关联的记录和报表，包括工作说明、配方、图样、标准作业程序、零件加工程序、批次记录、工程更改说明、交接班信息等。它向下给操作级发送指令，包括向操作人员提供可操作数据、向设备控制层提供生产配方等。

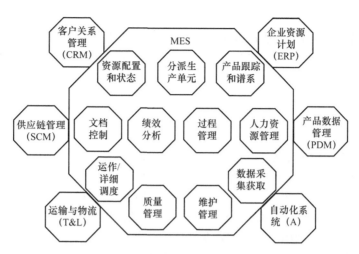

图 8-11 制造执行系统功能模型

（5）数据采集获取（Data Collection/Acquisition） 该功能提供接口来获取与生产管理相关的各种数据和参数。现场数据可以通过手工或自动化方式获得。

（6）人力资源管理（Human Resource Management） 该功能负责更新员工的状态信息，包括作业时间、出勤报告、资质跟踪等。此外，还包括一些非直接生产活动，如物料准备、刀具准备等。人力资源管理可以与资源配置模块相交互，以便优化工作分派。

（7）质量管理（Quality Management） 对从制造现场采集的数据进行实时分析，以保证良好的质量控制、识别需要注意的事项。该功能可以向用户推荐纠正错误所掩盖采取的行为的建议。质量管理模块还包括统计过程控制（SPC）、离线检测等功能。

（8）过程管理（Process Management） 监控生产过程，自动纠正生产线中的错误或向用户提供决策支持，以便校正或改善正在进行的生产活动。

（9）维护管理（Maintenance Management） 跟踪并指导设备、工具的维护活动，保证上述资源在制造过程中的可用性，做好周期性和预防性的维护计划，对异常问题进行报警和处理。通过对历史事件的记录和维护来辅助问题分析和诊断。

（10）产品跟踪和谱系（Product Tracking and Genealogy） 提供产品在任意时刻的状态和位置信息。状态信息的内容包括：谁在加工该工序，物料的成分、批量、批号、当前生产状况、异常信息、返工情况等。在线跟踪功能创建了产品生产过程的历史记录，为用户提供对产品组件及其使用情况的可追溯性。

（11）绩效分析（Performance Analysis） 绩效分析提供制造作业运行结果的分析报告，提供与历史记录或预期结果的比较分析。绩效分析的内容包括资源利用率、资源可用性、与标准绩效的一致性分析等。

根据产品类型、生产工艺和生产组织方式不同，制造企业可以分为流程生产行业和离散制造行业。典型的流程生产行业包括医药、石油化工、电力、金属冶炼、能源、水泥、食品等。典型的离散制造行业包括机械制造、电子电器、航空航天、汽车、船舶等。流程生产行业主要是通过对原材料进行混合、分离、粉碎、加热等物理或化学方法，使原材料增值，通常以批量或连续的方式进行生产。离散制造行业主要是对原材料物理形状的改变、组装，使材料增值。两者在产品结构、工艺流程、自动化水平、生产计划管理、设备等方面都存在较大的差异。

　　MES系统的功能覆盖流程生产行业和离散制造行业。从工艺流程到生产组织，流程生产行业和离散制造行业都存在较大的差别，MES的应用需要充分考虑企业的具体情况，选择合适的信息化解决方案。

思考题及习题

1. 给出数字化管理的定义，分析数字化管理涵盖的内容。

2. 分析数字化管理与数字化设计、数字化制造之间的关系。

3. 什么是产品数据管理（PDM）？分析PDM产生的背景、研究现状和发展趋势。

4. 产品数据管理系统有哪些功能？分析每种功能的基本内容。

5. 分析并描述基于PDM的企业信息集成框架体系。

6. 分析PDM与企业资源计划（ERP）以及其他企业信息化系统之间的内在联系。

7. 什么是产品全生命周期管理（PLM）？它产生的背景是什么？

8. PLM有哪些基本功能？它与PDM之间有哪些区别和联系？

9. 分析PLM与企业资源计划（ERP）之间的区别与联系。

10. 简要分析主流PLM软件的功能和特点。

11. 什么是企业资源计划（ERP）？它产生的背景是什么？

12. ERP与其他数字化管理系统之间有什么联系？分析ERP系统的功能模块组成。

13. 对比分析MRP、闭环MRP、MRPⅡ与ERP的相关性和差异性，总结制造业信息化的发展规律和趋势。

14. 什么是制造执行系统（MES）？分析MES产生的背景。

15. MES有哪些功能？分析MES与ERP系统的区别与联系。

16. 名词解释

（1）订货点法

（2）安全库存

（3）独立需求

（4）相关需求

（5）能力需求计划

（6）粗能力计划（RCCP）

（7）平台即服务（PaaS）

（8）软件即服务（SaaS）

（9）监测控制和数据采集（SCADA）

（10）信息孤岛

17. 熟悉主流PDM、PLM、MRPⅡ、ERP、MES等数字化管理软件的功能，结合具体案例分析各软件的使用流程。

第 9 章
产品数字化开发集成技术

9.1 概述

20 世纪 80 年代以来，科学技术发展日新月异，经济全球化趋势不断加速，以计算机和网络技术为代表的信息技术的发展尤为迅速，彻底改变了制造业的本来面貌。与此同时，顾客的个性化需求日益显著，对产品的要求已不再局限于某一单项指标，顾客满意成为产品质量的最佳描述。在技术进步和顾客需求个性化的共同推动下，机电产品向性能先进、功能丰富、质优价廉、体小量轻、节能高效、绿色环保等方向发展，产品开发呈现出多品种、小批量、柔性化、高效率等特征，制造工艺日趋高速化、精密化、自动化、无人化和节能环保，及时满足顾客需求成为制造企业永恒的追求目标。

为适应顾客需求和市场变化，以数控技术、计算机、网络和信息技术为基础，先后形成了多种产品数字化开发集成技术，主要包括柔性制造系统（FMS）、计算机集成制造系统（CIMS）、敏捷制造（Agile Manufacturing）、精益生产（Lean Production）、并行工程（CE）、虚拟制造（Virtual Manufacturing）、协同设计（Collaborative Design）、网络化制造（Network-based Manufacturing）、智能制造（Intelligent Manufacturing）、工业互联网（Industrial Internet）等。这些新思想和新技术促进了数字化设计与制造技术的创新、集成与应用，也成为推动制造业进步的不竭动力。

本章简要介绍几种数字化开发集成技术，包括柔性制造系统、计算机集成制造系统、协同设计技术、网络化制造技术、并行工程、制造物联与工业互联网等。

9.2 柔性制造系统

9.2.1 柔性制造系统概述

1910 年以后，以亨利·福特发明的汽车装配流水线为基础，刚性自动化生产线在制造业中得到广泛应用。刚性自动化技术极大地提升了生产力水平，迅速地满足了人们对物质生活的基本需求。进入 20 世纪 60 年代，在欧美发达国家，顾客的消费需求开始呈现出明显的多样化特征，单一产品的生产批量不断减少，产品更新换代周期不断缩短。据统计，当时大批量生产的产品在机械制造业中只占 15% ~ 25%，而中小批量产品则占 75% ~ 85%。由于生产

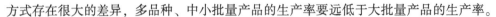

方式存在很大的差异，多品种、中小批量产品的生产率要远低于大批量产品的生产率。

制造企业要在市场竞争中取胜，需要找到一种适用于多品种、中小批量产品的生产方式，并有效解决如下问题：①当产品发生变更时，制造系统的基本配置无须做大的变动；②按订单生产，减少原材料、零部件和产成品的库存；③大幅度缩短产品交货期；④确保产品有高的质量和合理的生产成本；⑤由于劳动力成本和人力资源成本不断上升，制造系统应具有很高的自动化水平，以减少员工数量，使生产线在无人或少人条件下运行。

数控机床的出现，使得加工不同类型零件时，只需要改变数控程序和更换相应的刀具、夹具等，而无须改变机床等硬件结构。数控加工技术具有良好的柔性，适应了多品种、小批量产品的生产需求。但是，对于中等规模品种和中等批量产品，仅依赖数控加工技术未必能取得理想的结果，原因在于：零部件装夹和更换刀具等需要花费较多时间，降低了数控机床的利用率，制造资源未能得到有效利用，加工成本居高不下。

20世纪60年代，英国Molins公司提出一种名为"柔性制造系统（Flexible Manufacturing System，FMS）"的新型制造系统构想，并获得专利。1967年，该公司研制成功世界上首条柔性制造系统——Molins System-24，它利用计算机控制加工设备，可以实现在无人条件下24小时连续工作。

计算机是柔性制造系统（FMS）运行的核心装置，FMS运行过程中的作业计划、加工工艺和装配流程等要预先存储在计算机中。根据作业计划需求，由计算机控制物流系统从仓库中调出相应的毛坯、零件和工装夹具，并安装到机床上。之后，在计算机系统的控制下，数控机床根据数控加工指令，完成指定的加工和制造任务。因此，柔性制造系统的"柔性"是由计算机系统赋予的，当被加工零件发生变更时，只需更换相应的数控加工程序即可。

柔性制造系统是由数控加工设备、自动化物料储运装置和计算机控制系统组成的自动化制造系统。它通常由多个柔性制造单元（Flexible Manufacturing Cell，FMC）组成，可以根据制造任务或生产环境的变化迅速进行调整，适用于多品种、中小批量产品的生产。美国制造工程师协会（SME）将柔性制造系统定义为：使用计算机、柔性工作站和集成物料运储装置来控制并完成工件族某一工序或一系列工序的一种集成制造系统。

20世纪80年代，FMS开始从探索阶段走向实用化、商品化生产阶段。到1994年初，世界各国投入运行的FMS有3000多条，其中日本拥有2000多条。世界知名的FMS生产厂家包括美国的Kearney & Trecker、Cincinnati Milacron、Ingersoll Milling、Sundstund、Bendax，日本的山崎、发那科（FANUC）、新泻铁工、日立精机、丰田工机，德国的Werner & Kolb、Burkhardt & Weber、Huller Hille和Scharmann等。1986年10月，第一条国产FMS在北京机床研究所投入运行，用于伺服电动机零件的加工。

柔性制造系统的出现是制造业发展史上的重要里程碑。它推动了生产方式的深层次变革，并为计算机集成制造（CIMS）、精益生产和敏捷制造等制造方式的出现奠定了坚实的基础。

9.2.2　柔性制造系统的组成与分类

总体上，FMS主要由三部分组成，即自动化加工子系统、自动化物料处理子系统、计算机控制与管理子系统。

1. 自动化加工子系统

该系统通常包括若干台数控机床（如数控车床、数控铣床、加工中心等）、机床所使用的刀具和相关的检测设备等。该子系统的功能是自动完成各工序的加工操作，并自动更换工件和刀具。

根据零件类型不同，所配备的数控加工设备也不尽相同。例如，以加工箱体类工件为主的 FMS 通常配备数控铣削加工中心；以加工回转体为主的 FMS 多配备车削加工中心、数控车床和数控磨床等；齿轮加工 FMS 除需要配备数控车床外，还要配备数控齿轮加工机床；板材加工 FMS 需要配备数控压力机、数控剪板机、数控折弯机等数控加工设备和自动上下料装置。

FMS 的加工能力取决于系统中的加工设备，而加工设备的功率、加工尺寸范围、加工精度等则取决于待加工工件的特性与技术要求。利用 FMS 加工箱体类、轴类和板材类工件的经济效益十分显著。因此，这几类 FMS 在柔性制造系统中占有较大比重。

2. 自动化物料处理子系统

据统计，工件在从毛坯到成品的生产过程中，只有很少一部分时间处于切削加工状态，加工时间占比甚至不到 5%，其余大部分时间均处于物料处理（如搬运、储存、装夹、调试、检测、时效处理等）和等待状态。显然，合理地设计和选择自动化物料处理系统（Material Handling System，MHS），有助于缩短机床处于等待状态的时间和工件的加工周期，有助于提高制造系统的效率和柔性。

物料处理子系统主要包括：①自动化输送装置，包括输送带、输送链、有轨小车（Rail Guided Vehicle，RGV）、自动引导小车（Automatic Guided Vehicle，AGV），加工设备之间的自动化物料输送通道等；②自动化仓储装置，包括自动化仓库、堆垛机等，用于完成毛坯、半成品和产品的自动存取等操作，调节不同加工工序生产节拍的差异性；③自动化操作装置，如自动工具交换系统（Automatic Tool Changer，ATC）、自动托盘交换站（Automatic Pallet Changer，APC）、自动化上下料装置等，用于完成工件、刀具、托盘、材料和各类辅助设备的安装和拆卸。

3. 计算机控制与管理子系统

柔性制造系统的自动化功能是在计算机的控制下实现的。该子系统用于控制系统运行，其核心是一个分布式计算机处理和控制系统，采用分级控制结构，主要功能包括组织、监视、指挥和控制系统的运行过程；向 FMS 中的加工系统、物流系统提供各种控制信息并完成过程监控，检测并反馈各种在线数据，以便修正控制信息，保证系统的安全运行。

图 9-1 所示为一个典型的柔性制造系统，其中包括加工中心等自动化加工装备，自动化仓库、堆垛机、自动引导小车、仓库进出站和托盘交换站等自动物料处理系统。此外，还包括用来控制系统运行的计算机系统。

柔性制造系统（FMS）经历了由简到繁的发展过程，数控机床、加工中心等数控加工设备始终是系统的基础。在工程实际中，FMS 并没有统一的标准形态。根据承担的制造任务和系统规模不同，可以将柔性加工系统分为柔性制造单元（FMC）、柔性生产线（Flexible Manufacturing Line，FML）和柔性制造系统（FMS）等类型。下面简要介绍这几类系统的组成与特点：

（1）柔性制造单元　柔性制造单元（FMC）是在数控机床的基础上，通过增加工件与刀具自动化运输系统、测量系统、过程监控系统等组成的。FMC 主要包括以下两类：

1）由单台带有自动托盘交换系统（APC）的加工中心构成的 FMC。此类系统以托盘交换系统为特征，一般具有 5 个以上的托盘，组成环形回转式托盘库，如图 9-2 所示。其中，托盘支承在导轨上，由链轮驱动。托盘的选定和停位由可编程序逻辑控制器（PLC）控制，

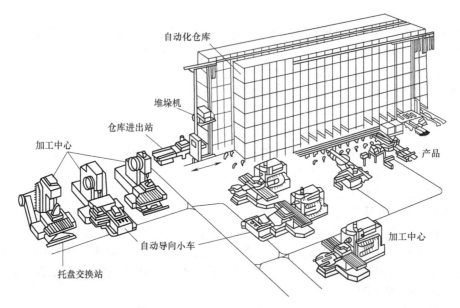

图 9-1 柔性制造系统（FMS）示意图

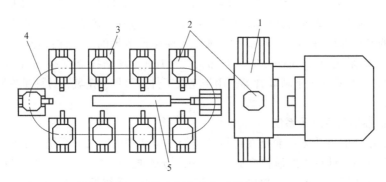

图 9-2 带有托盘交换系统的 FMC
1—数控加工中心 2—托盘 3—托盘座 4—环形工作台 5—托盘交换装置

并借助行程开关、光电识码器来实现。这样的托盘系统具有存储、运送、自动检测、工件和刀具归类、切削状态监视等功能，托盘交换由设在环形交换系统中的液压或电动推拉机构来实现。这类 FMC 可以实现 24 小时自动加工。

2）由单台（或几台）数控机床组成的，可以完成某一工件族自动加工的 FMC。此类系统需要配置机器人（Robot）、机械手（Manipulator）或工件传输系统。图 9-3 所示为一个由数控机床和工业机器人（机械手）组成的 FMC。

由于增加了自动化上下料装置和自动化物料运输装置，与采用若干台独立数控机床的加工方案相比，FMC 可以显著提高加工质量和效率，提升制造系统的经济效益。此外，此类系统具有良

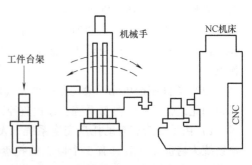

图 9-3 带有工业机器人的 FMC

好的柔性，并可以实现连续自动加工。

（2）柔性生产线　柔性生产线（FML）是以少数几个品种的工件为加工对象构成的一种生产线，也称为柔性传输线（Flexible Transfer Line，FTL）。通常，FML 采用固定的输送方式和路径将若干台数控设备固联在一起，主要用于加工具有高度相似性的工件，加工周期相对固定。

FML 建立在传统组合机床和自动线的基础上，在系统结构、组织形式等方面没有大的变化，主要区别是实现了组合机床的数控化。它保留了组合机床的模块化结构和高效率加工等特征，同时采用计算机控制和管理生产线，提高了系统柔性。

图 9-4 所示为由采用多轴主轴箱的换箱式数控机床和转塔式组合加工中心构成的 FML，它可以同时或依次加工不同工件，适用于大批量、少品种产品的加工。工件在 FML 中按照一定的生产节拍沿着指定的方向和顺序输送。在需要更换工件时，机床的主轴箱可以完成自动更换操作，调入相应的数控程序，并且可以调整生产节拍。

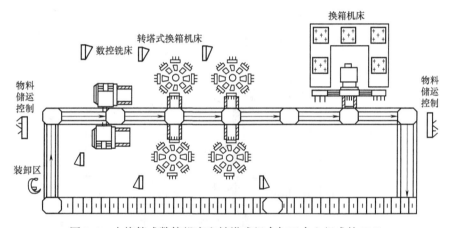

图 9-4　由换箱式数控机床和转塔式组合加工中心组成的 FML

为节省投资，也可以采用人工方法调整 FML 的生产批量，即在一批工件生产结束需要更换加工对象时，停机、手工更换主轴箱，完成批量加工与处理。

（3）柔性制造系统　柔性制造系统（FMS）由两台以上的数控机床组成，并配有自动化物料处理系统。它适用于中小批量、较多品种零件的加工，具有较高的柔性和智能性（参见图 9-1）。FMS 能够在一条生产线上同时完成不同规格工件的加工，有效地缩短了产品的制造周期，提高了加工设备的利用率，较好地解决了产品品种与生产批量之间、生产率与系统柔性之间的矛盾。

值得指出的是，FMC、FML 和 FMS 之间并没有严格的界限。一般地，FMC 作为 FMS 中的基本单元，一个 FMS 可以包括若干个 FMC。此外，FMS 和 FML 的区别在于：FML 中工件的输送需要沿着一定的路线进行，更适用于中批量和大批量生产；而 FMS 中工件的运输通常具有较大的柔性。图 9-5 所示为几种常见制造系统基本特征的对比分析。

FMS 系统的工作原理示意图如图 9-6 所示。一般地，FMS 的工作过程如下：①FMS 接到上一级控制系统输入的生产计划和技术需求信息，其中的计算机和信息处理系统完成数据处理和作业分配，并按照规定的程序控制、调度加工设备和物流系统；②物料库和夹具库根据产品的品种、调度计划信息提供相应品种的毛坯，选出加工所需要的夹具，毛坯随行夹具由

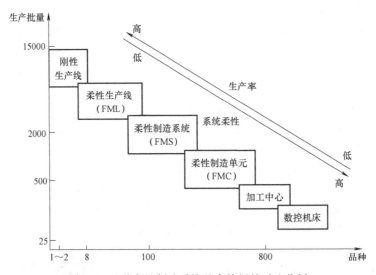

图 9-5 几种常见制造系统基本特征的对比分析

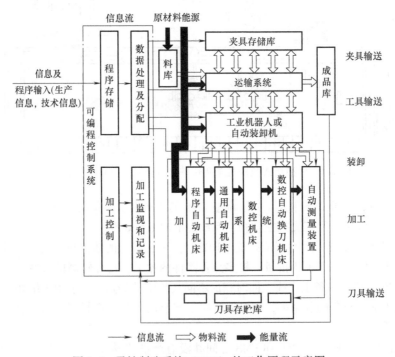

图 9-6 柔性制造系统（FMS）的工作原理示意图

输出系统送出；③工业机器人或自动装卸机构等自动上下料系统按照信息系统的指令以及工件、夹具的编码信息，自动识别和选择工件和夹具，并将它们安装到相应的机床上；④机床加工程序识别装置根据送来的工件及其加工程序代码，选择加工所需的数控程序，并完成程序检验。在加工过程结束后，由装卸和运输系统将工件送入成品库，同时将加工质量、数量、时间等状态信息上传到监视和记录装置中，随行夹具被送回夹具库。当加工对象变更时，只要改变信息系统中的生产计划信息、技术参数信息和加工程序等，系统就能快速、自动地完成新产品的加工。

中央计算机控制着系统中的物料循环，具有生产计划、调度和控制等功能。它实时地获取每个工位上的相关信息，并在统计和分析的基础上做出控制决策。FMS 在加工自动化的基础上，实现了物流自动化和信息流自动化，其中，"柔性"主要是指制造系统对生产组织形式和加工任务的适应性。图 9-7 所示为较大规模 FMS 的控制系统结构示意图。

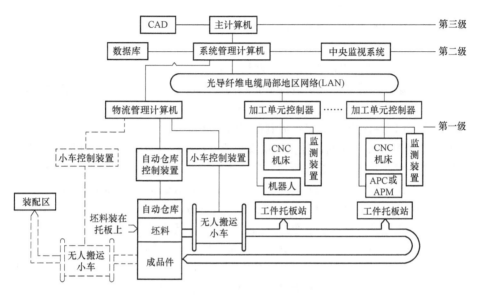

图 9-7　较大规模 FMS 的控制系统结构示意图

该控制系统分为三级：第一级是对机床和工件装卸机器人的控制，包括对各种加工作业的控制与检测；第二级控制相当于 DNC，包括管理系统运行、控制工件流动、分配工件程序和收集生产数据等；第三级控制负责生产管理，包括编制日程进度计划，将生产所需的信息，如工件种类和数量、每批产品的生产期限、刀夹具种类和数量等，送到第二级系统管理计算机中。通常，FMS 控制系统包括单元控制器、工作站控制器和设备控制器。其中，单元控制器在 FMS 中起核心作用，它的任务是实现单元层及其以下层次的生产任务的管理和资源分配，尽可能以优化的方式完成车间层生产任务的下达。

FMS 将硬件、软件和数据库系统集成，有机地融合了普通数控机床的灵活性以及专用机床、刚性流水线的高效率。FMS 在提高生产率、保证产品质量与交货期、提升制造企业市场应变能力等方面具有显著优势，是一种面向多品种、中小批量的生产模式。柔性制造系统具有高度的自动化特征，必要时可以 24 小时连续工作，有利于提高设备、特别是关键设备的利用率，提升管理的科学化水平，增强企业的竞争能力。

 ## 9.3　计算机集成制造系统

9.3.1　计算机集成制造的定义

针对制造企业面临的日益激烈的市场竞争，1974 年美国人 Joseph Harrington 博士提出一种企业生产组织的新思想，其中包括两个基本观点：①制造企业中的各个环节密切关联、不可分割，包括从市场分析、经营决策、工程设计、制造过程、生产调度、质量控制到售后服务；②制造的本质是一个数据采集、传递、加工和利用的过程。上述两个观点紧密联系，共同构成了计算机集成制造（Computer Integrated Manufacturing，CIM）的概念。

计算机集成制造（CIM）技术产生的背景主要包括：①全球化市场竞争给企业带来的巨大压力，迫使企业寻求有效的应对方法，以提高市场竞争能力；②计算机及其相关技术的进步，为计算机集成制造提供了必要的技术储备。CIM 是一种现代企业生产组织的哲理，而CIMS 是基于 CIM 哲理构成的一类制造系统。

20 世纪 80 年代之后，随着计算机、网络和通信等技术的成熟，CIM 思想开始被人们接受，在工业化国家，计算机集成制造技术受到高度重视。当时，美国国家关键技术委员会将CIM 列为影响美国长期安全和经济繁荣的 22 项关键技术之一。美国空军、国防部、国家标准研究院等政府部门也制订了计算机集成制造战略发展规划。

1990 年，美国 IBM 公司给出计算机集成制造（CIM）的定义：CIM 就是应用信息技术提高企业和生产组织的生产率和响应能力。日本大阪工业大学的栗山仙之助教授认为：CIM 中的 "C" 可以表示计算机（Computer）、控制（Control）和通信（Communication）；"M" 具有制造（Manufacturing）、市场（Market）和管理（Management）等含义。欧共体 CIM-OSA 课题委员会认为：CIM 是信息技术和生产技术的综合应用，旨在提高制造型企业的生产率和响应能力，制造企业的各种功能、信息、管理等都是集成系统的有机组成部分。

我国 863/CIMS 主题专家组将 CIM 和 CIMS 定义为：CIM 是一种组织与管理企业生产运行过程的哲理，它借助计算机硬件和软件，综合运用现代管理技术、制造技术、信息技术、自动化技术和系统工程技术，将企业生产全过程（包括市场分析、经营管理、工程设计、加工制造、装配、物料管理、售前/售后服务、产品报废处理等）中相关的人/组织、技术、经营管理等要素与信息流、物流有机地集成和优化运行，实现系统整体性能的优化，以达到产品的高品质、低能耗、上市快、服务好等目标，帮助企业赢得市场。该定义强调了 CIMS 在缩短产品上市时间、提高产品质量、降低产品成本和价格、提高服务水平等方面的作用。

以机械制造企业为例，CIMS 包括企业管理软件系统、产品数字化设计系统、制造过程自动化系统、质量保证系统和物流系统五个功能子系统，以及计算机网络系统和数据库系统两个支撑子系统。CIMS 的功能模块组成及其相互关系如图 9-8 所示。

计算机集成制造系统（CIMS）中各子系统的主要功能如下：

1. 企业管理软件系统

该系统以管理信息系统（Management Information System，MIS）、制造资源计划（Manufacturing Resource Planning，MRPⅡ）或企业资源计划（ERP）为核心，主要包括市场与技术预测、企业经营决策、车间生产计划、原材料采购、供应链管理、财务管理、成本管理、设备管理、人力资源管理、销售管理等功能模块。企业管理软件系统建立在网络环境下，有利于实现信息集成和资源共享，可以有效缩短产品的开发周期，降低生产成本，提高企业的市场响应速度。

目前，市场上已经有多种成熟的商品化企业资源计划（ERP）软件系统，如国外的 SAP、Oracle，国内的用友、金蝶等。需要指出的是，要让上述管理软件系统产生预期的经济效益，还需要结合企业的实际情况，详细分析企业生产经营中物料流、资金流和信息流的内在规律，有机地整合、集成和优化相关信息。

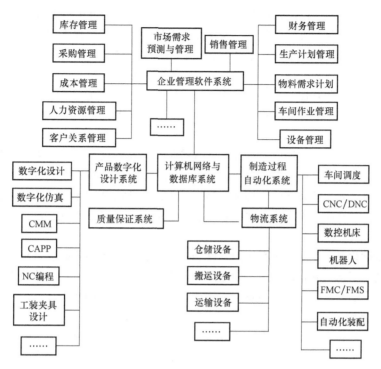

图 9-8 CIMS 的功能模块组成及其相互关系

此外，ERP 软件系统还具有以下特点：①集成性，它可以实现企业各运行环节的集成化管理，实现信息共享；②开放性，管理软件系统各模块之间及其与 CIMS 的其他子系统之间有着密切的信息交流；③数据的实时性和一致性，管理系统中的数据来源于企业生产，并根据生产实际变化而不断更新，以保证数据的实时性和一致性，保证管理信息的科学、及时和有效。

2. 产品数字化设计系统

产品数字化设计系统涵盖计算机辅助产品设计、分析、制造以及产品性能数字化测试等功能。它在计算机中利用数字化信息完成产品制造之前的所有环节，在很大程度上保证了新产品开发的高质量和高效率。

3. 制造过程自动化系统

该系统的功能是在计算机和网络环境下，通过科学的控制和调度，利用 NC 代码和数控机床将毛坯加工成合格的零件，并装配成部件或产品。它主要包括数控机床、加工中心、柔性制造单元（FMC）、柔性制造系统（FMS）、焊接和装配用机器人等。此外，与自动化制造过程密切相关的运输小车、立体仓库、自动化上下料装置、计算机控制管理系统等也是该子系统的组成部分。

4. 质量保证系统

质量保证系统是指在企业范围内，为保证产品质量而建立的一整套科学、合理的制度、规范和纲领性文件。它通过采集、存储、评价和处理存在于设计、制造、装配、运输等过程中与质量有关的数据，来实现保证和提高产品质量的目的。

质量保证工作起始于产品的概念设计阶段，设计师应针对特定的产品（或零件）选择合适的结构和适宜的材料，以满足产品的功能要求和获得良好的性能（如耐磨性、刚性、动力学特性、耐久性、可靠性等）为目标。质量保证系统还与制造过程密切相关，如加工设备和加工工具的性能、加工方法、操作人员的素质、检测手段的完善程度等。此外，质量保证工作还与原材料性能、材料处理规范、包装、运输等环节密切相关。

值得指出的是，除直接关系到产品质量外，质量保证系统还与产品成本、生产率等密切关联。因此，要根据产品特性的不同，制定合理的质量保证系统及其规范。

5. 物流系统

产品从毛坯、原材料、半成品零件、成品零件到集成系统，是一个动态的物流过程。实际上，从市场需求分析、产品设计、工艺设计、制造、装配、销售直到废旧物品回收，产品全生命周期都离不开物流系统的支持和保障。其中，企业内部物流需要用到运输小车、传送带、机器人、高架仓库、堆垛机等物流设备，企业外部物流包括仓储、配送、运输、装卸等环节。

物流系统优化是在企业管理系统的调度和控制下，以最短的时间、合理的速度和优质的服务将指定的物资运送到指定部位，以保障企业生产活动的正常进行。物流系统的效率、性能直接关系到产品开发的速度和质量，也体现了制造企业的竞争能力。

6. 数据库系统

数据库系统涵盖企业运作的各方面信息，支持 CIMS 各子系统的运行和操作，实现企业的数据共享和信息集成。通常，数据库系统采用集中与分布相结合的多层递阶控制体系结构，包括主数据管理系统、分布数据管理系统和数据控制系统等层级，以保证数据的安全性、一致性和易维护性。

7. 网络系统

CIMS 是一个集产品设计、制造、经营、管理为一体的多层次、结构复杂的网络化系统，其中的信息种类繁多、关系复杂。保证信息传递通畅，在正确的时间将信息传递到正确的地点是 CIMS 集成的关键，也是对网络系统的基本要求。

对于 CIMS 这种复杂的系统，若采用高度集中的控制结构，则容易造成决策负荷过重和系统崩溃；若采用高度分散的控制结构，又会造成子系统之间的关联性过于复杂。因此，CIMS 系统多采用递阶的控制结构。递阶控制具有明显的层次性，每层主要接受上一层的命令，并接受下一层的反馈信息。图9-9 所示为 CIMS 的层次结构及其信息流、物流。

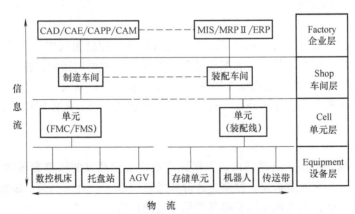

图9-9 CIMS 的层次结构及其信息流、物流

在上述层次控制结构中，各层次之间的通信需求也不相同，如图 9-10 所示。

CIMS 网络应当满足以下要求：①开放性，能将不同厂家的各种设备集成起来，并提供信息相通、互操作性和集成管理等功能；②标准化，实现 CIMS 网络系统开放性的主要途径是遵循标准，即采用国际标准和工业标准规定的网络协议，如MAP、TCP/IP、ISO/OSI 等；③实时性，制造系统对通信的实时性有较高要求；④丰富的网络服务，企业生产、管理及经营活动中需要各种类型的信息服务，如文件、零件模型、工程图样、NC程序、电子邮件等。

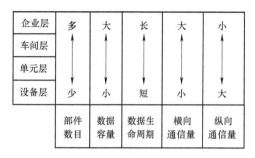

图 9-10　CIMS 不同层次之间的通信

9.3.2　计算机集成制造系统的分类

根据产品类型和制造工艺不同，制造企业可以分为离散型、流程型和混合型等形式。与此相对应，计算机集成制造系统的实施方法和其关键技术也不尽相同。

1. 离散型企业的 CIMS

离散型企业主要是指机械、电子类产品的加工企业，如生产汽车、轮船、铁路机车、飞机、工程机械以及冰箱、电视机、空调等产品的企业。它们的基本特点是利用机床设备完成零件加工，再将不同零件装配组成具有特定功能的产品。由于设备和零件是分立的，也称之为离散型生产方式。

为提高产品的市场竞争力，人们早就开始关注此类企业生产过程的自动化和计算机化。例如，采用数控（NC）机床、柔性制造系统（FMS）完成加工，采用自动导引小车（AGV）运送工件，采用数字化设计与分析软件完成产品设计，利用制造资源计划（MRP Ⅱ）、管理信息系统（MIS）、企业资源计划（ERP）等数字化管理软件完成相关信息的集成与管理。为进一步提高系统的运行效率和经济效益，人们通过计算机网络与数据库将企业运作的各个环节集成起来，构建计算机集成制造系统（CIMS）。

离散型企业的产品以功能、外形和成本作为主要竞争内容，产品设计与制造是企业生产的核心。面对多品种、小批量的买方市场和越来越挑剔的顾客，寻找合适的数字化设计与制造软硬件系统，并利用网络和软件将其有效地集成起来，已经成为离散型制造企业开拓市场、赢得顾客所必须具备的核心技术。

2. 流程型企业的 CIMS

流程型企业也称为过程型企业或连续型企业。它是通过生产设备不间断地完成加工对象的生产和加工的一类企业，如化工厂、炼油厂、水泥厂、发电厂等。流程型企业的基本特点是：通过一系列加工装置使原材料完成一定的化学反应或物理变化，并得到最终的产品。

流程型企业的生产对象主要是能源和原材料，主要特点是产品品种稳定、生产量大。与离散型企业的产品不同，此类产品一般不是以新取胜，而是以质量和价格取胜。因此，企业实施自动化和 CIMS 的主要目标是有效地监测和控制生产过程，使生产设备和制造工艺处于最佳状态，以节省原材料、降低能耗，达到提高产品品质、设备寿命和系统经济效益等目标。

流程型企业的控制和管理多采用分布式控制系统，通过测量执行级、回路控制级、单元控制级以及过程控制级的状态和性能数据，实现全过程自动控制。为实现系统的优化控制，一般需要借助于过程模型,如数学模型、框图模型、网络模型或非结构化模型等。通常,人们也将这类 CIMS 称为计算机集成过程系统(Computer Integrated Processing System,CIPS)。

为获取更好的经济效益,这类制造企业也需要根据市场变化及时调整产品结构,优化产品性能,但是数字化设计与数字化制造不是此类企业关注的主要内容。

3. 混合型企业的 CIMS

混合型企业是指生产活动或产品的生产过程既有流程型特征,也有离散型特征的企业。例如,在钢铁企业中,高炉炼铁或电炉炼钢、连续铸造、热带连轧或冷带连轧等工序可视为连续型生产过程,但是各工序之间的衔接要依靠分离的铁(钢)液罐、铸坯、铸锭、钢卷等来实现。这类企业实施 CIMS 时,不仅要解决每道工序的自动化问题,还要考虑企业宏观运行中的物流平衡、资源设备平衡、温度平衡和时间平衡等问题。

一般地,钢铁产品生产有具体的操作规范,可以根据用户的订货规格,确定相应的加工工艺方案。只要各工序的自动化系统稳定可靠,就可以保证产品质量。因此,这类企业中数字化设计与制造系统的应用不如离散型企业普遍。

以钢铁制造企业为例,CIMS 系统需要考虑按钢种、规格和交货期的聚类组批,轧制计划、连铸计划与炼钢计划的平衡,前后工序的同步性,物流运行的准时性以及如何取消或减少再加热过程,以降低能耗、缩短生产周期、提高企业效益等。其中,工序的过程控制是系统功能集成的基础与前提,功能集成的难点是如何根据多品种、小批量的订货合同来组织生产,如何用计算机来完全取代或部分取代人的计划与调度。

9.3.3 计算机集成制造系统的开发模式与实施

CIMS 的实施是自顶向下逐步分解、不断细化的过程,在实施层面则是由底向上、逐步集成的过程。总结多年的实践经验,CIMS 工程的开发过程可以分为四个阶段:①可行性论证阶段,包括了解企业的生产经营特点,分析系统需求,确定系统目标,提出实现方案,确定关键技术和解决途径,制订开发计划,分析投资效益等;②系统设计阶段,包括细化需求分析,确定系统功能模型、信息模型及运行模型,提出系统集成的内外部接口要求、运行环境和限制条件等。系统设计又分为初步设计和详细设计两个阶段;③分步实施阶段,按照系统设计要求,完成软硬件系统的采购、安装、开发和调试;④运行和维护阶段,在应用过程中不断完善系统。

我国 863/CIMS 专家组在项目实施过程中总结出以下经验:

1)将 CIMS 的实施过程分为应用工程、产品开发、产品预研与关键技术攻关、应用基础研究课题四个层次。应用工程以效益为驱动,以成熟的技术支持 CIMS 应用企业;产品开发以市场需求为驱动,将投入产出比作为产品的验收标准;产品预研与关键技术是以市场为导向、技术为驱动,目标是开发原型系统;应用基础研究着眼于 CIMS 技术中具有高水平和新概念的关键问题。四个层次有效地统筹当前和长远问题,形成研究、开发和应用的纵深配置。

2)强调实用和效益驱动。效益驱动体现在适合厂情、服从企业发展目标,将"效益第一"贯穿于 CIMS 的生命周期中。

3)围绕企业的经营发展战略,找出"瓶颈",明确技术路线,自上而下规划,由底向上实施,以减少实施 CIMS 的盲目性,降低企业风险和提高企业的经济承受能力。

4)开放的体系结构及计算机环境、标准化,为后续的维护、扩展和深入开发打下基础。

5)通过信息集成取得效益,车间层适度自动化。将 CIMS 技术的应用重点放在对企业的信息综合和设备集成上，关注产品设计、工艺规划、加工制造、管理经营等环节的自动化，强调结合企业实际的适度的底层自动化。

6）实施过程中强调集成，如技术的集成，人的集成，经营、技术与人、组织的集成，资金的集成等。CIMS 的成功实施就是各方面集成与优化的结果。

根据集成的深入程度，CIMS 集成可以分为三个层次，即物理集成、信息集成和功能集成。物理集成要求合理地配置各种数字化和自动化设备；信息集成要求通过计算机网络与数据库实现信息的有效传递和共享，让信息在产品开发、生产控制、信息管理与决策中发挥应有的作用；功能集成是通过计算机协调实现企业主要生产经营活动的集成。显然，功能集成是 CIMS 的目的，物理与信息集成是实现功能集成的基础。

7）依靠政府部门的支持，强调企业、大学和研究机构的有机融合，建立高效运转的官、产、学、研联合体制，发挥各自的优势。

9.4 协同设计技术

设计是产品生命周期的起源，也是产品信息和制造企业信息化的重要源头。传统的产品开发主要依赖于手工计算和经验，各环节之间的衔接性差，存在数据不一致、设计方案修改频繁、设计版本过多、部门之间协调困难、工作效率低、产品开发质量差等问题。

随着数字化技术的发展，新产品开发呈现出以下特点：①数字化，采用数字化方法完成产品建模和产品信息的描述，利用计算机和网络来管理、控制产品的设计过程；②并行化，在计算机软硬件支持和信息共享的基础上，采用团队工作模式完成产品开发，以实现异地设计和优势互补，提高产品设计的质量和速度；③智能化，以智能化方法和技术支持产品设计过程，保证设计质量，减轻设计人员的劳动强度；④集成化，产品设计过程及其设计系统不再是一个孤立的环节，而是与其他模块、系统的有机集成，支持产品全生命周期开发和管理。协同设计技术是上述特点的集中体现。

9.4.1 协同设计技术的发展及定义

1984 年，美国麻省理工学院（MIT）的 Irene Grief 和 Paul Cashman 教授提出计算机支持的协同工作（Computer Supported Cooperative Work，CSCW）的概念，旨在研究如何利用计算机支持交叉学科的工作者共同开展某项工作。1986 年，在美国召开第一次国际 CSCW 学术会议，正式提出由计算机科学、通信技术、认知科学、社会学、组织管理等学科综合构成 CSCW 研究领域。

从硬件角度看，CSCW 建立在计算机、通信和多媒体等技术的基础上，主要体现在：①计算机硬件经历了单机系统→多机系统→计算机网络→计算机互连、互操作和共同工作（Inter-connection，Inter-operability，Inter-working）等发展阶段，为 CSCW 的实现奠定了基础；②现代通信技术，尤其是高速的网络化通信技术，为协同工作提供了有效的信息技术支撑；③文字、图形、图像、声音、视频等多媒体技术，为协同工作提供了友好的用户界面和信息交流工具。

上述技术的快速发展使 CSCW 的实现成为可能，从而将在空间上异地、时间上间隔的团队人员组织起来，构建起共同完成某项工作任务的分布式计算机环境。通常，将用来实现 CSCW 的软件系统称为群件（Groupware）。

时空性是CSCW的重要特性。根据团队成员在时间、地点等特性上的不同，CSCW系统包括同地同步、同地异步、异地同步和异地异步四种工作模式。其中，同地同步模式常采用面对面的会议、讨论等形式，利用与计算机连接的硬件（如数字式投影仪、电子白板等）直接进行交流；同地异步模式通常是在团队人员互不见面的情况下，通过某种媒介（如电子日志、电子邮件等）完成任务交接和工作讨论；异地同步模式的典型媒介是远程视频会议系统，其他工具还包括聊天室、电子白板、协同绘图、协同文本编辑、网络广播系统等；异地异步模式的典型媒介是电子邮件（E-mail）、专题讨论区BBS、FTP文件传输等。

CSCW主要是指以虚拟方式支持产品的协作开发，即异地合作。它的技术基础包括数字视频与音频通信、远程会议系统、多媒体电子邮件、分布式数据库技术和计算机图形学等。同地同步和同地异步模式中不需要利用虚拟空间就可以进行协同活动，不是CSCW技术的主要研究内容。根据时空特性不同，CSCW的工作模式及其常用工具如图9-11所示。

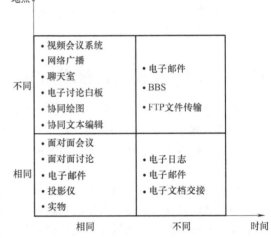

图9-11　CSCW的工作模式及其常用工具

CSCW系统的主要功能包括：

1）协同会话功能。通过语音、文字和视频等方式，支持团队成员之间的同步或异步信息交流的操作功能。

2）协同浏览功能。团队成员利用文本、图形、图像、视频等多媒体信息进行同步或异步漫游、观察的操作功能。其中，观察是漫游的基础支持功能，包括对多媒体信息的缩放、旋转、平移、窗口裁剪、标识等功能。

3）协同文本编辑功能。团队成员采用同步或异步方式对文本文档进行编辑的一种操作功能。其中，对文本文档的共同撰写和共同修改是两种关键的基础操作形态。

4）协同造型。团队成员采用同步或异步方式完成二维、三维产品造型和绘图操作。共同造型、共同修改是协同造型的两种基础操作形态。

5）协同查询。团队成员采用同步或异步方式以当前信息为索引，通过数据库、电子文件箱、图形库、Web网站等渠道获取深层信息的一种操作功能。当前信息包括由协同会话、协同浏览、协同文本编辑、协同绘图等产生的动态信息。

需要指出的是，只有在有效的协同工作操作权限控制下，CSCW的操作功能才能得以实现。上述基本功能的组合应用也是成功地实现CSCW的必要前提。

CSCW的应用领域涉及办公自动化、多媒体会议、远程教育、软件开发、远程医疗、军事和产品开发等。其中，计算机支持的协同设计（Computer Supported Cooperative Design，CSCD）是CSCW的重要研究内容，是CSCW在制造领域中的典型应用。

协同设计（CSCD）是指以分布式资源（如制造设备，设计者的知识、经验和技巧，数据库等）为基础，利用计算机支持团队成员完成产品的合作设计，实现企业内部乃至全球范围内的产品协同开发。协同设计也是并行工程的基础，为产品数字化集成开发提供技术支持。

协同设计改变了传统的单机作业的产品开发模式。在分布式协作环境下，设计人员可以在产品开发系统中随时查询相关信息，便捷地进行团队成员之间的沟通合作，借助电子邮件、网络会议系统、电子白板等工具开展讨论、协商，共同完成产品的开发。

随着网络、软件与通信技术的快速发展，协同设计技术已经成为产品开发的重要工具，成为先进制造技术领域的研究热点。人们从协同设计的体系结构、知识模型的表达与显示、协同设计中的冲突检测与消解策略、支持协同设计的数据库技术、多媒体数据通信等方面开展研究，为工程化的协同设计奠定了坚实的理论基础。目前，支持协同设计的技术与系统已经成熟和完善，为产品协同开发提供了保证。

9.4.2　协同设计的关键技术

1. 支持协同设计的产品信息模型

设计信息共享是实现协同设计的前提。在协同设计环境下，开发团队成员需要经常性地协商和讨论产品结构、材料、性能等信息。通常，设计信息存放在共享数据库中，在客户机/服务器（Client/Server，C/S）模式下，由客户程序读取数据服务器中的共享数据，服务器中的数据是被动数据。协同设计要求客户程序能实时了解数据变化，更新本地数据，达到与其他设计人员的数据同步的目的。因此，需要在传统的 C/S 结构中增加一个中间协作层，该层包括服务器的数据管理功能（如数据存储、客户请求响应、并发控制、一致性保证、完整性控制、错误恢复等）和网络管理功能（如消息分析和定向发送等）。

协同设计环境需要为各类技术人员提供有效的产品信息模型。目前，支持协同设计的产品信息模型框架主要包括三种模式：①各设计团队采用统一的表达机制；②采用不同的表达机制，通过统一的接口实现不同设计团队之间的模型转换；③采用不同的表达机制，通过两两互译的转换接口完成信息转换。在协同设计环境中，模型的频繁转换会增加设计任务的复杂程度，降低信息交流的效率，影响模型信息语义的一致性。因此，构建具有统一表达机制的产品信息模型是研究的重点。

产品数据交换标准（STEP）是工业自动化领域中的一项国际标准，其中关于产品数据的描述涵盖产品技术性能、生产制造工艺、结构形状等产品全生命周期相关信息。STEP 标准的核心是描述语言 EXPRESS，它适用于机械、飞机、汽车等产业部门，可以定义产品全生命周期的信息模型，在语义、语法、模式、模型方面给出了规范化的规定。

在协同设计环境下，统一的产品信息模型有两种显示方式，即异步显示和同步显示。异步显示是指通过电子邮件等工具，将设计人员修改过的模型发送给参加讨论的团队成员，该方式受网络传输能力的影响，设计效率较低，早期协同设计环境开发大多采用这种方式。同步显示是指每个团队成员的计算机上都有一个虚拟的公用区域，设计人员对模型的修改和建议可以及时地在该区域中显示出来，即所谓的"你见即我见"（What You See is What I See）。共享白板、黑板系统和中央控制黑板等都是支持同步显示的工具。目前，同步显示方式大多支持二维图形显示，三维模型的显示技术也逐步成熟。

2. 协同设计过程中冲突的检测与消解

协同设计是以团队形式从事产品设计的活动，参与人员较多。在产品设计过程中，团队成员的设计目标、方案和对象之间往往存在一定的冲突和矛盾。总体上，协同设计中的冲突可以分为领域层冲突和控制层冲突两种类型，其中领域层冲突是由设计形式引起的冲突，控制层冲突是由设计过程产生的冲突。目前，多数冲突的消解方法是面向领域层的，对控制层冲突的解决方法还有待突破。

冲突检测方法可以分为与领域无关的方法和与领域相关的方法。其中，与领域无关的方法包括基于真值的检测方法、不可满足约束集的检测方法、基于 Petri 网理论的冲突检测方法等；与领域相关的检测方法包括利用领域知识来判断冲突是否发生的方法等。

协同设计的冲突消解方法可以分为面向状态和面向数值两大类型。面向状态方法主要追求解决设计目标状态是否可以达到的问题。面向数值方法主要用于处理设计约束对设计的影响程度等问题。协商是人类在求解问题时常用的方法，当人们对某一问题持有不同观点或出现严重分歧时，往往通过协商来解决分歧。假设只有甲乙两方参与协商，则协商过程一般为：①先由甲方根据自己对问题的理解，提出一种解决冲突的方案，乙方经权衡后决定是否接受该方案；②若乙方无异议，则双方达成一致；若乙方能部分地接受甲方的方案，则可以对甲方方案中不合理的部分提出新的解决方案，再征求甲方的意见；若乙方认为甲方提出的方案与己方方案相差很远，双方根本没有调和的余地，乙方也可以拒绝甲方方案，双方再进一步谋求其他解决分歧的方法，如通过权威部门、根据相关规范等途径加以协调或仲裁。通过多次协商，双方分歧将不断缩小，直到得出双方都能够接受的方案为止。

按照上述思路，人们提出了多种协商冲突消解方法。例如，Harrington 和 Soltan 提出一种基于知识的协商策略，用于并行工程的设计环境中，以解决设计过程中不同专业知识的代理冲突问题，在系统中引入基于事例的推理技术。

3. 协同设计中的产品数据管理技术

数据管理技术是建立协同设计环境的前提。产品的协同开发过程，需要设计、工艺、制造等领域成员的共同参与。因此，协同设计环境必须对不同地点、不同软件系统产生的分布式异构数据进行有效管理，以保证数据信息的完整性和一致性。

产品数据管理是一门用来管理与产品相关的所有信息（包括零件模型、配置文档、数据结构、成员关系及权限等）和相关过程（包括设计、工艺、制造等）的技术。产品数据管理技术包括文档管理、工作流和过程管理、产品结构和配置管理、批注管理、项目管理、权限管理等功能。

产品数据管理在协同设计中具有重要作用，国内外学者对支持协同设计的产品数据管理技术开展了深入研究，内容涉及框架结构、信息模型、工作流和设计流程的管理方法，Web技术与 PDM 技术的融合等方面。

产品开发过程中生成了大量的数据文件，产品数据管理系统可以生成这些文件的元数据，并将其复制存放到电子仓库中。电子仓库是一个连接数据库和文件系统的逻辑单元，能够对数据的变化过程进行监控和记录，为用户和应用之间的数据传递提供一种安全的手段，以保证数据的完整性。电子仓库允许多用户并行访问，可以让多个技术人员在不同终端上对统一的产品信息模型进行操作。为防止两个或多个用户同时对产品数据进行修改而造成数据的不一致，电子仓库采用检入（Check in）和检出（Check out）机制，当一个用户打开某个数据进行编辑修改时，电子仓库将对该数据加锁，其他用户只能拷贝或参考该数据，但不能同时进行修改。

工作流和过程管理的目的是规划、调度和监视产品的开发过程，以保证把正确的信息和资源送到指定的团队。在产品开发初期，设计人员利用建模、仿真和优化等工具建立过程模型、工作流程规划和调度执行过程模型。过程模型的作用是保证"设计任务在正确的时间内被指定的人完成"。过程模型由一系列任务组成，这些任务被分解成一组子任务后，形成的任务表分别被分派给指定的开发人员。如果开发人员认为被分配的任务存在问题而无法执行，可以向项目经理发出请求信息，与项目经理进行协商重新制定模型。

随着产品数据管理技术研究的深入，Web 技术与 PDM 技术的结合成为分布式产品数据管理技术研究的热点。PDM 与 Web 技术的集成，使用户可以利用 Web 浏览器，方便地访问、浏览各类产品数据视图，并实现与其他设计人员的信息交流和共享。目前，主流 PDM 软件中已经具有 Web 功能，如美国参数化技术公司（PTC）的 Windchill 系统、Smart Solution 的 SmarTeam 系统等。但是，在 PDM 与 Web 之间的映射、传输、安全机制、获取数据的准确性以及图形化用户界面等方面还有待进一步完善。

4. 协同设计中的通信技术

如前所述，支持协同设计的信息形式包括文本、图像、图形、音频、视频及其组合。因此，高效、可靠的通信技术是实现协同设计的重要硬件基础。

其中，通信协议是用于规定相关信息的传输模式，以及用户数据、控制数据的传输格式、方法等的标准。在协同工作和协同设计中，不同应用场合有不同的通信协议，如用于多媒体会议系统的国际电信联盟的通信协议 T. 120 和 H. 320、用于聊天室（Chatting）的通信协议 IRC、用于电子邮件的通信协议 SMTP 和 POP、用于多媒体的信息实时传输协议 RTP 等。

图 9-12 所示为多媒体会议系统的通信协议 T. 120 的功能结构。T. 120 是一个用于多点多媒体数据通信服务的协议系列，不同协议应用于不同层次。例如，T. 126.7.8 用于电子白板、文件传输等；T. 122/T. 125 用于通道、数据流等通信机制的构造。

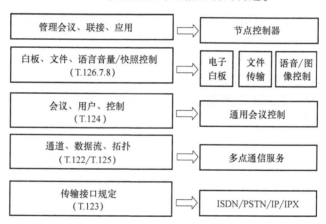

图 9-12　多媒体会议系统的通信协议 T. 120 的功能结构

9. 4. 3　协同设计的体系结构

1. 协同设计体系结构的类型

协同设计的体系结构是指协同设计的计算和组织体系，它直接影响协同设计的效率。不合理的结构将影响系统功能，增加系统的管理负担，无法提供有效的协同支持。一般地，系统结构取决于以下因素：系统的整体目标与功能、设计任务的特性、系统的开放性、子任务的耦合程度、企业软硬件条件及人员素质等。

在研究协同设计系统的体系结构时，人们引入了人工智能（Artificial Intelligent）领域中"代理（Agent）"的概念，提出了基于多代理的协同设计环境及体系结构。代理可以理解为一个具有智能行为的信息处理单元（Information Process Cell），它是一个包含网络、硬件、软件和人员的完整的信息处理单元。

通常，协同设计的体系结构有两种分类方法。一种方法是将协同设计系统分为集中式结构、分布式结构和联邦式结构三种形式。集中式结构是一种中央控制式的体系结构，它有一个实际的或虚拟的中央控制单元以及信息、知识交流场所。分布式结构中没有中央控制单元，设计人员或代理无主从、主次之分，各设计人员及代理之间都可以直接通信；没有公共的中央数据与知识库，数据和知识可以分布在各个设计代理中，也可以集中在某一工作区域内，以有利于分布式控制的多个设计代理之间的数据交流。联邦式结构采用分布式与集中式相结合的方式，由几个主设计人员组成一个分布式设计的体系结构，每一个主设计人员的下属设计人员采用集中式设计的体系结构，即设计人员之间通过主设计人员的控制来完成设计数据的交换和交流。另一种方法是将协同设计系统分为网络型结构、联邦型结构和面向代理的黑板型结构等形式。在网络型结构中，代理具有自己的通信接口、局部问题的求解知识、代理模型等功能。

下面以网络型结构、联邦型结构和面向代理的黑板型结构为例，简要介绍其特点。图9-13所示为网络型系统结构，该结构适用于具有代理数量少、系统开放性较强、子任务耦合松散等特性的设计环境。图9-14所示为联邦型系统结构，在该结构中，代理间的联系和信息传输通过协调控制器的特殊代理进行。协调控制器是代理的神经中枢，负责协同设计组之间以及代理之间的信息转换，任务的规划、分解和管理。当代理需要服务时，只需向协调控制器发出请求，而不需要直接与其他代理发生关系。因此，联邦型结构适用于具有子任务耦合程度高、代理数量大、信息交换频繁的系统。图9-15所示为面向代理的黑板型系统结构，与联邦型结构相似，代理之间的相互作用也是分组管理的。两者的区别在于：面向代理的黑板型结构将系统的协调管理分为几个组成部分，每个局域代理组中有一个共享的称为黑板的数据存储区，用来存储设计数据和设计过程信息，代理间的物理通信通过网络管理器实现，有利于减小协调控制器的负担。

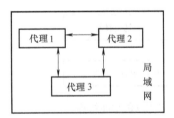

图9-13 网络型系统结构

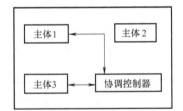

图9-14 联邦型系统结构

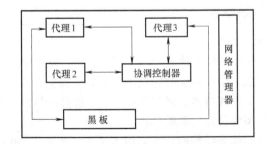

图9-15 面向代理的黑板型系统结构

2. 协同设计的环境模型

（1）基于客户机/服务器的协同设计环境　如图 9-16 所示，客户机/服务器是目前广泛应用的网络结构模式。在客户机/服务器模式下，客户机提出请求，服务器完成数据处理。其中，提供服务的进程称为服务器进程，使用服务的进程称为客户机进程。一台计算机可以运行单一进程（如客户机进程或服务器进程），也可以运行多个进程。客户机/服务器模式可以有效地利用客户机和服务器资源，减少网络通信负担，有利于改善系统的运行性能。

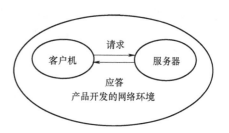

图 9-16　客户机/服务器模式

随着万维网（World Wide Web，WWW）和网络通信技术的发展，传统的客户机/服务器模式已经难以满足 WWW 环境下多用户的协同设计需求。近年来，浏览器/服务器（Browser/Server）模式受到重视，用户可以提出请求或发布信息，由服务器处理所获得的信息，并可以实现和用户的动态交互。

（2）基于多代理和浏览器/服务器模型的协同设计环境　产品协同设计过程复杂、任务耦合程度高，某一环节的更改往往会影响多个相关环节。在协同设计中，设计人员之间的信息交换频繁，代理之间的直接通信将会导致网络负担过重。此外，为适应不同产品的开发需求，协同设计环境要有良好的开放性和可扩展性。针对协同设计的上述特点，人们提出了基于多代理和 Web 的分布式体系结构，如图 9-17 所示。

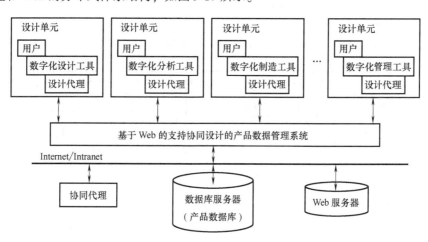

图 9-17　基于多代理和 Web 的分布式体系结构

在该结构中，基于 Web 的产品数据管理系统用于管理产品在协同设计过程中产生的所有信息，用户可以随时通过浏览器访问产品数据库中所有共享的产品和设计过程信息。数字化设计、分析、制造与管理等功能软件用来支持开发人员的设计活动。系统中的代理分为两类：一类是系统级代理，主要负责任务分解、任务分配、代理通信和监控协同设计过程；另一类是用户级代理，包括设计代理、分析代理、工艺代理、制造代理、冲突检测代理等，这类代理可以根据用户需要自由定制。在协同设计环境中，将能完成特定产品开发功能的一组设计人员、计算机支持工具及其代理定义称为设计单元。

在Internet/Intranet环境下,产品数据可以存放于全局数据库和局部数据库中,协同设计的团队成员在浏览器等交互工具支持下协同工作。其中,全局数据库位于数据库服务器上,主要包括产品描述、产品结构、项目成员、任务分配以及产品开发过程中生成的各种数据等;局部数据库分布在各个客户机上,用于存储产品设计的阶段信息。

在协同设计环境中,团队成员有三种工作状态,即协同工作状态、共享信息状态和单独工作状态。在协同工作状态下,团队成员参加协同工作活动,可以使用协同设计环境提供的各种服务,向团队成员发布信息,向项目经理提出工作要求,向团队报告工作进展。此时,团队成员都有相同的桌面显示,并可以就某一问题进行商讨,成员之间可以感知彼此的动作。在共享工作状态下,团队成员本人不参加当前的协同工作,但该成员的计算机处于信息共享状态,其他成员可以访问该计算机局部数据库中的共享信息。在单独工作状态下,团队成员针对自己的任务独自进行设计,没有实时数据通信,但该成员可以感知其他成员的活动。

因此,协同设计环境应对产品整个协同开发过程的静态和动态资料进行有效管理,数据库管理系统和产品数据管理系统为协同设计提供了支持。另外,使用工作流(Work Flow)技术可以对协同设计过程进行有效监控,保证开发过程按照规划顺利进行。

9.4.4 协同设计工具

随着计算机、网络、多媒体和通信技术的发展,不仅实现了网络环境下文字、文件的传输,还可以实时地进行语音、视频、音频和会议交流,为产品的协同开发提供了良好环境。图9-18为协同设计工具及支持协同设计的网络服务功能框图。

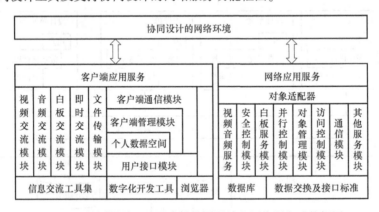

图9-18 协同设计工具及支持协同设计的网络服务功能框图

下面简要地介绍几种常用的协同设计工具。

1. 电子白板

电子白板(White Board)主要用于实现异地同步模式下以图形、图像为核心的多点信息交互与共享。参与协同设计的团队成员可以将白板作为虚拟工作空间,每个成员面前都有一个内容相同的白板副本。在管理权限的控制下,取得白板操作权限的成员均可使用白板进行绘图、粘贴图片、标识文字等操作,上述操作信息被同步地发送到其他白板副本中,以实现文本、图形和图像信息的同步共享,达到协同设计的目的。

2. BBS

电子公报牌(Bulletin Board System,BBS)主要用于实现异地异步模式下多点信息的发布、交互及共享。在 BBS 环境下，团队成员可以从 BBS 上获得各种信息，也可以在 BBS 的适当位置发布信息，就产品协同开发中的各种问题进行交流和讨论。所发表的信息索引按标题组织，在同一标题下按时间顺序排列。团队成员也可以通过点击相关的信息索引，显示所选中的内容，从而实现相互之间的信息交流。

BBS 系统有多种运行模式。一种是远程登录模式，即用户用 Telnet 方式远程登录到远程的 BBS 服务器上，使本地计算机成为 BBS 服务器的远程终端，进而访问 BBS 系统；另一种是客户机/服务器模式，即用户在本地服务器上运行 BBS 客户程序，与服务器共同完成 BBS 功能。WWW 是目前 Internet 应用最为广泛的功能，BBS 服务器开始与 Web 服务器结合，使 BBS 的使用更加便捷。

3. 视频会议

视频会议（Video Conference）可以为分布在异地的协作者（团队成员）提供一种虚拟的面对面的同步工作环境，以便就产品开发中的相关问题进行讨论或协商。视频会议系统涵盖了协同工作的多种基本工具，如电子白板、音频工具、视频工具、聊天室工具、文件传输工具等。同步性是视频会议的重要性能指标。

视频会议系统的信息交换依赖于网络。根据系统所使用的通信网络类型的不同，视频会议系统可分成电话电信网驱动型和 Internet 网驱动型两种。其中，电话电信网驱动的视频会议已有多种商品化系统，如采用综合业务数字网（Integrated Services Digital Network，ISDN）的 PictureTel 系统和 VCON 系统等。视频会议系统的开发要遵循相关的工业标准，如 T. 120、H. 320 等。以点对点视频会议为例，基本流程是：拨打 ISDN 电话，在异地间建立双向连接；在视频会议系统中出现本地和远程用户的视频信息；使用电话进行语音交互；启动电子白板、聊天室等工具进行协同工作；视频会议结束，关闭 ISDN 连接。

近年来，随着网络技术的发展，基于 Internet 和 TCP/IP 协议的视频会议系统发展迅速。目前已有多种商品化系统，如 VCON – IP 系统、MicroSoft 的 Netmeeting 等。以点对点视频会议为例，基本流程如下：在各自计算机上运行视频会议工具，键入 IP 地址，在异地建立网络连接；在视频会议系统中出现本地和远程用户的视频信息；使用声卡、网络等进行语音交互；启动电子白板、聊天室等工具进行协同工作；视频会议结束，断开 IP 连接。

需要指出的是，电话电信网驱动的视频会议系统建立在独立的信息传输通道基础上，音频、视频信息的传递质量较高。Internet 是根据计算机的网络地址进行相互识别和沟通的，它将用户数据分割成一定大小的信息包，由 IP 协议进行分组传递，当信息包到达指定的网址后再重新组装恢复成原来的数据。受带宽、网络速度等影响，数据传输的质量和速度缺乏保证。

4. FTP

文件传输是信息共享的主要手段之一。文件传输协议（File Transfer Protocol，FTP）是一种通过网络在异种计算机及异种操作系统之间实现文件传输的协议。

FTP 传输文件有两种模式，即二进制模式和文本模式。二进制模式是按文件的位序传输，原文件和复制按位一一对应，而不论被传输文件所含的位序列在目标机上是否有意义。文本传输中将传输内容作为字符处理，字符行之间由换行符分开，客户系统及服务系统将保证传送的字符在源机器和目标机器上的意义相同。同类型机器间可以按二进制模式传输，也可以按文本模式传输，按二进制模式传输的速度较文本模式快。

FTP 是 TCP/IP 中历史最为悠久的文件传输方式，Unix 操作系统提供了 FTP 命令。FTP 连接时，先要输入目的计算机的名称或地址；当连接到目的计算机后，通常需要登录，在检验用户的 ID 标识和口令后才能建立连接。不同用户对目的计算机的目录和文件可能拥有不同的权限，权限不足时将不能下载或上载某些文件。某些系统允许用户进行匿名登录。

5. 聊天室

聊天室（Chatting）是一种文本交流方式，它采用客户机/服务器模式和 TCP/IP 协议。就客户端而言，当用户需要进行远程访问时即成为客户，客户端软件也可作为本地计算机的应用程序。服务器软件是一个用来提供某项服务的专用应用程序，它可以同时处理多个远程客户的请求。

客户机和服务器通过 TCP/IP 协议建立连接并收发信息。在聊天室中，参与者可以同时相互交谈。与视频会议只能有两个人同时连接所不同的是，聊天室中每个人都能参与会话。另外，当因网络阻塞或网速过慢而导致视频、音频不能正常工作，或者当所谈论的问题难以有效沟通时，可以使用聊天室功能。

 ## 9.5　网络化制造技术

9.5.1　网络化制造的定义

在全球化、信息化和网络化的背景下，制造企业已不再是孤立的市场个体，而是全球化制造网络中的一个环节。借助于 Internet/Intranet/Extranet 等网络技术，可以在广域内形成分布式的数字化制造网络环境，参与产品制造的员工、设备、车间、企业、经销商、供应商和市场等都是网络中的节点。

网络化制造（Network-based Manufacturing）是指根据市场需求，按照资源共享、优势互补的原则，利用信息技术和网络环境，跨越空间距离的限制，将分散在不同区域的生产设备、知识、人力等制造资源迅速重组，构建动态制造联盟，实现企业之间的信息集成和产品的协同开发，从而缩短产品的研制周期，降低生产成本，提高市场响应速度，增强制造群体的竞争力。

由上述定义可以得出网络化制造的一些重要特征：

（1）网络化　网络化制造建立在 Internet/Intranet/Extranet 的基础上，联盟企业之间的信息主要通过网络来传递和共享，以实现快速响应。信息和通信技术是网络化制造最基本的支撑技术。

（2）协同化　网络化制造的主要目标是实现联盟企业之间的协同，这也是网络化制造与其他先进制造模式的重要区别之一。

（3）敏捷化　面对急剧变化和不可准确预测的市场环境，为快速响应市场需求的变化，网络化制造产品及其生产过程应能根据需要进行快速重组。利用模块化、系列化和可重用技术，可以增强网络化制造的市场响应速度，提高系统的敏捷性。

（4）集成化　网络化制造不仅强调通过业务流程重组（BPR）来实现企业内部资源的集成，而且需要通过 Internet/Intranet/Extranet 将分布在不同地域和不同单位的设计资源、制造资源和智力资源集成起来，实现合作伙伴之间的信息流、物料流和资金流的集成。

（5）最优化　联盟企业可以利用合作伙伴在业内处于领先地位的技术和领域，达到优势互补和整体优化的目的。因此，合作伙伴之间应最大限度地共享信息，实现信息、资源的优化利用，达到共赢的目的。

（6）远程化　网络化制造在空间上无限延伸了企业的业务范围和作业空间。企业通过网络化制造系统，可以对远程资源和过程进行有效的控制与管理，与异地的顾客、合作伙伴和供应商等协同工作。

（7）虚拟化　在网络化制造模式下，产品设计方案、制造工艺等信息通过网络在不同合作伙伴之间虚拟地传递和交互，用户可以在网络上定制商品或以虚拟方式模拟产品的使用和性能。

网络化制造因网络技术的兴起而产生，并随着网络技术的进步而发展，现已成为先进制造技术的研究热点之一。1991 年，美国里海大学（Lehigh University）在研究和总结美国制造业的现状和潜力后，发表了"21 世纪制造企业发展战略"报告，提出敏捷制造（Agile Manufacturing）和虚拟企业（Virtual Enterprise）的概念。敏捷制造是指利用计算机和通信技术对产品生产所需要的所有资源——人、资金和设备进行有效管理和优化利用，以降低生产成本、提高产品质量和缩短生产周期，提高企业驾驭未来市场和竞争环境的能力。

1994 年，美国能源部制订了"实现敏捷制造的技术（Technologies Enabling Agile Manufacturing，TEAM）"计划，并于 1995 年发表该项目的策略规划和技术规划。1995 年，美国国防部和自然科学基金会共同制订了以敏捷制造和虚拟企业为核心内容的"下一代制造（Next Generation Manufacturing）"计划。1996 年 5 月，美国通用电气公司发表了计算机辅助制造网（CAMNet）的结构和应用。它通过 WWW 网络提供多种制造支撑服务，以建立敏捷制造的支撑环境。1996 年，美国加州大学（University of California）伯克利（Berkeley）分校开始研究开放式的网络化 CAN 体系结构和网络接入技术，开发基于 Java 的 WebCAD 和 WebCAPP，通过访问机床的开放式控制器来完成零件的加工。

1997 年，美国国际制造企业研究所发表《美国—俄罗斯虚拟企业网》研究报告。该项目旨在开发一个跨国虚拟企业网原型系统，使美国制造企业能够利用俄罗斯制造业的能力。美国—俄罗斯虚拟企业的建立为实现全球制造提供了示范作用。1998 年，欧洲联盟公布"第五框架计划（1998—2002）"，将虚拟网络企业列入研究主题。1998 年，美国麻省理工学院 CAD 实验室采用 Java 开发基于 Internet 的产品设计与制造框架。此外，美国的 AARIA 项目、加拿大的 NetMan 项目、英国的 CDP 项目等也开展了网络化制造原型系统研究，基于 Internet 网络环境和多 Agent 体系结构，完成从用户提交订单到虚拟企业协作等过程的仿真。欧共体资助的信息技术研究发展战略计划（ESPRIT）建立了一个服务于半导体制造行业的分布式产品信息、制造资源信息库。全美工厂网络（FAN）建立了国家级工业数据库，为企业提供生产能力、工程服务和性能数据。

1997 年，我国香港理工大学的李荣彬教授和同济大学的张曙教授提出了分散网络化制造的概念，旨在利用 Internet 实现香港和内地制造资源的集成。1999 年，"网络化制造在精密成形与加工领域的应用研究及示范"被列入"九五"国家重点科技攻关计划。华中科技大学开展网络化制造技术研究，如基于 Multi-Agents 的网络化制造结构框架、基于工作流的网络化制造过程建模等。重庆大学开展"陶瓷产品的网络化制造及电子商务框架"的研究。西安交通大学开展网络化制造 e-service 体系框架的研究，开发出基于 Web 的同步制造协同工具集、零件制造服务工具，以及基于移动 Agent 的远程软件封装工具等。浙江大学承担 863 项目"基于 ASP 的网络化制造应用集成服务技术与系统"。清华大学承担 863 项目"基于 Web 的制造业信息化异构系统集成平台研究与开发"，还开展了"北京地区网络化制造"项目的研究，采用网络化制造系统整合北京地区的制造资源。中国科学院沈阳自动化研究所承担完成国家

863 计划项目"面向网络制造的产品全生命周期模型研究"。此外，国内制造企业也积极开展网络化制造的实践，如海尔集团等实现网上个性化定制、科龙集团等实现网络化分销，取得了良好的经济效益和社会效益。

综上所述，网络化制造是以网络和数据库技术为基础，将基于网络的产品设计、制造、管理和营销技术有机集成的一种全新制造模式。它有利于企业快速获取市场需求信息，提高企业管理的预见性和主动性，增强企业生产计划的针对性，整合制造资源，提高企业对市场的响应速度。

近年来，世界发达国家或地区（如美国、日本和欧洲等）加快组建跨地区、跨行业的虚拟企业，虚拟企业的年生产规模已达 2500 亿美元，且以每年 35% 左右的速度增长。美国波音（Boeing）公司在 777 型飞机的研制中，全面采用无纸化设计与制造技术，实现了 100% 的产品数字化定义、数字化制造、数字化虚拟装配与测试，极大地缩短了产品研发周期，降低了研发成本。为与美国波音公司竞争，法国宇航公司、英国宇航公司、德国 DASA 公司和西班牙 CASA 公司共同组建了欧洲空中客车（Airbus）集团，在 Airbus 系列飞机的研制中广泛采用异地无纸化设计与网络化制造技术，逐步建立了自身的竞争优势。

在国际化市场竞争中，跨国公司具有明显优势，它们利用网络和现代通信技术，可以在全球范围内优化生产资源的配置，最大限度地降低生产成本。要想与国外企业竞争，国内制造企业必须改变制造模式，采用网络化制造技术，跨越地域的限制，将分散的、孤立的企业纳入国际竞争环境中，成为国际制造业供应链的一环。

9.5.2 网络化制造系统的体系结构

网络化制造系统是指企业在网络化制造模式思想、理论和方法的指导下，在网络化制造集成平台和软件工具的支持下，结合企业具体的业务需求，所实施的基于网络的制造系统。

总体上，网络化制造系统可以自底至上地分为基础层、功能与工具层、应用层和企业用户层四个层次（图 9-19）。层次不同，所提供的服务功能不同，所处的地域范围不同，数据类型及管理模式也不同。其中，基础层是指网络化制造平台的底层软硬件系统，包括各种资源信息的数据库系统以及网络化制造所需的接口规范、系统集成协议、技术规范和标准等；功能层和工具层为应用层提供基本服务与支撑；应用层对网络化制造所需的各种应用工具进行封装，向网络环境下的用户提供服务入口，用户可以透明地访问网络化制造系统。

网络化制造的主要应用模式包括基于 ASP 的网络化制造、以龙头企业为核心的网络化制造和基于企业动态联盟的网络化制造等。

1. 基于 ASP 的网络化制造

1988 年，美国人提出应用服务提供商（Application Services Provider，ASP）的概念，后来逐步成为电子商务的一种主流业务模式。ASP 向顾客提供电子邮件、企业资源计划（ERP）、管理信息系统（MIS）和办公自动化（OA）等应用软件及服务，并收取一定的费用，应用软件存放在服务商的数据中心中供客户随时调用，应用服务提供商负责管理、维护和更新这些软件，并将软件、硬件、网络和专业技术进行合理搭配，为客户提供服务。

ASP 的服务主要通过托管或者租用的形式实现，而不是传统的购买方式或用户定制开发方式。客户不必在设备、软件、人员等方面做大规模投入，极大地降低了企业应用系统的投资风险和初期投入，使企业可以专注于自己的核心业务。ASP 的本质特点是企业内部资源管

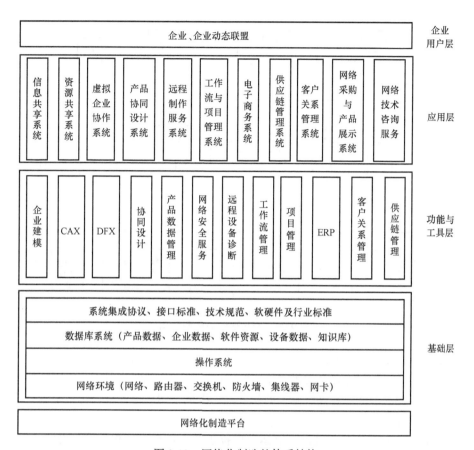

图 9-19　网络化制造的体系结构

理和业务流程处理不是发生在企业本地，而是由特定的供应商提供，并由供应商进行维护、管理和更新，ASP 的用户企业通过租赁、承包等方式获得服务。

　　利用 Internet，ASP 为产品开发提供的应用服务功能包括：①环境配置功能，实现对网络信息的管理配置，使产品开发过程中的信息通畅和透明，开发人员无须关心信息的具体流动状况和结构；②网络环境下的透明通信服务，包括同步通信和异步通信功能；③为开发团队提供透明的信息访问服务，支持企业和开发人员对数据进行访问与控制，为企业提供函数、接口或服务对象方式的服务；④系统运行管理和控制服务，包括系统静态和动态配置管理、集成平台运行管理和维护、事件管理和出错管理、故障报警及自动恢复处理等。ASP 平台的典型结构如图 9-20 所示。

　　基于 ASP 的网络化制造主要包括异地协同设计制造系统、资源共享系统、企业协作系统、电子商务系统等子系统。它可以根据产品订单需求，在一定区域范围内快速获取制造资源和应用服务，促进区域内制造企业的分工协同，整合区域内的制造资源（如人力、技术、设计、制造、设备、市场渠道、产品等），提升区域内制造企业的竞争力。

　　ASP 运营商提供的服务包括信息基础设施（infrastructure）、应用服务方案（scheme）、应用软件（application）和应用服务（service）。ASP 的服务类型十分广泛，从基本的邮件服务、信息服务到复杂的管理应用系统、管理和咨询服务。针对不同行业和用户，服务内容有所不同，可以细分为以下几种类型：①基础服务，ASP 为用户配置应用软件的使用环境，负责软

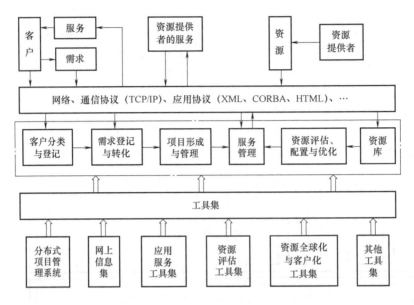

图 9-20　ASP 平台的典型结构

件的更新升级和维护，监控网络环境，保证用户的基本需求得到满足；②高级服务，在提供基础服务的基础上，提供专业的技术支撑，保证应用软件的性能和安全，完成数据备份和数据恢复等；③外延性服务，在高级服务的基础上，提供应用软件配置、客户定制、策略规划和培训等专业化服务。

基于 ASP 的网络化制造就是以 ASP 运营商提供的平台系统（包括信息设施、软件外包、应用服务等）为基础的网络化制造。它具有良好的适应性和可扩展性，主要面向制造业中特定的产业链或区域，尤其适用于中小型企业。

例如，美国 ASP 供应商 Croio 公司提供方案设计、应用软件定制、软件外包和系统整合等应用服务。其中，Oracle 电子商务套件的租赁服务内容包括项目管理、网上供应商门户、销售管理、人力资源管理、供应链管理、订单管理、生产制造等，由 Oracle 提供应用软件许可，Croio 公司提供基础设施、系统实施、运行管理和技术服务等，并根据客户需求，提供不同的应用服务模式。Croio 的典型用户有 Hitachi America、Macromedia、Ingersoll-Rand 等。

国内的用友公司在收集数据、分析市场和研究国外 ASP 模式的基础上，结合国内的网络和经济环境，将 ASP 引入用友互联网战略中，开发出伟库网（www.wecoo.com），为数百万家中小企业提供运营和管理的在线软件租用的 ASP 服务，具有财务、出纳、进销存、客户关系管理等子系统，有灵活的业务接口和财务接口，是一个面向企业商业过程的完整系统。用户可以根据需求定义自身的业务流程。伟库网是一个标准的 Web 站点，使用方只需根据具体情况和数据交换需求建立互联网链接，极大地降低了信息技术的成本，提高了企业的管理和控制能力。

ASP 具有巨大的市场潜力。根据 Foreester Research 公司提供的统计数据，2002 年美国中小企业在管理运营、咨询服务、维护服务和外包等 ASP 业务上的开支达 1620 亿美元，且以较快的速度持续增长，成为 IT 服务市场发展最快的领域。目前，ASP 的发展还面临着诸多挑战，主要表现在系统的安全性和可靠性有待进一步提高、行业准则和法律体系不够健全等。

ASP 是经济发展和社会化分工的产物。随着信息技术和互联网技术的快速发展，信息服务必然转向社会化和专业化。基于 ASP 的网络化制造模式对制造企业生产与管理产生了深远影响。

2. 以龙头企业为核心的网络化制造

龙头企业在产业规模、产品结构、人才、技术、资金、装备、市场和品牌等方面具有显著优势。以龙头企业为核心将上下游企业整合，可以构建企业动态联盟，形成面向某个行业或典型产品的产业链。通过加入动态联盟，企业可以寻求增加利润的商业机会，敏捷地响应市场变化，优化供应链，降低制造成本，实现产品在整个产业链上的增值。

目前，以龙头企业为核心的网络化制造主要是基于协同产品商务（Collaborative Product Commerce，CPC）平台的 ERP/SCM/CRM 的集成系统，它面向产业链管理产品全生命周期（包括市场分析、产品规划、设计、制造、采购、销售、售后服务等），使企业以协同方式组织产品开发、生产、销售和服务。该模式将数字化产品开发和信息化扩展到企业间的业务集成，通过网络和数字化信息实现联盟企业及合作伙伴之间产品的协同设计、协同制造、协同管理和协同商务，实现对供应链、产业链的集成和优化。

以龙头企业为核心的网络化制造实例包括美国的戴尔（Dell）公司、福特（Ford）公司、波音（Boeing）公司和思科（Cisco）公司等。例如，戴尔公司基于全球化供应链管理，将订单传至公司，由公司控制中心将订单分解成子任务，并通过 Internet 和企业间信息网分派给各独立配件制造商；各制造商按照戴尔公司的电子订单进行零件的生产组装，并根据戴尔公司控制中心的时间表供货，由戴尔公司在产品车间完成组装和测试。高效的信息管理系统，使戴尔公司的存货周期降至 6 天。

3. 基于企业动态联盟的网络化制造

网络化制造的重要特点是通过网络将参与产品开发的多个企业联系起来，构成一个制造联盟。联盟（Alliance）是以信息技术为平台，建立在竞争、合作、合同和信誉的基础上，以共同获利为目标。各联盟企业依靠自身实力和企业信誉参与正当竞争，一旦被核心公司吸收为企业成员，各企业之间即是平等合作的伙伴关系，实行知识、技能和信息投入的共享与资源的有偿共享。一般地，联盟是为抓住市场机遇而构建的，当产品生命周期结束或任务寿命终结时，联盟即自行解体。联盟多具有临时性和动态性，因此也称为动态联盟（Dynamic Alliance）。

利用动态联盟制造网络系统，可以发现、评价潜在的合作伙伴，实现企业之间的协同设计、协同制造、分布式产品数据管理、分布式工作流管理和供应链管理等。动态联盟内的企业相关资源共享、风险共担，可以实现资源的优化组合和最佳配置，以争取最大的市场空间和利润。动态联盟有利于整合资源，加快产品的开发速度，从整体上优化产品的设计、制造及营销过程，降低产品开发的总成本。

企业动态联盟可以通过 Internet 实现，在较大的地域范围内快速聚集制造资源，有利于提升企业的竞争力。企业在网络结构、操作系统、数据库系统、数据结构等方面的差异性，是企业动态联盟构建面临的主要困难。

根据动态联盟组织形式的不同，可以将联盟分为：①战略级联盟，为了共同的战略目标，企业之间达成的长期合作关系；②项目级联盟，产品开发过程分别在不同企业内完成，或一个企业把项目的某些部分外包给合作企业，并提供相应的技术规范；③专业产品级联盟，将产品中某些专业性强的子系统或零部件的设计及生产交由专业化公司完成，负责产品开发的公司与专业化公司之间形成专业产品级联盟；④过程级联盟，根据某一项目开发涉及的资源，联盟企业共同参与某些开发过程，并统一进行生产计划、调度和分配，及时了解项目进展，相互参与对方的过程，动态地调整己方的工作进程。

根据动态联盟的目标不同，企业动态联盟有以下几种运行模式：

（1）联合生产型　例如，索尼（SONY）公司自成立之日起就认识到自身制造能力的不足，它将自身的核心竞争优势确定为产品设计能力和全球市场营销能力，实行制造业务外包、开展联合生产，并要求供货商保证产品满足 SONY 的标准。波音（Boeing）777 型飞机有数百万个零件，其中的绝大部分都不是波音公司制造的，而是由 60 多个国家的 3000 多家企业所提供，波音公司本身只生产座舱和机翼等部件。耐克（Nike）公司是世界驰名的运动鞋制造商。但是，耐克公司并不拥有完整的鞋产品生产能力，它依靠一个全球化的专门业务网络，分别负责产品的设计、制造、包装、物流和销售，将 Nike 产品呈现在全球消费者面前，其自身精力主要放在新产品的研制和市场营销上。实际上，Nike 从未独立生产过一双完整的运动鞋，它只生产运动鞋中最关键的部分——气垫系统，鞋的制造主要由合作企业生产。

（2）联合共生型　当两个企业具有共同的目标需求时，为了便于技术保密和成本控制，共同出资组建联盟，实行共同生产、利益共享和风险共担。例如，哈尔滨电机厂在国内水电设备市场具有很高的市场占有率，但是该企业缺乏生产和运输水电大件设备的能力，而渤海造船厂拥有亚洲最大的造船厂房，具有得天独厚的厂内移动和海上运输条件，经过调研两家企业进行联盟合作，共同开发水电大件加工，成功地开拓和占领了市场。

（3）联合销售型　销售联盟在商业领域中具有代表性的是特许经营，这是目前流行的一种商业模式，有利于销售网络的低成本扩张，也是一种安全和收益快的动态联盟模式。例如，雷诺公司与美国的汽车公司达成协议，雷诺公司通过美国汽车公司 1700 多个经销网点在美国销售雷诺公司生产的汽车。

（4）策略联盟型　当若干家企业拥有不同的核心技术和优势资源，并且彼此的市场互不冲突时，可以组建策略联盟，共创竞争优势。例如，计算机软件霸主微软（Microsoft）公司与 CPU 霸主英特尔（Intel）公司组建 Wintel 联盟，形成微型计算机领域内具有垄断性的动态联盟。它们不仅定义了 PC 的基本架构，还控制了 PC 未来的技术趋势和发展方向。通过联盟，两家公司掌握了该领域绝大多数厂家的生存权，保持了自身的竞争优势。

（5）联合研制型　为了研究开发新技术、新产品，分担投资风险，降低研发成本和缩短研制周期，世界各国的企业经常形成联盟开展联合研制。例如，为提升热水核反应堆的技术水平，美国通用电气（GE）、德国西门子（Siemens）、日本东芝和日立等公司形成了联合研制和共同开发的动态联盟。

（6）联合采购型　以汽车工业为例，在经济全球化的背景下，全球采购成为世界汽车巨头提升竞争力的有效途径。全球采购可以使汽车主机厂及其零部件制造企业之间实现优势互补，达到降低生产成本、缩短交货期和保证零部件质量的目的。例如，美国通用汽车（GM）公司利用该公司的 GMAcess 系统，通过 Internet 和卫星将公司总部、制造工厂、9000 多家经销商和客户有机地联系起来，完成订单管理、销售分析和市场预测等工作。互动式销售系统提供产品特性、规格、价格和其他信息，售后和维修部门通过网络可随时方便地了解最新的产品和零部件信息，消费者通过公司网站可以了解到详细的车辆信息。2000 年 2 月，美国三大汽车公司通用汽车（GM）公司、福特（Ford）汽车公司和戴姆勒-克莱斯勒

（Daimler-Chrysler）公司终止了各自的零部件采购体系，转而共同建立零部件采购的电子商务市场。

北京小米（Mi）科技有限责任公司成立于 2010 年 4 月，是一家从事智能硬件和电子产品研发的公司。公司核心成员来自金山、微软、谷歌和摩托罗拉等国内外知名软硬件公司。该公司秉承"为发烧而生"的产品理念和"让每个人都能享受科技的乐趣"的发展愿景，抓住了当时智能手机产品定位中存在的缺失，确立了"好用不贵"的智能手机市场定位，利用互联网思维，去掉不必要的中间环节，消除不必要的成本，采用极客（Geek）精神开发出极致的产品。除销售硬件外，该公司还提供软件和服务，并将互联网思维贯穿于整个公司业务中，形成了诸多的服务创新，如硬件高配低价，软件快速迭代，互联网免费服务，产品销售主要依赖口碑、电商和线上渠道等，公司创始人雷军将之总结为"专注、极致、口碑、快"。自创办以来，小米公司的产品销量取得了惊人的增长速度，2012 年手机销量为 719 万台，2013 年为 1870 万台，2014 年为 6112 万台，2015 年达到 7100 万台，2017 年小米公司的销售收入达到 1000 亿元，不仅在激烈的市场竞争中站稳了脚跟，还跃居行业前列。小米公司没有自己的手机生产线，而是采用业务外包、全球化协作和网络化制造方式，充分展现了互联网营销和网络化制造的强大魅力。小米手机的 800 多个元件来自于 100 多家供应商，如华通公司提供 PCB 板、胜华和 TPK 寰鸿公司提供触控面板、英华达公司提供代工生产，富士康、联发科、夏普、SONY、LG、PHILIPS、三星、高通等公司也参与其中。此外，小米还与原材料供应商、代工商、配件生产商、应用开发商、素材开发商开展业务合作，投资或参股产业链相关企业，构建企业联盟和生态链。

9.5.3 网络化制造的基础技术

网络化制造的基础技术主要包括标准化技术、产品建模技术和知识管理技术等。网络化制造的标准体系由制造技术标准、计算机和网络技术标准、服务标准、质量管理标准四部分组成，它们各有侧重、互为利用，组成了一个有机整体，从各个方面保证了网络化制造系统的建立和顺利运行。其中，制造技术标准主要包括网络化制造系统中与制造技术直接相关的标准，如产品数据表达与交换标准 STEP（ISO 10303）、零件库标准（ISO 13584）、企业应用集成运作标准（ISO 9735）、数字化制造过程与管理数据集成标准（ISO 15531）等；计算机和网络技术标准主要包括网络化制造系统中各功能平台和软件构件在功能规划、系统设计、平台开发和系统接口等方面需要遵循的标准和规范，使各个功能平台和应用构件之间以及集成平台之间能安全、可靠地无缝集成；网络化制造服务标准描述了网络化制造系统的商业运作模式、业务流程、服务规范和收费策略等；质量管理标准是用来保证网络化制造系统建立和运作质量的管理体系，如 ISO 9000 系列标准、ISO 14000 标准和 ISO 10009 标准等。

在知识经济时代，创新能力成为企业最核心的竞争能力，知识也成为企业最有价值的财富。知识工程与知识管理成为网络化制造的关键技术。知识管理旨在构建知识生产、传播、交流和利用的有效环境，促进知识创新，并将知识转化为竞争力。知识管理的核心是"提高最需要的人、在最需要的时间得到其最需要的知识的效率和能力"。知识管理有助于提高企业的应变能力和创新意识，提升企业竞争力。Internet/Intranet/Extranet 是知识管理的基础，它们提供知识存储、转换、挖掘和共享工具，包括搜索引擎、知识地图、分类编码、知识仓库和知识集成等。

9.6 并行工程

9.6.1 并行工程的定义

在20世纪60年代以前，制造企业的竞争力主要体现在产品的功能和成本方面。20世纪70~80年代，用户在关注产品功能和成本的同时，更加关注产品质量。20世纪80年代末至90年代初，产品开发周期和交货期成为新的竞争焦点。为了在市场竞争中生存，制造企业需要以用户为核心，快速响应市场变化，力求以最短的时间、最优的质量、最低的成本和最佳的服务开发出满足市场需求的产品。

20世纪70年代以后，借助于在价格、质量和上市周期等方面的优势，日本产品在世界范围内对美国制造业构成挑战。为保持其自身在世界制造业中的霸主地位和重振美国制造业，美国政府开始研究如何提高产品开发能力和提升本国制造业竞争力的问题，并开始实施面向21世纪的美国制造战略。1987年12月，美国国防先进研究计划局（Defense Advanced Research Projects Agency，DARPA）举行了并行工程专题研讨会，率先提出并行工程（CE）思想，制订了发展并行工程的计划（DARPA's Initiative in Concurrent Engineering，DICE）。美国国防部指示美国防御分析研究所（Institute of Defense Analysis，IDA）开展并行工程及其在武器系统开发中的可行性研究。之后，美国西弗吉尼亚大学建立了并行工程研究中心，美国的软件公司、计算机公司开始开发支持并行工程的工具软件及其集成框架。1988年，IDA发布R-388研究报告，给出并行工程的定义：并行工程是对产品及其相关过程（包括制造和支持过程）进行集成并行设计的系统化的工作模式。这种模式力图使产品开发人员从设计阶段开始就考虑到产品全生命周期中的各种因素，包括质量、成本、进度和用户需求等。

并行工程思想引起了世界各国的高度重视。工业化国家的政府、学术组织和研究机构开始支持并行工程技术的研究和开发，如欧洲的ESPRIT Ⅱ/ESPRIT Ⅲ计划和日本的智能制造系统（IMS）国际合作研究计划等，并行工程思想开始为企业和产品开发人员所接受。20世纪90年代初，并行工程引起我国学术界的重视，成为制造业和自动化领域研究的热点。1995年，我国将"并行工程"作为关键技术列入863/CIMS研究计划中。

目前，市场上已经有多种支持并行工程的工具软件及其集成环境，如DEC公司的Framework-Based Environment（FBE）、Lotus公司的Notes群件、Montor Graphics公司的Falcon Framework、Spatial Technology公司的ACIS Framework等群组工作集成环境、DEC和Perceptronics公司开发的产品集成开发过程建模与管理软件工具等。世界主流数字化设计与制造软件供应商纷纷重构或修改原有软件系统，推出支持并行工程的新版本或新系统，如Pro/Engineer、CATIA、NX等。

目前，并行工程已在国际知名制造企业得到应用，包括波音（Boeing）公司、洛克希德（Lockheed）公司、IBM公司、惠普（HP）公司和通用电气（GE）公司等，并取得了显著的经济效益。例如，波音777型飞机的开发过程中采用数字化技术和并行工程方法，实现了从设计到试飞的一次性成功，飞机研发周期由9~10年缩短至4.5年左右；洛克希德公司在新型导弹开发中采用并行工程方法，将导弹开发周期从5年缩短到2年。

并行工程是一种设计哲理，它集成了制造业中的多种新技术、新模式和新思想，并将先进的产品开发技术与管理思想结合起来，用集成化和并行化思想组织产品研发和生产活动，有利于缩短开发周期、降低成本、提高产品质量和开发的一次成功率。

9.6.2　并行工程的特点

由图 2-1 可知，传统的产品开发基本按照"市场调研→可行性分析→概念设计→产品详细设计→工艺规划→制造→装配→检验→批量生产→营销→售后服务"等环节依次展开。人们形象地称之为串行工程（Sequential Engineering，SE）。上述开发环节之间存在着相互依存、相互制约和相互促进的关系，在产品开发过程中会不断循环、反复迭代。每次循环都是对产品开发质量的一次改进。改进有可能是对前期设计失误的修复，也有可能是根据用户的反馈意见而做出的改进。在这种循环过程中，产品性能和质量得到持续改善。现代质量管理学家约瑟夫 . M. 朱兰（Joseph M Juran，1904—2008）采用螺旋式上升的曲线来表示产品质量的产生、形成和发展过程，称为朱兰质量螺旋（Quality Spiral），参见图 9-21。

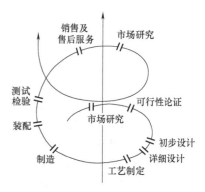

图 9-21　朱兰质量螺旋曲线

串行工程的特点包括：①各开发环节按先后顺序逐步展开，分工相对独立；②各环节的责任难以明确界定，部门之间交流和协调较为困难，容易形成推诿现象；③对企业生产组织、协调和管理能力的要求较高；④市场响应速度较慢，难以适应快速多变的市场需求。串行产品开发模式的各个阶段按照顺序依次展开，设计错误往往要到设计后期，甚至在制造阶段才被发现，容易造成开发周期长、成本高和产品质量难以保证等问题。

为克服串行工程存在的不足，人们提出了并行工程（CE）的思想。图 9-22 为产品并行开发示意图。并行工程具有以下特点：①以系统的方法和技术作为支撑，强调产品的开发过程，尤其是设计过程的并行化和集成化；②要求开发人员在设计阶段就考虑产品全生命周期内的各种因素。例如，进行结构设计时，通过仿真来预测、评价和优化产品的可制造性、可装配性，预测产品的性能，评价制造过程的可行性、企业资源分配的合理性，评估经济效益和可能存在的风险等；③强调各部门的协同工作，通过建立决策者之间有效的信息交流和通信机制，尽早地发现和解决后续环节中可能出现的问题，减少产品开发中的变更次数，保证产品质量、缩短开发周期、降低开发成本。

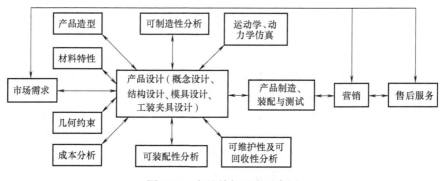

图 9-22　产品并行开发示意图

并行工程建立在数字化设计与制造技术的基础上，实现了产品开发过程在时间和空间维度上的交叉与重叠，促进了制造技术与计算机技术、信息技术的集成融合。并行工程是对传统产品开发模式的深刻变革，主要体现在：

(1) 产品开发技术　现代设计方法和先进制造技术是实施并行工程的基础，如数字化设计、有限元分析、数控编程与加工等。此外，为满足产品并行开发的需求，还产生了一些并行工程的使能技术，如面向制造/装配/拆卸/检测/维护的设计等（Design For X，DFX）技术。

(2) 生产组织方式　并行工程要求打破传统的、按部门条块分割的生产组织模式，代之以构建以产品开发为目标的跨部门研发团队。在生产组织上要求克服狭隘的局部利益，树立全局意识，鼓励团队成员之间的合作和协同，建立优化的过程模型，保证产品开发过程中有效地进行信息交流和反馈，以缩短开发周期。

(3) 企业管理模式　在并行工程模式下，企业管理的对象、内容和方法都发生了深刻变化，需要有相应的机制以便及时消解产品开发中可能出现的冲突，解决可能出现的矛盾。

实施并行工程可以产生显著的经济效益。1990年10月29日，美国波音公司正式启动Boeing 777型飞机的研制工作。该型飞机的研制采用全数字化无纸设计技术，整机及其结构件100%采用三维数字化设计、数字化仿真、数字化装配和数字化制造技术，整个设计制造过程无需实物模型和样机，1994年6月12日777型飞机一次性试飞成功。由于广泛采用并行工程的思想和方法，与该公司以往的机型相比，777型飞机的开发成本降低了25%，出错返工率减低了75%，研制周期缩短约50%，对提升该公司在全球市场的竞争力发挥了巨大作用。

9.6.3　并行工程的关键技术

并行工程技术要求产品开发人员在设计阶段就考虑产品全生命周期（从概念形成到产品报废）内各阶段的因素，如用户需求、功能、制造、装配、作业调度、质量、成本、维护等。它强调各部门的协同工作，通过在决策人员之间建立有效的信息交流与通信机制，综合考虑相关因素的影响，在设计的早期阶段及早发现、及早解决后续环节中可能出现的问题，使产品在设计阶段就具有良好的可制造性、可装配性、可维护性和可回收性，最大限度地减少设计反复，减少设计、生产准备和制造时间。

数字化设计与制造及其集成技术（如CAD/CAE/CAPP/CAM、数据库、产品数据交换标准、网络与通信技术等）是实现并行工程的基础和使能技术。此外，并行工程的实施还需要组织管理、过程重构、并行设计方法学等技术的支持。总体上，并行工程的关键技术如下：

1. 并行工程的组织管理技术

为适应并行工程的要求，企业必须转变组织管理模式，从传统的按专业部门划分的串行管理模式转变为以产品为主线的集成开发和管理模式，建立起与并行工程配套的平面化、网络化的企业组织管理机制、企业文化和产品开发模式。

其中，跨部门、多学科的集成产品开发团队是实施并行工程的重要组织形式，也是经实践证明的一种有效的产品开发组织模式。团队主要由三类人员构成，即企业管理决策者、团队领导和团队成员。企业管理决策者的作用是提出路线、任务、目标，组织产品开发团队，指定团队领导并给予授权，参与和支持团队领导的决策制定。产品开发团队从市场和用户需求出发，根据团队的集体意志做出决策，并对决策负责。为保证开发效率和质量，团队成员的个人行为应服从整个团队的决策。

企业中开发团队的数量、规模及人员组成需要根据产品的技术需求及企业资源等决定。一般地，将团队规模分为：①任务级，小规模、单一学科的团队，用于过程及结构简单的产品开发；②项目级，中等规模，含一个或多个学科，适用于含多个任务的产品开发；③工程级，大型团队，含多学科成员，适用于功能结构复杂、部件采用不同工艺的产品零部件的开发，其中每个零部件可以构成一个独立的小团队；④企业级，人员多、机构复杂，可含多个开发团队，还可包含供应商等。组织管理模式的转变，要求企业的物资、设备、人力、财务等管理方式也要相应做出改变。在集成产品开发团队的组织模式中，团队领导层担负着传达和执行上级的政策的任务，同时负责团队自身的日常事务管理、成员与各功能部门之间的协调。

2. 并行工程的过程重构技术

并行工程的本质是产品开发过程重构（Process Re-engineering）。要实施并行工程，就必须深入剖析企业现有的产品开发流程，找出影响产品开发质量和速度的症结，再以并行工程哲理为指导，重构产品开发模式，包括市场分析、产品开发信息流程和开发进程等。

过程重构可以分为任务级、项目级、工程级和企业级等层次。随着团队规模的增大，过程重构的复杂性和难度不断增加。重构过程中应考虑以下因素：①产品开发的数据流程，从传统的串行开发流程转变为集成的、并行的产品开发；②团队成员的素质和要求；③不同层次团队对协同环境的要求；④企业的资源状况。

产品开发过程重构的基础是过程模型。产品并行开发是"综合→分析→评价→再分析→再评价……"的反复过程，它遵循"由粗到精、由简单到复杂、由笼统到精确、由模糊到清晰"的逐步细化、优化的思路，不断迭代，具有明显的动态性。过程模型要表达出开发过程的动态性特征。产品开发的核心活动包括过程定义、过程监控、过程执行、过程度量、过程改进及重组等。受产品信息、产品功能活动、产品开发组织模式、产品开发资源等因素影响，面向并行工程的产品开发过程需要从管理人员、开发人员和过程工作人员等视角分别建立相应的模型。

对产品开发过程信息模型的研究始于 20 世纪 60 年代末。早期采用结构分析方法，用特定的符号和规约来表示产品开发中的信息流动，如数据流动图（Data Flow Diagram，DFD）等；之后，人们用图形、文字等表示由人员、机械、方法、材料、产品等组成的系统，提出结构化分析和设计技术（Structural Analysis and Design Technology，SADT）。1978 年，美国空军将 SADT 作为支持集成化计算机辅助制造（Integrated Computer Aided Manufacturing，ICAM）系统的技术，在此基础上发展了几类集成化计算机辅助制造定义技术（ICAM Definition Technology，IDEF），并在计算机和软件工程、信息分析、系统动态性能分析中得到广泛应用。常用的建模方法有 SADT/IDEF0、Petri 网、IDEF1/IDEF1x、IDEF$_3$、数据流图（DFD）、基于规则的过程编程等。

3. 并行工程的协调管理和协同工作环境

并行工程开发过程中含有大量不确定因素，因设计模型、产品数据、评价标准、知识表达方式、资源约束等方面的原因，导致多个相互关联的对象之间存在不一致、不和谐或不稳定的对立状态，称为冲突（conflict）。冲突是产品开发过程中一种常见的现象。

为保证开发过程的顺利进行，充分体现并行工程的效益，需要有一种支持技术工具和系统，以建立开发团队及功能部门之间的关系，协调跨学科团队的活动，支持团队成员之间的沟通，及时发现并消除冲突，这就是并行工程中的协同管理。对于无法消除的冲突，需要在发生冲突后采取措施加以化解。并行工程的协调管理应提供有效的冲突仲裁机制，妥善处理并行工程环境下出现的各种冲突现象。目前，并行工程协调管理的研究重点主要集中在协调定义、协调表示、协调规律、协调方法、冲突化解方法、协调模型和协调系统的开发等。

为支持团队模式的产品开发，并行工程强调构建协调环境，由早期的团队会议、团队讨论、设计人员面对面交流等协同工作方式，发展到目前计算机支持下的协同工作（CSCW）方式，也称为群件（groupware）。CSCW 研究如何在计算机的支持下实现多学科人员共同工作。它利用计算机、网络、通信和多媒体技术，为并行工程环境下的多学科团队提供协同的工作环境，具体形式有电子邮件、文档、电子论坛、通知、简报、项目管理、电子评审和可视电话等，以便在正确的时间、以正确的方式把正确的信息发送给正确的人，并及时做出修改、认可或决策，保证产品的开发进度和质量。

4. DXF 技术

DFX（Design for X）是并行工程的关键使能技术。其中，X 代表产品生命周期中除设计之外的其他过程，包括制造、装配、拆卸、检测、维护、服务等。DFX 技术使设计人员在设计阶段就要考虑设计决策对后续过程的影响。常用的 DFX 技术包括面向装配的设计（Design for Assembly，DFA）和面向制造的设计（Design for Manufacturing，DFM）等。

DFA 要求在产品设计阶段就要考虑零件之间的配合、定位、装配和装配路径等。例如，选择有利于装配的产品结构形式、几何尺寸和材料，制订科学的装配工艺规划，考虑装配的可行性，优化装配路径，通过仿真避免装配过程中出现的干涉现象等。DFA 的目标是在综合考虑经济性、生产时间和生产柔性的前提下，尽可能地减少产品装配向设计阶段的反馈，缩短开发周期并优化产品结构，提高产品的设计质量。

DFM 的思想是在产品设计时不仅考虑产品的功能和性能要求，还要考虑产品及其零部件、模具、工装夹具制造的可能性、高效性和经济性，增强产品的可制造性（manufacturability）。DFM 可以提前暴露产品设计中隐藏的制造工艺问题，避免或减少设计过程的反复。当存在多个设计方案时，还可以根据可制造性指标进行评估和取舍，或根据加工费用优化产品成本，增强产品和企业的竞争力。此外，快速工装准备也是并行工程中的重要问题。以功能部件的可组装化、参数化为核心，简化工装准备中的备料、切削加工和检测环节，通过建立参数化元件、部件库为工装设计提供便利，缩减制造过程的准备时间。

5. 质量功能配置技术

质量功能配置（Quality Function Development，QFD）是一种将用户需求作为最终质量保证因素映射到产品开发活动中的系统化方法。它通过对产品开发过程中基本元素、事件、活动的分析以及它们之间关系的描述，控制产品模型中涉及用户要求的因素，以最大限度地满足用户需求。它利用一系列关系矩阵，即质量屋（House of Quality）来描述上述关系，将用户需求转化成一系列可以检查、可以操作的活动事件或指标。

6. 产品数据管理技术

从所管理的对象看，产品数据可以分为两类：一类是产品的定义信息，包括几何、拓扑、特征、精度等；另一类是产品开发过程中的相关管理信息。产品数据管理（PDM）技术可以统一和规范管理产品的共享数据，保证全局共享数据的一致性，提供统一的数据库操作界面，保证产品数据信息在物理层面上的分布和逻辑层面上的集成，使用户可以透明地对其进行调用。产品数据模型的标准化，是实现产品数据管理和共享的基础。总之，PDM 技术提供了统一的产品数据平台，为实施并行工程提供了基础数据和支撑环境。

7. 产品性能综合评价系统

产品性能的综合评价是并行工程的重要内容。并行工程的核心准则是优化，在开展产品性能仿真的基础上，优化产品结构和性能，如可加工性、可装配性、可检验性、易维护性以及降低材料成本、加工成本、管理成本等。

8. 并行工程的集成框架系统

并行工程的集成框架就是实现信息集成、功能集成和过程集成的各种软件系统，如辅助决策系统、支持多功能小组的多媒体会议系统、计算机辅助冲突消解系统等。集成框架应可以快速引进新的应用类型，降低维护和支持费用，具有良好的环境适应性。目前，集成框架系统主要采用多媒体技术、客户机/服务器模式等进行开发，但是在知识共享、多领域数据信息转换、设计意图表达等方面还存在不足。

并行工程的实施主要有以下五种模式：

（1）以信息系统和软件为基础的集成　及时、有效和精确的信息服务是并行工程的基础。这种模式认为，实施并行工程的关键在于为产品开发提供有效可用的数据库、软件和专家系统。

（2）以数字化设计与制造为基础的集成　这种模式建立在基于特征的数字化开发软件的基础上。由于制造工艺特征与设计特征存在较大的差别，建立广义特征的建模方法是集成的关键。

（3）基于产品全生命周期管理的集成　该方法关注从产品概念设计到废弃物处理的全部过程，在产品设计的早期阶段考虑产品全生命周期的各种需求，包括设计需求、制造工艺过程、运行、维护和回收利用等。

（4）基于 DFM 和 DFA 的集成　该方法从产品设计的角度出发，强调在设计阶段考虑产品的可制造性和可装配性，以提高设计质量，减少产品开发过程的反复。

（5）基于企业组织、管理和文化变革的集成　产品开发过程是一种团队活动。企业的组织结构、管理理念和企业文化决定了设计过程与制造过程并行、交互的程度。该方法认为：企业组织结构、管理理念和文化的改变是实施并行工程的前提。柔性的组织结构和良好的合作氛围可以促进交流，有利于产品创新和组织目标的达成。设计者应抛弃封闭设计的观念，重视设计过程中的合作。并行工程的成功实施将改变管理者和员工之间的关系、伦理、文化和态度。此外，并行工程要求构建功能交叉、具有柔性的团队结构，以促进产品创新、生产柔性和集成制造。团队结构取决于产品需求、技术状态、外部环境、企业发展战略、管理理念和企业文化等要素。

9.7　制造物联与工业互联网

1. 制造物联与工业互联网的定义和发展历程

网络技术深刻地改变了人们的生产和生活方式。随着网络技术的发展，从有线网络、无线网络到移动网络，从互联网到物联网，多样化的接入终端、便捷的接入方式和高效的接入速度使得信息资源共享和有机协作成为可能。21 世纪以来，智能感知和识别技术发展迅速，以传感器和智能识别终端为代表的设备可以实时感知、准确测量和控制物理世界，由此催生出一个新型网络——物联网（Internet of Things, IOT）。物联网的最初构想是通过传感器

（Sensor）、无线射频识别（Radio Frequency Identification，RFID）等传感设备将物品、制造装备等与互联网连接，实现物理世界和信息世界的互联互通，在此基础上实现对物理世界的智能识别和网络化管理，最终达到万物互联的目的。

互联网解决了人与人之间的信息沟通问题。物联网是继计算机、互联网和移动通信之后信息产业的又一次革命，成为未来经济社会发展和科技创新的重要基础设施。物联网超越了传统互联网的范畴。在物联网环境下，每一件物品都具有地址、通信功能并且均可控。国际电信联盟（International Telecommunication Union，ITU）曾经在一份报告中描述物联网时代的景象：所有的家电、汽车、办公设备和制造装置均成为能够独立寻址的物理对象，成为具有自主感知、自动决策能力的终端。可以预见，在物联网时代，人们的日常生活和工业生产将发生翻天覆地的变化。

1995年，比尔·盖茨在《未来之路（The Road Ahead）》一书中首次提出"物物互联"的设想，但受当时网络通信、传感设备等相关技术的限制，上述设想未受到重视。2005年11月，国际电信联盟（ITU）发布《ITU互联网报告2005：物联网》。该报告指出，无所不在的物联网时代即将来临，世界上所有的物体（从轮胎到牙刷、从房屋到纸巾）都可以通过互联网主动进行信息交互，RFID技术、传感器技术、定位系统、智能嵌入技术将得到广泛应用。2009年，美国IBM公司首席执行官萨缪尔·帕米沙诺（Samuel Palmisano）首次提出"智慧地球（Smart Planet）"的概念，建议美国政府投资新一代智慧型基础设施。2009年，欧盟执委会发表题为"Internet of Things—An Action Plan for Europe"的物联网行动方案，提出加强物联网管理、完善隐私和个人保护、推广物联网应用等行动动议。我国政府也高度重视对物联网的研究和应用。2009年，时任国务院总理温家宝提出"感知中国"的战略构想，大力发展传感网和物联网技术。

2012年，美国国家情报委员会（NIC）将物联网技术列入六项颠覆性技术之一。据统计，2015年全球无线射频识别（RFID）技术的市场规模达到101亿美元，共销售89亿个RFID标签，约有182亿个物品接入互联网；2017年，接入互联网的设备数量达到284亿个。预计到2020年，接入设备的数量将超过500亿个。据美国知名咨询机构Forrester Research公司预测：到2020年，全球物-物互联的业务与人-人通信的业务之比将达到30：1。因此，物联网被称为下一个万亿级的产业，其市场规模将超过计算机、互联网和移动通信等产业。

2012年11月，美国通用电气（GE）公司发布《工业互联网：打破智慧与机器的边界（Industrial Internet：Pushing the Boundaries of Minds and Machines）》白皮书，正式提出"工业互联网（Industrial Internet）"的概念，旨在提高工业生产的效率，提升产品和服务的市场竞争力。2014年3月，AT&T、思科（Cisco）、通用电气（GE）、英特尔（Intel）和IBM等公司在美国波士顿联合发起成立工业互联网联盟（Industrial Internet Consortium，IIC），以推动工业互联网技术的发展和推广应用，在工业互联网技术、标准、产业化等方面制定前瞻性策略。截至2015年，该联盟成员已达130余家。以工业互联网为主导的技术变革如火如荼地进行，成为推动美国"制造业回归"的中流砥柱。工业互联网的核心是智慧产品和智慧工厂，致力于实现人与机器对话、机器与机器对话、人和人通过机器对话、人与环境通过机器对话，从而实现物理机器与数字智慧的融合，这与物联网的思想高度一致。

工业互联网旨在通过信息网络连通起原先割裂的工业数据，形成一个"智慧网络"。该网络具有如下四个基本特征：①感知，可以智能地识别、感知和采集复杂多样的工业物品、设备以及与生产相关的数据；②互联，工业数据可以在互联互通的网络上进行传输和汇聚；

③分析，利用大数据技术快速处理和实时分析网络化的工业数据；④控制，在开展数据分析的基础上，提供开放式服务，并及时将数据反馈到工业生产中。总体上，可以将工业互联网的体系结构定义为"四层三网"，如图9-23所示。

从数据流的角度，工业互联网可以分为智能感知、网络互联、数据分析和开放服务四个层级：

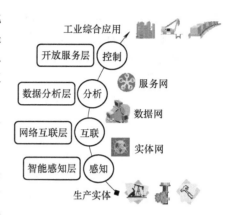

图9-23　工业互联网的结构体系

1）智能感知层。机器、设备、物料和生产人员等工业生产实体对自身状态、环境参数、相关实体的感知与识别，以便在此基础上实现不同生产实体之间的深度协同。感知层是物理世界与数字世界沟通的桥梁，也是物理与信息融合的基础。

2）网络互联层。由多元联网对象组成的复杂异构网络，联网对象可以随时随地地接入网络，实现数据信息在不同联网对象、不同生产环节、不同生产部门之间的高效传输和流通。

3）数据分析层。负责工业大数据的存储、处理、建模、挖掘和优化，为面向工业生产应用的服务提供数据支撑和决策依据。部分网络化数据在传输过程中就被及时处理，更多的数据则汇聚到中心节点后被集中处理。

4）开放服务层。基于工业大数据的分析结果形成决策，面向工业生产提供开放式、共享型、标准化服务，实现对制造现场的调节和控制。在上述四个层级中，智能感知层往下连接物理世界，承接复杂多样的工业生产实体；开放服务层向上对接工业综合应用，协调和控制工业生产。四个层级既相对独立，又彼此补充、相互关联。

从网络的角度，四个层级之间形成了实体网、数据网和服务网三层互联的网络：①实体网是指由机器设备、生产物料、人员等工业生产实体彼此连接形成的互联互通网络，并通过特定的通信方式实现彼此之间的交流与协作；②数据网是指通过传感网络获得来自不同实体、不同生产环节的信息，形成工业大数据，这些数据可以被传输和访问，也可以汇聚到数据中心；③服务网是指在经标准化处理之后，面向工业应用的服务成为开放式接口，可以被不同生产环节、部门以及不同企业所访问和利用。

物联网、大数据分析、云计算等新技术在工业互联网中扮演着不同角色。随着设备智能化程度的加深，对计算能力、感知能力和联网能力提出了新的要求，以实现智能设备的自知和自治。此外，无处不在的联网设备需要随时畅通的泛在网络（Ubiquitous Network），工业互联网的联网对象从物联网时代的机器、设备等物理对象进一步拓展到数据、服务等抽象的对象，形成涵盖实体物联、数据物联和服务物联的综合性网络。设备、软件、数据和数据分析结果，均成为一种服务。除要实现终端设备的可管可控、数据传输之外，工业物联网还要负责物联网对象之间互联互通地共享信息，使不同来源、类型和属性的工业数据汇聚到统一的数据中心。这些服务架设于全球性的开放网络之上，通过标准化接口可以方便、高效地调取和应用所需信息。

物联网（IOT）是工业互联网的核心。通过物联网络连通工业生产链条上所有的设备、人员、数据和服务，实现物联对象之间、联网对象与外部环境之间的互联互通。实时大数据分析完成智能决策，并通过开放式云服务平台被按需调用，形成一套完整的服务于工业生态的技术体系。物联网是信息技术发展到特定阶段的产物，它将互联互通的对象从"人"延伸到"物品"，网络终端的种类和数量都得到极大拓展，由此引发了生产方式和生活方式的深刻变革，成为推动社会变革发展的重要力量。

全球化竞争日趋激烈，产品性能不再是赢得竞争优势的唯一因素，用户更多地关注产品的智能化和服务化特性，开始深入介入产品的设计、制造和服务过程。制造与服务的有机融合也推动了制造物联技术的发展。制造物联系统是物联网技术在制造领域的应用，它融合了传感、自动控制、信息、管理等学科的知识，通过人、产品和设备之间便捷的通信，帮助制造企业及时地获取、透明地使用制造资源和产品信息，推动制造过程的透明化、敏捷化和精益化，帮助企业实现柔性制造、智能制造和精益生产。

目前，制造物联还处于探索阶段，尚没有形成统一的定义和技术体系。下面给出制造物联的两种定义：①制造物联是将网络、嵌入式设备、RFID、传感器等电子信息技术与制造技术相融合，实现对产品制造与服务过程中制造资源和信息的动态感知、智能处理与优化控制的一种新型制造模式；②制造物联技术是以感知技术（如智能传感器、RFID 设备、感应器、定位系统和激光扫描仪等）为基础，与网络技术融合形成传感网络，通过对制造过程数据的全面感知、可靠传递和智能处理，实现制造全过程的"物-物"相联、"人-物"相联和"人-人"相联。

2. 制造物联的相关技术

制造物联系统的核心是生产数据的实时感知、传输、分析和应用。制造物联通过对生产现场的人、机器、物料、方法、环境等制造要素的状态跟踪和协同，实时获取制造资源信息、在制品信息和生产状态信息，为数字化管理系统提供实时生产数据和决策支持，从系统整体性能最优的角度制定生产计划、下达调度指令，并通过制造物联网络及时传输到生产现场，实现生产系统的互联、高效和优化。

制造物联涉及生产现场各类制造数据的采集、传输、处理和互联等操作，在技术层面具有全面感知、异构集成、按需架构、自适应和互操作五个特征：①全面感知，信息感知是制造物联的基础，要感知的数据包括人员、设备、物料、在制品、成品、生产状态等，制造物联系统通过传感器、RFID 和信息技术等完成数据采集，实现全面感知；②异构集成，制造物联系统感知的数据种类众多，人员、设备、物料、产品等数据采集方式各异，数据传输方式也不尽相同，因此，需要对不同格式的数据进行异构集成，以便于数据处理和应用；③按需架构，目前制造物联系统还处于研究阶段，没有形成标准的技术架构；④自适应，利用制造物联系统实现设备层与管理层的实时信息交互，管理层可以实时、动态和智能化地管理制造过程，实现对制造资源、制造过程的主动协调和自动控制；⑤互操作，制造物联系统不仅实现了设备层与管理层的信息交互，还可以实现制造资源的信息交互和制造过程的互操作。

根据研究对象和研究目标不同，制造物联系统的技术架构大致可分为三个级别，即车间级、企业级和产业链级。

（1）车间级 车间级制造物联技术主要是针对生产现场的制造资源和产品信息数据的采集与协同，如图9-24所示。为满足管理信息系统对物料、设备、人员、生产计划执行情况和产品等生产现场数据的实时性要求，车间级制造物联系统可以分为自动控制层、制造物联层、制造执行层和产品层。制造物联层连接生产现场的控制设备和制造执行系统，采集设备、物料等制造资源信息和产品信息，向上与企业级管理信息系统交互，并根据需要提供相关信息的数据协同应用。

制造物联的核心是传感网络和对象域名解析服务器 ［Object Name Service（ONS）Server］，

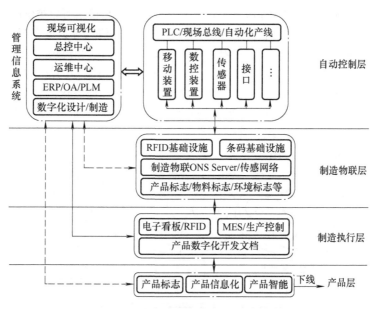

图 9-24　制造物联的车间级技术架构

从而实现对生产现场制造资源信息、产品信息和数据管理的协同应用。ONS 服务器是一个自动网络服务系统，可以实现与制造资源、产品信息相对应的数据服务和地址信息的存储，并提供与外界交换信息的服务，通过与其他 ONS 服务器的级联组成制造物联网络体系。在这种技术架构下，管理信息系统和 MES 无需直接与各种生产设备进行数据交换，而是通过制造物联层进行制造资源和产品数据的协同应用，保证了信息数据的实时性、一致性和准确性，提高了数据的利用效率。

（2）企业级　如图 9-25 所示，制造物联的企业级技术架构主要是针对企业内部制造过程数据的采集和协同应用，可以满足产品全生命周期中设计、加工、配送、服务和再制造等环节的数据协同要求，将制造的视角从生产现场扩展到从设计、制造、使用到服务的产品全生

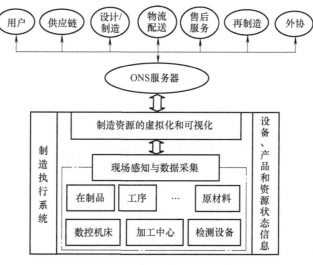

图 9-25　制造物联的企业级技术架构

命周期。通过制造物联网络化操作服务平台，制造资源和产品信息可以被供应链各环节共享。此外，所采集的产品信息、用户信息、生产现场信息和订单信息等数据资源，有助于实现制造过程的快速协调和资源优化配置，使制造链和供应链更加高效和流畅。

（3）产业链级　产业链级制造物联主要针对产业链制造过程中的信息数据采集及其协同应用需求，以便实现产业链内企业制造资源和能力的虚拟化和服务化，如图9-26所示。通过构建多级制造物联ONS服务节点，实现硬制造资源（如机床、加工中心、物流设备、物料等）和能力（如人、知识、组织、管理规范等）的全系统、全生命周期和全方位感知与接入，并提供企业之间的协同应用。

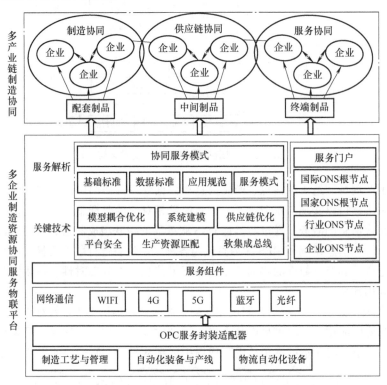

图9-26　制造物联的产业链级技术架构

物联网系统的基础主要包括二维条码技术、传感器技术、射频识别技术、无线传感网络和全球卫星定位系统等。

（1）二维条码技术　二维条码是按一定的规律、采用黑白相间的图形记录数据符号信息的条码技术，具有信息容量大、编码范围广、容错能力强、可靠性高、可引入加密措施、成本低、易识别和持久耐用等优点。根据工作原理不同，二维条码可以分为堆叠式/行排列二位条码和矩阵式二维条码两种类型。堆叠式/行排列二位条码的编码建立在一维条码基础之上，根据需要堆积成两行或多行；矩阵式二维条码是在一定的矩形空间内按矩阵方式将黑白像素分布排列完成编码。目前，二维条码技术已经成熟，广泛应用于物料追溯、信息获取、支付和服务业等领域。

（2）传感器技术　传感器用于从物理环境中获取信息和处理信息。一般地，传感器包括硬件和软件两部分，硬件部分用于物料信号的感知和转换，软件部分主要用于信息的提取、处理和上传。根据功能不同，传感器可以分为温度传感器、位移传感器、压力传感器、声音传感器、光线传感器等类型。

（3）射频识别技术 射频识别（RFID）是指以电磁信号为载体，通过无线射频方式在读写器和标签之间实现非接触式双向通信，以实现数据读取与交换的技术。RFID 系统主要包括电子便签、读写器和控制器（中间件）三部分。它具有免接触、抗干扰能力强、多目标识别、读取速度快和可读写等诸多优点。电子标签由具有一定存储能力的芯片组成，芯片的内部存储器上存储代码信息、技术参数等信息，通常电子标签安装在待识别对象上。读写器由读写装置、天线和识别软件组成，完成电子便签信息的识别、读取、转换等操作，一般安装在待识别对象通过的通道上。控制器（中间件）用来管理读写器与 PC/PLC、服务器或网络结构模块的通信接口，实现电子便签硬件与上层应用的信息交互。此外，根据 RFID 的频率，可将其分为低频、高频、超高频、微波等类别。目前，RFID 技术已经广泛应用于工业生产中。

（4）无线传感网络 无线传感网络是传感器各节点之间通过信息的传递与协同，共同完成某项任务的智能网络。它集分布式数据采集、处理和传输于一体，是物联网底层网络的重要技术。典型的无线传感网络架构主要由传感器节点、基站（Base Station）、因特网/通信卫星和远程任务管理节点等组成。无线传感网络集成了传感器、信息处理、无线通信、网络和嵌入式技术等多种技术，可随时随地采集所需的信息和数据，具有功耗低、自组织、可靠性高和集成化等优点。

（5）全球卫星定位系统 全球卫星定位系统（Globle Positioning System）是一种利用导航卫星完成物体三维空间定位、速度测定和精确定时等功能的系统，具有全方位、全天候、全时段、高精度等特点。目前，卫星导航定位系统主要有美国的全球卫星定位系统、中国的北斗系统、俄罗斯的"格洛纳斯"定位系统和欧洲的"伽利略"定位系统。全球卫星定位系统与物联网系统的结合，克服了物理距离的限制，可以完成全球范围内物联网节点的定位，促进了物联网服务的发展。

 ## 9.8 数字化企业

9.8.1 数字化企业的定义

当 21 世纪来临的时候，随着互联网和信息技术的发展，人类进入信息时代，数字化技术开始渗透到产品研发、生产、管理、营销和售后服务等企业运作的各个层面，企业的组织架构、业务模式和管理方式等发生了持久而深刻的变革。此外，经济全球化使得企业的业务部门和产品开发的相关环节（如采购、设计、制造、销售、财务、客户服务等）分布在不同地域或国家。因此，企业要有一个强有力的网络平台和信息系统，以完成不同业务部门或团队之间的沟通、协调、管理与监控。在上述背景下，数字化企业（Digital Enterprise）应运而生。

数字化企业是信息技术和经济全球化相互融合的产物。它建立在数字化技术的基础上，是一种全新的企业组织形式。它将数字化和信息技术融入企业运作的各个方面，基于网络环境为企业的生产运作提供支持。数字化企业为员工知识共享、团队合作和有效沟通构建一个网络平台，形成有利于信息快速传递和企业高效运作的数字化环境，以增强企业对市场的适应能力，帮助企业在激烈的竞争中取得先机。目前，完全意义上的数字化企业尚不多见，但是数字化已经成为 21 世纪制造企业发展的必然趋势。

数字化企业需要有良好的数字化基础设施。通常，它是以生产产品或提供服务的数字化制造企业为核心，由核心企业和关联成员共同构建的数字化平台，形成一个跨企业、跨行业、跨地域的数字化环境，实现成员之间的信息共享、优势互补和资源的有效利用，共同为顾客提供令其满意的产品或服务。图9-27所示为数字化企业的构成要素。

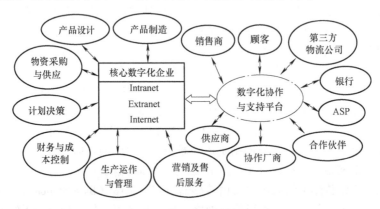

图9-27　数字化企业的构成要素

由图9-27可知，数字化企业的构成要素包括：

1）核心数字化企业：数字化企业的发起者和核心成员，为顾客提供最终产品或服务。数字化企业拥有完善的产品数字化开发和数字化管理环境，在产品设计、制造、供应链管理、生产运作、财务与成本控制、营销、售后服务等方面均实现了数字化。

2）顾客：产品或服务的需求者，可以通过网络寻求产品或服务，向数字化企业下达订单，参与数字化企业的设计、制造或管理活动，接受数字化企业提供的服务。

3）供应商：通过网络参与核心数字化企业的产品研发和生产，从核心企业处获取市场需求信息，接受核心企业下达的订单，为核心企业提供数字化支持服务，及时了解和满足核心企业的生产计划、库存和物料需求。

4）协作厂商：通过网络了解核心企业的生产需求，为核心企业提供及时的协作服务。

5）销售商：通过网络获得市场需求信息，为顾客提供有效的产品和及时的服务，参与数字化企业的产品设计、制造和销售，向核心企业提供市场需求信息、下达数字化订单。

6）第三方物流公司：为数字化企业提供物料运输、仓储、装卸等物流服务，并提供及时、准确、有效的物流信息。

7）银行：为数字化企业及其协作厂商提供资金和信用担保等服务。

8）应用服务提供商（ASP）：为数字化企业提供数字化服务，如服务器、应用软件等。

9）合作伙伴：为企业成员提供数字化信息、知识和服务，参与企业的某些运作过程。

上述构成要素以及相关的业务活动均建立在网络和信息化技术的基础上，通过网络实现相关信息的采集、存储、传输、转换、分析、控制和应用。

此外，还可以从以下层面理解数字化企业：①通过数字化的信息系统连接和沟通企业运作的各种实体对象，如设备、员工、顾客、供应商、合作伙伴等；②以数字化信息系统管理企业资产（如设计方案、知识产权、加工装备、财务和人力资源等）和业务流程（如采购、研发、加工、销售、售后服务等）；③采用数字化方法管理企业运作和宏观决策，实现产品全生命周期中的设计、制造、装配、质量控制、检验、销售、售后服务和报废回收等环节的数字化；④与传统企业相比，数字化企业具有丰富的信息末梢，能够敏捷地感知外部环境的变化并迅速做出响应，使企业在激烈的市场竞争中生存并显示出强大的竞争力。

数字化企业具有以下特点：

1）数字化：企业和产品的相关信息实现数字化，包括产品设计、制造工艺、销售、技术支持、经营决策、管理等方面的信息，以保证企业内各部门之间以及与顾客、供应商、销售商和合作伙伴之间可以通过网络获取相关信息。

2）网络化：企业内部各部门之间和合作伙伴之间通过网络进行沟通和交流，并为知识共享和信息集成提供条件。

3）智能化：数字化企业始终处于"学习→记忆→适应→优化"的状态，能够按照特定的行为规则完成信息更新和组织变革，以适应环境的变化。

4）敏捷化：利用信息系统，有助于企业敏锐地发现和抓住市场机遇，快速地响应市场变化。

5）集成化：数字化企业要求数字化设计、数字化制造和数字化管理技术的高效衔接，实现人、财、物、产、供、销的有机集成。

6）优化：通过过程集成、信息集成和资源集成，实现企业运作效率和经济效益的优化，提高企业的市场应变能力和竞争能力。

7）虚拟化：在数字化企业中，利用网络构建虚拟企业，产品开发和企业运营管理在虚拟现实的环境下进行，通过仿真技术加以评价、分析和优化，有效组织各种资源。

8）创新性：利用网络资源和创新的组织架构，实现企业的知识创新、产品创新和管理创新。

9.8.2 数字化企业的构建

信息技术在数字化企业中的应用范围包括：

（1）产品数字化设计 完成产品的总体设计、零部件设计和模具设计等，提供产品的三维造型和二维工程图等设计文档。

（2）计算机辅助工艺规划 编制零件的加工工艺流程和装配工艺流程。

（3）计算机辅助工程分析 完成零部件以及整机的强度校核、运动学仿真、动力学仿真、工艺参数仿真和其他性能的仿真与优化。

（4）产品数字化制造 完成零部件及其模具的数控编程与数控加工，实现整机的数字化质量检验和装配。

（5）制造资源计划（MRP II） 根据独立需求和相关需求确定物料清单（BOM），将设计和工艺信息进行汇总，形成准确的产品结构信息和工艺信息，生成产品制造所需的基础数据，包括库存信息、采购数据和生产计划安排等。

（6）产品数据管理（PDM）和产品全生命周期管理（PLM）系统 利用计算机网络完成与产品开发过程和全生命周期相关的各类数据文件的分类、管理和更新，支持相关工程师和管理人员的协同工作。

（7）企业资源计划（ERP）和制造执行系统（MES） ERP 系统利用网络和数据库技术实现对企业生产、采购、销售、人力资源、财务、库存、质量、设备、项目等环节的有效管控。MES 是面向制造企业车间执行层的生产信息化管理系统，它为制造企业提供包括制造数据管理、生产计划排程、生产调度管理、库存管理、质量管理、人力资源管理、工作中心/设备管理、工具工装管理、采购管理、成本管理、项目看板管理、生产过程控制、底层数据集成分析、上层数据集成分解等功能模块。

（8）办公自动化（Office Automation，OA）系统　采用计算机、网络、现代办公设备和通信技术，全面、迅速地收集、整理、加工、存储和使用信息，方便快捷地共享信息、高效协同工作，为科学管理和决策服务，从而达到提高行政效率的目的。

（9）电子商务系统　利用信息和通信技术完成企业之间、企业与顾客之间以及企业与公共管理者之间的商务活动及信息交换。

（10）供应链管理和客户关系管理　利用信息技术有效管理企业的前端资源，并为后端资源提供高质量服务。

综上所述，数字化企业是信息技术、通信技术、先进制造技术、现代管理方法等有机结合而形成的集成系统，它的目标是实现产品设计的数字化、制造装备的数字化、生产过程的数字化、管理决策的数字化以及技术支持和服务的数字化。表9-1所列为数字化企业中的应用系统和软件模块。

表9-1　数字化企业中的应用系统和软件模块

应用系统和技术	内　　容
数字化设计系统	CAD、CAE、逆向工程（RE）
数字化制造及其工艺装备	GT、NC、CNC、DNC、CAPP、CAM、高速切削加工（HSM）、工业机器人、AGV、RPM、敏捷制造（AM）
数字化管理与决策	PDM、PLM、JIT、OA、MRPⅡ、BPR、SCM、CRM、ERP、CSCW、MES、决策支持系统（DSS）、电子商务（E-commerce）
数字化集成系统	FMS、CIMS、计算机辅助后勤系统（CALS）
基础数据采集与应用平台	电子数据交换（EDI）技术、条形码技术、多媒体技术、虚拟现实技术、信息安全技术、网络技术、通信技术、射频识别（RFID）技术、全球定位系统（GPS）、智能卡（IC）技术、标准化技术、数据库技术

通过构建数字化企业，可以实现人、技术、经营目标和管理活动的融合，实现制造企业与供应商、顾客信息的集成，不仅为顾客提供产品，还提供产品全生命周期的管理与服务，促进企业的组织变革、生产率的提升和产品质量的改善。数字化企业的运作流程大致如下：顾客通过Internet登录企业主页，了解企业的产品目录、性能、价格、质量保障及售后服务体系等信息，并在网上订货或通过E-mail等渠道反馈信息；企业的销售系统在接收到顾客的订单后，将订单数据汇总并提交企业生产计划系统；生产计划系统根据企业的资源状况和生产能力（如设备、人员、原材料库存等），在评估、优化的基础上确定生产计划（如产品品种、数量、人员和设备安排等），实现资源的高效利用和效益优化；基于MES系统生成生产计划和物料清单（BOM），采购系统完成原材料的采购与供应，确定最佳的采购时间、批次和订货量；设计和生产部门按照生产计划要求完成产品的开发和制造工作；销售部门按照计划将产品交付给用户，提供必要的技术支持和服务，并接收顾客的反馈意见。

数字化企业运行的关键环节包括：①敏捷地把握顾客和市场需求，以便为顾客提供优质的产品和服务，扩大企业的市场影响力、提高市场份额；②生产过程的高效控制，以达到优化生产过程、降低生产成本和提高作业效率的目的；③与供应商、销售商建立良好的合作关系，以达到降低采购成本、保证原材料质量、提高市场占有率的目的。

数字化企业的构建不是一朝一夕的事情。它是在传统企业基础上逐步建立起来的复杂技术及管理系统，一般需要经历以下几个阶段：①数字化基础设施建设，包括配置计算机、服务器，构建企业局域网、连接 Internet，采购办公自动化（OA）软件等；②构建数字化单元，包括为产品设计、制造等单元配置数字化设计、分析和制造软硬件系统，为财务管理部门配置财务电算化软件等；③企业局部数字化，是指在单元数字化的基础上，配置 PDM、SCM、CRM、MES 等软件，实现设计、工艺、生产计划与调度、供应链等企业局部的数字化运作与管理；④企业全局数字化，是指在单元数字化和局部数字化的基础上，利用 PLM 软件和 ERP 软件等构建覆盖企业所有业务流程的数字化平台。

9.8.3 数字化企业的案例分析

安徽合力股份有限公司（以下简称合力公司）的前身是建于 1958 年的合肥起重运输机器厂，现为安徽叉车集团公司的骨干企业。1996 年 10 月，"安徽合力"股票在上海证券交易所挂牌上市，成为国内叉车行业第一家上市公司。公司主导业务为"合力（HELI）"牌内燃叉车和电动叉车、搬运机械、仓储机械、工程机械及其关键零部件（变速器驱动桥总成、高品制质铸件、液压缸、变矩器、制动器等）的研发、制造、销售与咨询服务。目前，该公司有500 多个机型、2000 多个品种，全部拥有自主知识产权，产品综合性能处于国内领先、国际先进水平，年产叉车等产品 10 万余台，是国内最大的叉车生产基地。1991 年至今，公司主要经济指标始终位居行业之首。此外，公司产品远销 150 多个国家和地区，并在法国投资兴建了合力欧洲中心。

公司拥有国内同行业最完整的产业体系，设有全国叉车行业唯一的国家级企业技术中心、国家级工业设计中心，先后通过 ISO 9001（2000）质量体系认证、欧盟 CEO 安全认证、ISO 14001 环境管理体系认证，荣获了"中国叉车第一品牌""中国叉车行业最具影响力品牌"、商务部"重点培育和发展的出口名牌""中国驰名商标""中国工业大奖表彰奖"等荣誉。近年来，通过投资建设与兼并收购，该公司已经形成以合肥本部为中心，以宝鸡合力、衡阳合力、盘锦合力为生产基地，以合肥铸锻厂、蚌埠液力公司、安庆车桥厂等核心零部件生产体系为支撑的产业布局，以欧洲合力为核心的海外布局雏形初现。公司的发展目标是将合力打造为世界知名品牌，成为全球工业车辆的一流制造企业；以运搬机械为主营，向工程机械领域拓展；实现由搬运产品供应商向智能物流解决方案供应商的转变。

合力公司重视技术研发和质量控制，强调产品的自主创新，2000 年至今已获国家专利授权 889 项，其中发明专利 72 项、实用新型专利 645 项，先后引进"奥迪特法""精益生产""企业内部控制体系""卓越绩效"、SAP-ERP 等科学管理体系，并建立起具有自身特色的运营管理模式——HOS，为公司的持续健康发展提供了可靠保障。2006 年，公司被中国机械工业联合会评为全国叉车行业首家"现代化管理企业"。工业车辆属于传统的机械产品，近年来该公司通过嫁接互联网、物联网和智能技术，积极响应"互联网+"思想，以智能化软硬件武装叉车，通过智能仓储应用实现设备互联，支持自动化的生产配送，形成以为用户创造价值、精准满足智能制造和市场多样化需求为目标。公司以智能技术、新能源技术和节能技术等为支撑，内燃、电动、仓储、牵引车、特种产品等系列产品比肩国际一流水准的产品新格局，力争成为全球叉车专家和中国自动化物流设备提供商。1985 年至今，合力公司大致经历了以下两个发展阶段：

1. 1985～1994 年：按库存生产（Make to Stock，MTS）方式

1992 年之前，由市场部门在调研的基础上提出需求报告，技术部门设计出满足市场要求的车型，生产部门按照年度计划进行生产，再由销售部门将产品推销给顾客。公司当时的生

产状况为几年设计一个产品，一个产品能卖上几年，产品种类少、顾客的选择面小。

1992年，原机械工业部在全国挑选各行业龙头企业支持其发展成为世界级的大型重点企业，合力公司作为国内叉车行业的龙头企业被选中。安徽省政府在资金和政策上也给予大力支持，希望合力公司用15年左右的时间进入世界叉车行业十强。合力公司在技术、资本、人才等方面均有较好的基础，要快速提升企业竞争力必须改变现有流程，而改变流程的最有效手段就是信息化。为此，合力公司加快了企业信息化的建设步伐。

合力公司是国内较早全面实施企业信息化的企业之一。1992年，合力叉车的前身合肥叉车总厂与北京航空航天大学合作，制订出《合肥叉车总厂MIS/CAD/CAM总体方案》，并在合肥总部实施MRPⅡ。1994年，合力引入美国EMS公司TCM-EMS制造资源计划（MRPⅡ）系统，包括库存管理、物料清单、标准工艺、主生产计划和粗能力计划、物料需求计划、车间作业控制与细能力计划、客户订单处理、采购申请、采购订单处理、作业成本、应收账/应付账/总账等模块，此外还采购了CAD、财务管理等软件。随着信息化系统的引入和生产管理手段的提升，在企业库存成本、生产成本、信息标准化等方面得到有效改善，交货期明显缩短。1991～1994年3年的叉车产量之和超过1万台，超过建厂前30年产量的总和。

2. 1995年至今：按订单生产（Make to Order, MTO）方式

随着市场的多元化，叉车行业的竞争越来越激烈，顾客的选择余地增加，按库存生产已经不能满足市场变化和顾客的个性化需求，公司的生存和发展受到挑战。当时国外公司的叉车产品大多根据模块化设计思想生产，几千个零部件可以灵活地组合成几十种车型，顾客可以根据实际需要进行定制。模块化思想给合力以良好的启示，合力开始研究基于模块化的产品配置，将产品按模块划分，将叉车产品分为平台、内外饰和控制系统等部分，将生产组织分成动力系统、工作装置、起重系统和车身系统等部分，将合力的服务模式定位为按订单装配（Assembly to Order, ATO）。此外，合力公司通过投资、兼并、联合和重组等资本运作，迅速形成了规模效应。

1999年，美国EMS公司被并购，TCM-EMS软件的维护和技术支持出现困难，合力公司的企业信息化也面临新的抉择。为了更好地反映本企业产品的特点，满足企业的长期发展需求，合力决定自主开发ERP系统，组建了自己的软件公司——合肥和谐软件有限公司。2001年底合力推出自己的ERP软件系统——和谐制造业管理软件（HEXIE Manufacture Management System, HMS）。在公司本部实施两年后，HMS在集团各成员企业中推广应用。随着HMS软件的推广应用，合力公司又逐步导入CAD/CAE/CAPP/CAM/PDM/OA和财务管理软件应用系统，购置了先进加工装备，初步建立起叉车柔性制造体系，合力的数字化企业版图逐渐清晰。

尽管如此，在合力公司内部仍存在不少信息孤岛现象，各子系统的信息资源不能有效共享。为此，自2001年起合力公司开始开展信息化提升和集成工作，制订了公司信息化规划，将信息的整合、集成提高到战略高度，并将之定名为"企业协同信息管理系统"。图9-28所示为合力公司数字化企业的基本架构。

目前，CAD/CAE/CAPP/CAM/PDM/ERP等数字化设计、制造与管理软件已经在合力公司本部和分厂得到广泛应用，有效地支持了产品创新，产品结构不断优化，产品性能和质量大幅度提升，开发周期持续缩短。合力成为全国机械行业第一家甩掉绘图板的企业，被国家科技部评为国家级"信息化示范企业"。

基础数据体系支持着企业数字化系统的运行。合力公司的基础数据主要包括：①设计数据，包括CAD工程图、三维模型、设计BOM、CAPP卡片、标准工艺等；②制造数据，包括

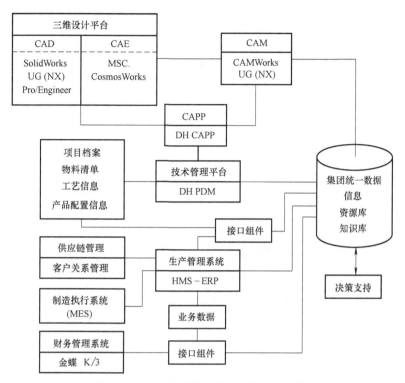

图 9-28 合力公司数字化企业的基本架构

配置信息、制造 BOM、采购 BOM、计划 BOM、库存信息和成本信息等；③供销数据，包括配件信息、顾客信息、采购订单、供应商信息等。上述数据来自企业总部、各事业部、研究所和分厂，共同构成企业的数据架构（图 9-29）。

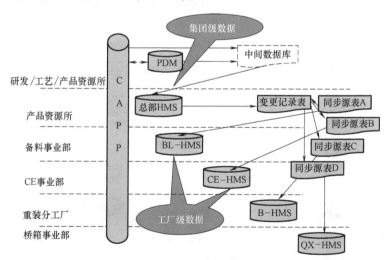

图 9-29 合力公司的数据架构

合力公司利用三维设计平台对大型产品进行虚拟设计和仿真，通过对物理量和性能指标（如静力学特性、动力响应、疲劳强度等）的分析，为产品的早期设计提供定性指导和定量参数，实现设计方案的优化、降低样机的试制成本。合力公司建立了以 UG（NX）为核心的 CAM 平台，广泛采用数控化加工设备，具备柔性生产能力，为产品制造质量和生产率提升提供了保证。利用 PDM 平台，设计人员、工艺人员和生产技术人员实现了协同作业，实现了资料共享与重用、工艺的及时反馈和改进、工艺文件的统一管理。图 9-30 所示为基于 PDM 和 ERP 的合力公司的产品结构与配置管理框架。

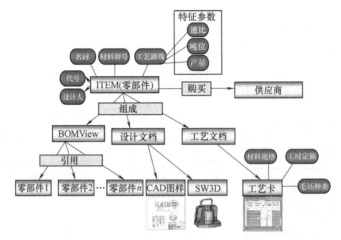

图 9-30　合力公司的产品结构与配置管理框架

尽管如此，合力公司的发展仍面临着新的挑战，主要表现在：①产品线日益丰富，包括叉车、装载机、压路机、牵引车等系列产品，对企业的创新设计能力提出挑战；②跨地区、跨国界的业务分布给企业的协同管理带来新的课题；③新的事业部体制、分子公司体制等对企业运作管理提出新的挑战；④美国和欧洲的金融危机导致国外订单大幅度减少，市场需求的波动性大。数字化平台建设的目标就是通过网络平台和数字化系统建设，推动公司全球化战略的实施。合力公司的全球化网络拓扑图如图 9-31 所示。

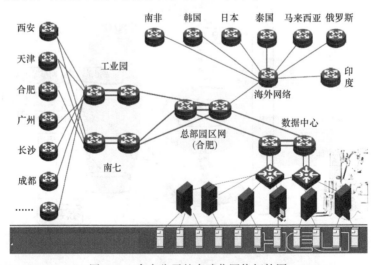

图 9-31　合力公司的全球化网络拓扑图

社会发展和技术变革的潮流浩浩荡荡，数字化企业的建设没有终点。合力公司的数字化系统是根据企业实际需求逐步建立起来的，为公司生产模式的转变提供了有力的技术支撑。随着企业发展和市场环境变化，合力公司数字化系统的内涵不断得到拓展。合力公司的信息化实施之路表明：信息系统是选择自主开发还是购买应用系统，其实并不是最重要的；真正重要的是信息系统是否能有效地支撑企业的业务发展。只有将信息技术与企业的发展战略有机结合，有效地支撑企业的相关业务发展，信息系统才能在企业中生根发芽，成为企业的数字神经系统，也才能实现企业数字化建设的可持续性。

合力公司的数字化企业建设经历了从"不信任"到"无所不能的神化"，再到"回归正常"的过程。在此过程中，通过注重细节和持续改进使数字化和信息化越来越实用、高效。安徽叉车集团有限责任公司首席信息官（Chief Information Officer，CIO）、安徽合力股份有限公司总经济师张孟青认为："信息化只是手段，而不是目的，我们不是为信息化而信息化；不管有没有信息化，公司的业务流程都要随公司发展而不断变革，否则即使信息化做得再好也会被淘汰。"该公司通过持续推进工业化与信息化的深度融合，逐步实现业务全流程信息化覆盖，以信息化支撑起的智慧合力的宏伟蓝图，使得作为传统工程机械制造企业的安徽合力始终走在时代的前沿。

2016年10月，在安徽合力股份有限公司A股上市20周年的纪念活动上，该公司发布企业数字化建设新成果：电商平台正式上线、全新的公司官方网站上线运行、基于安卓和苹果IOS系统的精品宝APP上线、宝鸡合力SAP ERP项目成功上线。在新的起点上，安徽合力再次扬帆出发，以数字化驱动企业创造新价值，致力成为制造强国战略的践行者，朝着建成国际一流现代化制造企业的目标前进。

 思考题及习题

1. 名词解释

（1）敏捷制造（Agile Manufacturing）

（2）精益生产（Lean Production）

（3）串行工程（Sequential Engineering）

（4）并行工程（Concurrent Engineering）

（5）虚拟制造（Virtual Manufacturing）

（6）协同设计（Collaborative Design）

（7）网络化制造（Network-based Manufacturing）

（8）智能制造（Intelligent Manufacturing）

（9）柔性制造系统（FMS）

（10）自动引导小车（Automatic Guided Vehicle）

（11）计算机集成制造系统（CIMS）

（12）数字化企业（Digital Enterprise）

（13）朱兰质量螺旋

（14）管理信息系统（Management Information System）

（15）制造资源计划（Manufacturing Resource Planning，MRP Ⅱ）

（16）企业资源计划（Enterprise Resource Planning，ERP）

（17）制造执行系统（Manufacturing Execution System，MES）

（18）物联网（Internet of Things，IOT）

（19）工业互联网（Industrial Internet）

（20）无线射频识别（Radio Frequency Identification，RFID）

2. 经济全球化对制造业提出了哪些挑战？又提供了哪些发展机遇？

3. 随着计算机、网络和信息技术的发展，当今制造业体现出哪些发展趋势？形成了哪些数字化开发的集成思想和技术？

4. 什么是柔性制造系统？它出现的背景是什么？具有哪些特点？

5. 柔性制造系统的工作原理是什么？分析柔性制造系统的基本组成，并指出各部分在系统中的功能。

6. 分析制造系统的主要类型，简述它们的特点及适用范围。

7. 什么是计算机集成制造（CIM）？分析计算机集成制造的内涵和产生背景。

8. 什么是计算机集成制造系统（CIMS）？分析计算机集成制造系统的基本组成，并论述各子系统的功用。

9. 根据产品对象及制造工艺的不同，CIMS主要有哪些类型？分析每种类型CIMS的特点。

10. 分析CIMS工程实施的基本步骤，剖析复杂系统实施中应注意的问题。

11. 什么是计算机支持的协同工作（CSCW）？它产生的背景是什么？有哪些基本功能？

12. 什么是协同设计？协同设计有哪些关键技术？

13. 协同设计的体系结构是如何分类的？常用的协同设计工具有哪些？

14. 什么是网络化制造？它产生的背景是什么？

15. 结合具体案例，分析网络化制造的基本特点。

16. 分析网络化制造的体系结构，并指出各层次的组成及功能。

17. 网络化制造有哪些应用模式？分析每种运行模式的特点及典型应用。

18. 什么是企业动态联盟？它有哪些运行模式？

19. 什么是产品开发的串行工程？分析串行工程的特点。

20. 并行工程产生的背景是什么？它有哪些特点？

21. 从产品开发的角度，分析串行工程与并行工程的区别。

22. 并行工程实施过程中有哪些关键技术和要素？它的实施需要具备哪些条件？

23. 并行工程有哪几种实施模式？它们分别具有哪些特点？

24. 分析比较互联网与物联网的区别与联系。

25. 什么是工业互联网？什么是制造物联系统？分析它们的定义、特点、区别与联系。

26. 工业互联网的体系结构包括哪些内容？

27. 在技术层面，制造物联系统具有哪些特征？

28. 物联网系统有哪些基础技术与部件？

29. 什么是数字化企业？分析数字化企业的构成要素。

30. 数字化企业具有哪些特征？

31. 以机械制造企业为例，分析数字化企业中数字化软件的模块组成和应用系统类型，分析各软件模块的功能。

32. 选择合适的制造企业，在查阅资料和开展现场调研的基础上，了解企业在产品数字化设计、数字化仿真、数字化制造和数字化管理等方面的历史与发展现状，分析数字化技术在企业发展和产品开发中的价值与作用，总结企业实施数字化改造的成功经验和失败教训。

参 考 文 献

[1] 叶元烈. 机械现代设计方法学 [M]. 北京：中国计量出版社，2000.

[2] 孙家广. 计算机辅助设计技术基础 [M]. 北京：清华大学出版社，2000.

[3] 郑建荣. ADAMS——虚拟样机技术入门与提高 [M]. 北京：机械工业出版社，2002.

[4] 杨文玉，尹周平，孙容磊. 数字制造基础 [M]. 北京：北京理工大学出版社，2005.

[5] 杨海成. 数字化设计制造技术基础 [M]. 西安：西北工业大学出版社，2007.

[6] 王庆明. 先进制造技术导论 [M]. 上海：华东理工大学出版社，2007.

[7] 蔡颖，薛庆，徐弘山. CAD/CAM 原理与应用 [M]. 北京：机械工业出版社，2001.

[8] 张洪武，关振群，等. 有限元分析与 CAE 技术基础 [M]. 北京：清华大学出版社，2004.

[9] 徐杜，蒋永平，张宪民. 柔性制造系统原理与实践 [M]. 北京：机械工业出版社，2001.

[10] 王国强，等. 虚拟样机技术及其在 ADAMS 上的实现 [M]. 西安：西北工业大学出版社，2002.

[11] 孙大涌. 先进制造技术 [M]. 北京：机械工业出版社，2000.

[12] 王玉新. 数字化设计 [M]. 北京：机械工业出版社，2003.

[13] 郭钢. 新产品数字化设计与管理 [M]. 重庆：重庆大学出版社，2004.

[14] 艾兴. 高速切削加工技术 [M]. 北京：国防工业出版社，2003.

[15] 周祖德. 数字制造 [M]. 北京：科学出版社，2004.

[16] 郭戈，颜旭涛，唐果林. 快速原型技术 [M]. 北京：化学工业出版社，2005.

[17] 王秀峰，罗宏杰. 快速原型制造技术 [M]. 北京：中国轻工业出版社，2001.

[18] 孟明辰，韩向利. 并行设计 [M]. 北京：机械工业出版社，1999.

[19] 刘雄伟. 数控加工理论与编程技术 [M]. 北京：机械工业出版社，2000.

[20] 许智钦，孙长库. 3D 逆向工程技术 [M]. 北京：中国计量出版社，2002.

[21] 赵汝嘉. 先进制造系统导论 [M]. 北京：机械工业出版社，2003.

[22] 张继焦，吕江辉. 数字化管理 [M]. 北京：中国物价出版社，2001.

[23] 李梦群，庞学慧，王凡，等. 先进制造技术导论 [M]. 北京：国防工业出版社，2005.

[24] 袁红兵. 计算机辅助设计与制造教程 [M]. 北京：国防工业出版社，2007.

[25] 杨平，廖宁波，丁建宁，等. 数字化设计制造技术概论 [M]. 北京：国防工业出版社，2005.

[26] 赵汝嘉，孙波. 计算机辅助工艺设计（CAPP）[M]. 北京：机械工业出版社，2003.

[27] 陈立平，张云清，任卫群，等. 机械系统动力学分析及 ADAMS 应用教程 [M]. 北京：清华大学出版社，2005.

[28] 刘伟军，孙玉文. 逆向工程原理、方法与应用 [M]. 北京：机械工业出版社，2009.

[29] 顾寄南，高传玉，戈晓岚. 网络化制造技术 [M]. 北京：化学工业出版社，2004.

[30] 秦现生. 并行工程的理论与方法 [M]. 西安：西北工业大学出版社，2008.

[31] 来可伟，殷国富. 并行设计 [M]. 北京：机械工业出版社，2003.

[32] 邓超. 产品数据管理（PDM）指南 [M]. 北京：中国经济出版社，2007.

[33] Michael Grieves. 产品生命周期管理 [M]. 褚学宁，译. 北京：中国财政经济出版社，2007.

[34] 朱战备，韩孝君，刘军. 产品生命周期管理——PLM 的理论与实务 [M]. 北京：电子工业出版社，2004.

[35] 葛江华，隋秀凛，刘胜辉. 产品生命周期管理（PDM）技术及其应用 [M]. 哈尔滨：哈尔滨工

业大学出版社，2002.

[36] James A Rehg, Henry W Kraebber. 计算机集成制造［M］. 夏链，韩江，等译. 北京：机械工业出版社，2007.

[37] 庄亚明，王金庆. 数字化企业及其竞争力新论［M］. 北京：科学出版社，2007.

[38] 陈禹，魏秉全，易法敏. 数字化企业［M］. 北京：清华大学出版社，2003.

[39] 刘德平，刘武发. 计算机辅助设计与制造［M］. 北京：化学工业出版社，2007.

[40] 程凯，李任江，李静. 计算机辅助设计技术基础［M］. 北京：化学工业出版社，2005.

[41] 殷国富，杨随先. 计算机辅助设计与制造技术原理及应用［M］. 成都：四川大学出版社，2001.

[42] 何宁. 高速切削技术［J］. 工具技术，2003（11）：8-10.

[43] 艾兴. 高速切削刀具材料的进展与未来［J］. 制造技术与机床，2001（3）：21-25.

[44] 杨叔子，史铁林. 以人为本——树立制造业发展的新观念［J］. 机械工程学报，2008，44（7）：1-4.

[45] 杨叔子. 制造、先进制造技术的发展及其趋势（上）［J］. 装备制造，2008（4）：52-55.

[46] 杨叔子. 制造、先进制造技术的发展及其趋势（下）［J］. 装备制造，2008（5）：38-41.

[47] 路甬祥. 坚持科学发展，推进制造业的历史性跨越［J］. 机械工程学报，2007，43（11）：1-6.

[48] 路甬祥. 中国制造科技的现状与发展［J］. 中国科学基金，2006（5）：257-261.

[49] 祈国宁，顾新建，谭建荣. 大批量定制技术及其应用［M］. 北京：机械工业出版社，2003.

[50] 约拉姆·科伦（Yoram Koren）. 全球化制造革命［M］. 倪军，陈靖芯，等译. 北京：机械工业出版社，2014.

[51] 郑力，江平宇，乔立红，等. 制造系统研究的挑战和前沿［J］. 机械工程学报，2010，46（21）：124-136.

[52] 迈克尔·波特. 竞争战略［M］. 陈小悦，译. 北京：华夏出版社，2005.

[53] 周济. 智能制造——"中国制造2025"的主攻方向［J］. 中国机械工程，2015，26（17）：2273-2284.

[54] 汪惠芬. 数字化设计与制造技术［M］. 哈尔滨：哈尔滨工程大学出版社，2015.

[55] 谢驰，李三雁. 数字化设计与制造技术［M］. 北京：中国石化出版社，2016.

[56] 陈明，梁乃明. 智能制造之路：数字化工厂［M］. 北京：机械工业出版社，2017.

[57] 西门子工业软件公司. 工业4.0实战：装备制造业数字化之道［M］. 北京：机械工业出版社，2016.

[58] 王喜文. 工业4.0：最后一次工业革命［M］. 北京：电子工业出版社，2015.

[59] 张小强. 工业4.0、智能制造与企业精细化生产运营［M］. 北京：人民邮电出版社，2017.

[60] 奥拓·布劳克曼. 智能制造：未来工业模式和业态的颠覆与重构［M］. 张潇，郁汲，译. 北京：机械工业出版社，2015.

[61] 王喜文. 智能制造：中国制造2025的主攻方向［M］. 北京：机械工业出版社，2016.

[62] 许正. 工业互联网：互联网+时代的产业转型［M］. 北京：机械工业出版社，2015.

[63] 黄毅敏，齐二石. 工业工程视角下中国制造业发展困境与路径［J］. 科学与科学技术管理，2015，36（4）：85-94.

[64] 王金城，方沂，等. 数控机床及编程［M］. 北京：国防工业出版社，2015.

[65] 颜永年，单忠德. 快速成形与铸造技术［M］. 北京：机械工业出版社，2004.

[66] 金镭，沈庆宁. ERP原理与实施［M］. 北京：清华大学出版社，2017.

[67] 王琦峰. 面向服务的制造执行系统理论与应用［M］. 杭州：浙江大学出版社，2012.

[68] 刘云浩. 物联网导论［M］. 3版. 北京：科学出版社，2017.